권오붕 지음

FLUID MECHANICS

유체역학 2

유체역학의 이해

홍릉과학출판사

PREFACE

유체역학은 기계공학과 및 많은 학과에서 1학기 또는 2학기에 걸쳐 강의를 한다. 학부에서 유체역학의 기초에 대해 배운 다음에, 유체역학이라는 학문 분야에 본격적으로 입문하기에 적합한 책이 흔하지 않아서, 유체역학과 관련된 좋은 교재가 많이 출간되어 있는데도 불구하고, 새로운 교재를 집필하기에 이르렀다. 외국의 유명한 대학은 대부분 "Intermediate Fluid Mechanics"라는 과목을 학부생 또는 대학원의 유체역학 입문과목으로 개설하여 강의한다. 학부에서 처음 접하는 유체역학은 유체역학의 완전한 기초에 대한 것이고, 이 책은 학부에서 유체역학을 한 과목 수강한 학생을 대상으로 한 것으로, 유체역학이라는 과목을 보다 깊이 있게 접할 수 있는 기회를 제공하는 것이 목적이다.

본 교재의 특징

학부생들이 유체역학이라는 과목을 1학기 수강한 후, 또는 대학원에서 처음으로 유체역학을 학문적으로 접근하기에 적합한 책이다.

Einstein 합규약, 연속체 개념, 지배방정식의 유도 및 해석방법, 크기 정도 해석(order of magnitude analysis), 지배방정식의 무차원화 및 해석, 등에 대해 상세히 설명한다. 또한 포텐셜유동과 경계층유동 및 압축성유동에 대해서도 쉽고 독창적으로 설명한다.

본문에서는 유체역학에서 꼭 필요한 내용만을 다루었으며, 보다 자세한 내용에 관한 것은 보충설명을 통하여 설명하였으니, 적절히 이 부분을 참고하면 많은 도움이 될 것이고, 강사의 판단에 따라 이 부분은 생략해도 무방하다고 판단된다. 혼동하기 쉬운 내용에 대해 명확하게 이해할 수 있게 본문의 여백에 Tip을 삽입하였다.

본문 및 연습문제 등에서 많은 그림을 사용하여 학생들이 이해하기 쉽도록 하였으며, 예제에서도 보충설명을 통하여 문제를 보다 명확하게 이해할 수 있도록 하였다.

강의 자료

강의를 담당하는 교수나 강사를 위하여 다음을 제공한다.

- 본문의 모든 그림을 포함한 강의 자료(PDF)
- 연습문제에 대한 해답 PPT 파일.

감사의 말씀

좋은 교재가 많은데도 불구하고 또 하나의 책을 저술하게 된 데에 대해 부끄러운 마음과 함께, 조금이라도 학생들에게 도움이 되었으면 하는 바람으로 이 책을 저술하였다. 끝으로 이 책을 출판하는데 지원을 아끼지 않은 홍릉과학출판사 여러분께 감사드리고, 또한 항상 힘이 되어준 저의 가족에게도 감사한 마음을 전한다. 이 책이 유체역학을 배우는 학생들에게 조금이라고 도움이 되기를 진심으로 기원하는 바이다.

2017. 8.

권오붕

CONTENTS

CONTENTS

CONTENTS

CONTENTS

서론 및 기본개념

학습목표

이 장의 학습 및 강의 목표는 다음과 같은 사항을 학생들이 완전하게 이해하는 것이다.

- 유체역학을 해석할 때 가장 기본이 되는 연속체 개념.
- 스칼라와 벡터의 개념 및 차이점.
- 텐서에 대한 이해와 사용 방법.
- Einstein 합규약의 이해 및 이를 이용한 수식의 단순화된 사용.

1.1 연속체

유체역학, 열역학, 동역학 등을 해석하는 방법에 따라 거시적(macroscopic)인 관점과 미시적(microscopic)인 관점으로 나눌 수 있다. 거시적인 관점은 물질과 물질의 성질은 공간상에 연속적으로 분포되어 있는 **연속체(continuum)**라고 가정하고 해석하는 것이다. 즉, 물질은 공간상에서 연속되어 있고, 공간상의 모든 점에서 속도, 온도, 밀도, 압력 등의 물리적인 성질이 유한한 값을 가진다고 가정하는 것이다. 이는 우리가 전자현미경 등을 사용하지 않고 육안으로 관찰할 때 나타나는 현상을 해석하는 것이라 생각하면 된다.

이에 반해, 물질을 분자구조까지 확대하여 미시적으로 관찰하면, 물질은 연속적이지 않다는 것을 우리는 이미 알고 있으며, 이때는 모든 공간상에서 속도, 온도, 밀도, 압력 등을 나타낼 수 없다. 이러한 미시적인 관점에서는 분자의 운동을 고려하여야 하며 통계적(statistical) 방법을 사용하여 해석한다.

이 책에서는 분자들의 운동을 통계적으로 다루는 미시적인 관점을 따르지 않고, 유체를 연속체로 가정하여 거시적으로 해석한다.

유체를 연속체 취급하여 해석할 때, 모든 점에서 유체의 속도, 온도, 밀도, 압력 등이 유한한 값을 가진다고 가정하였는데, 이는 공간상의 한 점에서 항상 유한한 값을 가진다는 것이다. 실제 유체는 분자로 이루어져 연속체가 아닌데 어떻게 공간상의 모든 점에서 값을 가지는가 하는 의문이 들 것이다. 수학적인 한 점은 무한히 작게 정의할 수도 있지만, 연속체 가정하의 한 점에서의 물리적인 성질의 값을 정의하는 방법은 약간 다르다. 예를 들어 밀도를 생각해 보면, 밀도는 다음처럼 단위 부피당 질량으로 정의할 수 있다.

$$\rho = \frac{m}{V}$$

여기서 V는 유체의 부피이고 m은 유체의 질량이다. 위와 같은 밀도의 정의는 밀도가 균일한 경우 또는 평균밀도를 나타내고, 밀도가 공간상에서 균일하지 않고 위치의 함수일 때는 다르게 정의한다. 이제 다음과 같은 가상의 실험을 하여 밀도를 측정한다고 하자. 그림 1.1의 한 점 $P(x, y, z)$를 중심으로 한 변의 길이가 L인 정육면체 모양의 검사체적을 고려하면, 검사체적의 부피는 $\Delta V = L^3$이고 검사체적 내의 유체의 질량을 측정(또는 계산)하여, Δm을 얻었다고 하자. 검사체적이 반드시 정육면체일 필요는 없으나 편의상 정육면체의 검사체적을 고려하기로 한다. 검사체적의 한 변의 길이 L을 점차 작게 하면서 가상 실험을 하여 $\dfrac{\Delta m}{\Delta V}$을 그래프로 나타내면 일반적으로 그림 1.2처럼 나타낼 수 있다. 그림 1.2에서 수평축은 ΔV 또는 L을 나타내고 로그눈금으로 되어있다.

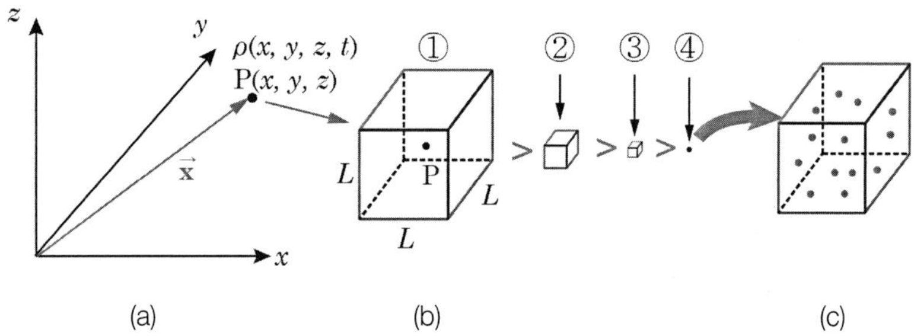

그림 1.1
(a) 공간상의 한 점 P, (b) 점 P를 중심으로 하는 거시적 관점의 검사체적들, (c) 미시적 관점에서 확대한 검사체적

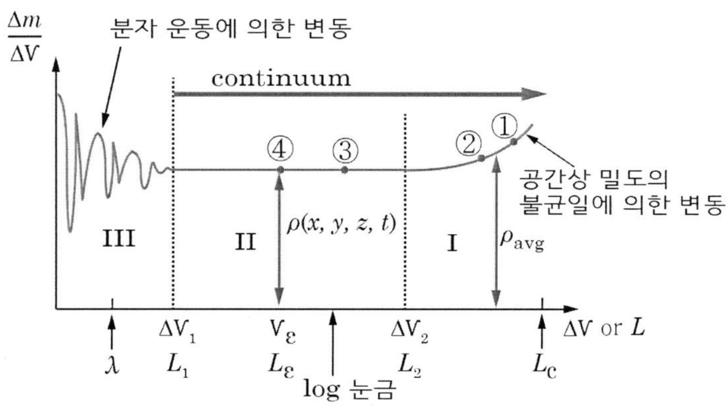

그림 1.2
검사체적의 크기에 따른 질량/체적

그림 1.2에서 그래프의 특성상 다음처럼 Ⅰ, Ⅱ 및 Ⅲ의 세 영역으로 나누어 설명할 수 있다.

영역 Ⅰ – 유한검사체적

영역 Ⅰ($\Delta V > \Delta V_2$, $L > L_2$, ①과 ②)은 검사체적의 크기가 비교적 커서, 이 영역에서 검사체적의 크기가 변하면, $\dfrac{\Delta m}{\Delta V}$의 값은 일반적으로 일정하지 않고 그림 1.2처럼 변하게 된다. 이때 계산된 $\dfrac{\Delta m}{\Delta V}$은 검사체적 내의 유체의 평균밀도를 나타내게 된다.

$$\rho_{\text{avg}} = \frac{\Delta m}{\Delta \mathcal{V}} \tag{1.1}$$

그림 1.1(b)에서 왼쪽의 큰 검사체적 ①과 검사체적 ②를 비교해보면, 검사체적 ①에는 검사체적 ②에 포함된 유체보다 추가적인 유체를 더 포함하게 된다. 그런데 검사체적 ①에 추가적으로 더 포함되는 유체의 평균밀도가 검사체적 ②에 포함된 유체의 평균밀도와 항상 같지는 않고, 밀도가 균일하지 않은 경우는 일반적으로 다르다. 따라서 검사체적 ①과 검사체적 ②에 포함된 유체의 평균밀도는 일반적으로 서로 다른 값을 가지게 되고 이때의 평균밀도를 그림 1.2에 ①과 ②의 점으로 표시하였다. 이 영역에서는 검사체적의 크기가 변하면, 검사체적에 포함되는 유체의 밀도가 불균일하기 때문에 평균밀도는 일반적으로 검사체적의 크기에 따라 달라진다. 이 영역에서의 검사체적을 이 책에서는 **유한검사체적**(finite control volume)이라고 한다.
유한검사체적에 해당하는 영역 Ⅰ에서는 이 검사체적 전체의 질량 Δm은 식 (1.1)로부터,

$$\Delta m = \rho_{\text{avg}} \Delta \mathcal{V} \tag{1.2}$$

로 주어지고, 검사체적 전체의 질량을 구할 때 평균밀도와 검사체적 전체의 부피의 곱으로 구할 수 있다.

영역 II – 미소검사체적

영역 Ⅱ($\Delta \mathcal{V}_1 < \Delta \mathcal{V} < \Delta \mathcal{V}_2$, $L_1 < L < L_2$, ③과 ④)는 검사체적의 크기가 상당히 작은 경우이지만 극단적으로 작지는 않은 경우이다. 이 영역에서 검사체적의 크기가 변하더라도 $\dfrac{\Delta m}{\Delta \mathcal{V}}$의 값은 변하지 않고 일정한 값을 가지게 된다. 그림 1.1(b)에서 검사체적 ③과 검사체적 ④가 여기에 해당되며, 검사체적 ④는 육안으로 보아 거의 한 점으로 보이는 경우이다. 앞에서와 마찬가지로 검사체적 ③에는 검사체적 ④에 포함된 유체보다 추가적인 유체를 더 포함하게 된다. 그렇지만 영역 I과는 달리 이 영역에서는 검사체적의 크기가 상당히 작기 때문에, 밀도가 균일하지 않은 경우에도 검사체적 ③에 추가적으로 더 포함되는 유체의 평균밀도가 검사체적 ④의 유체의 평균밀도와 같다. 이 영역에서의 검사체적을 이 책에서는 **미소검사체적**(infinitesimal control volume)이라고 한다.

그림 1.2에서 보여주듯이 영역 Ⅱ에서는 한 점 $\mathrm{P}(x,y,z)$를 중심으로 하는 검사체적에서 $\dfrac{\Delta m}{\Delta \mathrm{V}} = \rho$의 값은 일정한 값을 가지고, 이 값은 그림 1.2에 ③과 ④의 점으로 표시할 수 있고, 한 점 $\mathrm{P}(x,y,z)$에서의 밀도라고 할 수 있다. 즉, 미소검사체적을 그림 1.1의 ④와 같이 아주 작게 잡으면, 이 미소검사체적은 거시적인 관점에서 보면 한 점처럼 보일 뿐 아니라 이 미소검사체적에서 평균값으로 구한 밀도 ρ는 한 점 $\mathrm{P}(x,y,z)$에서의 밀도 $\rho(x, y, z,t)$라고 할 수 있다. 따라서 한 점 $\mathrm{P}(x,y,z)$에서의 밀도는 다음처럼 정의할 수 있다.

$$\rho(x, y, z,t) = \lim_{\Delta \mathrm{V} \to \mathrm{V}_\varepsilon} \frac{\Delta m}{\Delta \mathrm{V}} \ \text{ or } \ \rho(x, y, z,t) = \lim_{L \to L_\varepsilon} \frac{\Delta m}{\Delta \mathrm{V}} \tag{1.3}$$

여기서 V_ε는 영역 Ⅱ의 범위에 포함되어, 연속체에서 한 점이라고 가정할 수 있을 정도로 충분히 작은 체적을 나타낸다. 공간상의 한 점 $\mathrm{P}(x,y,z)$에서 식 (1.3)으로 정의되는 밀도는 $\rho(x,y,z,t)$ 또는 $\rho(x,y,z)$로 나타낼 수 있다. 시간에 따라 밀도가 변하지 않는 경우는 단지 $\rho(x,y,z)$로 나타낼 수 있다.
미소검사체적에 해당하는 영역 Ⅱ에서는 이 검사체적 전체의 질량 Δm은 식 (1.3)으로부터,

$$\Delta m = \rho(x, y, z,t)\, \Delta \mathrm{V} \tag{1.4}$$

로 주어지고, 검사체적 전체의 질량을 구할 때 $\mathrm{P}(x,y,z)$에서의 밀도와 검사체적 전체의 부피의 곱으로 구할 수 있다. 뒤에서 연속방정식 등의 지배방정식을 구할 때, 미소검사체적에서 검사체적 전체의 질량을 구할 때 식 (1.2)를 사용하지 않고 식 (1.4)을 사용하며, 다른 종량적인(extensive) 물리량을 구할 때도 이와 같은 논리를 이용한다.

영역 Ⅲ

영역 Ⅲ($\Delta \mathrm{V} < \Delta \mathrm{V}_1$, $L < L_1$)은 검사체적의 크기가 아주 작아, 이 영역에서 검사체적의 크기가 변하면, 검사체적에 포함되는 유체 분자의 운동으로 인하여 $\dfrac{\Delta m}{\Delta \mathrm{V}}$은 변동이 심하게 된다. 이 영역에서 그림 1.1(c)와 같이 검사체적을 아주 크게 확대하여 검사체적을 나타내면, 검사체적에 많은 분자들이 포함되어 있음을 알 수 있다.

물론 검사체적의 중심은 역시 한 점 $\mathrm{P}(x, y, z)$이다. 아주 작은 크기의 검사체적에서는 같은 크기의 검사체적일지라도 분자의 불규칙(random) 운동으로 인하여 포함되는 분자 수가 크게 변할 수도 있어, 측정되는 값에 변동이 있을 수 있고, 검사체적의 크기가 달라지면 그 변동성은 더욱 커져서 그림에서 보여주듯이 $\frac{\Delta m}{\Delta \mathrm{V}}$의 값은 아주 크게 변동하게 된다. 이 영역의 검사체적에서는 유체의 입자 운동을 고려하여 통계적인 방법으로 해석을 하며, 유체를 연속체로 취급할 수 없다.

연속체 가정

앞에서도 설명하였지만, 세 영역 중 영역 Ⅲ처럼 검사체적의 크기를 아주 작게 하는 경우는 분자운동을 고려하여야하고 통계적으로 접근하여 해석하여야 하며 유체를 연속체 취급할 수 없다.

이에 반해 앞의 영역 Ⅱ에 해당하는 그림 1.1(b)의 검사체적 ④의 경우도 그림 1.1(c)처럼 확대하여 보면 검사체적에 많은 유체 분자들이 존재하고 분자 운동이 활발하지만, 영역 Ⅱ에서는 이러한 분자 운동의 영향을 받을 만큼 검사체적이 작지 않고 충분히 커서 아주 많은 수의 분자가 존재하여 개별적인 분자 운동의 영향을 전혀 받지 않는 경우이며, 따라서 영역 Ⅰ과 영역 Ⅱ에서는 유체를 연속체 취급을 할 수 있다.

일반적으로 **연속체 가정(continuum assumption)**은 다음처럼 유동문제의 **특성길이**(characteristic length) L_c가 유체의 **평균자유이동거리**(mean free path) λ보다 아주 클 때 가능하다.

✦ **mean free path**
평균자유이동거리 또는 평균자유행로, 평균자유경로라고 번역하기도 한다.

$$\lambda \ll L_c$$

특성길이는 유동문제를 특징할 수 있는 대표적인 길이로서, 유동이 일어나는 관의 직경이나, 물체 주위의 유동인 경우는 물체의 직경 등이 특성길이가 되고 일반적으로는 육안으로 보일 수 있는 길이이다. 평균자유이동거리는 유체입자들이 충돌하지 않고 이동하는 거리의 평균값을 나타낸다. 모든 유체 분자들은 불규칙한 운동을 하면서 충돌하는데, 충돌과 충돌사이에 이동하는 평균거리를 평균자유이동거리라 한다. 1기압, 상온에서 공기의 경우 평균자유이동거리는 0.05~0.07 μm 정도이며, 물의 경우는 이보다 훨씬 작고, 해석하려는 유동문제의 특성길이는 거의 대부분 1 mm 보다는 크기 때문에 연속체 가정은 쉽게 충족된다. 그러나 지구에서 멀리 떨어진 곳이나 압력이 아주 낮은 희박한 기체를 다룰 경우는 연속체 취급을 할 수 없다.
영역 Ⅰ과 영역 Ⅱ는 모두 연속체 취급할 수 있는 영역이지만 약간의 차이가 있으며 다음과 같다. 영역 Ⅰ은 검사체적이 상당히 커서, 일반적으로 검사체적 내의 물질의 성질을 균일하다고 볼 수 없고, 영역 Ⅱ는 미소한 검사체적을 나타내고, 검사체적 내의 유체의 성질은 균일하다고 볼 수 있는 영역이다. 극단적으로는 연속체에서 한 점의 상태를 나타낸다고 할 수도 있다.
실제로 유체역학에서 다루는 거의 대부분의 유동문제의 특성길이는 영역 Ⅰ에 해당된다. 그림 1.3(a)에 보여주고 있는 한 변의 길이가 L_c인 정육면체 형태의 유동문제, 즉 일반검사체적을 생각해 보자. 이러한 유동문제를 해석할 때 전체를 하나의 검사체적으로 잡아 연속방정식, 운동량방정식 및 에너지방정식 등을 적용하여 해석할 경우, 검사체적 내의 유체의 성질을 계산할 때 또는 검사체적의 표면을 통한 유동의 성질을 구할 경우, 평균값을 사용하거나 적분하여 구하여야 한다.
유동문제의 특성길이 L_c가 영역 Ⅰ에 해당하더라도, 그림 1.3(a)의 한 점 $\mathrm{P}(x,y,z)$를 중심으로 하는, 한 변의 길이가 L_ε인 그림 1.3(b)의 미소검사체적에 대해 연속방정식, 운동량방정식 및 에너지방정식 등을 적용하고 유도하면, 이는 곧 연속체에서 임의의 한 점 $\mathrm{P}(x,y,z)$에서 성립하는 방정식이 되고 유동문제의 모든 점에 대해 적용할 수 있는 지배방정식이 된다. 이 경우 L_ε은 유동문제의 특성길이 L_c보다는 훨씬 작고 평균자유이동거리 λ보다는 훨씬 크게 잡는다. 따라서 일반적으로 연속체 가정을 하여 해석하는 경우는 그림 1.2에 보여주고 있는 것처럼 다음과 같은 조건이 만족되는 경우이다.

$$\lambda \ll L_\varepsilon \ll L_c$$

보통 $L_\varepsilon \simeq 1 \sim 10\ \mu\mathrm{m}$ 정도일 때 거의 대부분 유동문제에서 충분히 위의 조건을 만족하게 되고 연속체로 취급하여 해석할 수 있다.

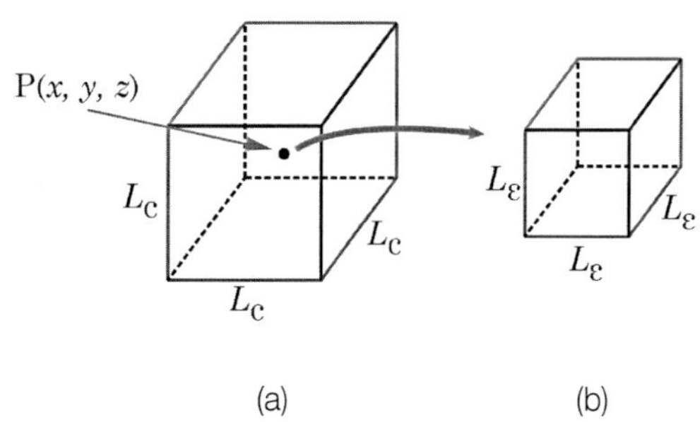

그림 1.3
(a) 유한검사체적과 (b) 미소검사체적

1.2 스칼라와 벡터

유체역학에서는 압력, 온도, 밀도 등의 물리적인 성질을 나타내는 스칼라와 속도, 가속도, 힘 등의 벡터들을 다루게 된다. 스칼라와 벡터에 대한 개념을 이해하여야 한다.

스칼라

온도, 압력, 밀도 물리적인 성질을 나타낼 때 크기(즉, 값 또는 양)만이 필요하며, 이와 같은 물리량을 스칼라(scalar)라고 한다. 스칼라를 나타낼 때는 방향은 필요 없고 오직 그 크기만을 나타내면 된다. 예를 들어, 압력은 스칼라이고 100 kPa등의 크기만을 표시하면 된다.

벡터

속도나 힘을 나타낼 때 그 크기만으로 완전하게 나타낼 수 없고, 방향까지 나타내어야 속도나 힘을 완전히 나타낼 수 있다. 벡터(vector)는 크기와 방향을 가지는 물리량이다. 힘, 속도, 가속도 등이 벡터이다. 그림 1.4는 직교좌표계(rectangular coordinates, Cartesian coordinates)와 원통좌표계(cylindrical coordinates)를 나타내고 있다.

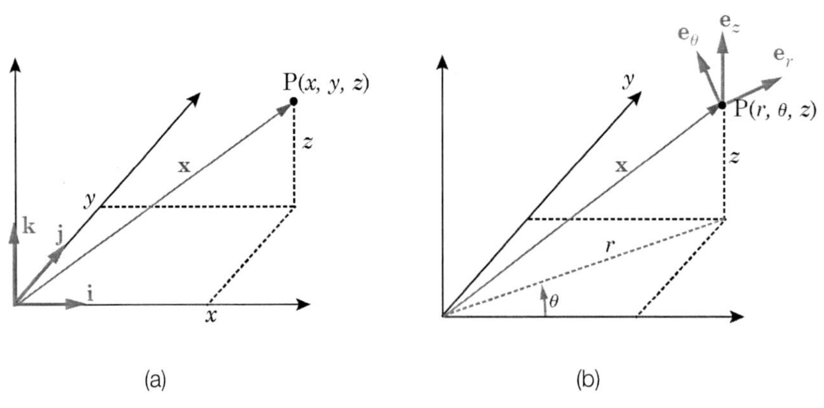

그림 1.4
(a) 직교좌표계와 (b) 원통좌표계

이 책에서는 다음과 같은 표기법을 사용한다.
- p, T : 스칼라 변수는 이탤릭체로 표기한다.
- $\mathbf{x}$: 벡터는 굵은(bold) 정체(roman)로 표기한다.

그림의 점 P에서 유체의 속도가 $\mathbf{v}$일 때, 직교좌표계와 원통좌표계에서 $\mathbf{v}$를 다음처럼 나타낼 수 있으며, v_x, v_r 등은 아래첨자 방향의 속도성분을 나타낸다.

$$\mathbf{v} = v_x \mathbf{i} + v_y \mathbf{j} + v_z \mathbf{k} \tag{1.5}$$

$$\mathbf{v} = v_r \mathbf{e}_r + v_\theta \mathbf{e}_\theta + v_z \mathbf{e}_z \tag{1.6}$$

여기서 $\mathbf{i}$, $\mathbf{j}$, $\mathbf{k}$는 직교좌표계에서의 **기저벡터**(basis vector)이다. 물론 기저벡터는 크기가 1인 단위벡터(unit vector)이다. 즉,

$$|\mathbf{i}| = 1 \quad , \ |\mathbf{j}| = 1 \quad , \ |\mathbf{k}| = 1$$

이고, $\mathbf{e}_r$, $\mathbf{e}_\theta$, $\mathbf{e}_z$는 원통좌표계에서 각각 r, θ, z방향의 기저벡터를 나타내고 역시 다음처럼 크기가 1인 단위벡터이다.

$$|\mathbf{e}_r| = 1 \quad , \ |\mathbf{e}_\theta| = 1 \quad , \ |\mathbf{e}_z RIGHT| = 1$$

좌표계와 무관하게 위의 속도벡터들은 다음과 같은 **첨자표기법**(index notation, indicial notation)을 사용하여 나타내면 편리한 점이 많다.

$$\mathbf{v} = v_1 \mathbf{e}_1 + v_2 \mathbf{e}_2 + v_3 \mathbf{e}_3 = \sum_{i=1}^{3} v_i \mathbf{e}_i \tag{1.7}$$

즉, P점에서의 유체속도 $\mathbf{v}$는 좌표계와 무관하게 위의 식처럼 표현되고, 첨자 및 기저벡터를 표 1.1에 나타내고 있다.

표 1.1
첨자표기법

숫자 첨자 표시	직교좌표계	원통좌표계
1	x	r
2	y	θ
3	z	z
$\mathbf{e}_1$	$\mathbf{i}$	$\mathbf{e}_r$
$\mathbf{e}_2$	$\mathbf{j}$	$\mathbf{e}_\theta$
$\mathbf{e}_3$	$\mathbf{k}$	$\mathbf{e}_z$

다음과 같은 일반적인 벡터 $\mathbf{a}$를 고려하자.

$$\mathbf{a} = a_1 \mathbf{e}_1 + a_2 \mathbf{e}_2 + a_3 \mathbf{e}_3 = \sum_{i=1}^{3} a_i \mathbf{e}_i \tag{1.8}$$

만약 $\mathbf{a}$가 각각 행벡터, 열벡터이면 다음처럼 나타낸다.

행벡터 : $$\mathbf{a} = [a_1,\ a_2,\ a_3] \tag{1.9}$$

열벡터 : $$\mathbf{a} = \begin{bmatrix} a_1 \\ a_2 \\ a_3 \end{bmatrix} \tag{1.10}$$

✦수학에서는 열벡터(vector)를 $\mathbf{a} = \begin{bmatrix} a^1 \\ a^2 \\ a^3 \end{bmatrix} = \sum_{i=1}^{3} a^i \mathbf{e}_i$ 처럼 위첨자를 사용하여 행벡터와 구분하여 사용하지만, 이 책에서는 모두 아래첨자만을 사용하기로 한다.

수학에서는 엄밀하게 행벡터와 열벡터를 구별하여 사용할 수도 있으나, 유체역학에서는 구분하지 않고 모두 열벡터로 나타내어도 문제점이 없어, 벡터 $\mathbf{a}$를 항상 다음처럼 나타내기로 한다.

$$\mathbf{a} = \begin{bmatrix} a_1 \\ a_2 \\ a_3 \end{bmatrix} = \sum_{i=1}^{3} a_i \mathbf{e}_i \tag{1.11}$$

여기서 a_1, a_2, a_3를 각각 벡터 $\mathbf{a}$의 성분(components) 또는 요소(element)라고 하고 a_i는 임의의 성분 또는 요소를 나타낸다.

벡터의 합과 차는 다음처럼 더하고 뺄 수 있으며 그림 1.5처럼 나타낼 수 있다.

$$\mathbf{a} + \mathbf{b} = \mathbf{c}\ ,\ \mathbf{a} - \mathbf{b} = \mathbf{d}$$

첨자를 사용하여 성분별로 나타내면 다음과 같다.

$$a_i + b_i = c_i,\quad a_i - b_i = d_i \text{ for } i = 1,\ 2,\ 3$$

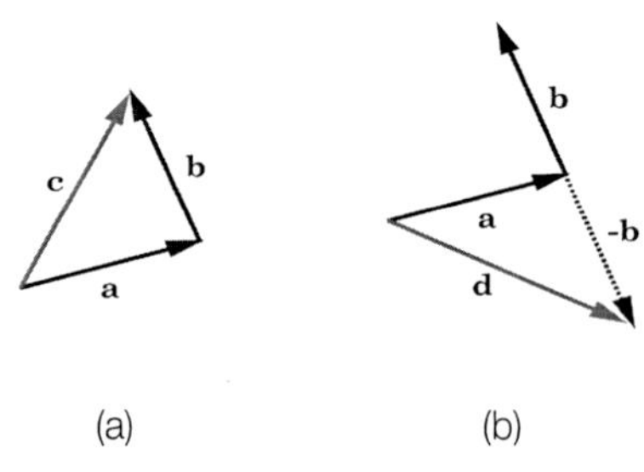

그림 1.5
(a) 벡터의 합 (b) 벡터의 차

✦스칼라곱(sclar product)을 점곱(dot product) 또는 내적(inner product)이라고도 한다.

벡터의 곱(product)에는 두 가지가 있다. 먼저 **스칼라곱(sclar product)**은 다음과 같이 정의되고 그 결과는 스칼라이다.

$$\mathbf{a}\cdot\mathbf{b} = |\mathbf{a}||\mathbf{b}|\cos\theta \tag{1.12}$$

여기서 θ는 두 벡터가 이루는 각이다(그림 1.6 참조). 직교 좌표계에서는 위 식은 다음처럼 나타낼 수 있다.

$$\mathbf{a}\cdot\mathbf{b} = a_1b_1 + a_1b_2 + a_3b_3 = \sum_{i=1}^{3} a_ib_i \tag{1.13}$$

다음처럼 곱의 순서를 바꾸어도 스칼라곱은 같다는 것(교환법칙)을 식 (1.12) 또는 식 (1.13)으로부터 쉽게 알 수 있다.

$$\mathbf{a}\cdot\mathbf{b} = \mathbf{b}\cdot\mathbf{a} \tag{1.14}$$

✦벡터곱(vector product)을 크로스곱(cross product) 또는 외적(outer product)이라고도 한다.

벡터에서 또 다른 곱(product)인 **벡터곱(vector product)**은 다음처럼 나타내고 그 결과는 벡터이다.

$$\mathbf{a}\times\mathbf{b} = \mathbf{c} \tag{1.15}$$

벡터 $\mathbf{a}$와 벡터 $\mathbf{b}$의 벡터곱인 벡터 $\mathbf{c}$의 크기는 다음과 같다.

$$|\mathbf{c}| = |\mathbf{a}\times\mathbf{b}| = |\mathbf{a}||\mathbf{b}|\sin\theta \tag{1.16}$$

식 (1.16)으로 주어지는 벡터 $\mathbf{a}\times\mathbf{b}$의 크기는 그림 1.6에서 두 벡터가 이루는 평행사변형의 면적과 같다는 것을 알 수 있다.

벡터 $\mathbf{a}\times\mathbf{b}$의 방향은 그림 1.6에서 오른손 법칙을 사용하여 오른 손바닥을 $\mathbf{a}$에서 시작하여 $\mathbf{b}$를 향하여 감아 잡을 때 엄지가 가리키는 방향이 된다. $\mathbf{b}\times\mathbf{a}$는 오른 손바닥을 $\mathbf{b}$에서 시작하여 $\mathbf{a}$를 향하여 감아 잡을 때 엄지가 가리키는 방향은 아래쪽이 되어 $\mathbf{a}\times\mathbf{b}$와 $\mathbf{b}\times\mathbf{a}$는 서로 반대방향임을 알 수 있다. 스칼라곱과 달리 벡터곱은 교환법칙이 성립하지 않는다.

$$\mathbf{a}\times\mathbf{b} \neq \mathbf{b}\times\mathbf{a} \quad \Rightarrow \quad \mathbf{a}\times\mathbf{b} = -\mathbf{b}\times\mathbf{a} \tag{1.17}$$

그림 1.6에서 보듯이 벡터곱 $\mathbf{a}\times\mathbf{b}$는 벡터 $\mathbf{a}$와 $\mathbf{b}$가 이루는 평면상에 있지 않고 수직으로 벗어나므로 외적(outer product)이라는 용어를 사용하기도 하고 크로스($\times$)를 사용하므로 크로스곱(cross product)이라고도 한다. 이에 반해 스칼라곱 $\mathbf{a}\cdot\mathbf{b}$는 벡터

a와 b가 이루는 평면상의 스칼라로 표시되므로 **내적**(inner product)이라는 용어를 사용하고 점(·)을 사용하므로 **점곱**(dot product)이라고도 한다.

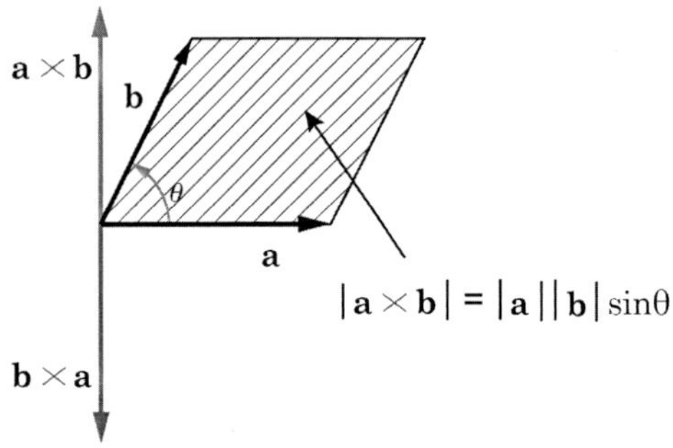

그림 1.6
벡터곱

1.3 텐서

✦ 벡터는 1계텐서(first order tensor)라고 할 수 있다.

앞에서 설명한 벡터는 크기와 하나의 방향을 가지는데 반해, **텐서(tentor)**는 크기와 둘 이상의 방향을 가지는 물리량이다. 다음의 2계텐서(2nd order tensor) $\overleftrightarrow{\mathbf{a}}$는 크기와 2개의 방향을 가지는 2계텐서이다.

$$\overleftrightarrow{\mathbf{a}} = \begin{bmatrix} a_{11} & a_{12} & a_{13} \\ a_{21} & a_{22} & a_{23} \\ a_{31} & a_{32} & a_{33} \end{bmatrix} = [a_{ij}]$$

세 방향이 필요한 텐서 $\tilde{\mathbf{b}} = [b_{ijk}]$는 3계텐서(3rd order tensor)이고, n개의 방향이 필요한 텐서는 n계텐서(n-th order tensor)이다. 그 중 2계텐서를 특별히 다이애딕(dyadic) 또는 다이애딕텐서(dyadic tensor)라고 하고 다음처럼 표기하기로 한다.

✦ 다이애딕을 포함하여 모든 텐서에 대해 ~ 기호를 사용하여 $\tilde{\mathbf{a}}$로 나타내기도 한다.

$$\overleftrightarrow{\mathbf{a}} = [a_{ij}] = \begin{bmatrix} a_{11} & a_{12} & a_{13} \\ a_{21} & a_{22} & a_{23} \\ a_{31} & a_{32} & a_{33} \end{bmatrix} = \sum_{i=1}^{3}\sum_{j=1}^{3} a_{ij}\mathbf{e}_i\mathbf{e}_j = \sum_{i=1}^{3}\sum_{j=1}^{3} a_{ij}\mathbf{e}_i \otimes \mathbf{e}_j \quad (1.18)$$

여기서 다이애딕텐서를 나타내기 위한 두 방향은 $\mathbf{e}_i\mathbf{e}_j$로 나타내고 중간에 $\otimes$ 기호를 사용하여 $\mathbf{e}_i \otimes \mathbf{e}_j$로 나타내기도 한다. 위의 다이애딕을 직교좌표로 나타내면 다음과 같다.

$$\overleftrightarrow{\mathbf{a}} = a_{xx}\mathbf{i}\otimes\mathbf{i} + a_{xy}\mathbf{i}\otimes\mathbf{j} + a_{xz}\mathbf{i}\otimes\mathbf{k}$$

$$+ a_{yx}\mathbf{j}\otimes\mathbf{i} + a_{yy}\mathbf{j}\otimes\mathbf{j} + a_{yz}\mathbf{j}\otimes\mathbf{k}$$

$$+ a_{zx}\mathbf{k}\otimes\mathbf{i} + a_{zy}\mathbf{k}\otimes\mathbf{j} + a_{zz}\mathbf{k}\otimes\mathbf{k}$$

위의 식에서 알 수 있듯이 성분 a_{xy}는 두 방향 $\mathbf{i}\otimes\mathbf{j}$를 나타내는 텐서의 성분이다. 식 (1.18)에서도 사용되었듯이 $\mathbf{i}\otimes\mathbf{j}$ 대신에 사이에 있는 $\otimes$를 생략하고 $\mathbf{i}\mathbf{j}$로 나타내기도 한다. 두 방향이 무엇을 의미하는지는 물리량에 따라 다를 것이고, 뒤에서 설명하는 응력을 이해하면 두 방향에 대해 이해하기가 쉬울 것이다. 크기와 한 방향만이 필요한 벡터는 앞의 그림 1.4처럼 공간상에 나타낼 수 있지만 두 방향이 필요한 다이애딕텐서는 모두 9개의 성분이 필요하여 공간상에 나타낼 수가 없다. 뒤에서 자세히 설명하겠지만 응력을 나타내는데, 두 방향이 필요하여 응력은 2계텐서, 즉 다이애딕(dyadic)이고 다음과 같다.

$$\overleftrightarrow{\sigma} = \left[\sigma_{ij}\right] = \begin{bmatrix} \sigma_{11} & \sigma_{12} & \sigma_{13} \\ \sigma_{21} & \sigma_{22} & \sigma_{23} \\ \sigma_{31} & \sigma_{32} & \sigma_{33} \end{bmatrix} \tag{1.19}$$

일반적으로 두 벡터 $\mathbf{a}$와 $\mathbf{b}$의 **텐서곱**(tensor product)은 다음처럼 나타낼 수 있고 그 결과는 2계텐서이다.

$$\mathbf{a}\,\mathbf{b} = \mathbf{a}\otimes\mathbf{b} = \sum_{i=1}^{3}\sum_{j=1}^{3} a_i b_j \mathbf{e}_i \mathbf{e}_j = \sum_{i=1}^{3}\sum_{j=1}^{3} a_i b_j \mathbf{e}_i \otimes \mathbf{e}_j$$

Kronecker 델타

Kronecker 델타(Kronecker delta, substitution tensor, or identity tensor) δ_{ij}는 다음처럼 정의된다.

$$\delta_{ij}=\begin{cases}0 \text{ if } i \neq j \\ 1 \text{ if } i = j\end{cases} \tag{1.20}$$

따라서 Kronecker 델타는 2계텐서이고 다음처럼 나타낼 수 있다.

$$[\delta_{ij}] = \begin{bmatrix}1 & 0 & 0 \\ 0 & 1 & 0 \\ 0 & 0 & 1\end{bmatrix} \tag{1.21}$$

치환기호

치환기호(permutation symbol) 또는 Levi-Civita 기호는 다음처럼 정의된다.

$$\varepsilon_{ijk}=\begin{cases}0 : i,\ j,\ k \text{ 중 2개가 같을 때} \\ 1 : i,\ j,\ k\text{가 } 1, 2, 3\text{의 짝수치환일 때} \\ -1 : i,\ j,\ k\text{가 } 1, 2, 3\text{의 홀수치환일 때}\end{cases} \tag{1.22}$$

두 첨자를 홀수 횟수만큼 치환하여 123의 순서를 만들 수 있을 때 홀수치환(odd permutation)이고, 두 첨자를 짝수 횟수만큼 치환하여 123의 순서를 만들 수 있을 때 짝수치환(even permutation)이라 한다.

- 홀수치환 : 132, 213, 321
- 짝수치환 : 123, 231, 312

따라서 예를 들면, $\varepsilon_{123} = 1$, $\varepsilon_{213} = -1$, $\varepsilon_{113} = 0$이다. $[\varepsilon_{ijk}]$를 나타내는데 3개의 첨자(즉, 방향)가 필요하여 3계텐서이고 $[\varepsilon_{ijk}]$를 **치환텐서**(permutation tensor) 또는 **치환기호**(permutation symbol)라고도 한다.

1.4 Einstein 합규약

Einstein **합규약**(Einstein's **summation convention**) 또는 Einstein **표기법**(Einstein notation)은 벡터 또는 텐서와 관련된 식 중의 한 항에서 **같은 첨자가 두 번 나타나면** 그 항은 첨자에 대한 합(summation)을 나타낸다는 것으로 다음처럼 역으로 생각하면 이해하기 쉽다. 벡터나 텐서 등의 식에서 각 요소들과 관련하여 첨자표기법으로 합을 구하는 과정이 자주 나타날 때, 다음처럼 수식에서 합기호(Σ)를 생략하자는 것이다.

$$\sum_{i=1}^{3} a_i b_i \;\rightleftarrows\; a_i b_i \tag{1.23}$$

단순히 합기호(Σ)를 생략한 것이어서 아무 것도 아니라고 생각할지 모르겠지만 실제로 그 활용도는 생각보다 많다. 합규약에 사용되는 첨자는 이 책에서는 주로 i, j, k, l 등을 사용한다. 앞의 예에서는 모두 아래첨자만 사용하였으나, 실제 Einstein은 그리스 문자를 사용하였고, 또한 아래첨자에 한 번, 위첨자에 한 번 등 아래와 위첨자에 번갈아 사용하였으며, 이에 대해서는 다음의 보충설명을 참조하기 바란다. 위 식에서 Σ에 사용된 첨자를 **가첨자**(dummy index) 또는 **합첨자**(summation index)라고 한다. 가첨자에 사용된 i는 j나 k로 바꾸어도 다음처럼 완전히 동일한 결과를 얻을 수 있다.

$$a_i b_i = \sum_{i=1}^{3} a_i b_i = a_1 b_1 + a_1 b_2 + a_3 b_3 = \sum_{j=1}^{3} a_j b_j = a_j b_j = a_k b_k$$

이 책에서는 합규약을 사용하는 **첨자표기법**(index notation, indicial notation)을 사용하기로 하고, Σ가 생략된 다음과 같은 식을 고려하자.

$$c_i = a_{ij} b_j + d_i \tag{1.24}$$

위의 식을 Σ를 포함하여 나타내고 완전히 전개하면 다음과 같다.

$$c_i = \sum_{j=1}^{3} a_{ij} b_j + d_i = a_{i1} b_1 + a_{i2} b_2 + a_{i3} b_3 + d_i$$

위 식에서 Σ에 사용된 첨자 j는 의미가 없는 가첨자이지만, 첨자 i는 의미가 있는 첨자이고 **자유첨자**(free index)라고 하고 벡터나 텐서의 요소(성분)를 나타내는 역할을 한다. 즉, 위의 식에서 첨자 i는 벡터의 i성분을 타내는 것이고 위의 식을 각 요소별로모두 나타내면 다음과 같다.

$$
\begin{aligned}
i = 1 \ ; \ c_1 &= a_{11}b_1 + a_{12}b_2 + a_{13}b_3 + d_1 \\
i = 2 \ ; \ c_2 &= a_{21}b_1 + a_{22}b_2 + a_{23}b_3 + d_2 \\
i = 3 \ ; \ c_3 &= a_{31}b_1 + a_{32}b_2 + a_{33}b_3 + d_3
\end{aligned}
\tag{1.25}
$$

단순히 중복되는 첨자에 대해 Σ를 사용하는 것이라 해도, 합규약을 잘 사용하고 이해하기 위해서는 다음과 같은 몇 가지 원칙을 생각하여야 한다.

(1) 자유첨자가 있으면, 같은 자유첨자는 한 항에서 오직 한 번만 나타나야 한다. 자유첨자가 있는 항은 벡터 또는 텐서의 성분을 나타낸다. 두 번 나타나면 가첨자이다. 식 (1.24)의 각각의 항 c_i, $a_{ij}b_j$와 d_i에 첨자 i는 한 번만 나타나므로 자유첨자이고 벡터의 성분을 나타낸다. 그러나 $a_{ij}b_i$에서 첨자 j는 두 번 나타나므로 가첨자이다.

(2) 한 항에서 두 번까지만 같은 가첨자를 사용해야지 세 번 이상 사용하면 안 된다. 즉, a_{jj} 또는 식 (1.24)에 사용된 $a_{ij}b_j$는 의미가 있지만, $a_{jj}b_j$는 사용할 수 없다.

(3) 자유첨자가 한 항에서 없어도 상관없다. 이 경우 이 항은 스칼라를 나타낸다. $c = a_j b_j + d$ 는 $c = a_1 b_1 + a_2 b_2 + a_3 b_3 + d$ 를 나타내고, 식에서 c와 d는 스칼라이고, 전체가 스칼라에 관한 식이다.

(4) 수식의 모든 항들에서 자유첨자는 모두 같아야한다. 식 (1.24)의 각각의 항 c_i, $a_{ij}b_j$와 d_i에서 자유첨자는 모두 i로 같다. $c_i = a_{kj}b_j + d_k$ 로 사용할 수 없다.

✦ $a_{ii} = a_{jj} = a_{kk} = a_{ll}$
$= a_{11} + a_{22} + a_{33}$
a_{xx} : 합이 아니고 하나의 항

(5) 일반적인 것은 아니지만 이 책에서는 합규약이 적용되는 첨자로 이탤릭체로 나타낸 i, j, k, l만을 사용하기로 한다. 이외의 문자나 숫자로 된 모든 첨자는 두 번 나타나더라도 합을 나타내지 않는다.

보충설명 ⊕ Einstein 합규약 관련 사항

Einstein은 논문에서 합규약을 정확한 수학적인 표현식을 사용하여 다음처럼 나타내었다(물론 다음과 같은 식은 아니다).

$$\sum_{\nu=1}^{3} a^{\nu} b_{\nu} \Rightarrow a^{\nu} b_{\nu}$$

즉, $[a_{\nu}]$는 열벡터(즉, vector), $[b_{\nu}]$는 행벡터(즉, covector)이고, 정확히 수학적으로 구분한 표현식을 사용하였고 첨자도 그리스 문자를 사용하였다.

$$\mathbf{a} = \begin{bmatrix} a^1 \\ a^2 \\ a^3 \end{bmatrix}, \ \mathbf{b} = [b_1,\ b_2,\ b_3]$$

그러나 유체역학에서는 행벡터 열벡터를 이렇게 구분하지 않고 사용하며, 첨자도 모두 아래첨자를 사용하여도 문제점이 없고 오히려 편한 면이 있다.

Einstein 합규약을 사용한 첨자표기법으로 나타낸 수학식

앞에서 설명한 스칼라곱, 벡터곱 및 텐서곱을 첨자표기법을 사용하여 나타내면 다음과 같다.

$$\mathbf{a} \cdot \mathbf{b} = a_i b_i \tag{1.26}$$

$$\mathbf{a} \times \mathbf{b} = \varepsilon_{ijk} a_j b_k \mathbf{e}_i = \begin{vmatrix} \mathbf{e}_1 & \mathbf{e}_2 & \mathbf{e}_3 \\ a_1 & a_2 & a_3 \\ b_1 & b_2 & b_3 \end{vmatrix} = \begin{vmatrix} a_1 & a_2 & a_3 \\ b_1 & b_2 & b_3 \\ \mathbf{e}_1 & \mathbf{e}_2 & \mathbf{e}_3 \end{vmatrix} = \varepsilon_{ijk} a_i b_j \mathbf{e}_k \tag{1.27}$$

$$\mathbf{a}\mathbf{b} = \mathbf{a} \otimes \mathbf{b} = a_i b_j \mathbf{e}_i \mathbf{e}_j = a_i b_j \mathbf{e}_i \otimes \mathbf{e}_j \tag{1.28}$$

수학에서 사용되는 몇 가지 표현을 직교좌표에서 첨자표기법을 사용하여 나타내면 다음과 같다. 직교좌표에서는 $\mathbf{e}_1 = \mathbf{i}$, $\mathbf{e}_2 = \mathbf{j}$, $\mathbf{e}_3 = \mathbf{k}$이다.

$$\nabla \phi = \mathrm{grad}\,\phi = \frac{\partial \phi}{\partial x_i} \mathbf{e}_i \tag{1.29}$$

$$\nabla \cdot \mathbf{v} = \mathrm{div}\,\mathbf{v} = \frac{\partial v_i}{\partial x_i} \tag{1.30}$$

$$\nabla \times \mathbf{v} = \operatorname{curl}\mathbf{v} = \varepsilon_{ijk}\frac{\partial v_k}{\partial x_j}\mathbf{e}_i = \begin{vmatrix} \mathbf{e}_1 & \mathbf{e}_2 & \mathbf{e}_3 \\ \dfrac{\partial}{\partial x_1} & \dfrac{\partial}{\partial x_2} & \dfrac{\partial}{\partial x_3} \\ v_1 & v_2 & v_3 \end{vmatrix}$$

$$= \varepsilon_{ijk}\frac{\partial v_j}{\partial x_i}\mathbf{e}_k = \begin{vmatrix} \dfrac{\partial}{\partial x_1} & \dfrac{\partial}{\partial x_2} & \dfrac{\partial}{\partial x_3} \\ v_1 & v_2 & v_3 \\ \mathbf{e}_1 & \mathbf{e}_2 & \mathbf{e}_3 \end{vmatrix} \tag{1.31}$$

예제 1.1 **다음의 Einstein 합규약을 사용한 첨자표기법으로 표시된 항을 전개하여 나타내어라.**

(a) $a_i b_i$ (b) a_{ii}

(c) $a_{ij}b_{ji}$ (d) $\delta_{1j}a_j$

풀이

(a) $a_i b_i = \sum_{i=1}^{3} a_i b_i = a_1 b_1 + a_2 b_2 + a_3 b_3$

(b) $a_{ii} = \sum_{i=1}^{3} a_{ii} = a_{11} + a_{22} + a_{33}$

(c) $a_{ij}b_{ji} = \sum_{i=1}^{3}\sum_{j=1}^{3} a_{ij}b_{ji} = a_{11}b_{11} + a_{12}b_{21} + a_{13}b_{31} + a_{21}b_{12} + a_{22}b_{22} + a_{23}b_{32}$
$+ a_{31}b_{13} + a_{32}b_{23} + a_{33}b_{33}$

(d) $\delta_{1j}a_j = \delta_{11}a_1 + \delta_{12}a_2 + \delta_{13}a_3 = a_1$

보충설명

위의 모든 항들을 전개한 최종 결과에 i, j등의 첨자가 나타나지 않는다. 이런 경우에 모든 문제의 항들은 스칼라이다. 즉, 첨자표기법으로 나타낸 모든 항들의 첨자는 가첨자(dummy index)이다.

예제 1.2 **Einstein 합규약을 사용한 첨자표기법으로 표시된 $\delta_{ij}a_j$을 간단하게 변화하여 나타내어라.**

풀이

이 문제에서 $\delta_{ij}a_j$에서 j는 가첨자(dummy index)이지만 i는 가첨자가 아니고 성분을 나타내는 첨자이다. 따라서 $\delta_{ij}a_j$는 스칼라가 아니라 벡터를 나타낸다.

$$\delta_{ij}a_j = \sum_{j=1}^{3}\delta_{ij}a_j = \delta_{i1}a_1 + \delta_{i2}a_2 + \delta_{i3}a_3$$

앞의 예제에서 $\delta_{1j}a_j = a_1$이라는 것을 알 수 있다.

따라서 $\delta_{ij}a_j$는 다음처럼 나타낼 수 있다.

$$i=1 \ ; \ \delta_{ij}a_j = \delta_{1j}a_j = a_1$$

$$i=2 \ ; \ \delta_{ij}a_j = \delta_{2j}a_j = a_2$$

$$i=3 \ ; \ \delta_{ij}a_j = \delta_{3j}a_j = a_3$$

$i=1$일 때 ; a_1이고 $i=2$일 때 a_2 $i=3$일 때 a_3인 변수는 단순하게 a_i로 나타낼 수 있다. 즉,

$$\delta_{ij}a_j = \delta_{i1}a_1 + \delta_{i2}a_2 + \delta_{i3}a_3 = a_i$$

보충설명

앞의 두 예제에서 $\delta_{1j}a_j = a_1$이고, $\delta_{ij}a_j = a_i$이듯이 δ_{ij}는 벡터의 성분 a_j를 a_i로 바꾸어 주는 역할을 한다. 따라서 Kronecker 델타 δ_{ij}를 교환텐서(substitution tensor)라고도 한다.

예제 1.3 **다음의 벡터식을 합규약을 사용한 첨자표기법과 직교좌표계에서 각 성분별로 모두 나타내어라.**

$$\mathbf{f} = \mathbf{g} + \nabla\phi$$

풀이

합규약을 사용한 첨자표기법으로 나타내면 다음과 같다.

$$f_i = g_i + \frac{\partial\phi}{\partial x_i}$$

직교좌표계에서 각 성분별로 모두 나타내면 다음과 같다.

$$f_x = g_x + \frac{\partial\phi}{\partial x}$$

$$f_y = g_y + \frac{\partial\phi}{\partial y}$$

$$f_z = g_z + \frac{\partial\phi}{\partial z}$$

보충설명

$\nabla\phi$는 벡터이고 식 (1.29)를 참조하면 된다.

연습 문제

1.1 검사체적의 특성길이가 평균자유이동거리(mean free path)와 비슷한 크기일 때 연속체 가정은 가능한가?

1.2 벡터 a와 b가 다음과 같다. $\mathbf{a} = 2\mathbf{i} + 3\mathbf{j} + 4\mathbf{k}$, $\mathbf{b} = -1\mathbf{i} + 1\mathbf{j} + 2\mathbf{k}$.
다음을 각각 구하라.

(a) $\mathbf{a} \cdot \mathbf{b}$ (b) $\mathbf{a} \times \mathbf{b}$

(c) $\mathbf{b} \times \mathbf{a}$

1.3 벡터 a와 b가 문제 1.2와 같을 때 두 벡터가 이루는 각을 구하라.

1.4 벡터 a와 b가 연습문제 1.2와 같을 때 텐서곱 $\mathbf{a} \otimes \mathbf{b}$를 구하라.

1.5 벡터 a와 스칼라 b가 다음과 같다. $\mathbf{a} = 2x\mathbf{i} + 3y\mathbf{j} + 4(x+z)\mathbf{k}$, $b = 5xy$.
다음을 각각 구하라.

(a) $\nabla \cdot \mathbf{a}$ (b) ∇b

(c) $\nabla \times \mathbf{a}$ (d) $\nabla \cdot (\nabla b)$

1.6 벡터 a와 b가 $\mathbf{a} = 2\mathbf{i} + 3\mathbf{j} + 4\mathbf{k}$, $\mathbf{b} = 3\mathbf{i} + 2\mathbf{j} - \mathbf{k}$일 때, Einstein 합규약을 사용한 첨자표기법으로 표시된 다음을 구하고 스칼라인지 벡터의 요소인지 표시하라.

(a) $a_i b_i$ (b) $a_i b_i b_j$

(c) $b_2 a_i b_i$

1.7 벡터 $\mathbf{a}$와 $\mathbf{b}$와 스칼라 c가 다음과 같다. $\mathbf{a}=2x\mathbf{i}+3y\mathbf{j}+4(x+z)\mathbf{k}$, $\mathbf{b}=xy\mathbf{i}+x\mathbf{j}+(y+z)\mathbf{k}$, $c=xy+z$. Einstein 합규약을 사용한 첨자표기법으로 표시된 다음을 구하고 스칼라인지 벡터의 요소인지 표시하라.

(a) $a_i b_i$

(b) $\dfrac{\partial a_i}{\partial x_i}$

(c) $\dfrac{\partial c}{\partial x_i}$

(d) $\dfrac{\partial}{\partial x_i}\left(\dfrac{\partial c}{\partial x_i}\right)$

1.8 다음 벡터 식을 Einstein 합규약을 사용한 첨자표기법으로 표시하고 직교좌표계에서 각 성분별로 모두 전개하여 표시하라.

(a) $\mathbf{F}=m\mathbf{a}$

(b) $\mathbf{a}=\dfrac{\partial \mathbf{v}}{\partial t}+(\mathbf{v}\cdot\nabla)\mathbf{v}$

1.9 $\nabla\cdot\nabla=\nabla^2$으로 나타내기도 한다. 이것을 바탕으로 ϕ가 스칼라일 때, (a) $\nabla^2\phi=0$을 Einstein 합규약을 사용한 첨자표기법으로 표시하고, (b) 직교좌표계에서 모두 전개하여 나타내어라.

1.10 다음의 식을 (a) Einstein 합규약을 사용한 첨자표기법으로 표시하고, (b) 벡터식으로 나타내어라.

$$\frac{\partial(\rho u)}{\partial x}+\frac{\partial(\rho v)}{\partial y}+\frac{\partial(\rho w)}{\partial z}=0$$

유체운동학의 기초

학습목표

이 장의 학습 및 강의 목표는 다음과 같은 사항을 학생들이 완전하게 이해하는 것이다.

- Euler 기술과 Lagrange 기술에 대한 이해와 차이점.
- 유선, 유적선, 유맥선의 이해.
- 물질미분의 개념 및 유체역학에서의 사용.
- 유체역학에서 속도장과 가속도장의 이해.
- Reynolds 수송정리의 개념 및 사용방법.
- 변형률의 정의 및 종류.
- 회전과 관련된 와도의 이해.

2.1 서론

이 장에서는 유체의 운동과 관련된 기본 사항을 설명한다. 운동학(kinematics)은 물체의 운동 양상만을 다루는 역학을 말하며 공간좌표와 시간만의 함수로 표시되는 물리량만을 다룬다. 속도, 가속도, 변위, 변형 등을 운동학에서 다루고 운동이 생기게 하는 요인인 힘은 다루지 않는다. 힘을 포함하는 역학 분야를 동역학(dynamics)이라고 한다. 이 장에선 오직 **유체운동학(fluid kinematics)**과 관련된 기본 사항을 설명한다. 물체의 운동을 나타내는 방법은 기본적으로 두 가지 방식이 있다. 하나는 고체의 운동을 나타낼 때 주로 사용하는 방식으로 물체를 추적하면서 물체의 속도 등을 나타내는 방식이고, 또 다른 하나는 일정한 관심영역에서의 모든 입자들의 속도 등을 나타내는 방식이 있다.

2.2 Euler 기술과 Lagrange 기술

앞에서도 언급하였듯이 유체의 유동을 기술하는 방법에는 일반적으로 두 가지 방법이 있다.

Lagrange 기술(Lagrange description) 또는 Lagrange 관점은 각각의 유체입자들의 움직임을 따라서 유체입자들의 속도, 가속도, 온도 및 압력 등의 물리적인 변수를 나타내는 방법으로, 주로 고체의 운동과 관련하여 물체의 속도나 가속도를 나타내는 방법과 동일하다. 공을 자유낙하 하는 경우를 생각해 보자. 공을 따라가면서 공의 속도를 시간에 따라 측정하면(또는 이론적으로 구하면) 공의 속도는 gt이고 시간의 함수로 나타낼 수 있다. 또한 포탄이나 미사일의 속도 역시 시간이 지남에 따라 어떻게 변하는지를 실험 또는 이론적으로 나타낼 수 있다. 이 경우 공의 속도, 포탄의 속도 등 특정한 물체(유체입자라고 생각하자)의 속도는 시간의 함수로 나타낼 수 있다.

$$\mathbf{v}_{\text{특정입자}} = \mathbf{v}_{\text{P}}(t) \tag{2.1}$$

이와 같은 방법을 기초로 하여 Newton의 운동법칙 등을 나타낼 수 있다.

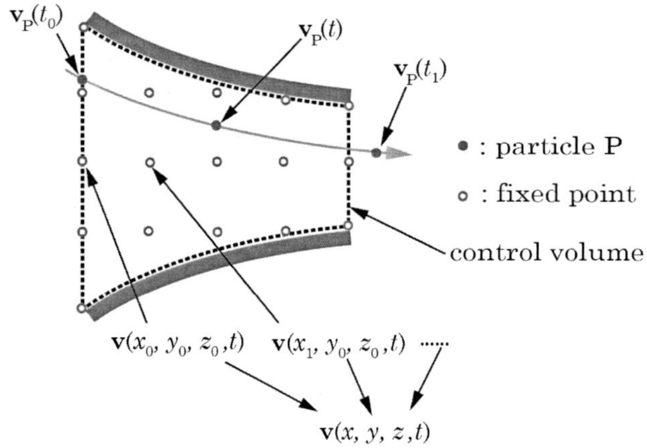

그림 2.1
Lagrange 기술 및 Euler기술에 의한 속도

그림 2.1처럼 특정한 유체입자 P를 따라가면서 속도를 측정한다고 하자. 강물 위를 떠내려가는 아주 조그만 공이라고 생각해도 좋다. 시간에 따른 입자의 속도는 다음과 같다.

$$
\begin{aligned}
t &= t_0\,;\ \mathbf{v}_P = \mathbf{v}_P(t_0) \\
t &= t_1\,;\ \mathbf{v}_P = \mathbf{v}_P(t_1) \\
t &= t\ \,;\ \mathbf{v}_P = \mathbf{v}_P(t)
\end{aligned}
\tag{2.2}
$$

✦Lagrange 기술로 나타낸 유체입자의 속도를 $\mathbf{v}_P(t)$란 표현 대신, $\mathbf{v}(\mathbf{x}_0, t)$로 나타내는 것이 수학적으로 정확한 표현일 수도 있지만 여기서는 편의상 $\mathbf{v}_P(t)$를 사용하며, 이것이 설명하기에 더 쉽다. 여기서 괄호 안의 $\mathbf{x}_0$는 시간 $t = t_0$일 때 위치벡터(변위벡터) $\mathbf{x}_0$에 있는 유체입자 P를 나타낸다.

위와 같이 유체입자를 따라가면서 입자의 속도를 나타내는 것이 Lagrange 기술이다. 이 방식은 주로 고체 또는 일정한 질량의 **시스템(system)**을 다룰 때 사용하는 방법이다. 그러나 유체의 유동을 이렇게 나타내기는 상당히 어렵다. 유체의 경우 아주 많은 유체입자들이 연속적으로 움직이기 때문에 이 방법으로 기술하는 것은 적합하지 않다.

Euler 기술(Euler description) 또는 Euler 관점은 **주어진 공간에서 유체입자들의 속도, 가속도, 온도 및 압력 등의 물리적인 변수를 나타내는 방법**이다. 그림 2.1에서 관심의 대상이 되는 영역, 즉 점선으로 표시된 검사체적(control volume)에서 흐르는 물의 속도를 측정한다고 생각해 보자. 예를 들어 고정된 한 점 (x_0, y_0, z_0)에서 시간에 따른 속도를 측정하면 $\mathbf{v}(x_0, y_0, z_0, t)$를 얻을 수 있고, 또 다른 고정된 한 점 (x_1, y_0, z_0)에서 시간에 따른 속도를 측정하면 $\mathbf{v}(x_1, y_0, z_0, t)$를 얻을 수 있고, 검사체적 내의 여러 고정점에서 얻은 결과를 종합하면, 속도를 다음처럼 성분별 또는 벡터로 얻을 수 있다.

$$u = u(x, y, z, t),\ v = v(x, y, z, t),\ w = w(x, y, z, t)$$
$$\mathbf{v} = \mathbf{v}(x, y, z, t) \tag{2.3}$$

✦ CFD : Computational Fluid Dynamics 전산유체역학

여기서는 이해를 돕기 위하여 측정한다고 하였지만, 이론적으로 또는 CFD 프로그램을 이용하여 속도를 구할 수도 있다. 이처럼 검사체적에서, 위치와 시간의 함수로 속도(그리고 가속도, 압력 등 물리량)를 나타내는 방법이 Euler 기술이다.

전체 관심 유동영역 또는 **검사체적**(control volume)에서 Euler 기술로 속도를 나타내면, 속도는 위치의 함수로 표시되기 때문에 **속도장(velocity field)**이라고 한다. 유체역학에서는 유체입자들을 따라가면서 속도 등을 나타내는 Lagrange 방식보다는 주어진 관심영역(검사체적)에서 속도를 나타내는 Euler 기술이 훨씬 편하다. 속도 뿐 아니라 압력, 온도, 밀도 등 다른 물리적인 성질 b도 유동영역에서 Euler 기술로 나타내면 다음처럼 위치와 시간의 함수로 주어진다.

$$b = b(x, y, z, t) \tag{2.4}$$

유체역학에서는 별도의 언급이 없으면 속도 등을 모두 Euler 기술로 나타낸다.

정상유동, 비정상유동

Euler 기술로 유체의 속도를 나타낼 때 시간에 따라 변하지 않을 때 **정상유동(steady flow)**이라고 하고, 시간에 따라 변하면 **비정상유동(unsteady flow)**이라 한다. 즉, Euler 기술로 유체의 속도장을 나타낼 때 속도가 시간의 함수가 아니면 정상유동이다. 단, 시간에 따라서 변하지 않는다는 것은 주어진 지점에서의 속도나 압력 등이 변하지 않는다는 것이지, 유체입자를 따라가면서 유체입자의 속도가 시간에 따라 변하지 않고 일정하다는 것을 의미하는 것은 아니다. 즉, Euler 관점에서 보아 시간에 따라 변하지 않는 정상유동일지라도 Lagrange 관점에서 유체입자를 따라가면 유체입자의 속도는 시간에 따라 바뀔 수 있다. 이를 수학적으로 나타내면 정상유동은 다음과 같을 때이다.

$$\frac{\partial u}{\partial t} = 0,\ \frac{\partial v}{\partial t} = 0,\ \frac{\partial w}{\partial t} = 0,\ \frac{\partial p}{\partial t} = 0,\ \cdots,\ \frac{\partial (\,)}{\partial t} = 0 \tag{2.5}$$

1차원, 2차원, 3차원 유동

Euler 기술로 유체의 유동을 나타낼 때 몇 개의 공간좌표가 필요한가에 따라 1차원, 2차원, 3차원유동으로 나눌 수 있다. 일반적으로 **유동은 3차원**(three-dimensional) **유동**이지만 경우에 따라 유동을 1차원 또는 2차원 유동으로 나타낼 수도 있다.
예를 들어 한 방향으로는 속도나 압력 등이 변하지 않아, 유동을 나타낼 때 두 방향의 좌표만 필요하고, 나머지 한 방향의 좌표가 필요 없는 경우는 **2차원**(two-dimensional) **유동**이다. 일반적인 좌표계로 속도가 $\mathbf{v}=\mathbf{v}(x_1, x_2, x_3, t)$ 로 주어질 때는 3차원 유동이지만 x_3방향으로 속도가 변하지 않는다고 하면, $\dfrac{\partial \mathbf{v}}{\partial x_3}=0$이고, 속도는 $\mathbf{v}=\mathbf{v}(x_1, x_2, t)$ 로 나타낼 수 있고 2차원 유동이 된다. 속도장이 시간의 함수이든 아니든 상관없이(즉, 정상유동이든 비정상유동이든) 필요한 공간좌표의 수에 따라 몇 차원 유동인가가 정해진다.

속도, 압력 등의 유동 특성이 x_2, x_3 두 방향으로 변하지 않고($\dfrac{\partial \mathbf{v}}{\partial x_2}=0$, $\dfrac{\partial \mathbf{v}}{\partial x_3}=0$), 오직 한 방향으로만 변하면 속도는 $\mathbf{v}=\mathbf{v}(x_1, t)$ 로 나타낼 수 있고 **1차원**(one-dimensional) **유동**으로 나타낼 수 있다.

✦Couette 유동 : 뒤에서 자세히 다룬다.

그림 2.2에서 위 평판은 일정한 속도 U로 계속 움직이고 아래 평판은 정지해 있는 경우의 두 무한평판 사이의 평면 Couette유동을 나타낸다. 이 경우 속도 성분은 오직 x방향 성분인 u만 존재하고, x 및 z방향(xy평면에 수직한 축 방향)으로는 속도 변화가 없다. 즉, $\dfrac{\partial u}{\partial x}=0$, $\dfrac{\partial u}{\partial z}=0$ 이어서 $u=u(y)$가 되어 u는 y만의 함수이다. 따라서 유동을 나타내는데 하나의 공간좌표가 필요하고 1차원 유동으로 해석할 수 있다.

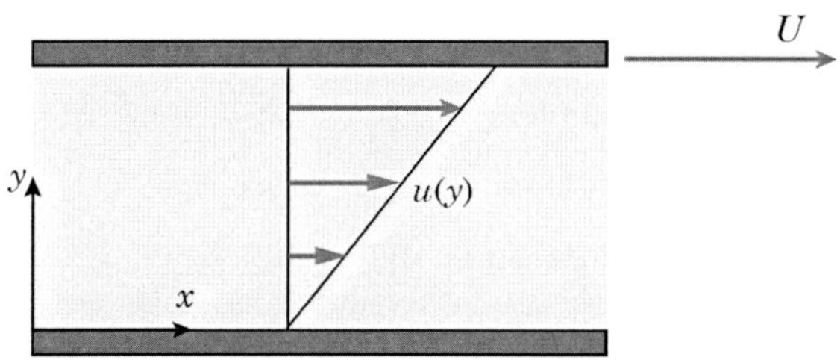

그림 2.2
1차원 유동의 예 - 평면 Couette 유동

그림 2.3은 두 무한 평판 사이에서 압력차에 의해 유동이 생기는 경우이고, z방향으로는 속도변화가 없어, $\frac{\partial u}{\partial z} = 0$ 이다. 그림 2.3(a)는 속도가 클 때의 일반적인 속도분포이고 $u = u(x, y)$로 나타낼 수 있어 2차원 유동이다. 그림 2.3(b)는 특히 압축성 유체의 해석에서 많이 사용하는 가정으로 속도분포를 각각의 단면에서 균일하다고 가정하여 $u = u(x)$로 취급하여 1차원 유동이라고 해석하는 것이다. 엄밀하게 유동현상은 모두 3차원 현상이지만, 문제에 따라 충분한 타당성이 있는 경우에 1차원 또는 2차원 유동으로 해석하여도 정확한 결과를 얻는 경우가 많다. 뒤에서 상세히 다룰 것이지만, 유체의 유동은 기본적으로 3차원이기 때문에 3개의 운동량방정식이 필요하고, 다른 지배방정식과 연립하여 풀어야 해를 구할 수 있다. 그러나 많은 공학문제에서 1차원 또는 2차원 유동으로 해석하여도 충분한 결과를 얻을 수 있다.

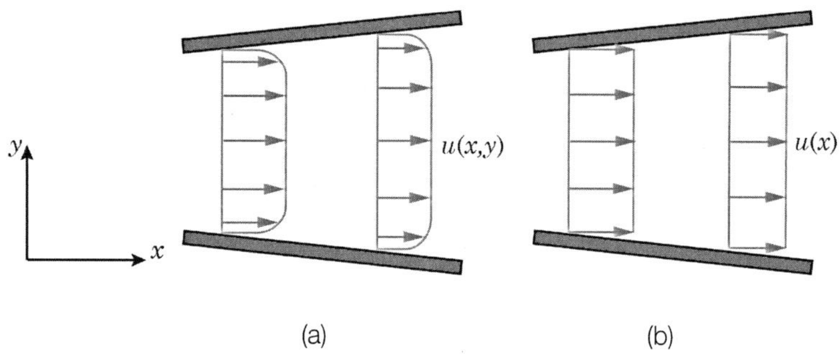

그림 2.3
(a) 2차원 유동, (b) 1차원 유동의 예

2.3 유선, 유적선, 유맥선

유체의 유동을 나타낼 때 유선, 유적선 및 유맥선의 용어를 사용하여 설명할 수 있으며, 각각의 정의는 다음과 같다.

- **유선(streamline)** : 어떤 순간에 속도벡터에 접하는 선.
- **유적선(pathline)** : 시간의 경과에 따라 유체입자가 실제 지나간 자취를 연결한 선.
- **유맥선(streakline)** : 어떤 주어진 공간의 한 점을 통과한 모든 입자들의 순간적인 궤적.

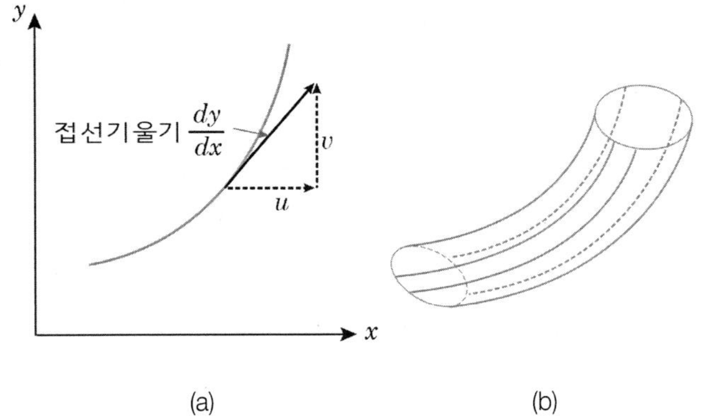

그림 2.4
(a) 유선의 정의 및 (b) 유관

유선을 다시 설명하면, 유선이 주어진 경우 유선에 접하는 접선이 속도벡터의 방향을 나타낸다. 즉, 그림 2.4(a)에서 유선에 접하는 선이 속도벡터의 방향이고 유선 상의 한 점에서 유선의 기울기(dy/dx)는 다음처럼 속도벡터의 기울기(v/u)와 같다.

$$\frac{dy}{dx} = \frac{v}{u} \Rightarrow \frac{dx}{u} = \frac{dy}{v}$$

이것을 3차원으로 확장한 것이 유선의 정의식이며, 다음과 같다.

$$\frac{dx}{u} = \frac{dy}{v} = \frac{dz}{w} \tag{2.6}$$

앞의 세 선에 대해 다음처럼 설명할 수 있다.

- 비정상 상태일 때는 유선, 유적선, 유맥선이 모두 다르나, 정상상태일 때는 모두 같다.
- 유선을 접하는 선이 속도벡터이므로, 유동의 방향은 유선의 접선방향이고 유선을 가로지르는 유동은 없다.
- 여러 유선으로 이루어진 그림 2.4(b)와 같은 유관(stream tube)을 가로지르는 유동이 없다.
- 유체입자가 지나간 실제 흔적이 유적선이다. 배를 유체입자라고 생각했을 때 배가 지나간 실제 흔적이 유적선이다. 유적선은 눈에 보이지 않는다. 시간이 지나감에 따라 지나간 궤적을 선으로 이었다고 했을 때 이 선이 유적선이다.
- 담배를 한자리에서 고정시키고 피운다고 할 때, 눈에 보이는 담배연기 모양 또는 사진을 찍었을 때 나타나는 담배연기 모양이 유맥선이다. 이 담배 연기의 입자들은 모두 공간상의 한 점에서 통과한 것으로 어느 한 순간의 이 모든 입자들의 순간적인 궤적이다.

■ 만약 담배연기 모양이 시간이 지남에 따라 변하지 않는다면(정상상태라면), 연기 입자를 쭉 따라가면(어느 시간동안) 이 입자는 위의 유맥선을 따라감을 알 수 있고, 따라서 담배연기 모양은 유적선이 되고, 유맥선과 일치한다. 또한 연기 입자의 속도는 이 선을 따라 항상 접선방향으로 운동하므로, 유선이 된다. 따라서 정상상태에서는 이 담배연기 모양은 유선, 유적선, 유맥선으로 모두 동일하다.

예제 2.1 **2차원 정상유동의 속도가 다음과 같다.**

(a) $\mathbf{v} = U\mathbf{i} - U\mathbf{j}$　　　(b) $\mathbf{v} = Ax\mathbf{i} - Ay\mathbf{j}$, $x > 0$, $y > 0$

이 속도가 나타내는 유선의 방정식을 구하고 개략적인 유선을 그려라. 식에서 U와 A는 양의 일정한 값을 나타낸다.

풀이

(a) 속도 성분 u와 v는 다음과 같다.

$$u = U, \ v = -U$$

유선의 정의식인 식 (2.6)으로부터,

$$\frac{dx}{U} = \frac{dy}{-U} \Rightarrow \frac{dy}{dx} = -1$$

이 성립하고 적분하면 유선의 방정식은 다음과 같다.

$$y = -x + C \tag{1}$$

개략적인 유선의 모양은 그림 E2.1(a)와 같다.

(b) 속도 성분 u와 v는 다음과 같다.

$$u = Ax, \ v = -Ay$$

유선의 정의식인 식 (2.6)으로부터,

$$\frac{dx}{Ax} = \frac{dy}{-Ay} \Rightarrow \frac{dx}{x} = -\frac{dy}{y}$$

가 성립하고 적분하면 유선의 방정식은 다음과 같다.

$$\ln x = -\ln y + C_1$$

따라서

$$\ln xy = C_1 \Rightarrow xy = e^{C_1}$$

e^{C_1}은 상수이므로 $e^{C_1} = C$라고 두면 유선의 방정식은 다음과 같다.

$$xy = C \tag{2}$$

개략적인 유선의 모양은 그림 E2.1(b)와 같다.

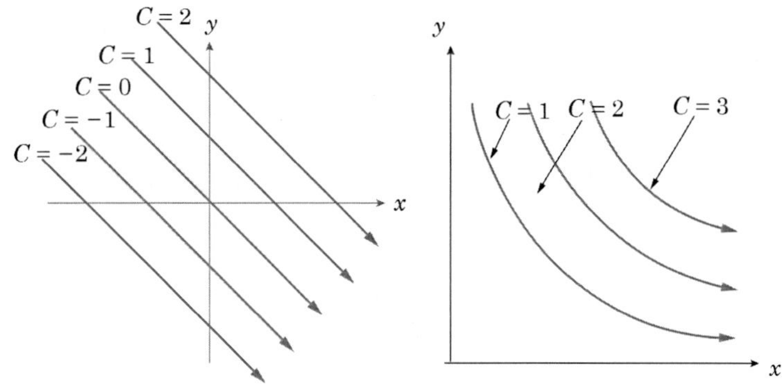

그림E2.1
문제 (a)와 문제 (b)에 대한 유선

보충설명

식 (1)과 식(2)는 유선의 식을 나타낼 뿐이다. 상수 C의 값에 따라 여러 유선을 나타낼 수 있다. 유동의 방향은 속도 성분으로부터 알아낼 수 있다. 문제 (a)에서 속도 u가 양이므로 유체는 오른쪽으로 흐르게 된다. 문제 (b)에서 속도 u 또는 v의 부호에 따라 유동의 방향을 정할 수 있다. $u = Ax$이므로 x가 양인 곳에서는 오른쪽으로 흐르고 x가 음인 곳에서는 왼쪽으로 흐른다.

2.4 물질미분

앞에서도 설명하였지만 유체역학에서는 Lagrange 관점에서 온도, 압력, 밀도, 속도 등 유체의 물리적인 변수를 나타내기 보다는 Euler 관점에서 유체의 물리적인 변수를 나타내는 것이 해석하기 편하다. 만약 b를 유체의 물리적인 변수라 하고 Euler 관점에서 나타내면 일반적으로 $b = b(x, y, z, t)$ 로 나타낼 수 있다.
이제 유체의 물리적 변수 b의 시간에 대한 변화율을 구하고자한다. 유체는 움직이므로 유체입자를 따라가면서 이 변화율 $\dfrac{db}{dt}$를 구하여야 한다. 변수 b가 $b(x, y, z, t)$로 주어지면 $\dfrac{db}{dt}$는 다음과 같다(보충설명 참조).

$$\frac{db}{dt} = \frac{\partial b}{\partial t} + u\frac{\partial b}{\partial x} + v\frac{\partial b}{\partial y} + w\frac{\partial b}{\partial z} = \frac{Db}{Dt} \tag{2.7}$$

$\dfrac{db}{dt}$는 Lagrange 관점에서 유체입자를 따라가면서 b의 변화율을 나타내는 것으로, Euler 기술로 표시된 $b = b(x, y, z, t)$ 를 물질을 따라가면서 미분을 구한다는 것을 강조하기 위하여 $\dfrac{d}{dt}$ 대신에 대문자로 표시하여 $\dfrac{D}{Dt}$로 나타내고 **물질미분(material derivative)** 또는 **실질미분(substantial derivative)**이라고 하고 다음과 같다.

$$\frac{D}{Dt} \equiv \frac{\partial}{\partial t} + u\frac{\partial}{\partial x} + v\frac{\partial}{\partial y} + w\frac{\partial}{\partial z} \tag{2.8}$$

첨자표기법을 사용하면 식 (2.8)은 다음처럼 나타낼 수 있다.

$$\underbrace{\frac{D}{Dt}}_{\text{물질미분}} = \underbrace{\frac{\partial}{\partial t}}_{\text{국소미분}} + \underbrace{v_j\frac{\partial}{\partial x_j}}_{\text{대류미분}} \tag{2.9}$$

여기서 $\dfrac{\partial}{\partial t}$는 **국소미분**(local derivative)을 나타내고 고정된 위치에서 시간에 대한 미분을 나타내고, $v_j\dfrac{\partial}{\partial x_j}$는 **대류미분**(convective derivative)으로 유체 입자가 한 위치에서 다른 위치로 이동하면서 변하는 것을 나타낸다.

✦ **대류미분**
convective derivative 또는 advective derivative라고도 한다.

식 (2.7)을 첨자표기법을 사용하여 다시 나타내면 다음과 같다.

$$\frac{Db}{Dt} = \frac{\partial b}{\partial t} + v_j\frac{\partial b}{\partial x_j} \tag{2.10}$$

여기서 $v_j\dfrac{\partial}{\partial x_j} = \mathbf{v} \cdot \nabla$으로 나타낼 수 있으므로 위의 식은 다음처럼 나타낼 수도 있다.

$$\frac{Db}{Dt} = \frac{\partial b}{\partial t} + (\mathbf{v} \cdot \nabla)b \tag{2.11}$$

다시 설명하면, $\dfrac{Db}{Dt}$는 Lagrange적인 관점에서 물체를 따라가면서 물체의 시간에 따른 성질 b의 변화율을 나타내고, $\dfrac{\partial b}{\partial t}$는 주어진 위치에서 성질 b의 시간에 대한 변화율을 나타내고, $v_j \dfrac{\partial b}{\partial x_j}$는 위치의 이동에 의한 성질 b의 변화율을 나타낸다.

보충설명 ⊕ 물질미분의 유도

다음처럼 f가 x, y의 함수인 경우를 생각하자.

$$f = f(x,y)$$

그러면 df가 다음처럼 된다는 것을 공학수학에서 이미 배웠을 것이다.

$$df = \frac{\partial f}{\partial x}dx + \frac{\partial f}{\partial y}dy$$

이제 변수 b가 $b(x,y,z,t)$로 주어지면 위와 같은 방법으로 db를 구하면

$$db = \frac{\partial b}{\partial x}dx + \frac{\partial b}{\partial y}dy + \frac{\partial b}{\partial z}dz + \frac{\partial b}{\partial t}dt$$

이고, dt로 나누면 다음과 같다.

$$\frac{db}{dt} = \frac{\partial b}{\partial x}\frac{dx}{dt} + \frac{\partial b}{\partial y}\frac{dy}{dt} + \frac{\partial b}{\partial z}\frac{dz}{dt} + \frac{\partial b}{\partial t}\frac{dt}{dt}$$

여기서

$$\frac{dx}{dt} = u,\ \frac{dy}{dt} = v,\ \frac{dz}{dt} = w$$

이므로,

$$\frac{db}{dt} = \frac{\partial b}{\partial t} + u\frac{\partial b}{\partial x} + v\frac{\partial b}{\partial y} + w\frac{\partial b}{\partial z}$$

이다.

2.5 가속도

유체의 유동을 Euler 기술로 나타내면, 속도는 일반적으로 식 (2.3)과 같은 속도장으로 주어진다. 속도장이 주어지면 식 (2.7)의 b에 $\mathbf{v}$를 대입하면 다음처럼 가속도를 구할 수 있다.

$$\mathbf{a} = \frac{D\mathbf{v}}{Dt} = \frac{\partial \mathbf{v}}{\partial t} + u\frac{\partial \mathbf{v}}{\partial x} + v\frac{\partial \mathbf{v}}{\partial y} + w\frac{\partial \mathbf{v}}{\partial z} \tag{2.12}$$

속도가 $\mathbf{v}=\mathbf{v}(x,y,z,t)$로 주어지면 가속도도 역시 $\mathbf{a}=\mathbf{a}(x,y,z,t)$로 표시되고 가속도장이라고 한다. 각각의 성분으로 나타내면 다음과 같다.

$$a_x=\frac{Du}{Dt}=\frac{\partial u}{\partial t}+u\frac{\partial u}{\partial x}+v\frac{\partial u}{\partial y}+w\frac{\partial u}{\partial z} \tag{2.13a}$$

$$a_y=\frac{Dv}{Dt}=\frac{\partial v}{\partial t}+u\frac{\partial v}{\partial x}+v\frac{\partial v}{\partial y}+w\frac{\partial v}{\partial z} \tag{2.13b}$$

$$a_z=\frac{Dw}{Dt}=\frac{\partial w}{\partial t}+u\frac{\partial w}{\partial x}+v\frac{\partial w}{\partial y}+w\frac{\partial w}{\partial z} \tag{2.13c}$$

위의 세 식들은 첨자와 첨자표기법을 사용하면 다음의 하나의 식으로 나타낼 수 있다.

$$a_i=\frac{Dv_i}{Dt}=\frac{\partial v_i}{\partial t}+v_j\frac{\partial v_i}{\partial x_j} \tag{2.14}$$

벡터로 나타내면 다음과 같다.

$$\mathbf{a}=\underbrace{\frac{D\mathbf{v}}{Dt}}_{\text{물질가속도}}=\underbrace{\frac{\partial \mathbf{v}}{\partial t}}_{\text{국소가속도}}+\underbrace{(\mathbf{v}\cdot\nabla)\mathbf{v}}_{\text{대류가속도}} \tag{2.15}$$

가속도의 각각의 항을 설명하면 다음과 같다.

- $\frac{D\mathbf{v}}{Dt}$는 물질가속도(material acceleration) 또는 실질가속도(substantial acceleration)라고 하며, 유체 입자를 따라가면서 가속도를 측정하는 것으로 주어진 위치에서 실제적인 유체입자의 가속도를 나타내고 단순히 가속도라고하면 물질가속도를 의미한다.
- $\frac{\partial \mathbf{v}}{\partial t}$는 국소가속도(local acceleration)라고 하며, 유체 입자를 따라가지 않고 고정된 위치에서 속도의 변화율을 나타내는 것으로 국소가속도가 0이면 정상(steady) 유동이고 국소가속도가 0이 아니면 비정상(unsteady) 유동이다.
- $(\mathbf{v}\cdot\nabla)\mathbf{v}$는 대류가속도(convective acceleration 또는 advective acceleration)라고 하며, 유체 입자가 한 위치에서 다른 위치로 이동하면 속도가 바뀌기 때문에 생기는 가속도이다.

예제 2.2 **속도장이 다음처럼 주어질 때 가속도를 구하라. A와 B는 0이 아닌 상수이다.**

$$\mathbf{v} = Axy\mathbf{i} - By\mathbf{j}$$

풀이

속도가 벡터로 주어져 있어 식 (2.15)를 사용하여 가속도 $\mathbf{a}$를 구할 수도 있지만 각각의 성분을 이용하여 구하는 것이 쉽다. 속도 성분은 다음과 같다.

$$u = Axy,\ v = -By$$

식 (2.13a)를 사용하여 x방향의 가속도를 다음처럼 구할 수 있다.

$$a_x = \frac{Du}{Dt} = \frac{\partial u}{\partial t} + u\frac{\partial u}{\partial x} + v\frac{\partial u}{\partial y} = 0 + (Axy)(Ay) + (-By)(Ax) = A^2xy^2 - ABxy$$

식 (2.13b)를 사용하여 y방향의 가속도를 다음처럼 구할 수 있다.

$$a_y = \frac{Dv}{Dt} = \frac{\partial v}{\partial t} + u\frac{\partial v}{\partial x} + v\frac{\partial v}{\partial y} = 0 + (Axy)(0) + (-By)(-B) = B^2y$$

따라서 가속도는 다음과 같다.

$$\mathbf{a} = a_x\mathbf{i} + a_y\mathbf{j} = (A^2xy^2 - ABxy)\mathbf{i} + B^2y\mathbf{j}$$

보충설명

속도가 시간의함수가 아닌 정상유동이라 하더라도 가속도는 0이 아니다. 즉, $\frac{d\mathbf{v}}{dt} = 0$ 이 성립하지 않는다. 속도가 Lagrange 관점에서 주어지는 경우가 아닌 Euler 관점으로 주어지는 속도장인 경우 위의 미분은 식 (2.15)처럼 계산하여야 한다. 다음의 두 예제에서 이 두 관점을 비교하여 설명할 것이다.

예제 2.3 **그림 E2.3처럼 길이가 L인 어떤 구간을 지나는 한 유체 입자를 따라가면서 유체입자의 속도 u_P를 측정하여 다음과 같은 결과를 얻을 수 있었다.**

$$u_P = u_0\left(1 + \frac{u_0}{2L}t\right) \tag{1}$$

$t = 0$일 때 이 유체입자는 $x = 0$에 위치하고 있으며 그 때의 x방향의 속도는 u_0이고, y방향과 z방향의 속도 성분은 0이다. 위의 속도는 Lagrange 기술로 나타낸 것이다. $u_0 = 0.8\ \mathrm{m/s}$ 이고 $L = 1\ \mathrm{m}$일 때, 처음부터 0.1초 간격으로 1초 후까지 입자의 위치 x_P 및 그 때의 입자의 속도 u_P와 가속도 a_P를 구하라.

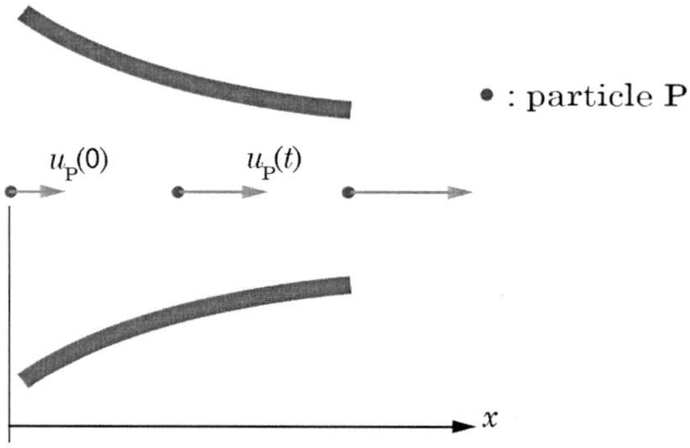

그림 E2.3
Lagrange 기술로 나타낸 속도

풀이

속도가 식 (1)로 주어졌으므로 위치 x는 적분하여 구할 수 있다.

$$x_P = \int_0^t u_P dt = \int_0^t u_0\left(1 + \frac{u_0}{2L}t\right)dt = u_0\left(t + \frac{u_0}{4L}t^2\right) \tag{2}$$

유체입자의 속도를 미분하면 유체입자의 가속도를 다음처럼 구할 수 있다.

$$a_P = \frac{du_P}{dt} = \frac{u_0^2}{2L} \tag{3}$$

식 (2)에 $u_0 = 0.8\,\mathrm{m/s}$, $L = 1\,\mathrm{m}$를 대입하면 처음부터 0.1초 간격으로 1초 후까지 입자의 위치 및 그 때의 속도와 가속도를 다음처럼 구할 수 있다.

t(s)	0	0.1	0.2	0.3	0.4	0.5	0.6	0.7	0.8	0.9	1.0
x_P(m)	0.0	0.082	0.166	0.254	0.346	0.440	0.538	0.638	0.742	0.850	0.960
u_P(m/s)	0.8	0.832	0.864	0.896	0.928	0.96	0.992	1.024	1.056	1.088	1.12
a_P(m/s^2)	0.32	0.32	0.32	0.32	0.32	0.32	0.32	0.32	0.32	0.32	0.32

보충설명

유체입자를 따라가면서 속도를 측정한 것이므로 Lagrange 기술이고, 가속도는 $\frac{du_P}{dt}$ 로부터 구할 수 있다. 위의 경우 가속도는 일정하고 등가속도이다. 특정한 입자의 위치 및 속도와 가속도를 나타내기 때문에 모두 아래첨자 p를 사용하여 x_P, u_P 및 a_P로 표시하였다.

✦아래첨자 p : particle

예제 2.4 모든 입자가 앞의 예제 2.3처럼 움직인다고 할 때, 그림 E2.4처럼 고정된 점에서 속도를 측정한 결과 다음과 같은 속도장을 구할 수 있다(일반적으로 구하기가 쉽지는 않다).

$$u = u_0\sqrt{1+\frac{x}{L}} \tag{1}$$

이 속도장은 Euler 기술을 사용하여 나타낸 것이다. 이 속도장을 이용하여 (a) $x = 0.5,\ 1\,\mathrm{m}$에서의 속도와 가속도를 구하라. (b) 앞의 예제 2.3에서 0.1초 간격으로 구한 입자의 위치에서의 속도 및 가속도를 구하여 앞의 예제와 비교해 보라. (c) 그 때의 국소가속도와 대류가속도를 구하라.

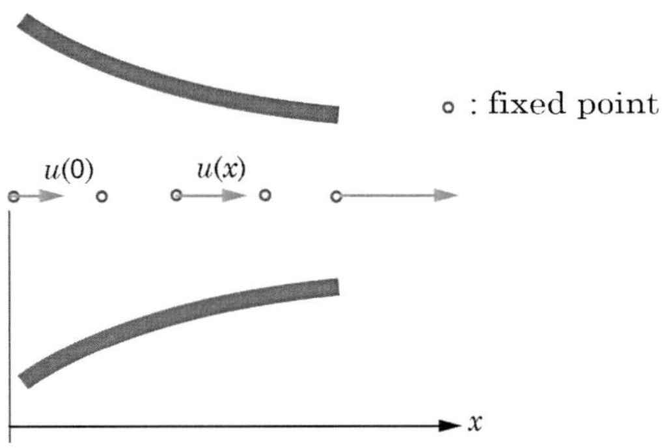

그림 E2.4
Euler 기술로 나타낸 속도

풀이

(a) 속도가 속도장 형태로 주어졌으므로 식 (2.13a)를 사용하여 x방향의 가속도를 다음처럼 구할 수 있다.

$$a_x = \frac{Du}{Dt} = \frac{\partial u}{\partial t} + u\frac{\partial u}{\partial x} = 0 + \left(u_0\sqrt{1+\frac{x}{L}}\right)\frac{u_0}{2L}\left(1+\frac{x}{L}\right)^{-1/2} = \frac{u_0^2}{2L} \tag{2}$$

식 (1)과 식 (2)에 $u_0 = 0.8\,\mathrm{m/s}$, $L = 1\,\mathrm{m}$를 대입하여, $x = 0.5$, 1m에서 속도와 가속도를 다음처럼 구할 수 있다.

$x = 0.5$:

$$u = u_0\sqrt{1+\frac{x}{L}} = 0.8\sqrt{1+\frac{0.5}{1}} = 0.98\ \ \mathrm{m/s}$$

$$a_x = \frac{Du}{Dt} = \frac{u_0^2}{2L} = \frac{0.8^2}{(2)(1)} = 0.32\ \ \mathrm{m/s^2}$$

$x = 1$:

$$u = u_0\sqrt{1+\frac{x}{L}} = 0.8\sqrt{1+\frac{1}{1}} = 1.131\ \ \mathrm{m/s}$$

$$a_x = \frac{Du}{Dt} = \frac{u_0^2}{2L} = \frac{0.8^2}{(2)(1)} = 0.32\ \ \mathrm{m/s^2}$$

(b) 예제 2.3의 위치에서의 속도와 가속도를 식 (1)과 식 (2)를 이용하여 다음처럼 구할 수 있다.

x(m)	0.0	0.082	0.166	0.254	0.346	0.440	0.538	0.638	0.742	0.850	0.960
u(m/s)	0.8	0.832	0.864	0.896	0.928	0.96	0.992	1.024	1.056	1.088	1.12
a(m/s^2)	0.32	0.32	0.32	0.32	0.32	0.32	0.32	0.32	0.32	0.32	0.32

(c) 식 (1)은 정상유동이고 식 (2)에서 보듯이 국소가속도 $\dfrac{\partial u}{\partial t}$는 모든 점에서 0이고 대류가속도 $u\dfrac{\partial u}{\partial x}$ 는 모든 점에서 0.32 m/s^{2}이다.

보충설명

모든 유체입자들이 앞 예제에서의 특정 유체입자의 속도 $u_{\mathrm{P}} = u_0\left(1+\dfrac{u_0}{2L}t\right)$로 움직일 때, 공간에서의 고정점들($x$ = 0, 0.082, 0.166 등)에서 속도를 측정하여 속도장을 구하면 $u = u_0\sqrt{1+\dfrac{x}{L}}$ 가 되고, 이것이 Euler 기술로 나타낸 속도장이다. 중심선에서의 유동은 1차원 유동이고, 모든 위치의 단면에서의 속도분포를 그림 2.3(b)처럼 균일하다고 가정할 수 있는 경우는 유동장 전체에서 1차원 유동이다.

일반적으로 Lagrange 기술로 된 속도를 Euler 기술로 표현하기는 쉽지는 않다. 유체역학에서는 실험에서 측정, 이론적 또는 CFD를 사용하여 처음부터 Euler 기술로 속도장을 구한다. 이 예제에서는 Euler 기술로 표현된 속도장이 주어져 있으므로 가속도(1차원 유동)는 식 (2.13a)를 사용하여 $a_x = \dfrac{Du}{Dt}$ 로부터 구할 수 있다.

이 예제에서 구한 속도와 가속도가 예제 2.3에서 구한 속도와 가속도가 같다는 것에 주목하라. 이 두 결과가 같다는 것은 예제 2.3의 식(1)로 주어진 Lagrange 기술로 표현된 속도를 Euler 기술로 표현된 속도인 예제 2.4의 식(1)로 제대로 나타내었다는 것이고, 또한 두 방식으로 구한 가속도가 같다는 것이다.

$\dfrac{\partial u}{\partial t} = 0$이므로 이 유동은 정상유동이므로 모든 점에서 속도는 변하지 않고 일정하다. 그러나 다른 위치에서의 속도는 다르므로 실제 유체는 공간을 이동하면서 속도가 달라지고 유체입자는 가속 또는 감속되고 이런 가속도를 대류가속도라고 한다.

2.6 Reynolds 수송정리

2.6.1 시스템과 검사체적

앞에서 유체의 유동을 기술하는 방법으로 Lagrange 기술과 Euler 기술 두 가지 방법이 있다고 설명하였다. 이와 연관하여 시스템과 검사체적의 두 가지 개념에 대해 설명한다.

시스템(system)은 관심의 대상이 되는 일정 질량의 유체를 의미한다. 열역학에서의 밀폐계(closed system)를 유체역학에서는 단순히 시스템(또는 계)이라고 한다. 일반적으로 유체가 흘러갈 때 시스템의 형태는 바뀌면서 이동하게 된다. 시스템적 해석은 Lagrange 기술에 해당되는 것이다.

검사체적(control volume)은 열역학에서의 개방계(open system)를 의미하며, 관심의 대상이 되는 공간상의 주어진 부분을 나타낸다. 강물의 속도를 측정한다고 할 때, 관심의 대상이 되는(측정하고자 하는) 공간이 검사체적에 해당된다. 검사체적의 표면을 통하여 유체가 유입되고 유출될 수 있다. 검사체적 밖의 유체는 관심의 대상이 아니다. 검사체적 해석은 Euler 기술에 해당되는 것이고, 유체역학에서는 검사체적을 설정하여 해석하는 방법을 주로 사용한다.

그림 2.5에 점선으로 표시한 부분이 관심의 대상이 되는 검사체적이고, 실선으로 표시한 부분이 시스템이고 일정한 질량을 나타낸다. 유체역학에서 시스템은 시간이 지나면 보통 이동하고 검사체적은 정지한 경우가 대부분이지만, 검사체적이 이동할 수도 있다.

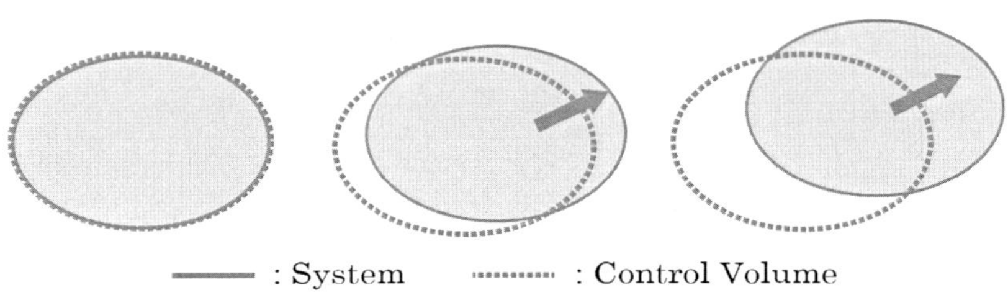

그림 2.5
검사체적과 시스템

2.6.2 Reynolds 수송정리

Newton의 운동법칙 등 일반적인 물리법칙은 Lagrange 기술에 따라 시스템에 대하여 나타낸 것이다. 그러나 유체의 유동을 나타낼 때는 시스템에 대한 Lagrange 기술보다는 Euler 기술에 따라 검사체적에 관하여 나타내는 것이 편리하다. 시스템에 대한 식을 검사체적에 대한 식으로 변환시켜주는 관계식이 **Reynolds 수송정리 (Reynolds transport theorem)**이고 다음처럼 유도할 수 있다.

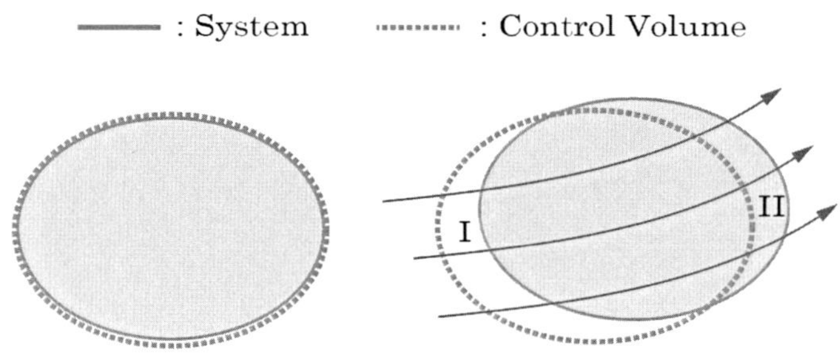

그림 2.6
(a) 시간 t와 (b) 시간 $t+\Delta t$일 때 검사체적과 시스템

그림 2.6(a)에 시간 t일 때 점선으로 표시된 검사체적과 실선으로 표시된 시스템을 나타내고 있으며, 이때 검사체적과 시스템은 일치한다. 그림 2.6(b)에 시간 $t+\Delta t$일 때 검사체적과 시스템을 나타내고 있으며 시스템과 시스템에 포함된 유체는 검사체적을 약간 벗어나 있음을 알 수 있다. B를 어떤 물리량(질량, 운동량, 에너지 등)이라고 하고, 시스템이 가진 물리량 B의 시간에 따른 변화율은 다음처럼 정의된다.

$$\frac{dB_{sys}}{dt} = \lim_{\Delta t \to 0} \frac{B_{sys}(t+\Delta t) - B_{sys}(t)}{\Delta t} \tag{2.16}$$

여기서 사용된 기호는 다음과 같다.

- $B_{sys}(t)$: 시간 t일 때 시스템이 가지는 물리량.
- $B_{sys}(t+\Delta t)$: 시간 $t+\Delta t$일 때 시스템이 가지는 물리량.

그림 2.6을 참조하면 다음과 같은 관계가 성립한다.

$$B_{sys}(t) = B_{cv}(t) \tag{2.17}$$

$$B_{sys}(t+\Delta t) = B_{cv}(t+\Delta t) + \Delta B_{II} - \Delta B_{I} \tag{2.18}$$

위의 식에 사용된 기호는 다음과 같다.

- $B_{cv}(t)$: 시간 t일 때 검사체적내의 유체가 가지는 물리량.
- $B_{cv}(t+\Delta t)$: 시간 $t+\Delta t$일 때 검사체적내의 유체가 가지는 물리량.
- ΔB_{II} : 그림 2.6(b)의 오른쪽 II 부분의 유체가 가지는 물리량.
- ΔB_{I} : 그림 2.6(b)의 왼쪽 I 부분의 유체가 가지는 물리량.

식 (2.17)과 식 (2.18)을 식 (2.16)에 대입하면, 다음과 같다.

$$\frac{dB_{sys}}{dt} = \lim_{\Delta t \to 0}\left[\frac{B_{cv}(t+\Delta t) - B_{cv}(t)}{\Delta t} + \frac{\Delta B_{II}}{\Delta t} - \frac{\Delta B_{I}}{\Delta t}\right] \tag{2.19}$$

여기서,

$$\lim_{\Delta t \to 0}\frac{B_{cv}(t+\Delta t) - B_{cv}(t)}{\Delta t} = \frac{\partial B_{cv}}{\partial t} \tag{2.20}$$

$$\lim_{\Delta t \to 0}\frac{\Delta B_{II}}{\Delta t} = (\dot{B})_{out} \tag{2.21}$$

$$\lim_{\Delta t \to 0}\frac{\Delta B_{I}}{\Delta t} = (\dot{B})_{in} \tag{2.22}$$

으로 나타내면, 식 (2.19)는 다음처럼 나타낼 수 있다.

$$\frac{dB_{sys}}{dt} = \frac{\partial B_{cv}}{\partial t} + (\dot{B})_{out} - (\dot{B})_{in} \tag{2.23}$$

- B는 물리량(질량, 운동량, 에너지 등)을 나타낸다.
- 아래첨자 sys는 system(계)을, cv는 control volume(검사체적)을 나타낸다. 따라서 B_{sys}는 시스템의 물리량을 B_{cv}는 검사체적 내 물질의 물리량을 나타낸다.
- 좌변의 시스템에 대한 미분식은 Lagrange 방법이고 우변은 Euler 방법으로 나타낸 것이다.
- 아래첨자 in은 유입되는 곳을 나타내고 out은 유출되는 곳을 나타낸다.

✦ 아래첨자는 다음과 같다.
- sys : system(계)
- cv : control volume(검사체적)
- in : inlet(입구)
- out : outlet(출구)

- $(\dot{B})_{\text{in}}$: B의 유입률
- $(\dot{B})_{\text{out}}$: B의 유출률
- $(\dot{B})_{\text{out}} - (\dot{B})_{\text{in}}$: B의 순(알짜, net) 유출률

■ $(\dot{B})_{\text{in}}$은 검사표면을 통한 물리량 B의 유입률, $(\dot{B})_{\text{out}}$은 검사표면을 통한 물리량 B의 유출률을 나타낸다. 따라서 $(\dot{B})_{\text{out}} - (\dot{B})_{\text{in}}$ 은 검사표면을 통한 물리량 B의 순(net) 유출률을 나타낸다.

식 (2.23)을 다시 표현하면 다음과 같다.

시스템에서의 물리량 B의 변화율은 검사체적에서의 물리량 B의 변화율과 검사표면을 통한 물리량 B의 순 유출률과 같다.

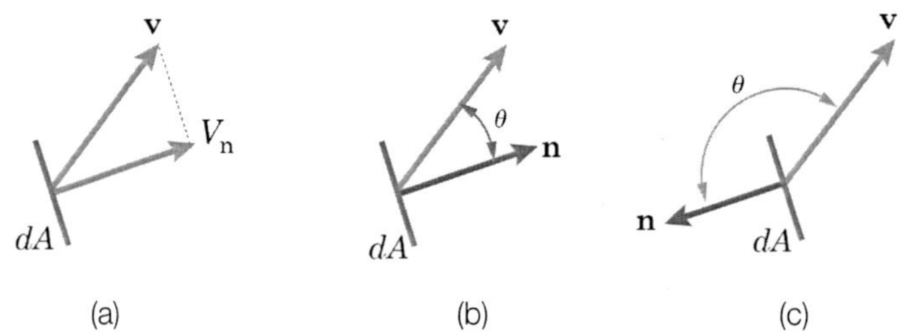

그림 2.7
(a) 수직속도 성분, (b) 출구단면에서의 법선벡터, (c) 입구단면에서의 법선벡터

그림 2.7(a)에 보여주고 있는 미소한 검사표면 dA를 통과하는 미소한 질량유량은 $d\dot{m} = \rho V_n dA$ 이고, 이 미소 면적 dA를 통과하는 물리량의 통과율은 $d\dot{B} = b\rho V_n dA$ 이다. 여기서 b는 단위 질량당의 물리량을 나타내고, dA는 유입 또는 유출되는 미소단면의 면적을 나타내고 V_n은 그림 2.7(a)에 나타내고 있는 것처럼 단면에 수직한 속도성분의 크기(즉, $V_n > 0$)를 나타낸다. 이것을 출구표면과 입구표면 전체에 대해 적분한 것이 $(\dot{B})_{\text{out}}$과 $(\dot{B})_{\text{in}}$이고 다음과 같다.

$$(\dot{B})_{\text{out}} = \int_{A_{\text{out}}} b\rho V_n dA, \quad (\dot{B})_{\text{in}} = \int_{A_{\text{in}}} b\rho V_n dA \tag{2.24}$$

이것을 식 (2.23)에 대입하면 다음과 같다.

$$\frac{dB_{\text{sys}}}{dt} = \frac{\partial B_{\text{cv}}}{\partial t} + \int_{A_{\text{out}}} b\rho V_n dA - \int_{A_{\text{in}}} b\rho V_n dA \tag{2.25}$$

그림 2.7(b)의 출구단면에서는

$$\mathbf{v} \cdot \mathbf{n} = |\mathbf{v}||\mathbf{n}|\cos\theta = |\mathbf{v}|\cos\theta = V\cos\theta = V_n$$

이므로,

$$\int_{A_{\text{out}}} \rho b V_{\text{n}} dA = \int_{A_{\text{out}}} \rho b \mathbf{v} \cdot \mathbf{n} dA \tag{2.26}$$

이고, 그림 2.7(c)의 입구단면에서는

$$\mathbf{v} \cdot \mathbf{n} = |\mathbf{v}||\mathbf{n}|\cos\theta = |\mathbf{v}|\cos\theta = V\cos\theta = -V_{\text{n}}$$

이므로,

$$\int_{A_{\text{in}}} \rho b V_{\text{n}} dA = -\int_{A_{\text{in}}} \rho b \mathbf{v} \cdot \mathbf{n} dA \tag{2.27}$$

이다. 따라서 식 (2.24), 식 (2.26)과 식 (2.27)로부터

$$(\dot{B})_{\text{out}} - (\dot{B})_{\text{in}} = \int_{A_{\text{in}}} \rho b \mathbf{v} \cdot \mathbf{n} dA + \int_{A_{\text{out}}} \rho b \mathbf{v} \cdot \mathbf{n} dA$$

이고, 다음처럼 나타낼 수 있다.

$$(\dot{B})_{\text{out}} - (\dot{B})_{\text{in}} = \int_{\text{cs}} \rho b \mathbf{v} \cdot \mathbf{n} dA \tag{2.28}$$

여기서 cs는 검사표면(control surface)을 나타내고 입구면적과 출구면적 전체를 나타낸다. 식 (2.28)을 식 (2.23)에 대입하면 다음과 같다.

$$\frac{dB_{\text{sys}}}{dt} = \frac{\partial B_{\text{cv}}}{\partial t} + \int_{\text{cs}} \rho b \mathbf{v} \cdot \mathbf{n} dA \tag{2.29}$$

시스템 또는 검사체적에서 밀도 또는 물성치가 균일하지 않은 경우 B는 다음처럼 구한다. 미소한 체적 $d\mathcal{V}$의 미소질량은 $\rho d\mathcal{V}$이고, 이 미소질량이 가지는 물리량은 $b\rho d\mathcal{V}$이다. 이것을 시스템 또는 검사체적 전체에 대해 적분하면 시스템 또는 검사체적 전체의 물리량 B가 된다.

$$B_{\mathrm{sys}} = \int_{\mathrm{sys}} \rho b d\mathcal{V}\ ,\ B_{\mathrm{cv}} = \int_{\mathrm{cv}} \rho b d\mathcal{V} \tag{2.30}$$

식 (2.30)을 식 (2.29)에 대입하면 일반적인 Reynolds 수송정리를 얻을 수 있으며 다음과 같다.

$$\frac{dB_{\mathrm{sys}}}{dt} = \frac{\partial}{\partial t}\left(\int_{\mathrm{cv}} \rho b d\mathcal{V}\right) + \int_{\mathrm{cs}} \rho b \mathbf{v} \cdot \mathbf{n} dA \tag{2.31}$$

검사체적으로 유입 및 유출되는 속도분포와 유체의 물성치가 균일할 때,

$$\dot{B} = b\rho V_{\mathrm{n}} A = \dot{m} b \tag{2.32}$$

이므로, Reynolds 수송정리는, 식 (2.32)를 식 (2.23)에 대입하여 다음처럼 나타낼 수 있다.

$$\frac{dB_{\mathrm{sys}}}{dt} = \frac{\partial B_{\mathrm{cv}}}{\partial t} + (\dot{m} b)_{\mathrm{out}} - (\dot{m} b)_{\mathrm{in}} \tag{2.33}$$

검사체적으로 유입 및 유출되는 속도분포와 유체의 물성치가 균일할 때 검사체적으로 유입 또는 유출되는 곳이 여러 곳인 경우 다음처럼 수정하여 나타낼 수 있다.

$$\frac{dB_{\mathrm{sys}}}{dt} = \frac{\partial B_{\mathrm{cv}}}{\partial t} + \sum (\dot{m} b)_{\mathrm{out}} - \sum (\dot{m} b)_{\mathrm{in}} \tag{2.34}$$

2.7 유체요소의 운동 및 변형

유체요소는 유동을 하면서 형태가 복잡하게 변하게 된다. 이런 복잡한 과정은 직각좌표계에서 직육면체 형태의 미소한 유체요소(fluid element)를 고려하여 설명하는 것이 편하다. 유체 유동에서 유체요소의 복잡한 유동 및 변형은 그림 2.8의 (a)~(d)에 나타낸 것처럼 기본적으로 병진운동(translation), 회전(rotation), 선형변형(linear strain 또는 linear deformation) 및 전단변형(shear strain)등 네 가지의 복합적인 효과로 나타나게 된다. 그림에서는 아주 짧은 시간 후에 유체요소의 운동 및 변형을 나타내었고, 2차원으로만 나타내었다. 그림 2.8(e)에는 병진운동과 회전이 동시에 일어날 때를 예시하고 있고, 그림 2.8(f)에는 병진운동과 전단변형이 동시에 일어날 때를 예시하고 있다. 실제유동에서 네 가지가 동시에 일어난다면 미소한 유체요소는 더 복잡한 형태로 나타날 수 있다.

✦ 선형변형을 수직변형(normal strain)이라고도 한다.

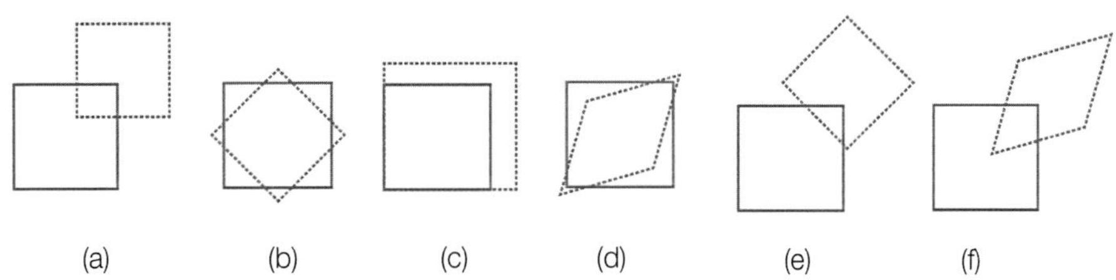

그림 2.8
미소유체요소의 운동 및 변형 (a) 병진운동, (b) 회전, (c) 선형변형, (d) 전단변형, (e) 병진운동+회전, (f) 병진운동+전단변형

2.7.1 선형변형 – 선형변형률

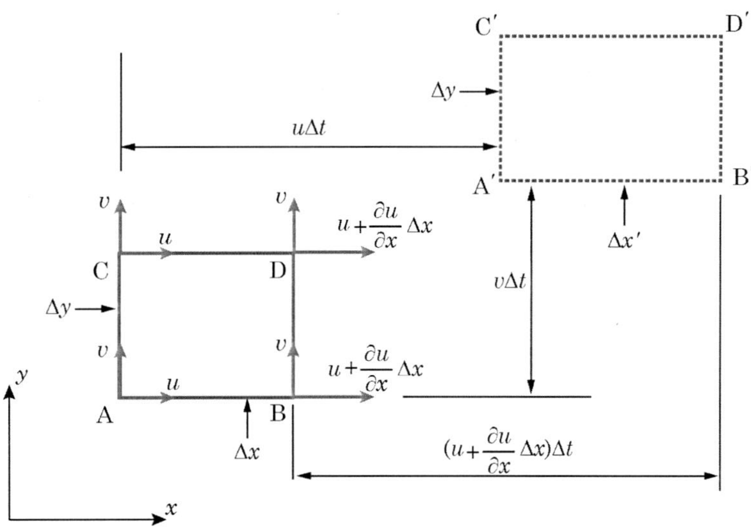

그림 2.9
유체요소의 병진운동 및 x 방향 선형변형

그림 2.9에는 유체요소가 병진운동과 x방향 선형변형(linear strain)이 동시에 일어날 때를 나타낸 것이다. 한 변의 길이가 각각 Δx, Δy, Δz인 미소한 직육면체 형태의 유체요소를 고려하자. 이 직육면체 모양의 유체요소를 편의상 그림 2.9처럼 xy단면에서 나타내면, 어떤 시점에 2차원 형태의 직사각형의 유체요소 ABDC로 나타낼 수 있다. 그림에서는 오직 u가 x방향으로만 변하고 또한 증가한다고 가정한 경우이다. 즉, $\frac{\partial u}{\partial x} > 0$ 이고, $\frac{\partial u}{\partial y}$, $\frac{\partial v}{\partial x}$, $\frac{\partial v}{\partial y}$ 등은 모두 0인 경우를 그림에 나타낸 것이다. 점 A와 C에서 x와 y방향의 유체의 속도는 각각 u, v이므로, 아주 짧은 Δt 시간 동안 점 A와 C는 x와 y방향으로 각각 $u\Delta t$, $v\Delta t$만큼 이동하여 A′과 C′로 이동하게 된다. 미소한 검사체적의 Δx는 아주 작으므로, 점 B와 D에서 x방향의 유체의 속도는 $u + \frac{\partial u}{\partial x}\Delta x$로 나타낼 수 있고, y방향의 유체의 속도는 변하지 않아 v이므로, 아주 짧은 Δt 시간 동안 점 B는 x와 y방향으로 각각 $\left(u + \frac{\partial u}{\partial x}\Delta x\right)\Delta t$, $v\Delta t$ 만큼 이동하여 B′과 D′로 이동하게 된다. 결과적으로 아주 짧은 Δt 시간 동안 유체요소는 이동하고 x방향으로 **선형변형**(linear strain)이 일어나 유체요소 ABDC는 유체요소 A′B′D′C′가 된다. $\frac{\partial u}{\partial x} > 0$ 인 경우의 선형변형은 실제로는 확장(stretching)이다. 그림에서 보듯이 AB와 CD의 길이는 모두 Δx이고 A′B′와 C′D′의 길이는 $\Delta x'$가 된다. 하지만, y방향의 길이인 Δy는 일정하다.
그림에서 보듯이

$$\Delta x' = l_{\mathrm{A'B'}} = \Delta x + \left(u + \frac{\partial u}{\partial x}\Delta x\right)\Delta t - u\Delta t = \Delta x\left(1 + \frac{\partial u}{\partial x}\Delta t\right)$$

가 되어 길이가 늘어나고, x방향의 **선형변형률(linear strain rate** 또는 rate of linear strain)을 다음처럼 정의한다.

$$\dot{\epsilon}_{xx} = \lim_{\Delta t \to 0}\frac{1}{\Delta t}\frac{l_{\mathrm{A'B'}} - l_{\mathrm{AB}}}{l_{\mathrm{AB}}} = \lim_{\Delta t \to 0}\frac{1}{\Delta t}\frac{\Delta x' - \Delta x}{\Delta x} = \frac{\partial u}{\partial x} \tag{2.35}$$

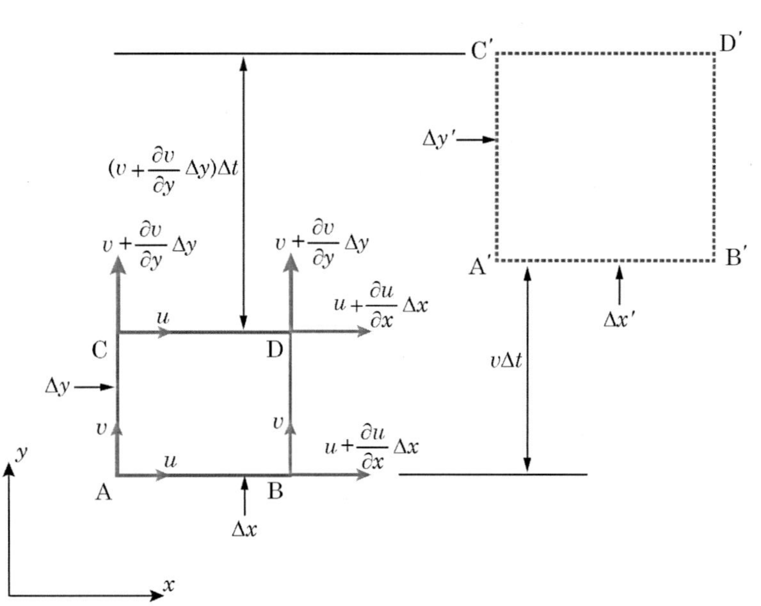

그림 2.10
유체요소의 병진운동과 x 및 y방향 선형변형

그림 2.10에는 $\dfrac{\partial u}{\partial x}$뿐 아니라 $\dfrac{\partial v}{\partial y}$의 값이 0이 아닌 경우이고 둘 다 양인 경우 ($\dfrac{\partial u}{\partial x}>0$, $\dfrac{\partial v}{\partial y}>0$)를 나타내고 있다. 그림에서 보듯이 x방향의 길이의 변화뿐 아니라 y방향의 길이도 변한다. 그림에서 보듯이 AC와 BD의 길이는 모두 Δy이고 A′C′와 B′D′의 길이는 $\Delta y'$가 된다.

$$\Delta y' = l_{\mathrm{A'C'}} = \Delta y + \left(v + \frac{\partial v}{\partial y}\Delta y\right)\Delta t - v\Delta t = \Delta y\left(1 + \frac{\partial v}{\partial y}\Delta t\right)$$
$$\dot{\epsilon}_{yy} = \lim_{\Delta t \to 0}\frac{1}{\Delta t}\frac{l_{\mathrm{A'C'}} - l_{\mathrm{AC}}}{l_{\mathrm{AC}}} = \lim_{\Delta t \to 0}\frac{1}{\Delta t}\frac{\Delta y' - \Delta y}{\Delta y} = \frac{\partial v}{\partial y} \tag{2.36}$$

그림에서는 표시되어 있지 않지만, 같은 방법으로 z방향에 대해 다음을 얻을 수 있다.

$$\dot{\epsilon}_{zz} = \frac{\partial w}{\partial z} \tag{2.37}$$

체적팽창률

이제 $\frac{\partial u}{\partial x}$, $\frac{\partial v}{\partial y}$와 $\frac{\partial w}{\partial z}$를 모두 고려하면, 처음 직육면체 ABDC의 체적을 V, Δt 시간 후 직육면체 A′B′D′C′의 체적을 V′이라고 하면 각각 다음과 같다.

$$
\begin{aligned}
V &= \Delta x \Delta y \Delta z \\
V' &= \Delta x' \Delta y' \Delta z' = \Delta x\left(1+\frac{\partial u}{\partial x}\Delta t\right)\Delta y\left(1+\frac{\partial v}{\partial y}\Delta t\right)\Delta z\left(1+\frac{\partial w}{\partial z}\Delta t\right) \\
&= \Delta x \Delta y \Delta z\left[1+\left(\frac{\partial u}{\partial x}+\frac{\partial v}{\partial y}+\frac{\partial w}{\partial z}\right)\Delta t+(\cdots)\Delta t^2+(\cdots)\Delta t^3\right]
\end{aligned}
$$

미소유체의 **체적변형률**(volumetric strain rate) 또는 **체적팽창률**(volumetric dilatation rate)은 단위체적당의 체적변화율로 정의되고 다음과 같다(Δt^2항과 Δt^3항은 무시한다).

$$\lim_{\Delta t \to 0}\frac{1}{\Delta t}\frac{V'-V}{V} = \dot{\epsilon}_{xx}+\dot{\epsilon}_{yy}+\dot{\epsilon}_{zz} = \dot{\epsilon}_{ii} \tag{2.38}$$

✦ $\dot{\epsilon}_{ii} = \dot{\epsilon}_{xx}+\dot{\epsilon}_{yy}+\dot{\epsilon}_{zz}$

첨자표기법을 사용하면 체적변형률은 $\dot{\epsilon}_{ii}$로 나타낼 수 있고, 식 (2.35)~식 (2.37)을 대입하면 체적변형률 또는 체적팽창률은 다음과 같다.

$$\dot{\epsilon}_{ii} = \frac{\partial u}{\partial x}+\frac{\partial v}{\partial y}+\frac{\partial w}{\partial z} = \frac{\partial v_i}{\partial x_i} = \nabla \cdot \vec{\mathbf{v}} \tag{2.39}$$

만약 비압축성(incompressible) 유동인 경우 유체의 밀도가 일정하여 유체의 부피는 변하지 않기 때문에 체적변형률 또는 체적팽창률은 0이고, 뒤에서 유도하는 연속방정식에서도 확인할 수 있다.

✦ 뒤에서 연속방정식을 다룰 것이고, 비압축성유체의 체적팽창률이 0이라는 것을 확인할 수 있다.

2.7.2 전단변형 – 전단변형률

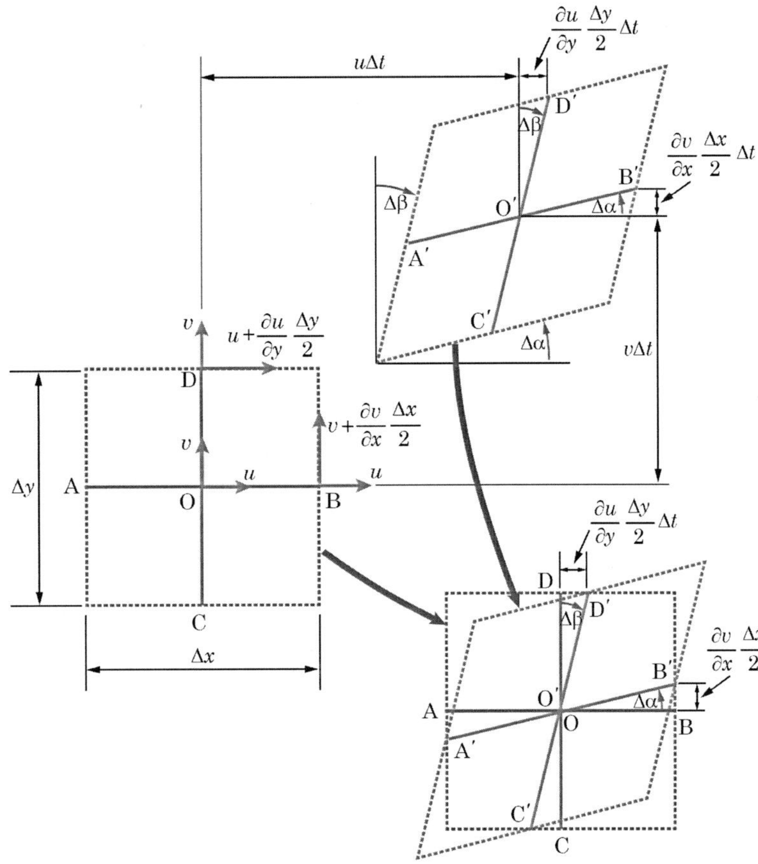

그림 2.11
미소유체요소의 병진운동 및 전단변형

그림 2.11에 $\frac{\partial u}{\partial y}$와 $\frac{\partial v}{\partial x}$가 모두 양인 경우를 나타내고 있으며, 미소유체요소는 시간이 지남에 따라 이동하고 **전단변형**(shear strain)이 일어나게 된다. 미소유체요소의 중심점을 O라고 나타내면 처음에 이 점의 x, y방향의 속도성분은 각각 u, v이다. $\frac{\partial u}{\partial y}$와 $\frac{\partial v}{\partial x}$가 모두 양일 때 점 B와 점 D에서의 유체의 속도는 그림에 나타낸 것과 같다. Δt 시간 후 점 B는 중심점 O보다 y방향으로 더 이동하여 선분 OB는 반시계방향으로 $\Delta\alpha$만큼 회전하여 선분 O′B′가 된다. 즉 선분 AB는 반시계방향으로 회전하여 선분 A′B′가 된다. 그리고 Δt 시간 후 점 D는 중심점 O보다 x방향으로 더 이동하여 선분 OD는 시계방향으로 $\Delta\beta$만큼 회전하여 선분 O′D′가 된다. 즉 선분 CD는 시계방향으로 회전하여 선분 C′D′가 된다. 따라서 유체 요소의 두 중심선 AB와 CD는 이동하면서 각변형이 일어나게 된다(전단변형이 일어난다). 그림 2.11의 오

른쪽 아래에 두 중심점 O와 O′를 일치하여 나타내고 있으며 이 그림을 참고하면, 전단변형을 쉽게 이해할 수 있다.

$\Delta\gamma = \Delta\alpha + \Delta\beta$를 전단변형이라 하고 고체인 경우를 생각하면 이해하기 쉽다. 고체인 경우 평형을 이루어 전단변형 $\Delta\gamma$는 일정하지만, 유체요소는 시간에 따라 계속 변한다. 따라서 유체역학에서는 $\Delta\gamma$의 시간에 따른 변화율 $\dot{\gamma} = \lim_{\Delta t \to 0} \dfrac{\Delta\gamma}{\Delta t}$가 관심의 대상이다. 그림에서,

$$\tan\Delta\alpha = \frac{\dfrac{\partial v}{\partial x}\dfrac{\Delta x}{2}\Delta t}{l_{\mathrm{OB}}} = \frac{\dfrac{\partial v}{\partial x}\dfrac{\Delta x}{2}\Delta t}{\dfrac{\Delta x}{2}} = \frac{\partial v}{\partial x}\Delta t$$

이고, 아주 작은 Δt 시간을 고려하면, $\tan\Delta\alpha \approx \Delta\alpha$이므로,

$$\Delta\alpha = \frac{\partial v}{\partial x}\Delta t$$

이다. 각도 $\Delta\alpha$의 시간에 대한 변화율은 다음과 같다.

$$\dot{\alpha} = \lim_{\Delta t \to 0}\frac{\Delta\alpha}{\Delta t} = \frac{\partial v}{\partial x} \tag{2.40}$$

같은 방법으로,

$$\dot{\beta} = \lim_{\Delta t \to 0}\frac{\Delta\beta}{\Delta t} = \frac{\partial u}{\partial y} \tag{2.41}$$

를 얻을 수 있다. xy단면에서의 **전단변형률(shear strain rate)**은 다음처럼 $\dot{\alpha}$과 $\dot{\beta}$의 평균으로 정의한다.

$$\dot{\epsilon}_{xy} = \frac{\dot{\alpha}+\dot{\beta}}{2} = \frac{1}{2}\left(\frac{\partial v}{\partial x} + \frac{\partial u}{\partial y}\right) \tag{2.42}$$

✦그림 2.11에서 나타낸 $\Delta\alpha$와 $\Delta\beta$가 양의 방향이다. 따라서 $\dot{\alpha}$과 $\dot{\beta}$ 도 그림에 나타낸 방향이 양의 방향이다.

그림 2.11에서 $\Delta\alpha$와 $\Delta\beta$는 각각 양의 방향을 나타낸다. 즉, 중심선 AB가 반시계방향으로 회전할 때, $\dot{\alpha}$이 양이고, 중심선 CD가 시계방향으로 회전할 때 $\dot{\beta}$은 양이다. 전단변형률은 두 중심선 AB와 CD가 얼마나 빨리 가까워지는가 하는 정도를 나타낸

다. 만약 $\frac{\partial v}{\partial x} = -\frac{\partial u}{\partial y}$ 이면 $\dot{\epsilon}_{xy}$는 0이 되어 전단변형은 일어나지 않고 유체요소는 다음에서 설명하듯이 회전하게 된다. 같은 방법으로 yz단면 및 zx단면에서의 전단변형률은 각각 다음처럼 나타낼 수 있다.

$$\dot{\epsilon}_{yz} = \frac{1}{2}\left(\frac{\partial v}{\partial z} + \frac{\partial w}{\partial y}\right) \tag{2.43}$$

$$\dot{\epsilon}_{zx} = \frac{1}{2}\left(\frac{\partial w}{\partial x} + \frac{\partial u}{\partial z}\right) \tag{2.44}$$

앞에서의 선형변형률과 전단변형률은 다음처럼 정의되는 **변형률텐서(strain rate tensor)**의 일부이다.

$$\dot{\epsilon}_{ij} = \frac{1}{2}\left(\frac{\partial v_i}{\partial x_j} + \frac{\partial v_j}{\partial x_i}\right) \tag{2.45}$$

각각의 성분을 다 표현하면 다음과 같다.

$$\begin{aligned}\left[\dot{\epsilon}_{ij}\right] &= \begin{bmatrix} \dot{\epsilon}_{xx} & \dot{\epsilon}_{xy} & \dot{\epsilon}_{xz} \\ \dot{\epsilon}_{yx} & \dot{\epsilon}_{yy} & \dot{\epsilon}_{yz} \\ \dot{\epsilon}_{zx} & \dot{\epsilon}_{zy} & \dot{\epsilon}_{zz} \end{bmatrix} \\ &= \begin{bmatrix} \frac{\partial u}{\partial x} & \frac{1}{2}\left(\frac{\partial u}{\partial y} + \frac{\partial v}{\partial x}\right) & \frac{1}{2}\left(\frac{\partial u}{\partial z} + \frac{\partial w}{\partial x}\right) \\ \frac{1}{2}\left(\frac{\partial v}{\partial x} + \frac{\partial u}{\partial y}\right) & \frac{\partial v}{\partial y} & \frac{1}{2}\left(\frac{\partial v}{\partial z} + \frac{\partial w}{\partial y}\right) \\ \frac{1}{2}\left(\frac{\partial w}{\partial x} + \frac{\partial u}{\partial z}\right) & \frac{1}{2}\left(\frac{\partial w}{\partial y} + \frac{\partial v}{\partial z}\right) & \frac{\partial w}{\partial z} \end{bmatrix}\end{aligned} \tag{2.46}$$

위와 같이 정의된 변형률텐서의 대각선 요소는 선형변형률을 나타내고 나머지 성분들은 전단변형률로 이루어져 있다. 그리고 $i \neq j$일 때 $\dot{\epsilon}_{ij} = \dot{\epsilon}_{ji}$ 임을 알 수 있어 변형률텐서는 대칭이다.

28 회전 - 와도

✦ ω : omega

그림 2.12(a)는 앞의 그림 2.11을 다시 나타낸 것이고, 그림에서 ω_{AB}와 ω_{CD}는 각각 중심선 AB의 각속도와 CD의 각속도를 나타낸다. 일반적으로 각속도는 반시계방향을 양의 방향으로 나타내므로 그림 2.12(a)에서 ω_{AB}는 양의 값을 가지고 ω_{CD}는 음의 값을 가진다. 따라서 ω_{AB}는 다음과 같다.

$$\omega_{\mathrm{AB}} = \dot{\alpha} = \frac{\partial v}{\partial x}$$

이에 반해 그림 2.12(a)에서 ω_{CD}는 다음과 같다.

$$\omega_{\mathrm{CD}} = -\dot{\beta} = -\frac{\partial u}{\partial y}$$

직사각형 미소유체요소의 xy단면에서의 z축에 대한 **회전율(rate of rotation)** 또는 각속도(angular velocity) ω_z는 중심선 AB의 각속도 ω_{AB}와 CD의 각속도 ω_{CD}의 평균으로 정의한다.

✦ 유체요소의 회전율은 직교하는 두 중심선의 평균 각속도로 정의한다. 고체의 각속도와는 약간은 성질이 다르지만 각속도(angular velocity)라고도 한다. 그러나 유체의 경우 각속도라는 용어보다는 회전율이 더 적합한 것으로 판단된다.

$$\omega_z = \frac{\omega_{\mathrm{AB}} + \omega_{\mathrm{CD}}}{2} = \frac{\dot{\alpha} - \dot{\beta}}{2} = \frac{1}{2}\left(\frac{\partial v}{\partial x} - \frac{\partial u}{\partial y}\right) \tag{2.47}$$

만약 $\frac{\partial v}{\partial x} = \frac{\partial u}{\partial y}$ 인 경우에는 $\omega_{\mathrm{CD}} = -\omega_{\mathrm{AB}}$ 이고 그림 2.12(a)에서 두 중심선은 서로 반대 방향으로 같은 크기의 각속도로 회전하므로 회전율 ω_z는 0이 되어, 미소유체요소는 회전하지 않고 전단변형만 일어나게 된다.

그림 2.12(b)에서 ω_{AB}는 양의 값을 가지고 ω_{CD}도 양의 값을 가진다. 따라서 두 중심선은 서로 같은 방향으로 회전하게 된다. 만약 $\frac{\partial v}{\partial x} = -\frac{\partial u}{\partial y}$인 경우에는 $\omega_{\mathrm{CD}} = \omega_{\mathrm{AB}}$이고, 그림 2.12(b)에서 두 중심선은 서로 같은 방향으로 같은 크기의 각속도로 회전하므로, 미소유체요소는 $\omega_z = \omega_{\mathrm{CD}} = \omega_{\mathrm{AB}}$ 의 각속도로 회전하게 된다. 이 경우에는 앞에서 정의한 전단변형률은 다음처럼 0이 되어 전단변형은 전혀 일어나지 않고 회전만 일어날 뿐이다. 일반적으로는 유체요소는 전단변형과 동시에 회전

하게 된다. 요약하면, 다음과 같다.

$\frac{\partial v}{\partial x} = \frac{\partial u}{\partial y}$: 전단변형($\dot{\gamma} \neq 0$), 비회전($\omega_z = 0$)

$\frac{\partial v}{\partial x} = -\frac{\partial u}{\partial y}$: 전단변형 없음($\dot{\gamma} = 0$), 회전($\omega_z \neq 0$)

$\frac{\partial v}{\partial x} \neq \frac{\partial u}{\partial y}$ 이고 $\frac{\partial v}{\partial x} \neq -\frac{\partial u}{\partial y}$: 전단변형($\dot{\gamma} \neq 0$), 회전($\omega_z \neq 0$)

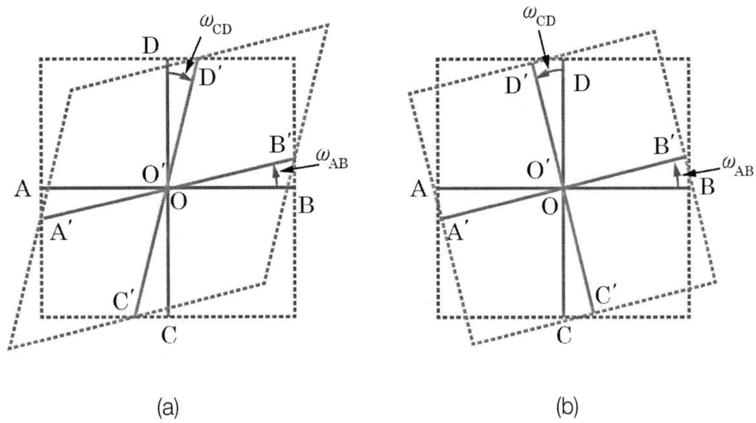

그림 2.12
(a) 전단변형 ($\omega_{AB} > 0$, $\omega_{CD} < 0$과
(b) 회전 ($\omega_{AB} > 0$, $\omega_{CD} > 0$)

앞에서는 xy 단면에서 나타낸 것이지만 실제 미소유체요소는 3차원이고, yz단면에서의 x축에 대한 회전율 ω_x와 zx단면에서의 y축에 대한 회전율 ω_y도 같은 방법으로 나타낼 수 있다.

$$\omega_x = \frac{1}{2}\left(\frac{\partial w}{\partial y} - \frac{\partial v}{\partial z}\right) \tag{2.48}$$

$$\omega_y = \frac{1}{2}\left(\frac{\partial u}{\partial z} - \frac{\partial w}{\partial x}\right) \tag{2.49}$$

회전율은 세 방향에 대해 크기를 가지므로 벡터이고 회전율을 일반적으로 나타내면 다음과 같다.

$$\boldsymbol{\omega} = \omega_x \mathbf{i} + \omega_y \mathbf{j} + \omega_z \mathbf{k} \tag{2.50}$$

각 성분을 대입하면 회전율 벡터는 다음처럼 나타낼 수 있다.

$$\boldsymbol{\omega} = \frac{1}{2}\left(\frac{\partial w}{\partial y} - \frac{\partial v}{\partial z}\right)\mathbf{i} + \frac{1}{2}\left(\frac{\partial u}{\partial z} - \frac{\partial w}{\partial x}\right)\mathbf{j} + \frac{1}{2}\left(\frac{\partial v}{\partial x} - \frac{\partial u}{\partial y}\right)\mathbf{k} \tag{2.51}$$

회전율 벡터에 1/2이 계속 나타나는 것이 불편하기 때문에 회전율의 2배를 **와도 (vorticity)** ζ라고 정의하면($\zeta = 2\omega$) 다음과 같다.

✦ ζ : ze
책에 따라 와도를 ω로 나타내기도 하므로 주의하기 바란다.

$$\boldsymbol{\zeta} = \left(\frac{\partial w}{\partial y} - \frac{\partial v}{\partial z}\right)\mathbf{i} + \left(\frac{\partial u}{\partial z} - \frac{\partial w}{\partial x}\right)\mathbf{j} + \left(\frac{\partial v}{\partial x} - \frac{\partial u}{\partial y}\right)\mathbf{k} \tag{2.52}$$

와도의 각 성분은 다음과 같다.

$$\zeta_x = \frac{\partial w}{\partial y} - \frac{\partial v}{\partial z} \tag{2.53}$$

$$\zeta_y = \frac{\partial u}{\partial z} - \frac{\partial w}{\partial x} \tag{2.54}$$

$$\zeta_z = \frac{\partial v}{\partial x} - \frac{\partial u}{\partial y} \tag{2.55}$$

$\nabla \times \mathbf{v}$를 사용하면 와도는 또한 다음처럼 나타낼 수 있다.

$$\boldsymbol{\zeta} = \begin{vmatrix} \mathbf{i} & \mathbf{j} & \mathbf{k} \\ \dfrac{\partial}{\partial x} & \dfrac{\partial}{\partial y} & \dfrac{\partial}{\partial z} \\ u & v & w \end{vmatrix} = \nabla \times \mathbf{v} \tag{2.56}$$

원통좌표계에서 와도의 각 성분은 다음과 같다.

$$\zeta_r = \frac{1}{r}\frac{\partial v_z}{\partial \theta} - \frac{\partial v_\theta}{\partial z} \tag{2.57}$$

$$\zeta_\theta = \frac{\partial v_r}{\partial z} - \frac{\partial v_z}{\partial r} \tag{2.58}$$

$$\zeta_z = \frac{1}{r}\frac{\partial (r v_\theta)}{\partial r} - \frac{1}{r}\frac{\partial v_r}{\partial \theta} \tag{2.59}$$

유동장 전체에서 와도가 0일 때 유동은 **비회전(irrotational)**이고, 와도가 0이 아닐 때 유동은 **회전(rotational)**이다. 즉, 다음과 같다.

- 비회전유동 : $\zeta = 0 \; (\nabla \times \mathbf{v} = 0)$
- 회전 유동 : $\zeta \neq 0 \; (\nabla \times \mathbf{v} \neq 0)$

예제 2.5 **다음과 같은 2차원 속도장에서 변형률텐서를 구하라. U와 A는 0이 아닌 상수이다.**

(a) $\mathbf{v} = U\mathbf{i} - U\mathbf{j}$ (b) $\mathbf{v} = Axy\mathbf{i} - By\mathbf{j}$

풀이

(a) 속도 성분은 다음과 같다.

$$u = U, \; v = -U$$

속도가 x와 y에 대한 2차원 유동이기 때문에 z를 포함하는 변형률성분은 모두 0이다. 나머지 성분은 다음과 같다.

$$\dot{\epsilon}_{xx} = \frac{\partial u}{\partial x} = 0$$

$$\dot{\epsilon}_{xy} = \frac{1}{2}\left(\frac{\partial u}{\partial y} + \frac{\partial v}{\partial x}\right) = 0$$

$$\dot{\epsilon}_{yx} = \dot{\epsilon}_{xy} = 0$$

$$\dot{\epsilon}_{yy} = \frac{\partial v}{\partial y} = 0$$

모든 변형률 성분은 0이다.

(b) 속도 성분은 다음과 같다.

$$u = Axy, \; v = -By$$

속도가 x와 y에 대한 2차원 유동이기 때문에 z를 포함하는 변형률성분은 모두 0이다. 나머지 성분은 다음과 같다.

$$\dot{\epsilon}_{xx} = \frac{\partial u}{\partial x} = Ay$$

$$\dot{\epsilon}_{xy} = \frac{1}{2}\left(\frac{\partial u}{\partial y} + \frac{\partial v}{\partial x}\right) = \frac{Ax}{2}$$

$$\dot{\epsilon}_{yx} = \dot{\epsilon}_{xy} = \frac{Ax}{2}$$

$$\dot{\epsilon}_{yy} = \frac{\partial v}{\partial y} = -B$$

따라서 변형률텐서는 다음과 같다.

$$[\dot{\epsilon}_{ij}] = \begin{bmatrix} Ay & \dfrac{Ax}{2} & 0 \\ \dfrac{Ax}{2} & -B & 0 \\ 0 & 0 & 0 \end{bmatrix}$$

보충설명

이 예제에서 보듯이 유체의 변형률은 속도분포를 알면 쉽게 계산할 수 있다는 것을 알 수 있다. 문제 (a)의 유동은 직선 유동을 하는 경우이고 유체가 흐르면서 전혀 변형이 일어나지 않는다. 문제 (b)의 유동은 유체가 흐르면서 계속 변형이 생긴다.

예제 2.6 **예제 2.5의 유동이 회전유동인지 비회전 유동인지 와도를 구하여 판단하라.**

풀이

(a) 속도가 x와 y에 대한 2차원 유동이기 때문에 이 xy평면에 대한 와도인 ζ_z만 구하면 된다. 속도 성분은 다음과 같다.

$$u = U, \ v = -U$$

$$\zeta_z = \frac{\partial v}{\partial x} - \frac{\partial u}{\partial y} = 0 - 0 = 0$$

따라서 비회전 유동이다.

(b) 속도 성분은 다음과 같다.

$$u = Axy, \ v = -By$$

$$\zeta_z = \frac{\partial v}{\partial x} - \frac{\partial u}{\partial y} = 0 - Ax = -Ax$$

와도는 $x = 0$일 때를 제외한 모든 곳에서 0이 아니다. 따라서 회전유동이다.

보충설명

이 문제에서는 속도가 x와 y에 대한 2차원 유동이기 때문에 와도는 ζ_z만 구하면 되지만 다음처럼 확인할 수도 있다.

$$\zeta_x = \frac{\partial w}{\partial y} - \frac{\partial v}{\partial z} = 0$$

$$\zeta_y = \frac{\partial u}{\partial z} - \frac{\partial w}{\partial x} = 0$$

연습 문제

2.1 속도가 $\mathbf{v}=(Ax+B)\mathbf{i}-Ay\mathbf{j}$ 일 때, 유선의 방정식을 구하라. A와 B는 0이 아닌 상수이다.

2.2 단면적이 일정한 어떤 관에서 유체가 x방향으로 흐르면서 열손실이 있어, 유체의 온도가 $T=T_0(1-c_1e^{c_2x})$로 나타난다. 속도는 모든 곳에서 u_0로 일정하다. 유체 입자를 따라갈 때, (a) $x=0$에서 (b) $x=x_0$에서 유체의 온도 변화율을 구하라. c_1과 c_2는 0이 아닌 상수이다.

2.3 어떤 유체의 정상, 1차원 유동에서 밀도와 속도가 $\rho=\rho_0(1-c_1x)$, $u=u_0(1+c_2x)$로 주어진다. 유체의 입자를 따라갈 때, 밀도의 변화율을 나타내는 식을 구하라. c_1과 c_2는 0이 아닌 상수이다.

2.4 어떤 유체의 1차원 유동에서 속도가 $u=u_0(1+c_1t)(1+c_2x)^{\frac{1}{4}}$로 주어진다. $x=0$에서, 유체의 국소가속도, 대류가속도, 가속도를 구하라. c_1과 c_2는 0이 아닌 상수이다.

2.5 어떤 유체의 2차원 유동에서 속도가 $u=Ax^2t$, $v=-2Axyt$로 주어진다. 가속도를 구하라. A는 0이 아닌 상수이다.

2.6 Reynolds 수송정리는 $\dfrac{dB_{\text{sys}}}{dt}=\dfrac{\partial B_{\text{cv}}}{\partial t}+\displaystyle\int_{\text{cs}}\rho b\mathbf{v}\cdot\mathbf{n}dA$로 표시 할 수 있다. 물리량 B가 질량 m일 때, (a) 이 식은 어떻데 나타낼 수가 있는가? (b) 시스템의 질량은 일정하다는 질량보존으로부터 검사체적에 대한 질량보존의 식을 나타내어라.

2.7 문제 2.6의 결과를 이용하여, 검사체적의 질량이 시간에 따라 변하지 않을 때, 검사체적에 대한 질량보존의 식을 나타내어라.

2.8 어떤 1차원 유동장의 속도가 $u = u_0(1 + c_1 x)$로 주어질 때, x 방향의 선형변형률을 구하라. c_1은 0이 아닌 상수이다.

2.9 2차원 속도장이 $u = u_0(1 + c_1 y)$, $v = u_0(1 + c_2 x)$로 주어질 때, 전단변형률을 구하라. c_1과 c_2는 0이 아닌 상수이다.

2.10 2차원 속도장이 $u = u_0(1 + c_1 y)$, $v = u_0(1 + c_2 x)$로 주어질 때, (a) 와도를 구하라. (b) 이 유동은 회전유동인가 비회전유동인가? c_1과 c_2 및 u_0는 0이 아닌 상수이고 $c_1 \neq c_2$이다.

2.11 간격이 H인 두 무한평판 사이에 유체가 있으며 아래 평판은 정지하여 있고 위 평판은 0이 아닌 일정한 속도 U로 움직이고 있을 때, 비압축성 유동의 속도분포를 구하는 과정을 뒤의 5.3절에서 설명한다. 이 유동을 Couette 유동이라고 하며 그 속도분포는 $u = \dfrac{U}{H}y$, $v = 0$으로 주어진다.

(a) x 방향과 y 방향의 선형변형률을 구하라.
(b) 전단변형률을 구하라.
(c) 와도를 구하고 회전유동인지 비회전유동인지 판단하라.

2.12 유체유동에서 유체의 입자가 회전과 전단변형이 동시에 일어날 수 있는가?

2.13 정상유동일지라도 Lagrange 관점에서 유체입자를 따라가면 유체입자의 속도는 시간에 따라 바뀔 수 있는가?

2.14 정상유동일 때는 유선, 유적선, 유맥선은 모두 일치하는가?

2.15 Reynolds 수송정리(Reynolds transport theorem)의 주된 용도는 무엇인가?

기본물리법칙 및 지배방정식

학습목표

이 장의 학습 및 강의 목표는 다음과 같은 사항을 학생들이 완전하게 이해하는 것이다.

- 지배방정식의 개념 이해.
- 질량보존법칙과 연속방정식의 유도, 이해 및 사용.
- 유동함수의 개념 및 사용.
- 유체역학에서의 응력의 이해와 역할.
- 유체요소에 작용하는 힘의 종류.
- 운동량방정식의 유도, 이해 및 사용.
- 구성식의 개념 및 역할.
- Euler 방정식에 대한 이해.
- Navier-Stokes 방정식에 대한 이해.

3.1 서론

유체역학 문제를 해결하기 위해서는 기본적인 물리법칙을 적용하여 해석하여야 한다. 앞에서도 설명하였듯이 이 책에서는 유체를 연속체로 취급한다. 일반적인 유동문제에서 대부분의 검사체적 크기가 그림 1.2에서 설명한 영역 Ⅰ에 해당된다. 영역 Ⅰ에 해당하는 유한한 크기를 가지는 유한검사체적(finite control volume)으로 해석할 수도 있지만 이 경우는 유동의 모든 점에서 유동의 속도와 압력 등을 얻을 수 없다. 유한검사체적 해석방법에서는 검사체적 전체의 물리량과 입구와 출구에서의 물리량의 유출과 유입과의 관계를 구할 뿐이다.

해석하고자 하는 유동문제의 모든 점에서 속도와 압력 등을 구하고자 할 때는 영역 Ⅱ에 해당하는 아주 미소한 시스템 또는 미소검사체적(infinitesimal control volume)을 선택하여 물리법칙을 적용하여야 한다. 이렇게 적용하여 얻어지는 결과는 대부분 미분방정식 형태로 나타나며, 유체의 모든 점에서 적용될 수 있고, 유동문제가 이 방정식들을 만족하여야 하므로, 유동문제를 지배하는(유동은 이 방정식에 따라야 한다) **지배방정식**(governing equation)이라 한다.

온도가 변하지 않는 단순한 유체유동의 문제에서는 연속방정식과 운동량방정식이 중요한 지배방정식이다. 따라서 이 장에서는 연속방정식과 운동량방정식을 유도하고 이에 대해 자세히 알아보기로 한다. 온도가 변수가 될 때에는 에너지방정식도 유체유동에서 중요한 역할을 하지만 이 책에서는 다루지 않으므로, 에너지방정식은 유도하지는 않고 소개하기만 한다. 대부분의 열전달 책에서 에너지방정식을 유도하므로 관심이 있는 사람은 참조하기 바란다.

3.2 시스템에 대한 기본 물리법칙

일반적으로 우리가 알고 있는 물리법칙은 시스템에 대한 것으로 질량보존법칙, Newton의 운동 제2법칙 등이 있다. 이외에도 여러 가지 법칙이 있지만 유체역학에서는 이 두 가지가 상당히 중요하고 많이 사용하는 물리법칙이다.

3.2.1 질량보존법칙

물리 현상에서 가장 기본적인 법칙이 시스템의 질량은 일정하다는 **질량보존**(conservation of mass)의 법칙이다. 즉, 시스템의 질량 m_{sys} 은 일정하다는 것이고 수식으로 나타내면 다음과 같다.

$$m_{sys} = \text{일정} \tag{3.1}$$

또는 미분으로 나타내면 위의 식은 다음과 같다.

$$\frac{dm_{sys}}{dt} = 0 \tag{3.2}$$

3.2.2 Newton의 운동 제2법칙 – 운동량방정식

✦ 관성좌표계는 Newton의 운동 제1법칙이 성립하는 좌표계를 의미한다(따라서 제2법칙도 성립하는 좌표계이다). 가속운동을 하지 않는 좌표계라고 생각하면 이해하기 쉽다. 등속운동을 하는 좌표계는 관성좌표계이다.

관성좌표계(inertial reference frame)에서 Newton의 운동 제2법칙 또는 운동량방정식은 다음과 같다.

$$\underset{\text{힘}}{\underset{\uparrow}{\mathbf{F}_{sys}}} = \underset{\text{운동량변화율}}{\underset{\uparrow}{\frac{d}{dt}(m\mathbf{v})_{sys}}} = \frac{d\mathbf{P}_{sys}}{dt} \tag{3.3}$$

여기서 $\mathbf{F}_{sys}$ 는 시스템에 작용하는 순 힘(net force, 알짜 힘) 또는 합력이고, $\mathbf{P} = m\mathbf{v}$ 를 선형운동량(linear momentum) 또는 단순히 운동량(momentum)이라 한다. 이를 다시 표현하면, 다음과 같다.

외부에서 시스템에 작용하는 순(net) 힘은 시스템의 운동량의 변화율과 같다.

시스템의 질량이 일정하므로(유체역학에서는 시스템의 질량은 항상 일정하다고 정의한다), 더 잘 알려진 다음의 식이 성립한다.

$$\mathbf{F}_{sys} = m\mathbf{a}_{sys} \tag{3.4}$$

3.3 검사체적에 대한 기본 물리법칙

앞에서 주어지는 물리법칙은 시스템에 대한 것이며 Lagrange 기술에 의한 것으로 유체역학에 그대로 적용할 수 도 있지만, 검사체적에 대한 Euler 기술로 나타내는 것이 편하다. Reynolds 수송정리를 이용하면 검사체적에 대한 식으로 변환할 수 있다.

3.3.1 질량보존법칙 – 적분형 연속방정식

식 (3.2)는 시스템에 대한 식으로, 검사체적에 대한 식으로 변환하기 위해 Reynolds 수송정리에서 $B = m$, $b = 1$을 대입하면, 식 (2.23)과 식 (2.31)로부터, 다음과 같은 검사체적에 대한 **연속방정식(continuity equation)**을 얻을 수 있다.

$$\frac{\partial m_{\text{cv}}}{\partial t} + \dot{m}_{\text{out}} - \dot{m}_{\text{in}} = 0 \tag{3.5a}$$

$$\frac{\partial}{\partial t}\left(\int_{\text{cv}} \rho d\mathcal{V}\right) + \int_{\text{cs}} \rho \mathbf{v} \cdot \mathbf{n} dA = 0 \tag{3.5b}$$

여기서 사용된 기호는 다음과 같다.

- 아래첨자 in은 유입되는 곳을 나타내고 out은 유출되는 곳을 나타낸다.
- 아래첨자 cv는 검사체적(control volume)을 cs는 검사표면(control surface)를 나타낸다.
- $m_{\text{cv}} = \int_{\text{cv}} \rho d\mathcal{V}$: 검사체적내의 유체 질량.
- $\dot{m}_{\text{in}}$: 검사표면을 통한 유입 질량유량.
- $\dot{m}_{\text{out}}$: 검사표면을 통한 유출 질량유량.
- $\dot{m}_{\text{out}} - \dot{m}_{\text{in}} = \int_{\text{cs}} \rho \mathbf{v} \cdot \mathbf{n} dA$: 검사표면을 통한 알짜(net, 순) 유출 질량유량.

✦
- $\dot{m}_{\text{in}}$: 유입 질량유량
- $\dot{m}_{\text{out}}$: 유출 질량유량
- $\dot{m}_{\text{out}} - \dot{m}_{\text{in}} = \int_{\text{cs}} \rho \mathbf{v} \cdot \mathbf{n} dA$

: 순(net, 알짜, 정미) 유출 질량유량

식 (3.5a)와 식 (3.5b)를 다시 표현하면 다음과 같다.
검사체적내의 유체의 질량의 변화율과 순 유출 질량유량의 합은 0이다.
또는 이것을 다시 다음처럼 표현할 수 있다.
검사체적내의 유체의 질량의 변화율은 순 유입 질량유량과 같다.

✦ $\dot{m}_{\text{in}} - \dot{m}_{\text{out}} = -\int_{\text{cs}} \rho \mathbf{v} \cdot \mathbf{n} dA$
: 순유입 질량유량

이 연속방정식은 유한검사체적과 미분검사체적 구별 없이 모든 형태의 검사체적에 사용되는 연속방정식이지만, 주로 유한검사체적에 대해 사용되는 적분형 연속방정식이다.

시간에 따라 바뀌지 않는 정상유동일 때 연속방정식은 다음과 같다.

$$\dot{m}_{\text{out}} - \dot{m}_{\text{in}} = 0 \tag{3.6a}$$

$$\int_{\text{cs}} \rho \mathbf{v}\cdot\mathbf{n}dA = 0 \tag{3.6b}$$

3.3.2 Newton의 운동 제2법칙 – 적분형 운동량방정식

식 (3.3)은 시스템에 대한 식으로, 검사체적에 대한 식으로서 변환하기 위해 Reynolds 수송정리에서 $B = \mathbf{P}$, $b = \mathbf{v}$를 대입하면, 식 (2.23)과 식 (2.31)로부터, 다음을 구할 수 있다.

$$\mathbf{F} = \frac{\partial \mathbf{P}_{\text{cv}}}{\partial t} + \dot{\mathbf{P}}_{\text{out}} - \dot{\mathbf{P}}_{\text{in}} \tag{3.7}$$

$$\mathbf{F} = \frac{\partial}{\partial t}\left(\int_{\text{cv}} \rho \mathbf{v} dV\right) + \int_{\text{cs}} \rho \mathbf{v}(\mathbf{v}\cdot\mathbf{n})dA \tag{3.8}$$

위의 식들은 검사체적에 대한 **운동량방정식(momentum equation)**이다. 여기서 각각의 항은 다음을 나타낸다.

✦어떤 주어진 시간에는 검사체적과 시스템이 일치하므로, $\mathbf{F} = \mathbf{F}_{\text{cv}} = \mathbf{F}_{\text{sys}}$ 이다.

- $\mathbf{F}$: 검사체적 내의 물질에 작용하는 순(net) 힘(또는 합력).
- $\mathbf{P} = m\mathbf{v}$: 선형 운동량(linear momentum).
- $\mathbf{P}_{\text{cv}} = \int_{\text{cv}} \rho \mathbf{v} dV$: 검사체적 내의 유체가 가지는 선형 운동량.
- $\dot{\mathbf{P}}_{\text{out}}$: 검사표면을 통해 유출되는 운동량 플럭스(momentum flux).
- $\dot{\mathbf{P}}_{\text{in}}$: 검사표면을 통해 유입되는 운동량 플럭스(momentum flux).
- $\dot{\mathbf{P}}_{\text{out}} - \dot{\mathbf{P}}_{\text{in}} = \int_{\text{cs}} \rho \mathbf{v}(\mathbf{v}\cdot\mathbf{n})dA$: 검사표면을 통한 순(net) 운동량 플럭스(momentum flux).

운동량방정식은 벡터식이므로 첨자표기법을 사용하면 다음처럼 나타낼 수 있다.

$$F_i = \frac{\partial (P_i)_{\text{cv}}}{\partial t} + (\dot{P}_i)_{\text{out}} - (\dot{P}_i)_{\text{in}} \tag{3.9}$$

성분별로 나타내면 다음과 같다.

$$F_x = \frac{\partial (P_x)_{\text{cv}}}{\partial t} + (\dot{P}_x)_{\text{out}} - (\dot{P}_x)_{\text{in}} \tag{3.10a}$$

$$F_y = \frac{\partial (P_y)_{\text{cv}}}{\partial t} + (\dot{P}_y)_{\text{out}} - (\dot{P}_y)_{\text{in}} \tag{3.10b}$$

$$F_z = \frac{\partial (P_z)_{\text{cv}}}{\partial t} + (\dot{P}_z)_{\text{out}} - (\dot{P}_z)_{\text{in}} \tag{3.10c}$$

시간에 따라 바뀌지 않는 **정상유동**일 때 운동량방정식은 다음처럼 나타낼 수 있다.

$$\mathbf{F} = \dot{\mathbf{P}}_{\text{out}} - \dot{\mathbf{P}}_{\text{in}} \tag{3.11}$$

$$\mathbf{F} = \int_{\text{cs}} \rho \mathbf{v} (\mathbf{v} \cdot \mathbf{n}) \, dA \tag{3.12}$$

정상상태일 때, 유한검사체적에 대한 운동량방정식은 검사체적 내의 상태에는 전혀 무관하고 오직 외부에서 작용하는 힘과 검사표면에서의 운동량의 순 유출률에만 관계된다는 것을 알 수 있다.

이 운동량방정식은 유한검사체적과 미분검사체적의 구별 없이 모든 형태의 검사체적에 사용되는 식이지만, 주로 유한검사체적에 대해 사용되는 적분형 운동량방정식이다.

3.4 연속방정식

앞의 3.3절에서는 유한검사체적에 대한 연속방정식을 구하였다. 이제 **미소검사체적에 대해 질량보존법칙**을 적용하면 미소검사체적에 대한 미분형 연속방정식을 구할 수 있다. 여기서 미소검사체적을 이용하는 방법과 발산정리를 이용하는 방법에 대해 설명한다.

미소검사체적 이용

그림 3.1과 같은 미소검사체적을 고려하기로 한다. 각각의 변의 길이는 dx, dy, dz이고 중심점 O의 좌표는 (x, y, z)이다. 각각의 변의 길이는 1장의 그림 1.2에 나타낸 영역 II에 속하고 크기 정도는 L_ε이다. 검사체적에 대한 질량보존법칙은 식 (3.5a)로 표시되고 다시 적으면 다음과 같다.

$$\frac{\partial m_{\text{cv}}}{\partial t} + \dot{m}_{\text{out}} - \dot{m}_{\text{in}} = 0 \tag{3.13}$$

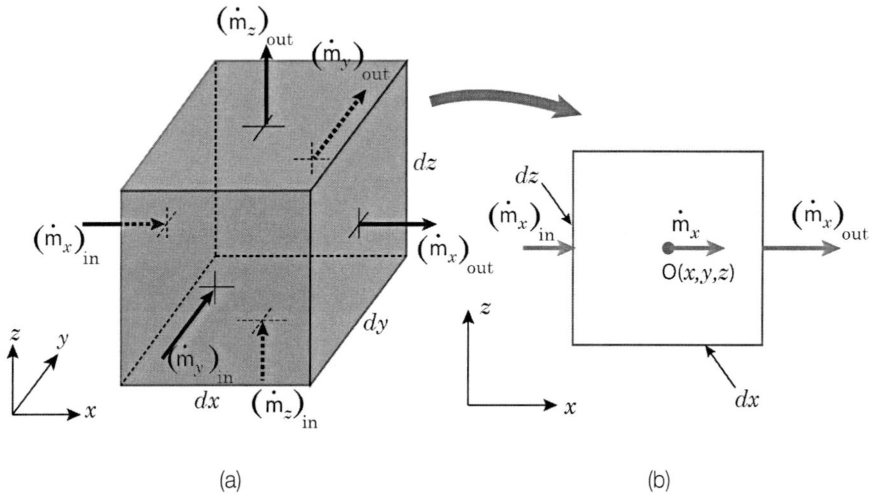

그림 3.1
(a) 미소검사체적에 대한 질량 유량,
(b) x방향 질량유량(xz단면)

미소검사체적 내의 유체의 질량은 다음과 같다.

$$m_{\text{cv}} = \rho\, dxdydz \tag{3.14}$$

여기서 ρ는 검사체적의 중심점에서의 밀도이고 아주 미소한 검사체적이므로(그림

1.2에서 영역 Ⅱ에 속하므로), 1장에서 설명한 것처럼 검사체적 전체 유체의 평균밀도는 중심점에서의 밀도 ρ와 같기 때문에 검사체적의 질량은 이 밀도에 부피를 곱하면 된다.

그림 3.1(a)에서 검사표면을 흘러 들어가고 흘러 나가는 질량유량은 다음처럼 나타낼 수 있다.

$$\dot{m}_{\mathrm{out}} - \dot{m}_{\mathrm{in}} = (\dot{m}_x)_{\mathrm{out}} - (\dot{m}_x)_{\mathrm{in}} + (\dot{m}_y)_{\mathrm{out}} - (\dot{m}_y)_{\mathrm{in}} + (\dot{m}_z)_{\mathrm{out}} - (\dot{m}_z)_{\mathrm{in}} \tag{3.15}$$

그림 3.1(b)에서

$$(\dot{m}_x)_{\mathrm{out}} = \dot{m}_x + \frac{\partial \dot{m}_x}{\partial x}\frac{dx}{2}, \quad (\dot{m}_x)_{\mathrm{in}} = \dot{m}_x - \frac{\partial \dot{m}_x}{\partial x}\frac{dx}{2}$$

이므로

$$(\dot{m}_x)_{\mathrm{out}} - (\dot{m}_x)_{\mathrm{in}} = \left(\dot{m}_x + \frac{\partial \dot{m}_x}{\partial x}\frac{dx}{2}\right) - \left(\dot{m}_x - \frac{\partial \dot{m}_x}{\partial x}\frac{dx}{2}\right) = \frac{\partial \dot{m}_x}{\partial x}dx$$

이고,

$$\dot{m}_x = \rho u \, dydz$$

이므로,

$$(\dot{m}_x)_{\mathrm{out}} - (\dot{m}_x)_{\mathrm{in}} = \frac{\partial(\rho u \, dy \, dz)}{\partial x}dx = \frac{\partial(\rho u)}{\partial x}dxdydz \tag{3.16a}$$

이다. 같은 방법으로 다음을 쉽게 구할 수 있다.

$$(\dot{m}_y)_{\mathrm{out}} - (\dot{m}_y)_{\mathrm{in}} = \frac{\partial \dot{m}_y}{\partial y}dy = \frac{\partial(\rho v)}{\partial y}dxdydz \tag{3.16b}$$

$$(\dot{m}_z)_{\mathrm{out}} - (\dot{m}_z)_{\mathrm{in}} = \frac{\partial \dot{m}_z}{\partial z}dz = \frac{\partial(\rho w)}{\partial z}dxdydz \tag{3.16c}$$

식 (3.14) ~ 식 (3.16)을 식 (3.13)에 대입하면 다음과 같다.

$$\left[\frac{\partial \rho}{\partial t}+\frac{\partial(\rho u)}{\partial x}+\frac{\partial(\rho v)}{\partial y}+\frac{\partial(\rho w)}{\partial z}\right] dxdydz=0$$

따라서 다음의 식이 성립한다.

$$\frac{\partial \rho}{\partial t}+\frac{\partial(\rho u)}{\partial x}+\frac{\partial(\rho v)}{\partial y}+\frac{\partial(\rho w)}{\partial z}=0 \tag{3.17}$$

이 식은 첨자 또는 벡터를 사용하여 다음 형태로 나타낼 수 있다.

$$\frac{\partial \rho}{\partial t}+\frac{\partial(\rho v_i)}{\partial x_i}=0 \tag{3.18}$$

$$\frac{\partial \rho}{\partial t}+\nabla \cdot(\rho \mathbf{v})=0 \tag{3.19}$$

✦ 연속방정식 외에 뒤에서 유도하는 운동량방정식도 지배방정식이다.

식 (3.17), 식 (3.18) 및 식 (3.19)는 모두 미소검사체적에서 성립하는 **연속방정식 (continuity equation)**이다. 위의 연속방정식은 임의의 한 점 $\mathrm{O}(x, y, z)$를 중심으로 하는 미소검사체적에 대해 성립하는 식이고, 식에서의 밀도와 속도는 각각 이 점에서의 $\rho(x, y, z, t)$와 $\vec{\mathbf{v}}(x, y, z, t)$를 나타내고 있다. 미소검사체적은 그림 1.1의 ④의 한 점과 같고, 그림 1.2에서 영역 Ⅱ에 해당하므로, 결국에는 연속방정식은 유동장의 임의의 한 점 $\mathrm{O}(x, y, z)$에서 성립하고, 따라서 유동 영역의 모든 점에서 성립하는 식이다. 즉, 유동장의 모든 점에서 이 연속방정식은 성립되어야한다. 다시 말하면, 유동은 이 연속방정식을 따라야 되고, 마치 연속방정식이 유동을 지배하는 것처럼 보여, 연속방정식을 유체유동의 **지배방정식(governing equation)**이라 한다.
식 (3.18)과 식 (3.19)는 다음처럼 나타낼 수도 있다.

$$\frac{\partial \rho}{\partial t}+v_i \frac{\partial \rho}{\partial x_i}+\rho \frac{\partial v_i}{\partial x_i}=0 \tag{3.20}$$

$$\frac{\partial \rho}{\partial t}+(\mathbf{v} \cdot \nabla) \rho+\rho \nabla \cdot \mathbf{v}=0 \tag{3.21}$$

식 (3.21)은 다음처럼 나타낼 수도 있다.

✦ $\dfrac{D\rho}{Dt} = \dfrac{\partial \rho}{\partial t} + (\mathbf{v}\cdot\nabla)\rho$

$$\frac{D\rho}{Dt} + \rho\nabla\cdot\mathbf{v} = 0 \tag{3.22}$$

식 (3.17) ~ 식 (3.22)는 모두 **연속방정식**을 나타내고 서로 다른 형태로 표현한 것이다.

정상상태

정상상태, 압축성 유동에서는 $\dfrac{\partial \rho}{\partial t} = 0$이기 때문에 연속방정식은 다음과 같은 형태로 나타낼 수 있다.

$$\nabla\cdot(\rho\mathbf{v}) = 0 \;\rightleftarrows\; \frac{\partial(\rho v_i)}{\partial x_i} = 0 \;\rightleftarrows\; \frac{\partial(\rho u)}{\partial x} + \frac{\partial(\rho v)}{\partial y} + \frac{\partial(\rho w)}{\partial z} = 0 \tag{3.23}$$

비압축성유체

✦ 비압축성 : $\dfrac{D\rho}{Dt} = 0$

정상유동 : $\dfrac{\partial \rho}{\partial t} = 0$

비압축성유체인 경우 ρ가 일정하므로 $\dfrac{D\rho}{Dt} = 0$ 이다. 따라서 식 (3.22)로부터 연속방정식은 다음과 같다.

$$\nabla\cdot\mathbf{v} = 0 \;\rightleftarrows\; \frac{\partial v_i}{\partial x_i} = 0 \;\rightleftarrows\; \frac{\partial u}{\partial x} + \frac{\partial v}{\partial y} + \frac{\partial w}{\partial z} = 0 \tag{3.24}$$

여기서 $\nabla\cdot\mathbf{v}$는 앞에서 설명한 체적팽창률(volumetric dilatation)이며 비압축성유체인 경우는 체적이 팽창하지 않는다는 의미이다. 비압축성유체인 경우 비정상유동이더라도 식 (3.24)가 성립하기 때문에 식에 $\dfrac{\partial \rho}{\partial t}$는 나타나지 않는다.

발산정리 이용

발산정리를 이용하여 연속방정식을 구할 수도 있다. 검사체적에 대한 질량보존법칙은 식 (3.5b)로 표시되고 다시 적으면 다음과 같다.

✦ $\dfrac{\partial}{\partial t}\displaystyle\int_{\text{cv}} \rho d\mathcal{V} = \int_{\text{cv}} \frac{\partial \rho}{\partial t} d\mathcal{V}$

$$\int_{\text{cv}} \frac{\partial \rho}{\partial t} d\mathcal{V} + \int_{\text{cs}} \rho\mathbf{v}\cdot\mathbf{n}dA = 0 \tag{3.25}$$

여기서 발산정리(보충설명 참조)를 사용하면 위의 식의 둘째 항은 다음처럼 나타낼 수 있다.

$$\int_{cs} \rho \mathbf{v} \cdot \mathbf{n} dA = \int_{cv} \nabla \cdot (\rho \mathbf{v}) d\mathcal{V} \tag{3.26}$$

이 식을 식 (3.25)에 대입하면 다음과 같다.

$$\int_{cv} \left[\frac{\partial \rho}{\partial t} + \nabla \cdot (\rho \mathbf{v}) \right] d\mathcal{V} = 0$$

위의 식은 임의의 검사체적에 대해서도 항상 성립하여야 하고, 검사체적의 크기나 형태에 무관하게 항상 적분값이 0이 되려면 다음이 성립하여야 하고 앞에서 구한 연속방정식과 같다.

$$\frac{\partial \rho}{\partial t} + \nabla \cdot (\rho \mathbf{v}) = 0$$

보충설명 ⑥ **발산정리**

발산정리(divergence theorem) 또는 **Gauss 정리**는 다음과 같다.

$$\int_{\mathcal{V}} \nabla \cdot \mathbf{B} \, d\mathcal{V} = \int_A \mathbf{B} \cdot \mathbf{n} dA \tag{3.27}$$

$\nabla \cdot \mathbf{B}$(divergence $\mathbf{B}$)를 전체 체적에서 적분한 $\int_{\mathcal{V}} \nabla \cdot \mathbf{B} \, d\mathcal{V}$는 표면에서의 면적 적분한 $\int_A \mathbf{B} \cdot \mathbf{n} dA$과 같다는 것이다.

원통좌표계

원통좌표계에서는 속도를 다음처럼 나타낼 수 있다.

$$\mathbf{v} = v_r \mathbf{e}_r + v_\theta \mathbf{e}_\theta + v_z \mathbf{e}_z$$

여기서 $\mathbf{e}_r$, $\mathbf{e}_\theta$, $\mathbf{e}_z$는 각각 r, θ, z방향의 기저벡터를 나타낸다. 원통좌표계를 사용하더라도 연속방정식은 식 (3.19)로 동일하게 나타내어지고 식 (3.19)를 원통좌표계에 적용하면 다음처럼 나타낼 수 있다.

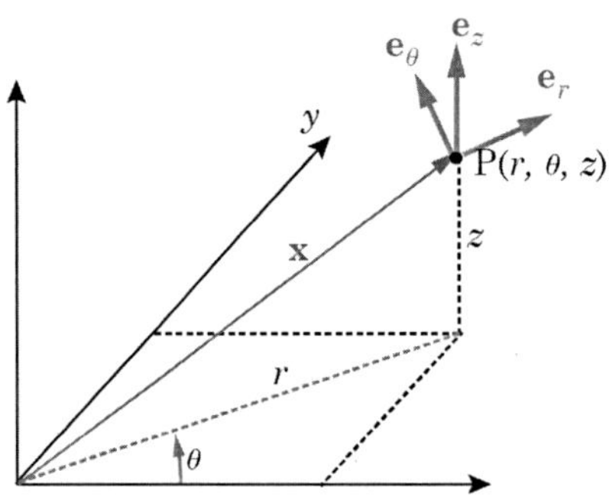

그림 3.2
원통좌표계

$$\frac{\partial \rho}{\partial t}+\frac{1}{r}\frac{\partial(r\rho v_r)}{\partial r}+\frac{1}{r}\frac{\partial(\rho v_\theta)}{\partial \theta}+\frac{\partial(\rho v_z)}{\partial z}=0 \tag{3.28}$$

정상상태일 때는 다음과 같다.

$$\frac{1}{r}\frac{\partial(r\rho v_r)}{\partial r}+\frac{1}{r}\frac{\partial(\rho v_\theta)}{\partial \theta}+\frac{\partial(\rho v_z)}{\partial z}=0 \tag{3.29}$$

비압축성 유동일 때는 다음과 같다.

$$\frac{1}{r}\frac{\partial(r v_r)}{\partial r}+\frac{1}{r}\frac{\partial v_\theta}{\partial \theta}+\frac{\partial v_z}{\partial z}=0 \tag{3.30}$$

예제 3.1 **다음의 정상 2차원 속도장은 비압축성 유동인지 아닌지 판단하라. U와 A는 0이 아닌 상수이다.**

(a) $\mathbf{v}=U\mathbf{i}-U\mathbf{j}$ (b) $\mathbf{v}=Ax\mathbf{i}-Ay\mathbf{j}$

풀이

(a) 속도 성분은 다음과 같다.

$$u=U,\ v=-U$$

비압축성 유동의 경우 식 (3.24)의 연속방정식을 만족해야 한다.

$$\frac{\partial u}{\partial x}+\frac{\partial v}{\partial y}=0+0=0$$

따라서 비압축성 유동이다.

(b) 속도 성분은 다음과 같다.

$$u=Ax,\ v=-Ay$$

따라서,

$$\frac{\partial u}{\partial x}+\frac{\partial v}{\partial y}=A-A=0$$

이므로 비압축성 유동이다.

보충설명

비압축성 유동은 식 (3.24)가 성립해야 한다. 만약 식 (3.24)가 성립하지 않으면 비압축성 유동이 될 수 없다.

예제 3.2 **정상 2차원 비압축성 유동에서 x성분 속도가 $u = Axy$로 주어질 때 y성분 속도 v를 구하라. A는 0이 아닌 상수이다.**

풀이

비압축성 유동의 경우 식 (3.24)의 연속방정식을 만족해야 한다.

$$\frac{\partial u}{\partial x}+\frac{\partial v}{\partial y}=0$$

따라서,

$$\frac{\partial v}{\partial y}=-\frac{\partial u}{\partial x}=-Ay \tag{1}$$

이고, 적분하면 다음과 같다.

$$v=-\frac{A}{2}y^2+f(x) \tag{2}$$

보충설명

식 (1)은 편미분방정식이므로 y에 대해 적분하면 적분상수는 완전한 상수 C가 아니라 x의 함수인 $f(x)$가 된다. 거꾸로 식 (2)를 미분하면 식 (1)이 된다는 것을 쉽게 알 수 있다.

3.5 유동함수

많은 공학 문제에서 비압축성, 2차원 유동을 다룰 때가 많다. 비압축성 유동에서, 2차원유동(two-dimensional flow)이나, 축대칭유동(axi-symmetrical flow) 등에서 **유동함수(stream function)**를 정의할 수 있다. 유동함수는 연속방정식을 자동으로 만족시키는 함수로 정의할 수 있다.

비압축성, 2차원유동, 직교좌표계에서의 유동함수

유동함수는 연속방정식의 형태에 따라 정의하는 법이 모두 다르다. 비압축성, 2차원유동, 직교좌표에서 연속방정식은 다음과 같다.

$$\frac{\partial u}{\partial x} + \frac{\partial v}{\partial y} = 0 \tag{3.31}$$

비압축성, 2차원유동, 정상유동인 경우, 직교좌표에서 일반적으로 **유동함수(stream function)** $\psi(x, y)$가 존재하며 Lagrange가 처음으로 다음처럼 미분형으로 정의하였다.

$$d\psi = u dy - v dx \tag{3.32}$$

또는 적분하면,

$$\psi = \int (u dy - v dx) + C \tag{3.33}$$

와 같이 유동함수를 정의할 수도 있다. 여기서 C는 상수이고 기준점에서의 유동함수를 나타낸다.

함수 $\psi(x, y)$가 주어진다면 $d\psi$는 다음처럼 구할 수 있다.

$$d\psi = \frac{\partial \psi}{\partial x} dx + \frac{\partial \psi}{\partial y} dy \tag{3.34}$$

식 (3.32)와 식 (3.34)를 비교하면 다음과 같은 결과를 얻을 수 있다.

$$u = \frac{\partial \psi}{\partial y}, \quad v = -\frac{\partial \psi}{\partial x} \tag{3.35}$$

많은 책에서 식 (3.35)를 유동함수라고 편의상 정의하고 더 많이 사용한다. 식 (3.35)를 연속방정식의 좌변에 대입하여 보면,

$$\frac{\partial u}{\partial x} + \frac{\partial v}{\partial y} = \frac{\partial}{\partial x}\left(\frac{\partial \psi}{\partial y}\right) + \frac{\partial}{\partial y}\left(-\frac{\partial \psi}{\partial x}\right) = \frac{\partial^2 \psi}{\partial x \partial y} - \frac{\partial^2 \psi}{\partial y \partial x} = 0$$

이 항상 성립하여, 자동으로 연속방정식을 만족시키게 된다. 즉, 유동함수는 연속방정식을 자동으로 만족할 수 있도록 정의한 것이다.

보충설명 ◎ 유동함수와 완전미분

다음의 미분 $M(x,y)dx + N(x,y)\,dy$는 $\dfrac{\partial M}{\partial y} = \dfrac{\partial N}{\partial x}$가 성립할 때 완전미분(exact differential)이고 $df = M(x,y)dx + N(x,y)\,dy$로 나타낼 수 있다. 완전미분이면 $\int_1^2 df$는 적분경로와는 무관하게 $f_2 - f_1$의 값을 가진다.

식 (3.32)를 생각해보면, $\dfrac{\partial u}{\partial x} = -\dfrac{\partial v}{\partial y}$가 성립(즉, 2차원 비압축성 유동의 연속방정식을 만족)해야만, $udy - vdx$는 완전미분이고 $d\psi$라고 나타낼 수 있고 $\int_1^2 d\psi$는 $\psi_2 - \psi_1$으로 나타낼 수 있다. $\dfrac{\partial u}{\partial x} = -\dfrac{\partial v}{\partial y}$가 성립하지 않으면, $udy - vdx$는 불완전미분(inexact differential)이고 $udy - vdx$를 $d\psi$로 나타낼 수 없다.

예를 들어 2차원 압축성 유동, 비정상유동에서는 $\dfrac{\partial u}{\partial x} = -\dfrac{\partial v}{\partial y}$가 성립하지 않기 때문에 식 (3.32)로 유동함수를 정의할 수 가 없다. 다시 말하면 2차원 압축성 유동, 비정상유동에서는 유동함수가 존재하지 않는다.

비압축성 유동일 때 비정상유동이더라도 연속방정식은 식 (3.31)로 표시되므로, 비정상유동일 때에도 유동함수 $\psi(x, y, t)$를 식 (3.35)로 정의할 수 있다. 그러나 유동함수를 가장 많이 이용하는 경우는 정상유동일 때이고, 비정상유동일 때는 유동함수의 활용 가치는 거의 없으므로 정상유동일 때의 유동함수 $\psi(x, y)$를 고려하는 경우가 대부분이고 이 책에서는 별도의 설명이 없는 경우 유동함수를 다룰 때 모두 정상유동을 다룬다.

여기서 유동함수 $\psi(x, y)$를 어떻게 구하는가 하는 문제는 잠시 미루고, 유동함수 $\psi(x, y)$가 주어졌다고 가정하자. 그러면 이 유동함수로부터 다음과 같은 많은 정보를 알 수 있다.

(1) 유동함수로부터 속도분포를 쉽게 구할 수 있다. 속도분포가 주어지면 유동함수도 쉽게 구할 수 있다.

(2) 유선을 쉽게 그릴 수 있다.

(3) 유량을 쉽게 구할 수 있다.

유동함수와 속도분포

✦ 유동함수 $\underset{\text{적분}}{\overset{\text{미분}}{\rightleftarrows}}$ 속도분포

먼저 무엇보다도 유동함수 $\psi(x, y)$가 주어지면 속도분포를 쉽게 구할 수 있다. 식 (3.35)의 관계식으로부터 유동함수를 미분하면 속도분포를 쉽게 구할 수 있다. 반대로 속도분포가 주어지더라도 유동함수를 구할 수 있지만 그 과정은 적분 과정이 필요하므로, 유동함수가 주어지고 속도분포를 구하는 것보다는 약간 성가시다고 할 수 있다.

예제 3.3 **(a) 비압축성, 2차원유동에서 유동함수가 $\psi(x, y) = U(2x - y)$일 때 속도분포를 구하라.**
(b) 속도분포가 $\mathbf{v} = Ax\,\mathbf{i} - (Ay + B)\,\mathbf{j}$ 일 때 유동함수를 구하라. A와 B 및 U는 상수이다.

풀이

(a) 유동함수가 주어지면 식 (3.35)의 관계식으로부터 유동함수를 미분하면 속도를 구할 수 있다.

$$u = \frac{\partial \psi}{\partial y} = -U$$

$$v = -\frac{\partial \psi}{\partial x} = -2U$$

(b) 속도가 주어지면 식 (3.35)의 관계식으로부터 적분을 하여 유동함수를 구할 수 있다.

$$u = \frac{\partial \psi}{\partial y} = Ax \tag{1}$$

$$v = -\frac{\partial \psi}{\partial x} = -(Ay + B) \tag{2}$$

식 (1)을 적분하면,

$$\psi = Axy + f(x) \tag{3}$$

이고 이것을 식 (2)에 대입하면 다음과 같다.

$$\frac{\partial \psi}{\partial x} = Ay + \frac{df}{dx} = Ay + B$$

따라서

$$\frac{df}{dx} = B$$

이다. 이것을 적분하면

$$f(x) = Bx + C \tag{4}$$

이고, C는 적분 상수이다.
식 (4)를 식 (3)에 대입하면 유동함수를 구할 수 있다.

$$\psi = Axy + Bx + C \tag{5}$$

보충설명

유동함수를 미분하면 속도분포를 쉽게 구할 수 있다. 반대로 속도분포가 주어지면 적분하여 속도분포를 구하기 때문에 약간 복잡하다. 문제 (b)의 속도분포는 2차원 비압축성 유동의 연속방정식을 만족한다. 즉,

$$\frac{\partial u}{\partial x}+\frac{\partial v}{\partial y}=A-A=0$$

이다. 따라서 $\frac{\partial u}{\partial x}=-\frac{\partial v}{\partial y}$가 성립하고 유동함수를 구할 수 있다. 문제 (b)에서 원점에서의 유동함수가 0이라면, 식 (5)에서 $C=0$이고 유동함수는 다음과 같다.

$$\psi=Axy+Bx \tag{6}$$

유동함수와 유선

비압축성, 2차원유동에서 유동함수 $\psi(x,y)$가 주어졌을 때, 유동함수가 일정한 선을 생각해 보자.

$$\psi(x,y)=C \quad \Rightarrow \quad d\psi=0$$

따라서

$$d\psi=\frac{\partial\psi}{\partial x}dx+\frac{\partial\psi}{\partial y}dy=-vdx+udy=0$$

이고 다음이 성립한다.

$$\frac{dy}{dx}=\frac{v}{u}$$

위의 식이 유선의 정의식이다. 즉 유동함수가 일정한 선은 유선을 나타낸다.

예제 3.4

예제 3.3의 두 문제에 대해서 $U=1\,\frac{\mathrm{m}}{\mathrm{s}}$, $A=2\,\mathrm{s}^{-1}$이고 $B=0$일 때 유선을 그리고 유동의 방향을 표시하라.

풀이

(a) 유동함수가 $\psi(x,y)=U(2x-y)$이므로 유선은 $2x-y=C$인 선이다. $\psi=0$인 유선의 방정식은

$$2x-y=0 \Rightarrow y=2x$$

이다.

$\psi=1$인 유선의 방정식은

$$2x-y=1 \Rightarrow y=2x-1$$

이다. 다른 값에 대해서도 유선을 그릴 수 있고, 그림 E3.4(a)에 유선들을 나타내고 있다.

(b) 원점에서의 유동함수가 0으로 한 예제 3.3의 식 (6)을 이용하면 유동함수가

$$\psi=Axy+Bx$$

이고, $A=2\,\mathrm{s}^{-1}$, 이고 $B=0$일 때는

$$\psi=2xy$$

이므로 유선은 $\psi(x,y)=2xy=C$인 선이다.

$\psi=0$인 유선의 방정식은

$$x=0 \text{ 또는 } y=0$$

이다.

$\psi=1$인 유선의 방정식은

$$2xy=1 \Rightarrow y=\frac{1}{2x}$$

이다. 다른 값에 대해서도 유선을 그릴 수 있고, 그림 E3.4(b)에 유선들을 나타내고 있다.

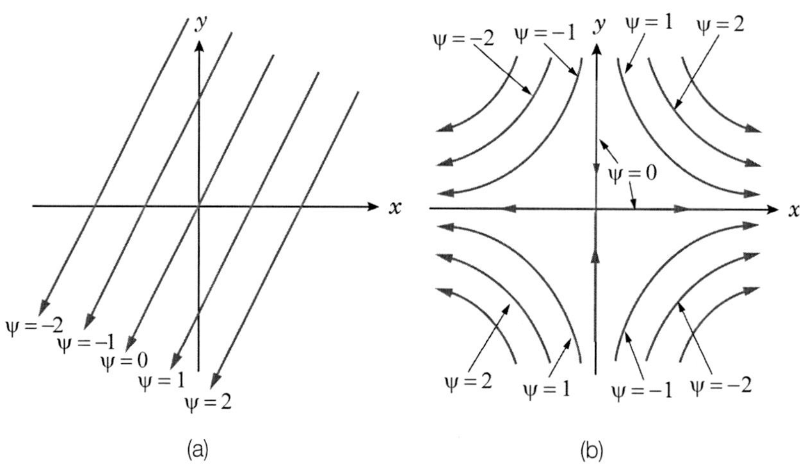

그림 E3.4
유선

보충설명

$\psi=C$는 유선의 식을 나타낼 뿐이다. 상수 C의 값에 따라 여러 유선을 나타낼 수 있다. 유동의 방향은 속도 성분으로부터 알아낼 수 있다. 문제 (1)에서 속도 u가 −1이므로(예제 3.3에서 $U=1$ 대입) 모든 곳에서 유체는 왼쪽으로 흐르게 된다. 문제 (2)에서 속도 u 또는 v의 부호에 따라 유동의 방향을 정할 수 있다. $u=2x$이므로 (예제 3.3에서 $A=2$대입) x가 양인 곳에서는 오른쪽으로 흐르고 x가 음인 곳에서는 왼쪽으로 흐른다.

유동함수와 유량

식 (3.32)로 정의되는 미분형 유동함수 $d\psi = udy - vdx$를 그림 3.3의 두 점 A와 B까지 적분하여 보자.

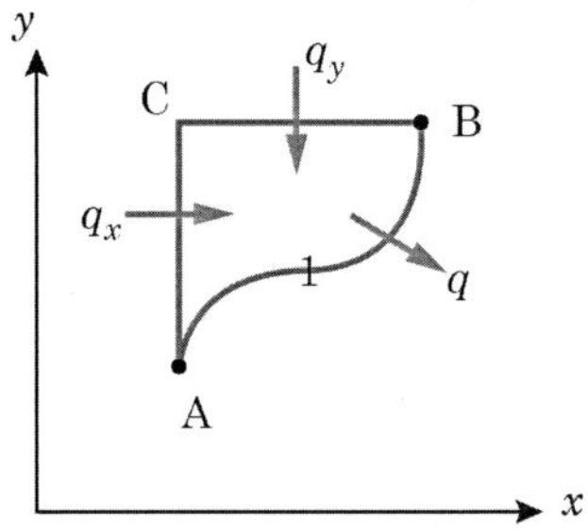

그림 3.3
유동함수

$$\int_A^B d\psi = \int_A^B (udy - vdx) \tag{3.36}$$

식에서 $d\psi$는 완전미분이므로 경로와 무관하게 적분하면 일정한 값 $\psi_B - \psi_A$를 가진다. 먼저 경로 A→C→B를 통하여 적분하여 보자.

$$\int_A^B d\psi = \int_A^C d\psi + \int_C^B d\psi = \int_A^C (udy - vdx) + \int_C^B (udy - vdx)$$

AC에서는 $dx = 0$이고 CB에서는 $dy = 0$이므로 이 식은 다음처럼 된다.

$$\int_A^B d\psi = \int_A^C udy + \int_C^B (-v)dx \tag{3.37}$$

AC에서 udy를 적분한 것은 AC 사이를 지나는 단위길이(z방향)당 유량이고 q_x로 나타내고, CB에서 $-vdy$를 적분한 것은 CB 사이를 지나는 단위길이당 유량이고 q_y로 나타낸다.

$$q_x = \int_A^C udy \ , \ q_y = \int_C^B (-v)dx \tag{3.38}$$

유량의 경우 부호를 정하는 것은 큰 의미는 없지만, 식 (3.38)에서 보듯이 q_x의 경우 u가 양일 때 q_x가 양이므로 오른쪽 방향으로 흐르는 것을 양(+)으로 정의한다. 식

(3.38)에서 보듯이 v가 음일 때 q_y가 양이므로 아래 방향으로 흐르는 것을 양(+)으로 정의한다.

앞에서도 설명하였지만, $d\psi$는 완전미분이므로 식 (3.37)의 좌변은 적분한 값 $\psi_{\mathrm{B}} - \psi_{\mathrm{A}}$ 이고, 식 (3.37)의 우변은 식 (3.38)을 사용하면 $q_x + q_y$ 이고 따라서 식 (3.37)은 다음처럼 나타낼 수 있다.

$$\psi_{\mathrm{B}} - \psi_{\mathrm{A}} = q_x + q_y \tag{3.39}$$

즉, A점과 B점의 유동함수 차($\psi_{\mathrm{B}} - \psi_{\mathrm{A}}$)는 A점과 B점을 잇는 ACB 사이의 단위길이(z방향)당 유량($q_x + q_y$)을 나타낸다.

그림 3.3의 경로 1을 통하여 A점에서 B점까지의 적분을 하고 그 결과를 q라고 나타낸다.

$$\int_{\mathrm{A},1}^{\mathrm{B}} d\psi = \int_{\mathrm{A}}^{\mathrm{B}} (u dy - v dx) = q \tag{3.40}$$

그런데 앞에서도 설명하였듯이, $d\psi$는 완전미분이므로 경로와 무관하고, 적분하면 $\psi_{\mathrm{B}} - \psi_{\mathrm{A}}$ 이다.

따라서

$$\psi_{\mathrm{B}} - \psi_{\mathrm{A}} = q \tag{3.41}$$

가 성립한다. 식 (3.39)와 식 (3.41)을 비교하면,

$$q = q_x + q_y = \psi_{\mathrm{B}} - \psi_{\mathrm{A}} \tag{3.42}$$

가 성립하고, 그림 3.3에서 q는 AB 사이의 단위 폭당 유량을 나타내고 유량함수의 차($\psi_{\mathrm{B}} - \psi_{\mathrm{A}}$)와 같다.

그림의 폐곡선 ABCA를 검사체적으로 생각하면, 정상상태, 비압축성 유동인 경우 검사체적 내부의 질량은 변하지 않으므로 흘러들어간 유량($q_x + q_y$)은 흘러나오는 유량(q)과 같다는 연속방정식을 또한 만족시킨다.

그림 3.3에서는 $\psi_{\mathrm{B}} > \psi_{\mathrm{A}}$ 인 경우를 나타내고 있으며, 유동함수가 증가하는 방향(A → B방향)에서 보면 유량은 시계회전방향(clockwise)이고 이 방향을 양의 방향으로 정의

한다. 지금까지의 설명을 요약하면 다음처럼 표현할 수 있다.

두 점 사이의 유동함수의 차는 두 점 사이를 통과하는 단위폭(z방향)당 유량을 나타낸다.

지금까지는 단순히 두 점만을 고려하였으나, 조금 더 확장하여 그림 3.4처럼 두 유선 사이의 유동을 고려할 수 있다. 유선은 유동함수가 일정하고 두 유선의 유동함수의 값은 각각 ψ_{A}, ψ_{B}이다. 유선을 가로지르는 유동이 없으므로 2차원 정상 비압축성 유동에서는 어떻게 연결하든 두 유선사이의 단위길이당 유량은 q이다. 그림 3.4(a)처럼 $\psi_{\mathrm{A}} < \psi_{\mathrm{B}}$ 이면 유량은 양(+)이고, 그림에서 보여주는 것처럼 A를 중심으로 B(또는 B′, B″)를 바라볼 때 유량의 방향은 시계회전방향(clockwise)이다. 그림 3.4(b)처럼 $\psi_{\mathrm{A}} > \psi_{\mathrm{B}}$ 이면 유량은 음(-)이고 그림에서 보여주는 것처럼 A를 중심으로 B(또는 B′, B″)를 바라볼 때 유량의 방향은 반시계회전방향(counterclockwise)이지만, 유동함수가 증가하는 방향(B→A방향)에서 보면 유량은 시계회전방향(clockwise)이다.

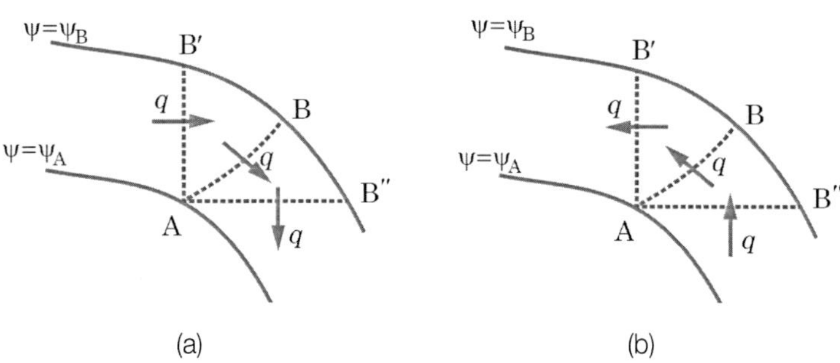

그림 3.4
유동함수, 유선 및 유량
(a) $\psi_{\mathrm{A}} < \psi_{\mathrm{B}}$, (b) $\psi_{\mathrm{A}} > \psi_{\mathrm{B}}$

비압축성, 2차원유동, 원통좌표계에서의 유동함수

비압축성, 2차원유동, 원통좌표에서 연속방정식은 다음과 같다.

$$\frac{\partial(rv_r)}{\partial r} + \frac{\partial v_\theta}{\partial \theta} = 0 \tag{3.43}$$

유동함수 $\psi(r,\theta)$를 다음처럼 정의하면 연속방정식은 자동으로 만족하게 된다.

$$v_r = \frac{1}{r}\frac{\partial \psi}{\partial \theta}, \quad v_\theta = -\frac{\partial \psi}{\partial r} \tag{3.44}$$

직교좌표계와 원통좌표계의 연속방정식으로부터 유동함수를 정의하는 방법에는 어떤 규칙이 있음을 알아챌 수 있을 것이다. 즉, 좌표를 서로 교차하여 미분하고 다른 한쪽에 -부호를 붙여 정의하면 연속방정식을 자동으로 만족하게 되는 것이고, 이와 같은 방식으로 다음의 다른 경우에도 그대로 적용된다.

압축성, 2차원 정상유동, 직교좌표계에서의 유동함수

압축성, 2차원 정상유동, 직교좌표에서 연속방정식은 다음과 같다.

$$\frac{\partial(\rho u)}{\partial x}+\frac{\partial(\rho v)}{\partial y}=0 \tag{3.45}$$

유동함수 $\psi(x, y)$를 다음처럼 정의하면 연속방정식은 자동으로 만족하게 된다.

$$\rho u=\frac{\partial\psi}{\partial y}\ ,\ \rho v=-\frac{\partial\psi}{\partial x} \tag{3.46}$$

이 경우 유동함수의 정의식에 속도와 밀도가 곱해져 있으므로, 두 유선의 유동함수의 차는 단위길이당 질량유량을 나타낸다.

비압축성, 축대칭유동, 원통좌표계에서의 유동함수

비압축성, 축대칭유동, 원통좌표에서 연속방정식은 다음과 같다.

$$\frac{1}{r}\frac{\partial(rv_r)}{\partial r}+\frac{\partial v_z}{\partial z}=0 \quad \Rightarrow \quad \frac{\partial(rv_r)}{\partial r}+\frac{\partial(rv_z)}{\partial z}=0 \tag{3.47}$$

유동함수 $\psi(r, z)$를 다음처럼 정의하면 연속방정식은 자동으로 만족하게 된다.

✦식 (3.48)은 다음처럼 나타낼 수도 있다.
$rv_r=-\frac{\partial\psi}{\partial z}\ ,\ rv_z=\frac{\partial\psi}{\partial r}$

$$v_r=-\frac{1}{r}\frac{\partial\psi}{\partial z}\ ,\ v_z=\frac{1}{r}\frac{\partial\psi}{\partial r} \tag{3.48}$$

축대칭유동의 경우 연속방정식을 원통좌표계로 나타내면 속도성분 및 필요한 좌표는 2개이어서 2차원 유동형태로 표시할 수 있지만, 유동의 특성은 3차원이고, 유동함수의 정의식을 보면 속도에 r이 곱해져 있는 형태이므로(옆의 주석 참조), 두 유선의 유동함수의 차는 유량을 나타낸다(단위폭당 유량이 아니다). 그리고 다른 식과는 달리 v_r에 -부호가 곱해져 있는 것을 알 수가 있다. 이것은 원통좌표의 순서가 오른손 법칙으로 나타내면, $r\rightarrow\theta\rightarrow z\rightarrow r\rightarrow\theta$의 순서로 옆의 주석을 참조하면 $z\rightarrow r$의 순서로 연속방정식을 나타내고, 이에 따라 식 (3.48)로 유동함수를 정의하는 것이 합리적이다.

여러 가지 유동의 경우를 요약하여 표 3.1에 나타내고 있다.

표 3.1
유동함수의 정의

유동형태	연속방정식	유동함수의 정의
비압축성 2차원유동 직교좌표계	$\frac{\partial u}{\partial x}+\frac{\partial v}{\partial y}=0$	$u=\frac{\partial \psi}{\partial y},\ v=-\frac{\partial \psi}{\partial x}$
비압축성 2차원유동 원통좌표계	$\frac{\partial (rv_r)}{\partial r}+\frac{\partial v_\theta}{\partial \theta}=0$	$v_r=\frac{1}{r}\frac{\partial \psi}{\partial \theta},\ v_\theta=-\frac{\partial \psi}{\partial r}$
압축성 2차원 정상유동 직교좌표계	$\frac{\partial (\rho u)}{\partial x}+\frac{\partial (\rho v)}{\partial y}=0$	$\rho u=\frac{\partial \psi}{\partial y},\ \rho v=-\frac{\partial \psi}{\partial x}$
비압축성 축대칭유동 원통좌표계	$\frac{1}{r}\frac{\partial (rv_r)}{\partial r}+\frac{\partial v_z}{\partial z}=0$ ⇨ $\frac{\partial (rv_r)}{\partial r}+\frac{\partial (rv_z)}{\partial z}=0$	$v_r=-\frac{1}{r}\frac{\partial \psi}{\partial z},\ v_z=\frac{1}{r}\frac{\partial \psi}{\partial r}$

3.6 응력

유체요소의 표면에 작용하는 힘을 면적으로 나눈 것이 응력이고 응력은 재료역학뿐 아니라 유체역학에서도 아주 중요하다.

3.6.1 응력의 개념

응력은 유체역학에서도 중요하게 사용되지만 재료역학에서는 아주 중요한 개념이다. 다음처럼 표면에 작용하는 힘(표면력)의 크기 F를 면적 A로 나눈 단위면적당의 힘을 **응력(stress)** σ라고 한다.

✦힘은 벡터이지만 당분간 그 크기만을 표시하여 F라 나타낸다.

$$\sigma=\frac{F}{A} \tag{3.49}$$

실제로 힘은 벡터이고 응력은 텐서이기 때문에 위의 표현은 응력의 한 요소에 대해 표현한 것으로 벡터나 텐서의 개념을 도입하여 나타낸 것은 아니다. 단위면적당의 힘(표면력)을 응력이라고 정의하고 나타내는 것은 옳은 표현이므로, 잠시 동안 벡터 및 텐서의 개념을 적용하지 않고, 유체역학이 아닌 재료역학에 처음 접한다고 생각하고 바라보면, 응력의 정의와 부호에 대해 이해하기 쉽다.

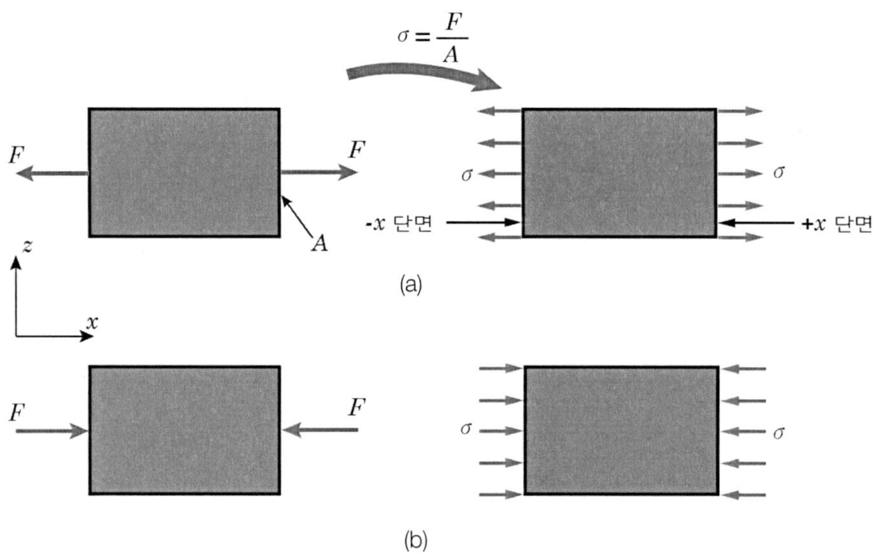

그림 3.5
수직응력 (a) 인장응력($\sigma > 0$), (b) 압축응력($\sigma < 0$)

그림 3.5처럼 고체의 어떤 면에 힘이 수직으로 작용할 때 수직력(normal force)이라 하고 하고, 그 때의 응력 σ를 수직응력(normal stress)이라 한다. 그림 3.5는 xz단면에서 나타낸 것이다. 힘이 면의 바깥 방향으로 작용하여 물질을 늘리려 할 때의 수직력을 인장력이라 하고 그때의 응력을 인장응력이라 한다. 반면 힘이 면의 내부 방향으로 작용하여 물질을 압축하려 할 때 수직력을 압축력이라 하고 그때의 응력을 압축응력이라 한다. 그림 3.5(a)처럼 응력 σ가 인장응력으로 작용할 때 σ를 양으로 정의하고, 그림 3.5(b)처럼 응력 σ가 압축응력으로 작용할 때 σ를 음으로 정의한다. 그런데 그림 3.5(a)의 $-x$단면에서의 응력 σ는 비록 $-x$방향으로 향하고 있지만, 인장응력이므로 양의 값을 가진다. 그림 3.5(b)의 $-x$단면에서의 응력 σ는 비록 $+x$방향으로 향하고 있지만, 압축응력이므로 음의 값을 가진다. 따라서 응력의 부호를 정하는 데 단면에서 작용하는 응력성분의 방향외에 또 하나의 방향이 필요하고 응력이 작용하는 단면의 방향이 필요하다. 즉, 다음처럼 응력성분의 부호를 정할 수 있다.

✦ 인장응력 : $\sigma > 0$
압축응력 : $\sigma < 0$

- $+x$단면에서 $+x$방향으로 작용할 때 응력성분은 양(+) : 그림 3.5(a)의 오른쪽 σ

- $-x$단면에서 $-x$방향으로 작용할 때 응력성분은 양(+) : 그림 3.5(a)의 왼쪽 σ
- $+x$단면에서 $-x$방향으로 작용할 때 응력성분은 음(-) : 그림 3.5(b)의 오른쪽 σ
- $-x$단면에서 $+x$방향으로 작용할 때 응력성분은 음(-) : 그림 3.5(b)의 왼쪽 σ

✦그림에서 전단응력을 τ로 나타내지 않고 σ로 나타내었음에 주목하라.

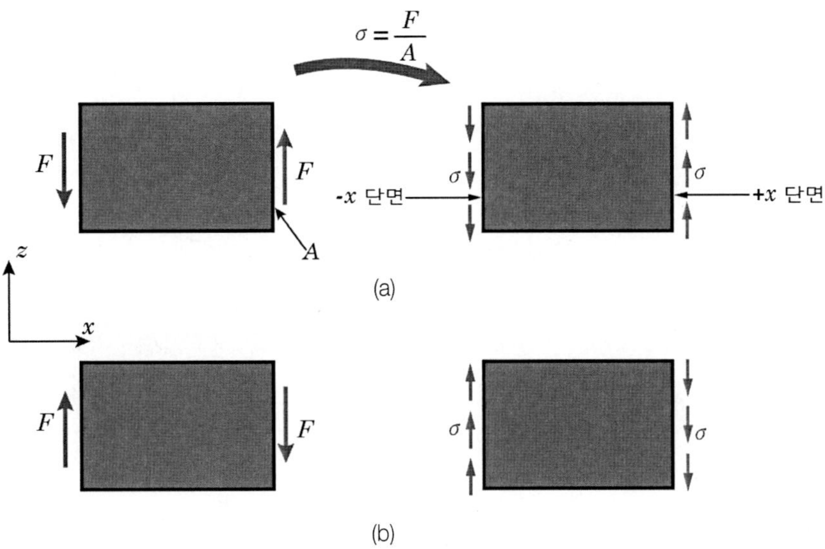

그림 3.6
전단응력 (a) $\sigma > 0$, (b) $\sigma < 0$

✦물론 경우에 따라 전단응력을 τ라고 표시할 때가 많이 있다. 지금은 수직응력과 전단응력을 구별하지 않고 응력을 σ로 나타내었다. 뒤에서 τ를 따로 정의한다.

그림 3.6처럼 고체의 어떤 면에 평행하게 작용할 때 전단력(shear force)이라하고 하고, 그 때의 응력 σ를 전단응력(shear stress)이라 한다. 그림에서 전단응력을 일반적으로 많이 사용하는 τ를 사용하지 않고 그냥 σ를 사용하였다. 그것은 그림 3.6에서 z방향으로 작용하는 힘(전단력)을 그림 3.5에서 x방향으로 작용하는 힘(수직력)과 구분하여 또 다른 기호 G를 사용하지 않고 그냥 힘을 나타내는 기호 F로 같이 나타낸 것과 같은 이유이다. 즉, 힘의 기호를 F로 사용하기로 하였다면 수직력이든 전단력이든 힘의 방향(x, y, z방향)과는 무관하게 힘을 나타내는 기호 F를 사용하고 방향을 포함하면, 벡터 $\mathbf{F}$로 나타내면 된다. 응력 또한 응력의 기호를 σ로 사용하기로 하였다면 수직응력이든 전단응력이든 응력의 방향(x, y, z방향)과는 무관하게 같은 응력의 기호인 σ를 사용해야 하는 것이 합리적이다. 이렇게 함으로써 응력이 텐서라는 것을 설명하기가 쉬워진다. 그림 3.6의 응력(전단응력)의 기호는 앞에서와 마찬가지로 다음처럼 정의한다.

- $+x$단면에서 $+z$방향으로 작용할 때 응력성분은 양(+) : 그림 3.6(a)의 오른쪽 σ
- $-x$단면에서 $-z$방향으로 작용할 때 응력성분은 양(+) : 그림 3.6(a)의 왼쪽 σ
- $+x$단면에서 $-z$방향으로 작용할 때 응력성분은 음(-) : 그림 3.6(b)의 오른쪽 σ
- $-x$단면에서 $+z$방향으로 작용할 때 응력성분은 음(-) : 그림 3.6(b)의 왼쪽 σ

지금까지 응력을 x단면에서 x방향으로 작용하는 응력성분(그림 3.5, 수직응력)과 x 단면에서 z방향으로 작용하는 응력성분(그림 3.6, 전단응력)을 설명하였으나 이외의 단면 및 방향으로 작용하는 다른 응력성분들이 많이 존재하고 그림 3.7에 양의 방향 표면에 응력텐서의 성분 모두를 나타내고 있다. 그림에서 응력을 표시하기 위해서 첨자 두 개를 사용한다. 응력의 첨자 표기법은 다음과 같다.

$$\sigma_{ij} \ : \ \begin{cases} i : \text{표면의 법선(수직 바깥)방향} \\ j : \text{응력의 방향} \end{cases}$$

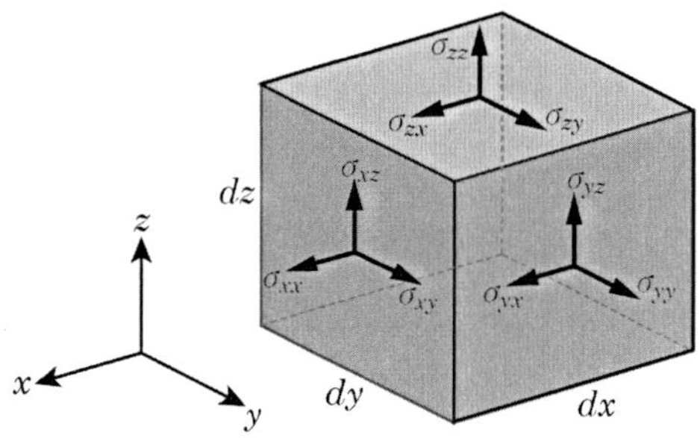

그림 3.7
양(+)으로 정의되는 응력텐서의 성분

그림에서 σ_{xx}, σ_{xy}, σ_{xz}는 x표면에 작용하는 응력들을 나타내고 있으며, σ_{xx}는 x 표면에서 x방향으로 작용하는 응력을 나타내고 수직응력을 의미한다. σ_{xy}와 σ_{xz}는 각각 x표면에서 y방향과 z방향으로 작용하는 응력을 나타내고 전단응력을 의미한다. 응력의 부호는 앞에서 정의한 것과 같은 방법으로 표 1.2에 나타내고 있다. 응력을 나타내는 데에 2방향(표면의 법선방향과 응력 성분의 방향)이 필요하므로 응력은 텐서, 즉 **응력텐서**(stress tensor)이다.

표 3.2
응력의 부호

표면의 법선방향	응력 성분의 방향	응력의 부호
+	+	+
+	−	−
−	+	−
−	−	+

따라서 일반적으로 첨자표기법을 사용하여 응력의 성분을 σ_{ij}로 나타내고, 응력텐서 $[\sigma_{ij}]$는 2계텐서이다. 2계텐서를 다이애딕(dyadic)이라고 하고 ↔를 문자 위에 나타내어 다음처럼 표기하기로 한다.

✦ 일반적인 텐서를 나타내는 ~를 사용하여 $\tilde{\sigma}$로 나타내기도 한다.

$$\overleftrightarrow{\boldsymbol{\sigma}} = [\sigma_{ij}] = \begin{bmatrix} \sigma_{11} & \sigma_{12} & \sigma_{13} \\ \sigma_{21} & \sigma_{22} & \sigma_{23} \\ \sigma_{31} & \sigma_{32} & \sigma_{33} \end{bmatrix} \tag{3.50}$$

직교좌표계에서는 다음과 같다.

$$[\sigma_{ij}] = \begin{bmatrix} \sigma_{xx} & \sigma_{xy} & \sigma_{xz} \\ \sigma_{yx} & \sigma_{yy} & \sigma_{yz} \\ \sigma_{zx} & \sigma_{zy} & \sigma_{zz} \end{bmatrix} \tag{3.51}$$

그림 3.7에서 보듯이 응력텐서를 나타낼 때, 2개의 첨자(즉, 2개의 방향)가 필요하므로 한 점에서 응력의 상태를 제대로 나타내려면 식 (3.50)처럼 9개의 응력성분이 필요하다.

✦ 실제로는 뒤에서 설명하겠지만, 응력텐서가 대칭이므로 9개가 아닌 6개의 응력성분이 필요하다.

텐서가 아닌 벡터의 경우를 생각하여 비교하여 보자. 예를 들어 힘 **F**는 벡터이고, 직교좌표계에서 한 점에서의 벡터를 제대로 나타내려면 힘의 성분F_x, F_y, F_z 세 개가 필요하고 다음처럼 나타낼 수 있다.

$$\mathbf{F} = [F_i] = [F_x, F_y, F_z] \tag{3.52}$$

직교좌표계에서 세 방향을 나타내는 기저벡터(basis vector) **i**, **j**, **k**를 사용하면 이 힘 **F**를 다음 식으로 나타낼 수 있고, 또한 공간상에서 그림 3.8처럼 그 성분과 벡터를 그림으로 나타낼 수도 있다.

$$\mathbf{F} = F_x\mathbf{i} + F_y\mathbf{j} + F_z\mathbf{k} \tag{3.53}$$

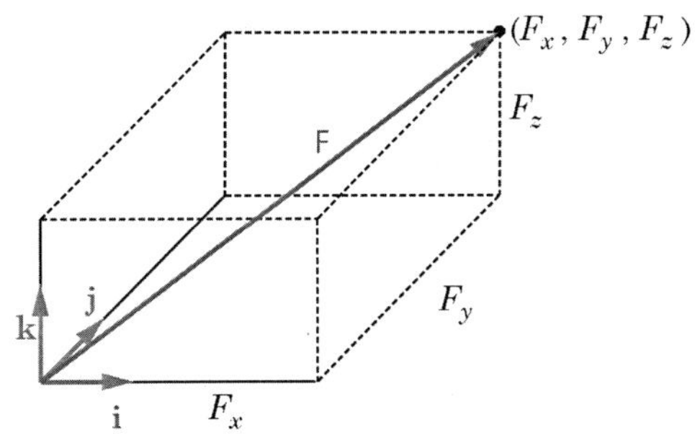

그림 3.8
직교좌표계에 표시된 힘

응력의 경우 한 점에서의 응력 상태는 두 방향이 필요한 2계텐서이고 9개의 응력성분이 필요하고 식 (3.50)처럼 매트릭스 형태로 성분을 나타내어 텐서를 표시할 수 있다. 2계텐서인 경우 기저벡터를 사용하여 다이애딕(dyadic) 형태로 다음의 식 (3.54) 또는 식 (3.55)처럼 나타낼 수는 있다.

$$\overleftrightarrow{\sigma} = \sigma_{ij}\mathbf{e}_i\mathbf{e}_j = \sigma_{ij}\mathbf{e}_i \otimes \mathbf{e}_j \tag{3.54}$$

위의 식은 첨자표기법을 사용하여 표시한 것이고 아래첨자 i와 j는 방향을 나타내고, 직교좌표에서는 다음 식을 의미한다.

$$\begin{aligned}\overleftrightarrow{\sigma} = {} & \sigma_{xx}\mathbf{i}\,\mathbf{i} + \sigma_{xy}\mathbf{i}\,\mathbf{j} + \sigma_{xz}\mathbf{i}\,\mathbf{k} + \sigma_{yx}\mathbf{j}\,\mathbf{i} + \sigma_{yy}\mathbf{j}\,\mathbf{j} + \sigma_{yz}\mathbf{j}\,\mathbf{k} \\ & + \sigma_{zx}\mathbf{k}\mathbf{i} + \sigma_{zy}\mathbf{k}\mathbf{j} + \sigma_{zz}\mathbf{k}\mathbf{k}\end{aligned} \tag{3.55}$$

응력의 경우 힘과는 달리 공간상에 이 다이애딕(2계텐서) $\overleftrightarrow{\sigma}$를 나타낼 방법은 없다. 공간상의 한 점에서 응력의 상태를 나타내려면 9차원 공간이 필요한데 이것을 나타낼 방법은 어렵다. 다만, 그림 3.7처럼 각각의 단면에서 응력의 각 성분들은 그림으로 공간상에 표시할 수는 있다. 식 (3.54)와 식 (3.55)에서 보듯이 2계텐서를 나타내는 데에는 2방향이 필요함을 알 수 있다. 예를 들어 응력텐서가 어떤 점에서 다음과 같은 경우를 생각해보자. 단위는 모두 $\mathrm{kN/m^2}$(즉, kPa)이다.

$$[\sigma_{ij}] = \begin{bmatrix} -100 & 0 & 0 \\ 0 & -100 & 0 \\ 0 & 0 & -100 \end{bmatrix}$$

이 점에서는 모두 수직응력만 존재하고($\sigma_{xx} = \sigma_{yy} = \sigma_{zz} = -100\ \mathrm{kPa}$), 전단응력은 모두 0인 경우이다. 수직응력도 모든 방향에서 음이어서 압축응력이고 모든 방향에서 같은 크기이므로 이 점에서의 유체의 압력이 -100 kPa인 상태를 나타낸다.

3.6.2 응력의 대칭

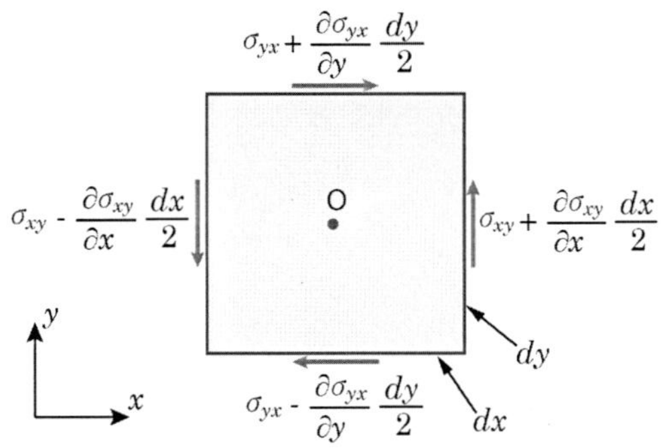

그림 3.9
유체요소에 작용하는 전단응력 (xy단면)

그림 3.9는 뒤에서 보여주고 있는 그림 3.10과 같은 미소한 유체요소를 xy단면에 표시한 것이고 중심점 O에 관한 모멘트를 계산하기 위한 것으로, 표면에 작용하는 응력 중 x방향 및 y방향으로 작용하는 전단응력만을 표시한 것이다. 중심점 O에 관한 모멘트를 계산할 때 수직응력의 영향은 없다.

$$M_O=\left[\left(\sigma_{xy}+\frac{\partial\sigma_{xy}}{\partial x}\frac{dx}{2}\right)dydz\frac{dx}{2}+\left(\sigma_{xy}-\frac{\partial\sigma_{xy}}{\partial x}\frac{dx}{2}\right)dydz\frac{dx}{2}\right]$$

$$-\left[\left(\sigma_{yx}+\frac{\partial\sigma_{yx}}{\partial y}\frac{dy}{2}\right)dxdz\frac{dy}{2}+\left(\sigma_{yx}-\frac{\partial\sigma_{yx}}{\partial y}\frac{dy}{2}\right)dxdz\frac{dy}{2}\right]$$

정리하면 모멘트는 다음과 같다.

$$M_O=(\sigma_{xy}-\sigma_{yx})dxdydz$$

유체요소가 $dx=dy$ 인 경우를 고려하면 모멘트는 다음과 같다.

$$M_O=(\sigma_{xy}-\sigma_{yx})dx^2dz$$

미소유체요소의 관성모멘트(moment of inertia) I는 다음과 같다.

$$I=\frac{1}{12}\rho(dxdydz)(dx^2+dy^2)=\frac{\rho}{6}dx^4dz$$

모멘트와 관성모멘트 사이에는 다음의 관계가 성립한다.

$$M_O = I\alpha$$

여기서 α는 각가속도이다. 따라서 대입하면 다음을 얻는다.

$$(\sigma_{xy} - \sigma_{yx})dx^2dz = \frac{\rho}{6}dx^4dz\alpha \quad \Rightarrow \quad \alpha = \frac{\sigma_{xy} - \sigma_{yx}}{\frac{\rho}{6}dx^2}$$

위의 식으로부터 $\sigma_{xy} \neq \sigma_{yx}$일 때, $dx \to 0$이면 $\alpha \to \infty$가 되고, 따라서 각가속도가 무한대가 되어 모든 유체요소는 무한대의 각속도로 회전하게 되고 이는 물리적으로 불가능한 일이다. 따라서 각가속도가 무한대가 되지 않기 위해서는 $\sigma_{xy} = \sigma_{yx}$ 가 항상 성립하여 하고, 다른 방향에 대해서도 고려하면 다음의 관계가 항상 성립하여야 한다.

$$\sigma_{ij} = \sigma_{ji} \tag{3.56}$$

응력텐서는 대칭이고 한 점에서의 응력상태를 나타낼 때 9개 성분이 모두 필요한 것은 아니고 다음처럼 6개의 응력성분이 필요할 뿐이다.

$$[\sigma_{ij}] = \begin{bmatrix} \sigma_{11} & \sigma_{12} & \sigma_{13} \\ \sigma_{12} & \sigma_{22} & \sigma_{23} \\ \sigma_{13} & \sigma_{23} & \sigma_{33} \end{bmatrix} \Rightarrow \text{직교좌표계 : } [\sigma_{ij}] = \begin{bmatrix} \sigma_{xx} & \sigma_{xy} & \sigma_{xz} \\ \sigma_{xy} & \sigma_{yy} & \sigma_{yz} \\ \sigma_{xz} & \sigma_{yz} & \sigma_{zz} \end{bmatrix} \tag{3.57}$$

3.7 유체요소에 작용하는 힘

유체요소에 작용하는 힘은 표면력과 체적력으로 나눌 수 있다.

- 표면력(surface force)은 유체 요소의 표면에 작용하는 힘으로 표면에서의 응력에 의한 힘이다.
- 체적력(body force)은 유체 요소의 전체에 골고루 작용하는 힘으로, 중력에 의한 힘이 대표적인 것이다. 이 힘은 물체의 질량 전체에 골고루 작용하게 된다. 이 외에 자기장, 전기장 등에 의한 체적력이 존재하지만 이 책에서는 중력에 의한 체적력만을 다룬다.

3.7.1 중력에 의한 힘(체적력)

그림 3.10에 미소한 유체요소를 나타내고 있으며, 이 유체요소의 부피는 $d\mathcal{V} = dxdydz$ 이고 작용하는 체적력 $\mathbf{F}_\mathrm{b}$는 다음과 같다.

$$\mathbf{F}_\mathrm{b} = \rho dxdydz\mathbf{g} = \rho\mathbf{g}\,d\mathcal{V} \tag{3.58}$$

단위부피당 체적력을 $\mathbf{f}_\mathrm{b}$라 하면 다음과 같다.

$$\mathbf{f}_\mathrm{b} = \frac{\mathbf{F}_\mathrm{b}}{\mathrm{d}\mathcal{V}} = \rho\mathbf{g} \quad \rightleftarrows \quad \mathbf{f}_\mathrm{b} = \rho\left(\mathrm{g}_x\mathbf{i} + g_y\mathbf{j} + g_z\mathbf{k}\right) \tag{3.59}$$

첨자를 사용하여 나타내면 다음처럼 나타낼 수 있다.

$$\left(f_\mathrm{b}\right)_i = \rho g_i \tag{3.60}$$

3.7.2 응력에 의한 힘(표면력)

그림 3.10에 미소한 유체요소에서 각각의 표면에 작용하는 응력 중 x방향으로 작용하는 응력만을 나타낸 것이다. 미소한 유체요소의 중앙점의 좌표를 (x_0, y_0, z_0)라고 할 때, 중앙점에서의 응력 상태는 다음과 같고 모든 응력성분은 양의 값을 가진다고 가정한다.

$$\left[\sigma_{ij}\right] = \begin{bmatrix} \sigma_{xx} & \sigma_{xy} & \sigma_{xz} \\ \sigma_{xy} & \sigma_{yy} & \sigma_{yz} \\ \sigma_{xz} & \sigma_{yz} & \sigma_{zz} \end{bmatrix}$$

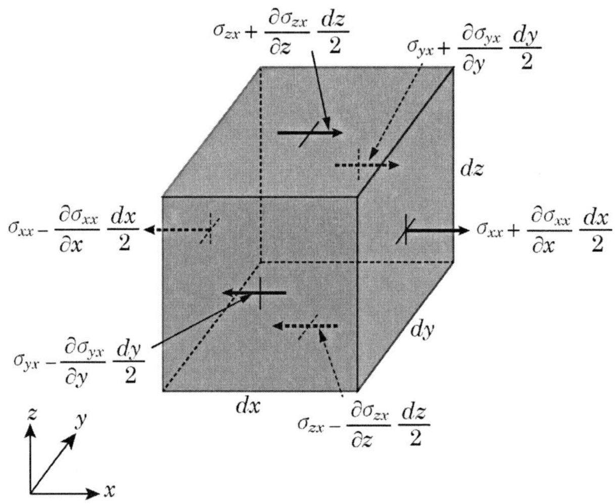

그림 3.10
미소유체요소에 작용하는 응력 (x방향)

응력에 의해 작용하는 힘(표면력)은 그림 3.10에서 보듯이 육면체의 모든 면에 작용하는 힘을 구하여야한다.

오른쪽 및 왼쪽면에서 x방향으로 작용하는 힘

응력에 의한 표면력은 상당히 복잡하여 우선 오른쪽 및 왼쪽면에서 x방향으로 작용하는 힘을 구하고자 한다. 이 힘은 응력성분 σ_{xx}와 관계가 있다. 중앙점에서 x방향으로 $\frac{dx}{2}$만큼 오른쪽($x=x_0+\frac{dx}{2}$)에 있는 오른쪽 면에서 x방향으로 향하는 응력은 Taylor 급수를 이용하여 두 항까지만 나타내면 다음과 같고 그림에 나타내고 있다.

$$(\sigma_{xx})_{x_0+\frac{dx}{2}}=\sigma_{xx}+\frac{\partial\sigma_{xx}}{\partial x}\frac{dx}{2}$$

중앙점에서 x방향으로 $\frac{dx}{2}$만큼 왼쪽($x=x_0-\frac{dx}{2}$)에 있는 면에서 x방향으로 향하는 응력은 다음과 같고 그림에 나타내고 있다.

$$(\sigma_{xx})_{x_0-\frac{dx}{2}}=\sigma_{xx}-\frac{\partial\sigma_{xx}}{\partial x}\frac{dx}{2}$$

이 두 응력에 의해 x방향으로 작용하는 표면력은 다음과 같다.

$$\left[(\sigma_{xx}+\frac{\partial\sigma_{xx}}{\partial x}\frac{dx}{2})-(\sigma_{xx}-\frac{\partial\sigma_{xx}}{\partial x}\frac{dx}{2})\right]dydz=\frac{\partial\sigma_{xx}}{\partial x}dxdydz$$

앞면과 뒷면에서 x방향으로 작용하는 힘

앞면과 뒷면에서 x방향으로 작용하는 힘은 응력성분 σ_{yx}와 관계가 있다. 중앙점에서 y방향으로 $\frac{dy}{2}$만큼 뒷쪽($y=y_0+\frac{dy}{2}$)에 있는 면에서 x방향으로 향하는 응력과 y방향으로 $\frac{dy}{2}$만큼 앞쪽($y=y_0-\frac{dy}{2}$)에 있는 면에서 x방향으로 향하는 응력도 그림에 나타내고 있으며 같은 방법으로 하면, 이 두 응력에 의해 x방향으로 작용하는 표면력은 다음과 같다.

$$\left[(\sigma_{yx}+\frac{\partial\sigma_{yx}}{\partial y}\frac{dy}{2})-(\sigma_{yx}-\frac{\partial\sigma_{yx}}{\partial y}\frac{dy}{2})\right]dxdz=\frac{\partial\sigma_{yx}}{\partial y}dxdydz$$

윗면과 아랫면에서 x방향으로 작용하는 힘

윗면과 아랫면에서 x방향으로 작용하는 힘은 응력성분 σ_{zx}와 관계가 있다. 앞에서와 같은 방법으로 윗면과 아랫면에 작용하는 두 응력에 의한 표면력은 다음과 같다는 것을 쉽게 알 수 있다.

$$\left[(\sigma_{zx}+\frac{\partial\sigma_{zx}}{\partial z}\frac{dz}{2})-(\sigma_{zx}-\frac{\partial\sigma_{zx}}{\partial z}\frac{dz}{2})\right]dxdy=\frac{\partial\sigma_{zx}}{\partial z}dxdydz$$

미소유체요소에 작용하는 표면력

그림 3.10에 표시된 미소유체요소에 응력에 의해 **x방향으로 작용하는 표면력**은 앞에서 구한 세 힘을 합한 것이고 S_x라고 나타내면 다음과 같다.

$$S_x=\left(\frac{\partial\sigma_{xx}}{\partial x}+\frac{\partial\sigma_{yx}}{\partial y}+\frac{\partial\sigma_{zx}}{\partial z}\right)dxdydz \tag{3.61a}$$

같은 방법으로 **y방향** 및 **z방향으로 작용하는 표면력** S_y와 S_z는 쉽게 구할 수 있으며 각각 다음과 같다.

$$S_y = \left(\frac{\partial \sigma_{xy}}{\partial x} + \frac{\partial \sigma_{yy}}{\partial y} + \frac{\partial \sigma_{zy}}{\partial z}\right) dxdydz \tag{3.61b}$$

$$S_z = \left(\frac{\partial \sigma_{xz}}{\partial x} + \frac{\partial \sigma_{yz}}{\partial y} + \frac{\partial \sigma_{zz}}{\partial z}\right) dxdydz \tag{3.61c}$$

따라서 이 미소한 유체요소에 작용하는 표면력 $\mathbf{S}$는 다음과 같다.

$$\mathbf{S} = S_x \mathbf{i} + S_y \mathbf{j} + S_z \mathbf{k}$$

각 성분을 첨자와 첨자표기법을 사용하여 나타내면 다음과 같다.

$$S_i = \frac{\partial \sigma_{ji}}{\partial x_j} dxdydz = \frac{\partial \sigma_{ji}}{\partial x_j} d\mathcal{V} \tag{3.62}$$

여기서 $d\mathcal{V} = dxdydz$ 이고, 아래첨자 j는 가첨자(dummy index)이고 아래첨자 i는 벡터의 성분을 나타내는 자유첨자이다. 단위부피당 표면력을 $\mathbf{s}$라 하면 다음과 같다.

$$\mathbf{s} = \frac{\mathbf{S}}{d\mathcal{V}} = s_x \mathbf{i} + s_y \mathbf{j} + s_z \mathbf{k} \tag{3.63}$$

각 성분은 다음처럼 첨자를 사용하여 나타낼 수 있다.

$$s_i = \frac{\partial \sigma_{ji}}{\partial x_j} \tag{3.64}$$

3.7.3 미소한 유체요소에 작용하는 힘

그림 3.10의 미소한 유체요소에 작용하는 힘 $\mathbf{F}$는 표면력 $\mathbf{S}$와 체적력 $\mathbf{F}_b$의 합이고 다음과 같다.

$$\mathbf{F} = \mathbf{S} + \mathbf{F}_b = (\mathbf{s} + \mathbf{f}_b) d\mathcal{V} \tag{3.65}$$

미소한 유체요소에 작용하는 단위부피당 힘을 $\mathbf{f} = \dfrac{\mathbf{F}}{d\mathcal{V}}$ 라 하면,

$$\mathbf{f} = \mathbf{s} + \mathbf{f}_b \tag{3.66}$$

이다. 식 (3.60)과 식 (3.64)를 이용하여 위의 식을 첨자를 사용하여 나타내면 다음과 같다.

$$f_i = s_i + (f_b)_i = \frac{\partial \sigma_{ji}}{\partial x_j} + \rho g_i \tag{3.67}$$

예제 3.5 **유체 유동장에서 응력이 다음처럼 표시될 때 단위부피당 작용하는 표면력, 체적력을 구하라. 중력은 $-z$방향으로 작용한다. 응력의 단위는 모두 kN/m²(즉, kPa)이다.**

$$[\sigma_{ij}] = \begin{bmatrix} -100 + Ax & By & 0 \\ By & -100 - Cy & 0 \\ 0 & 0 & -100 \end{bmatrix}$$

풀이

단위부피당 체적력은 식 (3.59)로 구할 수 있다.

$$\mathbf{f}_\mathrm{b} = \rho(g_x \mathbf{i} + g_y \mathbf{j} + g_z \mathbf{k}) = -\rho g \mathbf{k} \tag{1}$$

단위부피당 표면력은 식 (3.63)과 식 (3.64)로 구할 수 있다.

$$s_x = \frac{\partial \sigma_{xx}}{\partial x} + \frac{\partial \sigma_{yx}}{\partial y} + \frac{\partial \sigma_{zx}}{\partial z} = A + B + 0 = A + B$$

$$s_y = \frac{\partial \sigma_{xy}}{\partial x} + \frac{\partial \sigma_{yy}}{\partial y} + \frac{\partial \sigma_{zy}}{\partial z} = 0 - C + 0 = -C$$

$$s_z = \frac{\partial \sigma_{xz}}{\partial x} + \frac{\partial \sigma_{yz}}{\partial y} + \frac{\partial \sigma_{zz}}{\partial z} = 0 + 0 + 0 = 0$$

따라서 다음과 같다.

$$\mathbf{s} = \frac{\mathbf{S}}{d\mathcal{V}} = (A + B)\mathbf{i} - C\mathbf{j} \tag{2}$$

보충설명

단위부피당 힘은 식 (1)과 식 (2)를 합하면 된다.

$$\mathbf{f} = (A + B)\mathbf{i} - C\mathbf{j} - \rho g \mathbf{k}$$

$\sigma_{zz} = -100$으로 0이 아니지만 z방향으로 작용하는 표면력의 성분 s_z는 0이다. 응력의 크기가 표면력에 영향을 주는 것이 아니라 응력의 기울기 또는 응력의 차가 표면력에 영향를 준다. 즉 z방향으로 일정한 응력 σ_{zz}는 표면력에 전혀 영향을 주지 않는다.

3.8 Newton의 운동제2법칙 - 운동량방정식

앞의 식 (3.3)과 식 (3.4)는 일정한 질량을 가지는 시스템에 대한 운동량방정식을 나타내고 있고, 식 (3.7)과 식 (3.8)은 검사체적에 대한 적분형 운동량방정식을 나타낸다. 이제 미소한 검사체적 또는 미소한 시스템에 대해 운동량방정식을 적용하면 미분형 운동방정식을 구할 수 있다.

✦ 발산정리를 이용하여 구하는 방법도 있으나 여기서 다루지 않는다.

미분형 운동량방정식을 구하는 방법으로는 미소유체입자를 이용하는 방법(시스템에 대한 식을 적용하는 방법)과 검사체적을 이용하는 방법이 있으며 미소유체입자(시스템)를 이용하여 구하는 방법이 더 쉽다.

미소유체입자(시스템)에 적용

미분형태의 운동량방정식을 구하는 방법으로는 그림 3.1과 같이, 점 $\mathrm{O}(x, y, z)$를 중심으로 하는 미소한 유체요소(일정질량의 시스템)에 Newton의 운동제2법칙인 식 (3.4)를 적용하는 것이고, 다음과 같다.

$$\mathbf{F} = m\mathbf{a} \;\Rightarrow\; \mathbf{f}\,d\mathcal{V} = \rho\, d\mathcal{V}\mathbf{a} \;\Rightarrow\; \mathbf{f} = \rho\mathbf{a} \tag{3.68}$$

위의 식은 미소한 유체요소에 대해 적용되는 Lagrange적인 관점의 식이고, 일반적으로 유체의 속도는 Euler적인 관점으로 나타낸 $\mathbf{v} = \mathbf{v}(x, y, z, t)$가 주로 사용되므로 가속도는 식 (2.14) 또는 식 (2.15)로 나타낼 수 있고 다시 적으면 다음과 같다.

$$\begin{aligned} a_i &= \frac{Dv_i}{Dt} \;\rightleftarrows\; a_i = \frac{\partial v_i}{\partial t} + v_j \frac{\partial v_i}{\partial x_j} \\ \mathbf{a} &= \frac{D\mathbf{v}}{Dt} \;\rightleftarrows\; \mathbf{a} = \frac{\partial \mathbf{v}}{\partial t} + (\mathbf{v}\cdot\nabla)\mathbf{v} \end{aligned} \tag{3.69}$$

식 (3.69)를 식 (3.68)에 대입하면 다음을 얻을 수 있다.

$$\mathbf{f} = \rho\frac{D\mathbf{v}}{Dt} \;\rightleftarrows\; \mathbf{f} = \rho\left[\frac{\partial \mathbf{v}}{\partial t} + (\mathbf{v}\cdot\nabla)\mathbf{v}\right] \tag{3.70}$$

첨자를 사용하여 나타내면 다음과 같다.

$$f_i = \rho \frac{Dv_i}{Dt} \quad \rightleftarrows \quad f_i = \rho \left(\frac{\partial v_i}{\partial t} + v_j \frac{\partial v_i}{\partial x_j} \right) \tag{3.71}$$

1)미소한 검사체적에 적용

앞에서 미소한 유체요소(유체입자)에 Newton의 운동제2법칙을 적용하여 식 (3.71)을 구하였다. 유체요소에 적용한 것은 Lagrange 방식을 적용한 것이다. Euler 방식을 사용하여 검사체적에 운동량방정식을 적용하여 같은 식을 구할 수도 있으며 이 과정은 상당히 복잡하다. 검사체적에 대한 운동량방정식은 식 (3.7)이고 다시 적으면 다음과 같다.

$$\mathbf{F} = \frac{\partial \mathbf{P}_{\mathrm{cv}}}{\partial t} + \dot{\mathbf{P}}_{\mathrm{out}} - \dot{\mathbf{P}}_{\mathrm{in}} \tag{3.72}$$

위의 식은 벡터식이므로 성분별로 표시하면 다음과 같다.

$$F_x = \frac{\partial (P_x)_{\mathrm{cv}}}{\partial t} + (\dot{P}_x)_{\mathrm{out}} - (\dot{P}_x)_{\mathrm{in}} \tag{3.73a}$$

$$F_y = \frac{\partial (P_y)_{\mathrm{cv}}}{\partial t} + (\dot{P}_y)_{\mathrm{out}} - (\dot{P}_y)_{\mathrm{in}} \tag{3.73b}$$

$$F_z = \frac{\partial (P_z)_{\mathrm{cv}}}{\partial t} + (\dot{P}_z)_{\mathrm{out}} - (\dot{P}_z)_{\mathrm{in}} \tag{3.73c}$$

---

1) 이 부분은 학부생인 경우 생략하여도 무방하다.

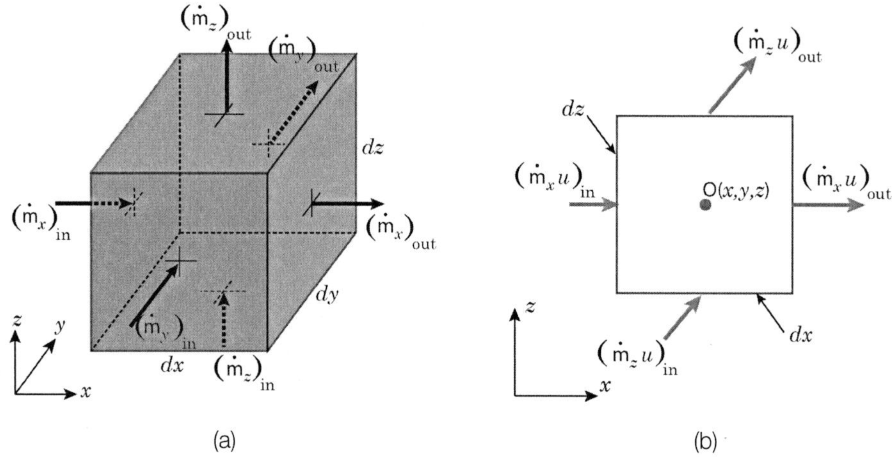

그림 3.11
검사체적에 대한 질량 및 운동량 유출 및 유입 (a) 질량유량, (b) xz단면에 나타낸 x방향 운동량 유출 및 유입

그림 3.11(a)에 미소검사체적에 대해 유입되고 유출되는 질량유량을 나타내고, 그림 3.11(b)에 xz단면에서 유입되고 유출되는 x방향 운동량 플럭스를 나타내고 있다. 운동량이 벡터이므로 전체를 다 나타내기가 쉽지 않아, 편의상 먼저 **x방향 운동량** P_x에 대해 생각하자.

연속방정식을 유도할 때 설명하였듯이 미소검사체적의 한변의 길이는 1장의 그림 1.2와 그림 1.3에 나타낸 영역 II에 속하고 크기 정도는 L_ε이다. 따라서 미소검사체적 내의 유체의 질량은 $m_{cv} = \rho\, dxdydz$ 이고, ρ는 검사체적의 중심점에서의 밀도이다. 아주 미소한 검사체적이므로(그림 1.2에서 영역 II에 속하므로), 검사체적 전체 유체의 평균밀도는 중심점에서의 밀도 ρ와 같기 때문에 검사체적의 질량은 이 밀도에 부피를 곱하면 된다.

그림 3.11의 중심점 O에서 x방향 속도는 u이므로, 미소검사체적 내의 유체의 x방향운동량은 다음과 같다.

$$(P_x)_{cv} = m_{cv} u = \rho u\, dxdydz = \rho u d\mathcal{V} \tag{3.74}$$

아주 미소한 검사체적을 선택하면, $\dot{P}_x = \dot{m}\, u$이고, 그림 3.11(b)에서 중심점 O의 x 단면에서 x방향 운동량 플럭스를 $\dot{m}_x u$라고하면, 오른쪽 단면 및 왼쪽 단면을 통한 x방향 운동량 유출률 및 유입률은 각각 다음과 같다.

$$(\dot{m}_x u)_{out} = \dot{m}_x u + \frac{\partial(\dot{m}_x u)}{\partial x}\frac{dx}{2}$$

$$\left(\dot{m}_x u\right)_{\text{in}} = \dot{m}_x u - \frac{\partial\left(\dot{m}_x u\right)}{\partial x}\frac{dx}{2}$$

중심점 O의 x단면에서 x방향 운동량 플럭스는 다음과 같다.

$$\dot{m}_x u = (\rho u\, dydz)u = \rho uu\, dydz$$

따라서 다음을 구할 수 있다.

✦ $uu = u^2$ 이지만 그대로 식에 표시한 것은 이렇게 하는 것이 뒤에서 편리하기 때문이다.

$$\left(\dot{m}_x u\right)_{\text{out}} - \left(\dot{m}_x u\right)_{\text{in}} = \frac{\partial(\rho uudydz)}{\partial x}dx = \frac{\partial(\rho uu)}{\partial x}dxdydz \qquad (3.75a)$$

그림 3.11(b)에서 중심점 O의 z단면에서 x방향 운동량유출률을 $\dot{m}_z u$라고하면, 아래 단면 및 위 단면을 통한 x방향 운동량 유출률 및 유입률은 각각 다음에 설명하는 방법으로 구할 수 있다. 아래 단면 및 위 단면을 통해 유입되고 유출되는 질량유량은 그림 3.11에 나타낸 것처럼 $\left(\dot{m}_z\right)_{\text{in}}$과 $\left(\dot{m}_z\right)_{\text{out}}$이고 아래 단면에서 수직으로 들어오고 나가는 것처럼 나타내었지만, 실제로는 그림 3.11(b)처럼 비스듬하게 들어오고 나간다. 수직방향 성분만 질량유량에 관계되므로 그림 3.11(a)에서는 모두 수직방향으로만 화살표를 나타내었다. 그러나 운동량을 나타낼 때는 3.11(b)처럼 비스듬하게 나타내었는데 아래쪽으로 흘러들어오는 질량유량은 $\left(\dot{m}_z\right)_{\text{in}}$이고, 그림에 보여주는 것처럼 x방향 속도성분을 가지고 있으므로 z방향에서 흘러 들어오고 나가는 x방향 운동량 유입률 및 유출률은 $\left(\dot{m}_z u\right)_{\text{in}}$ 과 $\left(\dot{m}_z u\right)_{\text{out}}$ 이다.

$$\left(\dot{m}_z u\right)_{\text{out}} = \dot{m}_z u + \frac{\partial\left(\dot{m}_z u\right)}{\partial z}\frac{dz}{2}$$

$$\left(\dot{m}_z u\right)_{\text{in}} = \dot{m}_z u - \frac{\partial\left(\dot{m}_z u\right)}{\partial z}\frac{dz}{2}$$

중심점 O의 z단면에서 x방향 운동량유출률은 다음과 같다.

$$\dot{m}_z u = \rho uw\, dxdy$$

따라서 다음을 구할 수 있다.

$$\left(\dot{m}_z u\right)_{\text{out}} - \left(\dot{m}_z u\right)_{\text{in}} = \frac{\partial(\rho uw dxdy)}{\partial z}dz = \frac{\partial(\rho uw)}{\partial z}dxdydz \tag{3.75b}$$

그림에는 나타내지 않았지만 같은 방법으로 y단면에서 x방향 운동량유출률 및 유입률의 차는 다음과 같다.

$$\left(\dot{m}_y u\right)_{\text{out}} - \left(\dot{m}_y u\right)_{\text{in}} = \frac{\partial(\rho uv dxdz)}{\partial z}dy = \frac{\partial(\rho uv)}{\partial y}dxdydz \tag{3.75c}$$

x방향 운동량유출률 및 유입률의 차는 세 방향의 합으로 구해진다.

$$\begin{aligned}\left(\dot{P}_x\right)_{\text{out}} - \left(\dot{P}_x\right)_{\text{in}} &= \left(\dot{m}_x u\right)_{\text{out}} - \left(\dot{m}_x u\right)_{\text{in}} \\ &\quad + \left(\dot{m}_y u\right)_{\text{out}} - \left(\dot{m}_y u\right)_{\text{in}} + \left(\dot{m}_z u\right)_{\text{out}} - \left(\dot{m}_z u\right)_{\text{in}}\end{aligned} \tag{3.76}$$

식 (3.75)를 식 (3.76)에 대입하면 다음을 얻는다.

$$\left(\dot{P}_x\right)_{\text{out}} - \left(\dot{P}_x\right)_{\text{in}} = \left[\frac{\partial(\rho uu)}{\partial x} + \frac{\partial(\rho uv)}{\partial y} + \frac{\partial(\rho uw)}{\partial z}\right]dxdydz \tag{3.77}$$

식 (3.74)와 식 (3.77)을 식 (3.73a)에 대입하면 다음을 얻는다.

$$f_x dxdydz = \left[\frac{\partial(\rho u)}{\partial t} + \frac{\partial(\rho u)}{\partial x} + \frac{\partial(\rho v)}{\partial y} + \frac{\partial(\rho w)}{\partial z}\right]dxdydz$$

따라서 다음을 얻을 수 있다.

$$f_x = \frac{\partial(\rho u)}{\partial t} + \frac{\partial(\rho uu)}{\partial x} + \frac{\partial(\rho uv)}{\partial y} + \frac{\partial(\rho uw)}{\partial z} \tag{3.78}$$

위의 식은 또한 다음처럼 표현된다.

$$f_x = \frac{\partial(\rho u)}{\partial t} + \frac{\partial(\rho u v_j)}{\partial x_j} \tag{3.79}$$

이 식의 우변은 다음처럼 나타낼 수 있다.

$$\frac{\partial(\rho u)}{\partial t}+\frac{\partial(\rho u v_j)}{\partial x_j}=\rho\frac{\partial u}{\partial t}+u\frac{\partial \rho}{\partial t}+u\frac{\partial(\rho v_j)}{\partial x_j}+\rho v_j\frac{\partial u}{\partial x_j}$$

위의 식의 우변의 둘째 항과 셋째 항의 합은 다음처럼 연속방정식으로부터 0이 됨을 알 수 있다.

$$u\frac{\partial \rho}{\partial t}+u\frac{\partial(\rho v_j)}{\partial x_j}=u\left(\frac{\partial \rho}{\partial t}+\frac{\partial(\rho v_j)}{\partial x_j}\right)=0$$

따라서 식 (3.79)는 다음처럼 나타낼 수 있다.

$$f_x=\rho\left(\frac{\partial u}{\partial t}+v_j\frac{\partial u}{\partial x_j}\right) \rightleftarrows f_x=\rho\frac{Du}{Dt} \tag{3.80a}$$

같은 방법으로 $\boldsymbol{y}$방향 운동량 및 $\boldsymbol{z}$방향 운동량을 다음처럼 구할 수 있다.

$$f_y=\rho\left(\frac{\partial v}{\partial t}+v_j\frac{\partial v}{\partial x_j}\right) \rightleftarrows f_y=\rho\frac{Dv}{Dt} \tag{3.80b}$$

$$f_z=\rho\left(\frac{\partial w}{\partial t}+v_j\frac{\partial w}{\partial x_j}\right) \rightleftarrows f_z=\rho\frac{Dw}{Dt} \tag{3.80c}$$

식 (3.80)은 첨자표기법을 사용하여 다음처럼 하나의 식으로 나타낼 수 있다.

$$f_i=\rho\left(\frac{\partial v_i}{\partial t}+v_j\frac{\partial v_i}{\partial x_j}\right) \rightleftarrows f_i=\rho\frac{Dv_i}{Dt} \tag{3.81}$$

식 (3.81)은 식 (3.71)과 같다는 것을 알 수 있다. 즉, 검사체적에 대해서 Newton의 운동 방정식을 적용하여 구한 결과가 유체요소(시스템)에 적용한 결과와 같다는 것을 알 수 있다.

Cauchy 운동량방정식

식 (3.67)을 식 (3.71)에 대입하면 다음을 얻는다.

$$\underset{①}{\frac{\partial \sigma_{ji}}{\partial x_j}} + \underset{②}{\rho g_i} = \underset{③}{\rho \frac{Dv_i}{Dt}} \tag{3.82}$$

위의 식은 미분형으로 표시된 운동량방정식(momentum equation)이고 **Cauchy 운동량방정식(Cauchy momentum equation)**이라 하고, 각 항은 다음을 나타낸다.

①항 : 단위부피당 표면력.

②항 : 단위부피당 체적력(중력).

③항 : 단위부피당 관성력(inertia force) 또는 운동량변화율, 가속도 관련 항.

위의 식에서 아래첨자 i는 자유첨자로 성분을 나타내고 아래첨자 j는 가첨자(dummy index)이다. 이 운동량방정식을 각각의 성분별 및 합을 전부 나열하면 다음과 같고, 첨자표기법을 사용하면 수식을 얼마나 단순화하여 나타낼 수 있는지 다시 확인할 수 있다.

$$\frac{\partial \sigma_{xx}}{\partial x} + \frac{\partial \sigma_{yx}}{\partial y} + \frac{\partial \sigma_{zx}}{\partial z} + \rho g_x = \rho \frac{Du}{Dt} \tag{3.83a}$$

$$\frac{\partial \sigma_{xy}}{\partial x} + \frac{\partial \sigma_{yy}}{\partial y} + \frac{\partial \sigma_{zy}}{\partial z} + \rho g_y = \rho \frac{Dv}{Dt} \tag{3.83b}$$

$$\frac{\partial \sigma_{xz}}{\partial x} + \frac{\partial \sigma_{yz}}{\partial y} + \frac{\partial \sigma_{zz}}{\partial z} + \rho g_z = \rho \frac{Dw}{Dt} \tag{3.83c}$$

압력과 편차응력

정지 또는 마찰이 없는 비점성유동에서는 한 점에서의 압력은 그림 3.12에 나타내고 있는 것처럼 모든 방향에서 동일하고, 이 점에서의 응력 상태는 다음처럼 나타낼 수 있다.

$$[\sigma_{ij}]=\begin{bmatrix}-p & 0 & 0\\ 0 & -p & 0\\ 0 & 0 & -p\end{bmatrix}$$

압력에 의한 응력은 압축응력이고 압축응력은 음(-)이므로

$$\sigma_{xx}=\sigma_{yy}=\sigma_{zz}=-p$$

이다.

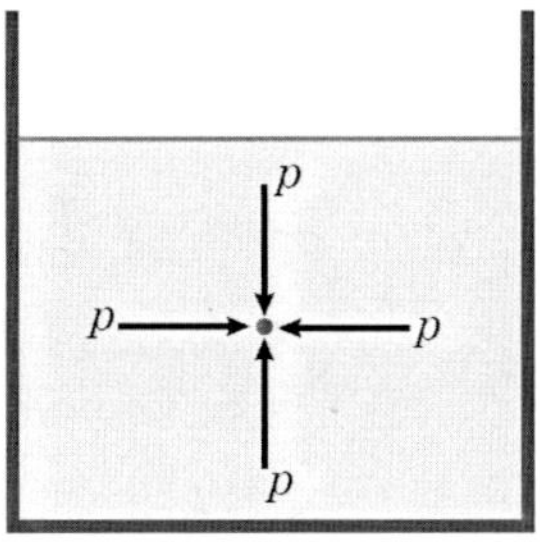

그림 3.12
한 점에서의 압력(정지 또는 비점성유동)

일반적으로 점성유체가 운동중일 때 한 점에서 수직응력은 동일하지 않고 방향에 따라 다르다. 이 경우 압력은 다음처럼 세 방향의 수직응력의 평균으로 정의하고 **역학적 압력(mechanical pressure)**이라고 한다.

✦ mechanical pressure
역학적압력 또는 기계적압력이라고 번역한다.

$$p=-\frac{1}{3}(\sigma_{xx}+\sigma_{yy}+\sigma_{zz})=-\frac{1}{3}\sigma_{ii} \tag{3.84}$$

다음과 같은 새로운 편차응력(deviatoric stress tensor) τ_{ij}를 고려하여 응력에서 압력 부분을 분리하는 것이 편하다.

$$\overleftrightarrow{\tau}=[\tau_{ij}]=\begin{bmatrix}\tau_{xx} & \tau_{xy} & \tau_{xz}\\ \tau_{yx} & \tau_{yy} & \tau_{yz}\\ \tau_{zx} & \tau_{zy} & \tau_{zz}\end{bmatrix} \tag{3.85}$$

$$\tau_{ij}=\sigma_{ij}-\delta_{ij}(-p)=\sigma_{ij}+\delta_{ij}p \ \rightleftarrows \ \sigma_{ij}=-\delta_{ij}p+\tau_{ij} \tag{3.86}$$

여기서 δ_{ij}는 Kronecker 델타이고, 식 (3.86)을 각각의 성분별로 나타내면 다음과 같다.

$$\sigma_{xx} = -p + \tau_{xx},\ \sigma_{yy} = -p + \tau_{yy},\ \sigma_{zz} = -p + \tau_{zz}$$

$$\sigma_{xy} = \tau_{xy},\ \sigma_{yz} = \tau_{yz},\ \sigma_{zx} = \tau_{zx}$$

정지유체나 마찰이 없는 비점성유동인 경우 편차응력 $\tau_{ij} = 0$ 이고, 점성이 있는 유동에서는 $\tau_{ij} \neq 0$ 이고 따라서 τ_{ij}를 **점성응력**(viscous stress)이라고도 한다.
식 (3.86)을 식 (3.82)에 대입하면 다음을 얻는다.

$$-\frac{\partial(\delta_{ji}p)}{\partial x_j} + \frac{\partial \tau_{ji}}{\partial x_j} + \rho g_i = \rho \frac{Dv_i}{Dt} \tag{3.87}$$

예제 5.2에서 $\delta_{ij}a_j = a_i$임을 보였고, 따라서

$$\frac{\partial(\delta_{ji}p)}{\partial x_j} = \frac{\partial p}{\partial x_i}$$

이고, 식 (3.87)의 좌변과 우변을 바꾸어 다음처럼 많이 사용하는 형태로 나타낼 수 있다.

$$\underset{①}{\rho \frac{Dv_i}{Dt}} = \underset{②}{-\frac{\partial p}{\partial x_i}} + \underset{③}{\frac{\partial \tau_{ji}}{\partial x_j}} + \underset{④}{\rho g_i} \tag{3.88}$$

위의 식은 미분방정식으로 표시된 **운동량방정식(momentum equation)**이고 각 항은 다음을 나타낸다.

①항 : 단위부피당 관성력(inertia force) 또는 운동량변화율로 가속도 관련 항.

②항 : 단위부피당 압력에 의한 힘.

③항 : 단위부피당 점성력.

④항 : 단위부피당 체적력(중력).

식 (3.88)을 각 성분별로 나타내고, 또한 합을 모두 나열하여 나타내면 다음과 같다.

$$\rho \frac{Du}{Dt} = -\frac{\partial p}{\partial x} + \frac{\partial \tau_{xx}}{\partial x} + \frac{\partial \tau_{yx}}{\partial y} + \frac{\partial \tau_{zx}}{\partial z} + \rho g_x \tag{3.89a}$$

$$\rho \frac{Dv}{Dt} = -\frac{\partial p}{\partial y} + \frac{\partial \tau_{xy}}{\partial x} + \frac{\partial \tau_{yy}}{\partial y} + \frac{\partial \tau_{zy}}{\partial z} + \rho g_y \tag{3.89b}$$

$$\rho \frac{Dw}{Dt} = -\frac{\partial p}{\partial z} + \frac{\partial \tau_{xz}}{\partial x} + \frac{\partial \tau_{yz}}{\partial y} + \frac{\partial \tau_{zz}}{\partial z} + \rho g_z \tag{3.89c}$$

3.9 응력-변형률 관계식(구성방정식)

비압축성 유체 유동의 경우 속도성분 u, v, w와 압력 p를 구하는 것이 목적인 경우가 대부분이다. 연속방정식과 앞의 운동량방정식에서 나타나는 물리적인 변수가 속도성분 u, v, w와 압력 p 외에도 점성응력 τ_{ij} 중 독립적인 6개의 성분 등 모두 10개의 미지수가 존재하고, 방정식의 수는 연속방정식 1개와 운동량방정식 3개 등 총 4개의 식이 있어 미지수보다 방정식이 작아 수학적으로 풀기에는 식이 부족하다. 따라서 6개의 추가적인 식이 필요하고 이것이 **응력-변형률 관계식**이고 이 추가적인 6개의 식을 **구성방정식(constitutive equations)**이라고 한다.

속도가 $u = u(y)$인 1차원 유동에서 전단응력과 변형률이 선형으로 비례하는 다음의 관계식이 성립하는 유체를 Newton유체(Newtonian fluid)라 하고 대부분의 유체는 여기에 속한다.

$$\tau = \mu \frac{du}{dy}$$

이제 일반적으로 3차원 유동을 고려하면 편차응력(점성응력) τ_{ij}와 변형률 $\dot{\epsilon}_{ij}$는 텐서이고 이들 사이의 관계를 나타내어야 한다.

비압축성, Newton유체

비압축성, Newton유체에 대해 다음처럼 역시 선형적인 응력-변형률의 관계식이 성립한다.

$$\tau_{ij} = 2\mu \dot{\epsilon}_{ij} \tag{3.90}$$

위의 식을 성분별로 나타내면 다음과 같다.

$$\tau_{xx} = 2\mu\dot{\epsilon}_{xx} = 2\mu\frac{\partial u}{\partial x} \tag{3.91a}$$

$$\tau_{yy} = 2\mu\dot{\epsilon}_{yy} = 2\mu\frac{\partial v}{\partial y} \tag{3.91b}$$

$$\tau_{zz} = 2\mu\dot{\epsilon}_{zz} = 2\mu\frac{\partial w}{\partial z} \tag{3.91c}$$

$$\tau_{xy} = \tau_{yx} = 2\mu\,\dot{\epsilon}_{xy} = \mu\left(\frac{\partial u}{\partial y} + \frac{\partial v}{\partial x}\right) \tag{3.91d}$$

$$\tau_{yz} = \tau_{zy} = 2\mu\,\dot{\epsilon}_{yz} = \mu\left(\frac{\partial v}{\partial z} + \frac{\partial w}{\partial y}\right) \tag{3.91e}$$

$$\tau_{zx} = \tau_{xz} = 2\mu\,\dot{\epsilon}_{zx} = \mu\left(\frac{\partial w}{\partial x} + \frac{\partial u}{\partial z}\right) \tag{3.91f}$$

속도가 $u = u(y)$인 1차원 유동에서 τ는 τ_{yx}를 나타내고 다음과 같다.

$$\tau \equiv \tau_{yx} = \mu\left(\frac{\partial u}{\partial y} + \frac{\partial v}{\partial x}\right) = \mu\frac{du}{dy}$$

원통좌표계에 대해서는 부록에 나타내고 있다.

압축성, Newton유체

압축성 유체에 대해서는 다음의 응력-변형률 관계가 성립한다.

$$\tau_{ij} = 2\mu\left(\dot{\epsilon}_{ij} - \frac{1}{3}\delta_{ij}\,\dot{\epsilon}_{kk}\right) \;\rightleftarrows\; \tau_{ij} = 2\mu\left(\dot{\epsilon}_{ij} - \frac{1}{3}\delta_{ij}\nabla\cdot\mathbf{v}\right) \tag{3.92}$$

여기서 아래첨자 i와 j는 텐서의 각 성분을 나타내는 자유첨자이고 k는 합을 나타내는 가첨자이고, 따라서 $\dot{\epsilon}_{kk}$는 다음처럼 나타낼 수도 있다.

$$\dot{\epsilon}_{kk} = \dot{\epsilon}_{xx} + \dot{\epsilon}_{yy} + \dot{\epsilon}_{zz} = \frac{\partial u}{\partial x} + \frac{\partial v}{\partial y} + \frac{\partial w}{\partial z} = \nabla\cdot\mathbf{v}$$

식 (3.92)를 성분별로 나타내면 다음과 같다.

$$\tau_{xx} = 2\mu\left(\dot{\epsilon}_{xx} - \frac{1}{3}\nabla\cdot\mathbf{v}\right) = 2\mu\left(\frac{\partial u}{\partial x} - \frac{1}{3}\nabla\cdot\mathbf{v}\right) \tag{3.93a}$$

$$\tau_{yy} = 2\mu\left(\dot{\epsilon}_{yy} - \frac{1}{3}\nabla\cdot\mathbf{v}\right) = 2\mu\left(\frac{\partial v}{\partial y} - \frac{1}{3}\nabla\cdot\mathbf{v}\right) \tag{3.93b}$$

$$\tau_{zz} = 2\mu\left(\dot{\epsilon}_{zz} - \frac{1}{3}\nabla\cdot\mathbf{v}\right) = 2\mu\left(\frac{\partial w}{\partial z} - \frac{1}{3}\nabla\cdot\mathbf{v}\right) \tag{3.93c}$$

$$\tau_{xy} = \tau_{yx} = 2\mu\,\dot{\epsilon}_{xy} = \mu\left(\frac{\partial u}{\partial y} + \frac{\partial v}{\partial x}\right) \tag{3.93d}$$

$$\tau_{yz} = \tau_{zy} = 2\mu\,\dot{\epsilon}_{yz} = \mu\left(\frac{\partial v}{\partial z} + \frac{\partial w}{\partial y}\right) \tag{3.93e}$$

$$\tau_{zx} = \tau_{xz} = 2\mu\,\dot{\epsilon}_{zx} = \mu\left(\frac{\partial w}{\partial x} + \frac{\partial u}{\partial z}\right) \tag{3.93f}$$

3.10 비점성유동의 운동량방정식 - Euler방정식

마찰이 없는 비점성유동인 경우는 μ가 0이므로 식 (3.92) 또는 식 (3.93)에서 모든 점성응력성분은 0이다($\tau_{ij} = 0$). 따라서 비점성유동인 경우 운동량방정식인 식 (3.88)은 다음처럼 표시된다.

$$\frac{Dv_i}{Dt} = -\frac{1}{\rho}\frac{\partial p}{\partial x_i} + g_i \quad \rightleftarrows \quad \frac{\partial v_i}{\partial t} + v_k\frac{\partial v_i}{\partial x_k} = -\frac{1}{\rho}\frac{\partial p}{\partial x_i} + g_i \tag{3.94}$$

벡터를 사용하여 나타내면 다음과 같다.

✦ $\nabla = \frac{\partial}{\partial x}\mathbf{i} + \frac{\partial}{\partial y}\mathbf{j} + \frac{\partial}{\partial z}\mathbf{k}$
$\nabla z = \mathbf{k}$

$$\frac{D\mathbf{v}}{Dt} = -\frac{1}{\rho}\nabla p + \mathbf{g} \quad \rightleftarrows \quad \frac{\partial \mathbf{v}}{\partial t} + (\mathbf{v}\cdot\nabla)\mathbf{v} = -\frac{1}{\rho}\nabla p + \mathbf{g} \tag{3.95}$$

위의 식은 마찰이 없는 비점성유동에 대한 운동량방정식(momentum equation)이고 **Euler방정식(Euler equation)**이라 한다. Leonhard Euler의 이름에서 따온 것이다. 중력이 $-z$방향으로 작용하도록 z축을 잡으면,

✦ $\mathbf{g} = -g\nabla z$
보존력(conservative force)

$$\mathbf{g} = -g\mathbf{k} = -g\nabla z$$

로 나타낼 수 있어 식 (3.95)는 다음처럼 나타낼 수 있다.

$$\frac{\partial \mathbf{v}}{\partial t} + (\mathbf{v}\cdot\nabla)\mathbf{v} = -\frac{1}{\rho}\nabla p - g\nabla z \tag{3.96}$$

정상유동인 경우 다음처럼 나타낼 수 있다.

$$(\mathbf{v}\cdot\nabla)\mathbf{v} = -\frac{1}{\rho}\nabla p - g\nabla z \tag{3.97}$$

3.11 Bernoulli방정식

정상상태의 Euler방정식을 적분하고자 한다. 다음과 같은 벡터항등(vector identity)이 성립한다.

$$(\mathbf{v}\cdot\nabla)\mathbf{v} = \frac{1}{2}\nabla(\mathbf{v}\cdot\mathbf{v}) - \mathbf{v}\times(\nabla\times\mathbf{v})$$

이 식에서 $\mathbf{v}\cdot\mathbf{v} = |\mathbf{v}|^2 = V^2$으로 나타내고, 식 (3.97)에 대입하면

$$\frac{1}{\rho}\nabla p + g\nabla z + \frac{1}{2}\nabla(V^2) - \mathbf{v}\times(\nabla\times\mathbf{v}) = 0 \tag{3.98}$$

이 성립한다. 이제 식 (3.98)을 적분하고자 한다. 적분하기 위해 먼저 임의의 변위벡터(displacement vector) $\mathbf{dr} = dx\,\mathbf{i} + dy\,\mathbf{j} + dz\,\mathbf{k}$를 위의 식에 스칼라곱(내적)하면 다음과 같다.

$$\left[\frac{1}{\rho}\nabla p + g\nabla z + \frac{1}{2}\nabla(V^2) - \mathbf{v}\times(\nabla\times\mathbf{v})\right]\cdot\mathbf{dr} = 0$$

여기서,

✦ b가 스칼라일 때,
$\nabla b \cdot \mathbf{dr}$
$= \frac{\partial b}{\partial x}dx + \frac{\partial b}{\partial y}dy + \frac{\partial b}{\partial z}dz$
$= db$

$$\nabla z \cdot \mathbf{dr} = dz\,,\ \nabla p \cdot \mathbf{dr} = dp\,,\ \nabla\left(V^2\right) \cdot \mathbf{dr} = d\left(V^2\right)$$

이므로

$$\frac{1}{\rho}dp + \frac{1}{2}d\left(V^2\right) + gdz - [\mathbf{v} \times (\nabla \times \mathbf{v})] \cdot \mathbf{dr} = 0 \tag{3.99}$$

이 성립한다. 다음과 같은 두 경우에 대해 적분한다.

- 경우 Ⅰ : 유선을 따라 적분한다.
- 경우 Ⅱ : 비회전 유동에서 적분한다.

3.11.1 유선을 따른 Bernoulli방정식

먼저 경우 I 의 변위벡터 $\mathbf{dr}$이 유선인 경우이고, 이때는 다음과 같은 관계가 성립한다.

$$\mathbf{dr} // \mathbf{v}$$

벡터 $\mathbf{A} \times \mathbf{B}$는 벡터 $\mathbf{A}$에 수직하므로 항상 $(\mathbf{A} \times \mathbf{B}) \cdot \mathbf{A} = 0$ 이다. 따라서 다음이 성립한다.

✦ $[\mathbf{v} \times (\nabla \times \mathbf{v})] \perp \mathbf{v}$
$\mathbf{dr} // \mathbf{v}$
$[\mathbf{v} \times (\nabla \times \mathbf{v})] \perp \mathbf{dr}$
$[\mathbf{v} \times (\nabla \times \mathbf{v})] \cdot \mathbf{dr} = 0$

$$[\mathbf{v} \times (\nabla \times \mathbf{v})] \cdot \mathbf{dr} = 0$$

따라서 식 (3.99)은 다음과 같다.

$$gdz + \frac{1}{\rho}dp + \frac{1}{2}d\left(V^2\right) = 0 \tag{3.100}$$

이 식을 유선을 따라 임의의 두점 1점에서 2점까지 적분하면 다음과 같다.

$$\int_1^2 gdz + \int_1^2 \frac{1}{\rho}dp + \frac{1}{2}\int_1^2 d\left(V^2\right) = 0 \tag{3.101}$$

압축성 유체는 ρ가 일반적으로 온도와 밀도의 함수이기 때문에 적분이 쉽지 않고 오직 압력만의 함수 $\rho = \rho(p)$로 주어지는 순압유체(barotropic fluid)일 때는 적분이 가능하다.

비압축성(incompressible) 유동인 경우 ρ는 일정하고 위의 식을 적분하면 다음처럼 나타낼 수 있다.

$$\frac{p_1}{\rho} + \frac{V_1^2}{2} + gz_1 = \frac{p_2}{\rho} + \frac{V_2^2}{2} + gz_2 \tag{3.102}$$

위의 식은 유선 위에 있는 임의의 두 점 사이에 성립하므로 유선 위의 모든 점에서는 항상 다음이 성립한다.

$$\frac{p}{\rho} + \frac{V^2}{2} + gz = \text{constant} \tag{3.103}$$

식 (3.102) 또는 식 (3.103)을 **Bernoulli방정식(Bernoulli equation)**이라 한다. Bernoulli방정식은 정상상태의 Euler방정식을 유선에 따라 적분한 것으로, 정리하면 다음 조건에서 성립하는 식이다.

- 비점성(inviscid)유동, 즉 마찰이 없는 유동.
- 비압축성(incompressible)유동.
- 정상(steadt)유동.
- 동일 유선상의 유동.

식 (3.102) 또는 식 (3.103)의 각 항은 단위질량당 에너지를 나타내고 있으며, 단위는 J/kg이고, 각 항의 의미는 다음과 같다.

✦ $\frac{p}{\rho} = \frac{pV}{m}$
단위질량당 유동에너지(유동일)

- $\frac{p}{\rho}$: 단위질량당 압력에너지(pressure energy) 또는 유동에너지(flow energy)
- $\frac{V^2}{2}$: 단위질량당 운동에너지(kinematic energy)
- gz : 단위질량당 위치에너지(potential energy)

Bernoulli방정식은 특별한 새로운 물리법칙이 아니라, 비점성유동인 경우의 운동량방정식인 Euler방정식을 유선에 따라 적분한 식임을 강조하고자 한다. 그리고 식 (3.103)에서의 각각의 항은 단위질량당, 압력에너지(또는 유동에너지), 운동에너지, 위치에너지를 나타내고 있으며 이들의 합인 **역학적 에너지**(mechanical energy)가 일정하게 보존된다는(conserved) 것을 의미한다. 작용하는 힘이 중력이고 중력장은 보존력장(conservative force field)이므로 역학적 에너지가 보존되고, 마찰이 작용하는 점성유동이라면 보존력이 아닌 힘이 작용하므로 역학적 에너지는 보존되지 않는다.

식 (3.103)을 다음과 같은 형태로 바꾸어 Bernoulli방정식을 사용하는 경우가 더 많다.

$$p+\frac{1}{2}\rho V^2+\rho gz=\text{constant} \tag{3.104}$$

$$\frac{p}{\rho g}+\frac{V^2}{2g}+z=\text{constant} \tag{3.105}$$

식 (3.104)의 각각의 항은 모두 유동하는 유체의 단위부피당 에너지를 나타내고 있으며, 모두 압력과 같은 차원을 가지며, 각 항의 의미는 다음과 같다.

- p : **정압(static pressure)**이고, 일반적으로 압력이라고 할 때 정압을 의미한다.
- $\frac{1}{2}\rho V^2$: **동압(dynamic pressure)**이고 유동하는 유체가 가지는 단위부피당 운동에너지를 나타낸다.
- ρgz : **정수압(hydrostatic pressure)**이라 하고 유체의 높이에 의한 압력이다.

정압은 유동과는 무관하게 유체의 상태에 의해 정해지는 열역학적 압력을 의미하고, 정압의 측정은 유체와 동일한 속도로 움직이면서 측정하면 가장 정확하게 측정하게 된다. 그러나 이렇게 정압을 측정하기는 어렵고 대부분은 그림 3.13처럼 직선으로 된 관의 벽에 수직하게 뚫은 작은 구멍인 정압탭(pressure tap)에서 측정하거나 피토-정압관을 사용하여 정압을 측정한다. 유선이 직선일 때 유선에 수직한 방향으로는 높이차가 없다면 압력이 변하지 않기 때문에 정압의 측정이 가능하다.

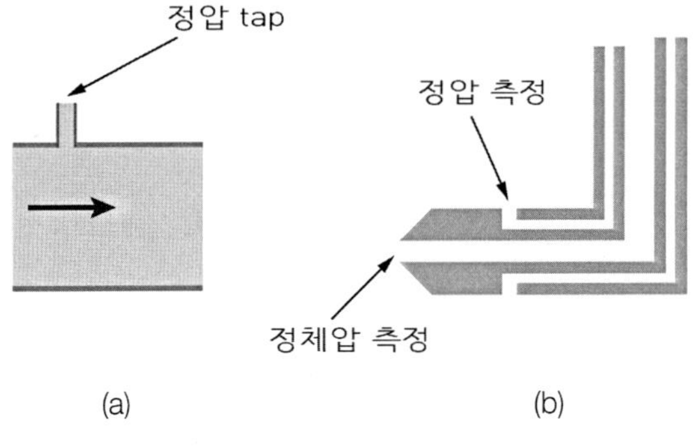

그림 3.13
(a) 정압 탭, (b) pitot-정압관

정압과 동압, 정수압의 합을 **전압(전압력; total pressure)**이라고 하고 다음처럼 p_t 로 나타낸다.

$$p_t = p + \frac{1}{2}\rho V^2 + \rho g z \tag{3.106}$$

그림 3.14처럼 유체가 V의 속도로 움직이다 물체를 만나면 물체의 끝 부분에 속도가 0이 되는 점이 있고 이점을 **정체점(stagnation point)**이라고 한다. 1점에서의 속도와 압력을 각각 V와 p로 나타내고, 정체점 0점에서의 속도와 압력을 V_0, p_0라 하면, $V_0 = 0$ 이므로, 1점과 0점을 잇는 유선을 따르는 Bernoulli방정식은 다음과 같다.

$$p + \frac{1}{2}\rho V^2 = p_0 \tag{3.107}$$

✦ •전압 : 정압 + 동압 + 정수압
•정체압 : 정압 + 동압

이때의 압력 p_0를 **정체압(stagnation pressure)**이라고 하며 정압과 동압의 합이다. 책에 따라 전압을 정체압과 동일하게 설명하는 경우가 있는데, 동일한 높이에서 유체의 흐름을 다룰 때나, 기체의 유동처럼 높이차에 의한 정수압의 차이가 무시될 때 (즉, 정수압을 무시할 수 있을 때) 전압은 정체압과 같다.

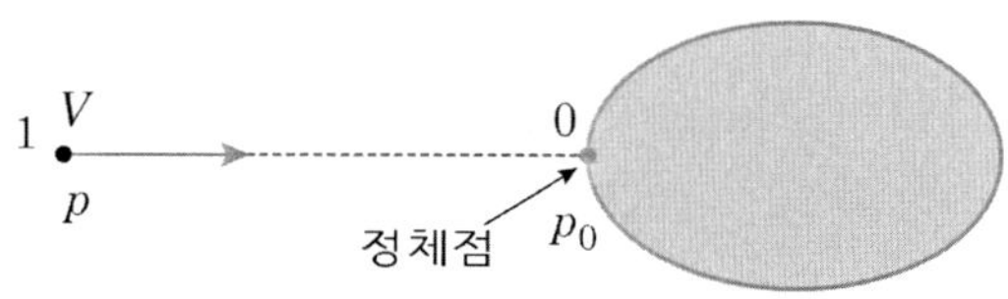

그림 3.14
정체점

또 다른 형태로 나타낸 Bernoulli방정식인 식 (3.105)의 각각의 항은 모두 유체의 단위무게당 에너지를 나타내고 SI단위로 나타내면 모두 m이고 차원은 모두 높이 차원이다. 각 항의 의미는 다음과 같다.

✦ head
수두(水頭) 또는 헤드라고 하며 액체의 높이를 나타낸다.

- $\frac{p}{\rho g}$: **압력수두(pressure head)** 또는 압력헤드라고 하며, 압력을 유체의 높이로 나타낸 것이다. 또는 정압수두(static pressure head)라고도 한다.
- $\frac{V^2}{2g}$: **속도수두(velocity head)**라고 하며, 유체의 속도에너지를 유체의 높이로 나타낸 것이다.
- z : **위치수두(elevation head)**라고 하며, 유체의 높이를 나타내고 유체가 가지는 위치에너지를 나타낸다.
- $h_t = \frac{p}{\rho g} + \frac{V^2}{2g} + z$: **전수두(total head)**라고 하며 압력수두, 속도수두 및 위치수두

의 합이다.

- $\frac{p}{\rho g}+z$: **피에조미터수두(piezometric head)**라 하고, 압력수두와 위치수두의 합이다. 유체가 흐르는 위치에 피에조미터를 설치했을 때 피에조미터에 액체가 올라가는 부분까지의 높이를 나타낸다.

3.11.2 비회전 유동에서의 Bernoulli방정식

정상, 비점성, 비압축성 유동이고 비회전 유동인 경우 $\nabla\times\mathbf{v}=0$ 이므로, 변위벡터 $\mathbf{dr}$ 이 유선이 아닌 임의의 변위벡터인 경우에도 식 (3.99)의 우변의 마지막 항은 0이므로 식 (3.99)는 다음처럼 된다.

$$\frac{1}{\rho}dp+\frac{1}{2}d(V^2)+gdz=0$$

유동장 내의 임의의 두 점에 대해 적분하면 동일한 Bernoulli방정식을 얻을 수 있다.

$$\frac{p_1}{\rho}+\frac{V_1^2}{2}+gz_1=\frac{p_2}{\rho}+\frac{V_2^2}{2}+gz_2$$

$$\frac{p}{\rho}+\frac{V^2}{2}+gz=\text{constant} \;\Rightarrow\; p+\frac{\rho V^2}{2}+\rho gz=\text{constant} \tag{3.108}$$

비회전 유동일 때는 두 점이 동일한 유선 위에 있지 않더라도 Bernoulli방정식이 성립하며, 유동장 전체의 임의의 두 점에서 성립하여, 결과적으로 유동장 전체에서 식 (3.108)이 성립한다. 즉, 정상, 비점성, 비압축성 유동, 비회전 유동인 경우 유동장 전체에서 역학적 에너지는 보존된다.

3.12 Navier–Stokes방정식

3.12.1 비압축성 유동에 대한 Navier–Stokes방정식

비압축성(incompressible), Newton유체(Newtonian fluid)에 대한 응력-변형률 관계식인 식 (3.90)을 식 (3.88)에 대입하면, μ가 일정한 경우에 대해 다음과 같은 운동량방정식을 얻는다.

$$\rho\frac{Dv_i}{Dt} = -\frac{\partial p}{\partial x_i} + 2\mu\frac{\partial}{\partial x_j}\left(\dot{\epsilon}_{ij}\right) + \rho g_i$$

이 식은 벡터의 i성분을 나타내는 식이고 x성분만을 고려해 보면 다음과 같다.

$$\rho\frac{Du}{Dt} = -\frac{\partial p}{\partial x} + 2\mu\frac{\partial}{\partial x}\left(\frac{\partial u}{\partial x}\right) + \mu\frac{\partial}{\partial y}\left(\frac{\partial v}{\partial x} + \frac{\partial u}{\partial y}\right) + \mu\frac{\partial}{\partial z}\left(\frac{\partial w}{\partial x} + \frac{\partial u}{\partial z}\right) + \rho g_x$$

이 식을 정리하면 다음과 같다.

$$\frac{Du}{Dt} = -\frac{1}{\rho}\frac{\partial p}{\partial x} + \nu\left(\frac{\partial^2 u}{\partial x^2} + \frac{\partial^2 u}{\partial y^2} + \frac{\partial^2 u}{\partial z^2}\right) + \nu\frac{\partial}{\partial x}\left(\frac{\partial u}{\partial x} + \frac{\partial v}{\partial y} + \frac{\partial w}{\partial z}\right) + g_x$$

비압축성유체의 연속방정식으로부터 $\frac{\partial u}{\partial x} + \frac{\partial v}{\partial y} + \frac{\partial w}{\partial z} = 0$이므로 이 식은 다음처럼 된다.

$$\frac{Du}{Dt} = -\frac{1}{\rho}\frac{\partial p}{\partial x} + \nu\left(\frac{\partial^2 u}{\partial x^2} + \frac{\partial^2 u}{\partial y^2} + \frac{\partial^2 u}{\partial z^2}\right) + g_x \quad (3.109a)$$

같은 방법으로 y및 z성분에 대해서도 구하면 다음과 같다.

$$\frac{Dv}{Dt} = -\frac{1}{\rho}\frac{\partial p}{\partial y} + \nu\left(\frac{\partial^2 v}{\partial x^2} + \frac{\partial^2 v}{\partial y^2} + \frac{\partial^2 v}{\partial z^2}\right) + g_y \quad (3.109b)$$

$$\frac{Dw}{Dt} = -\frac{1}{\rho}\frac{\partial p}{\partial z} + \nu\left(\frac{\partial^2 w}{\partial x^2} + \frac{\partial^2 w}{\partial y^2} + \frac{\partial^2 w}{\partial z^2}\right) + g_z \quad (3.109c)$$

세 식을 다시 첨자표기를 하여 나타내면 다음과 같다.

✦ $\frac{\partial^2 v_i}{\partial x_k^2} = \frac{\partial^2 v_i}{\partial x_k \partial x_k} = \frac{\partial^2 v_i}{\partial x^2} + \frac{\partial^2 v_i}{\partial y^2} + \frac{\partial^2 v_i}{\partial z^2} = \nabla^2 v_i$

$$\frac{Dv_i}{Dt} = -\frac{1}{\rho}\frac{\partial p}{\partial x_i} + \nu\frac{\partial^2 v_i}{\partial x_k^2} + g_i \quad (3.110)$$

① ② ③ ④

벡터를 사용하여 나타내면 다음과 같다.

$$\frac{D\mathbf{v}}{Dt} = -\frac{1}{\rho}\nabla p + \nu\nabla^2\mathbf{v} + \mathbf{g} \quad (3.111)$$

① ② ③ ④

식 (3.110) 또는 식 (3.111)은 비압축성, Newton유체(Newtonian fluid)에 대한 **Navier-Stokes방정식(Navier-Stokes equation)**이고, Claude-Louis Navier와 George Gabriel Stokes의 이름에서 따온 것이다. 식 (3.110) 또는 식 (3.111)에서 각각의 항은 다음을 나타낸다.

① : 단위질량당 관성력(inertia force) 또는 운동량변화율로 가속도 관련 항

② : 단위질량당 압력에 의한 힘

③ : 단위질량당 점성력

④ : 단위질량당 체적력(중력)

식 (3.110)에서 $\frac{Dv_i}{Dt}$를 전개하여 나타내면 Navier-Stokes방정식은 다음처럼 표시할 수 있다.

$$\frac{\partial v_i}{\partial t} + v_k\frac{\partial v_i}{\partial x_k} = -\frac{1}{\rho}\frac{\partial p}{\partial x_i} + \nu\frac{\partial^2 v_i}{\partial x_k^2} + g_i \quad (3.112)$$

① ② ③ ④ ⑤

벡터를 사용하여 나타내면 다음과 같다.

$$\frac{\partial \mathbf{v}}{\partial t} + (\mathbf{v}\cdot\nabla)\mathbf{v} = -\frac{1}{\rho}\nabla p + \nu\nabla^2\mathbf{v} + \mathbf{g} \tag{3.113}$$

①　②　③　④　⑤

이 식은 비압축성, Newton유체(Newtonian fluid)에 대한 Navier-Stokes방정식이며 각각의 항은 다음을 나타낸다.

① : 국소가속도(local acceleration).

② : 대류항(convection term) - 대류가속도(convective acceleration)를 나타낸다.

③ : 단위질량당 압력에 의한 힘.

④ : 단위질량당 점성력 : 점성항(viscous term) 또는 확산항(diffusion term)이라 한다.

⑤ : 단위질량당 체적력(중력).

Navier-Stokes방정식은 속도와 압력을 변수로 하는 비선형(nonlinear) 편미분방정식이다(식에서 ②항이 비선형). 성분별로 전개하여 모두 나타내면 다음과 같다.

$$\frac{\partial u}{\partial t} + u\frac{\partial u}{\partial x} + v\frac{\partial u}{\partial y} + w\frac{\partial u}{\partial z} = -\frac{1}{\rho}\frac{\partial p}{\partial x} + \nu\left(\frac{\partial^2 u}{\partial x^2} + \frac{\partial^2 u}{\partial y^2} + \frac{\partial^2 u}{\partial z^2}\right) + g_x \tag{3.114a}$$

$$\frac{\partial v}{\partial t} + u\frac{\partial v}{\partial x} + v\frac{\partial v}{\partial y} + w\frac{\partial v}{\partial z} = -\frac{1}{\rho}\frac{\partial p}{\partial y} + \nu\left(\frac{\partial^2 v}{\partial x^2} + \frac{\partial^2 v}{\partial y^2} + \frac{\partial^2 v}{\partial z^2}\right) + g_y \tag{3.114b}$$

$$\frac{\partial w}{\partial t} + u\frac{\partial w}{\partial x} + v\frac{\partial w}{\partial y} + w\frac{\partial w}{\partial z} = -\frac{1}{\rho}\frac{\partial p}{\partial z} + \nu\left(\frac{\partial^2 w}{\partial x^2} + \frac{\partial^2 w}{\partial y^2} + \frac{\partial^2 w}{\partial z^2}\right) + g_z \tag{3.114c}$$

원통좌표계

벡터형태로 표시된 Navier-Stokes방정식인 식 (3.113)을 원통좌표계에서 각 성분별로 나타내면 다음과 같다.

$$\begin{aligned}\frac{\partial v_r}{\partial t} + v_r\frac{\partial v_r}{\partial r} + \frac{v_\theta}{r}\frac{\partial v_r}{\partial \theta} - \frac{v_\theta^2}{r} + v_z\frac{\partial v_r}{\partial z} &= -\frac{1}{\rho}\frac{\partial p}{\partial r} \\ + \nu\left[\frac{\partial}{\partial r}\left\{\frac{1}{r}\frac{\partial}{\partial r}(rv_r)\right\} + \frac{1}{r^2}\frac{\partial^2 v_r}{\partial \theta^2} - \frac{2}{r^2}\frac{\partial v_\theta}{\partial \theta} + \frac{\partial^2 v_r}{\partial z^2}\right] &+ g_r\end{aligned} \tag{3.115a}$$

✦식 (3.115a)에서
$\frac{\partial}{\partial r}\left\{\frac{1}{r}\frac{\partial}{\partial r}(rv_r)\right\}$ 대신
$\frac{1}{r}\frac{\partial}{\partial r}\left(r\frac{\partial v_r}{\partial r}\right)-\frac{v_r}{r^2}$ 를,
식 (3.115b)에서
$\frac{\partial}{\partial r}\left\{\frac{1}{r}\frac{\partial}{\partial r}(rv_\theta)\right\}$ 대신
$\frac{1}{r}\frac{\partial}{\partial r}\left(r\frac{\partial v_\theta}{\partial r}\right)-\frac{v_\theta}{r^2}$ 를
사용하기도 한다.
각각은 전개하면 같다는 것을 알 수 있다.

$$\frac{\partial v_\theta}{\partial t}+v_r\frac{\partial v_\theta}{\partial r}+\frac{v_\theta}{r}\frac{\partial v_\theta}{\partial \theta}+\frac{v_r v_\theta}{r}+v_z\frac{\partial v_\theta}{\partial z}=-\frac{1}{\rho r}\frac{\partial p}{\partial \theta}$$
$$+\nu\left[\frac{\partial}{\partial r}\left\{\frac{1}{r}\frac{\partial}{\partial r}(rv_\theta)\right\}+\frac{1}{r^2}\frac{\partial^2 v_\theta}{\partial \theta^2}+\frac{2}{r^2}\frac{\partial v_r}{\partial \theta}+\frac{\partial^2 v_\theta}{\partial z^2}\right]+g_\theta \tag{3.115b}$$

$$\frac{\partial v_z}{\partial t}+v_r\frac{\partial v_z}{\partial r}+\frac{v_\theta}{r}\frac{\partial v_z}{\partial \theta}+v_z\frac{\partial v_z}{\partial z}=-\frac{1}{\rho}\frac{\partial p}{\partial z}$$
$$+\nu\left[\frac{1}{r}\frac{\partial}{\partial r}\left(r\frac{\partial v_z}{\partial r}\right)+\frac{1}{r^2}\frac{\partial^2 v_z}{\partial \theta^2}+\frac{\partial^2 v_z}{\partial z^2}\right]+g_z \tag{3.115c}$$

예제 3.6 **정상 2차원(x,y), 비압축성 유동에 대해 Navier-Stokes방정식을 나타내어라. 중력은 $-z$방향으로 작용한다.**

풀이

식 (3.114)에서 z와 w가 포함되는 모든 항을 0으로 두고 또한 g_x와 g_y도 0으로 하면 된다.

$$u\frac{\partial u}{\partial x}+v\frac{\partial u}{\partial y}=-\frac{1}{\rho}\frac{\partial p}{\partial x}+\nu\left(\frac{\partial^2 u}{\partial x^2}+\frac{\partial^2 u}{\partial y^2}\right) \tag{1}$$

$$u\frac{\partial v}{\partial x}+v\frac{\partial v}{\partial y}=-\frac{1}{\rho}\frac{\partial p}{\partial y}+\nu\left(\frac{\partial^2 v}{\partial x^2}+\frac{\partial^2 v}{\partial y^2}\right) \tag{2}$$

보충설명

위의 식 (1)과 식 (2)는 연속방정식인 식 (3.31)과 함께 정상 2차원(x,y), 비압축성 유동에 대한 지배방정식이다. 지배방정식에 대해서는 3.14절에서 설명할 것이고 그 해를 구하는 방법은 5장에서 다룰 것이다.

3.12.2 압축성 유동에 대한 Navier-Stokes방정식

압축성(compressible), Newton유체(Newtonian fluid)에 대한 응력-변형률 관계식인 식 (3.92)를 식 (3.88)에 대입하면, μ가 일정한 경우에 대해 다음과 같은 운동량방정식을 얻는다.

$$\rho\frac{Dv_i}{Dt}=-\frac{\partial p}{\partial x_i}+2\mu\frac{\partial}{\partial x_j}\left(\dot{\epsilon}_{ij}-\frac{1}{3}\delta_{ij}\nabla\cdot\mathbf{v}\right)+\rho g_i \tag{3.116}$$

위 식은 벡터의 i성분을 나타내는 식이고 x성분만을 고려해보면 다음과 같다.

$$\rho\frac{Du}{Dt}=-\frac{\partial p}{\partial x}+2\mu\frac{\partial}{\partial x}\left(\frac{\partial u}{\partial x}-\frac{1}{3}\nabla\cdot\mathbf{v}\right)+\mu\frac{\partial}{\partial y}\left(\frac{\partial v}{\partial x}+\frac{\partial u}{\partial y}\right)$$
$$+\mu\frac{\partial}{\partial z}\left(\frac{\partial w}{\partial x}+\frac{\partial u}{\partial z}\right)+\rho g_x$$

위의 식을 정리하면 다음과 같다.

$$\rho\frac{Du}{Dt}=-\frac{\partial p}{\partial x}+\mu\left(\frac{\partial^2 u}{\partial x^2}+\frac{\partial^2 u}{\partial y^2}+\frac{\partial^2 u}{\partial z^2}\right)+\frac{1}{3}\mu\frac{\partial}{\partial x}(\nabla\cdot\mathbf{v})+\rho g_x \tag{3.117a}$$

따라서 같은 방법으로

$$\rho\frac{Dv}{Dt}=-\frac{\partial p}{\partial y}+\mu\left(\frac{\partial^2 v}{\partial x^2}+\frac{\partial^2 v}{\partial y^2}+\frac{\partial^2 v}{\partial z^2}\right)+\frac{1}{3}\mu\frac{\partial}{\partial y}(\nabla\cdot\mathbf{v})+\rho g_y \tag{3.117b}$$

$$\rho\frac{Dw}{Dt}=-\frac{\partial p}{\partial z}+\mu\left(\frac{\partial^2 w}{\partial x^2}+\frac{\partial^2 w}{\partial y^2}+\frac{\partial^2 w}{\partial z^2}\right)+\frac{1}{3}\mu\frac{\partial}{\partial z}(\nabla\cdot\mathbf{v})+\rho g_z \tag{3.117c}$$

3.13 에너지방정식

유체 유동에서 온도가 변하고, 열전달이 있는 경우에는 에너지보존법칙으로부터 **에너지방정식(energy equation)**을 유도하여야 한다. 에너지방정식의 유도는 대부분의 열전달 책에서 다루고 있으며, 여기서는 그 결과만을 소개하기로 한다. 여기서의 에너지방정식은 모두 Newton**유체**, **등방성**(isotropic) 유체에 대한 것이다. 등방성이란 방향에 따라 점성계수나 열전도율 등의 유체 물성치가 달라지지 않는다는 것을 나타낸다.

3.13.1 비압축성 유동

비압축성 유동에 대한 에너지방정식은 다음과 같다.

✦ $\frac{DT}{Dt}=\frac{\partial T}{\partial t}+u\frac{\partial T}{\partial x}+v\frac{\partial T}{\partial y}+w\frac{\partial T}{\partial z}$

$$\rho c_p\frac{DT}{Dt}=\nabla\cdot(k\nabla T)+\mu\Phi \tag{3.118a}$$

위의 식을 완전히 전개하여 나타내면 다음과 같다.

$$\begin{aligned}&\rho c_p\left(\frac{\partial T}{\partial t}+u\frac{\partial T}{\partial x}+v\frac{\partial T}{\partial y}+w\frac{\partial T}{\partial z}\right)\\&=\frac{\partial}{\partial x}\left(k\frac{\partial T}{\partial x}\right)+\frac{\partial}{\partial y}\left(k\frac{\partial T}{\partial y}\right)+\frac{\partial}{\partial z}\left(k\frac{\partial T}{\partial z}\right)+\mu\Phi\end{aligned} \tag{3.118b}$$

이 식에 사용된 기호는 다음과 같다.

- T : 온도.
- $\frac{\mu}{\rho c_p}$: 정압비열(specific heat at constant pressure).
- k : 열전도율(thermal conductivity).
- Φ : 소산함수(dissipation function)로서 $\mu\Phi$는 유체의 점성으로 인한 유체 내부의 마찰열의 소산(消散)을 나타낸다. 속도가 아주 크지 않을 때는 무시할 수 있다.

소산함수 Φ는 비압축성 유동에 대해 다음과 같다.

$$\begin{aligned}\Phi=2&\left[\left(\frac{\partial u}{\partial x}\right)^2+\left(\frac{\partial v}{\partial y}\right)^2+\left(\frac{\partial w}{\partial z}\right)^2\right]+\left(\frac{\partial u}{\partial y}+\frac{\partial v}{\partial x}\right)^2\\&+\left(\frac{\partial v}{\partial z}+\frac{\partial w}{\partial y}\right)^2+\left(\frac{\partial w}{\partial x}+\frac{\partial u}{\partial z}\right)^2\end{aligned} \tag{3.119}$$

열전도율 $\boldsymbol{k}$가 일정할 때 비압축성 유동에 대한 에너지방정식은 다음처럼 나타낼 수 있다.

$$\frac{DT}{Dt}=\alpha\nabla^2T+\frac{\mu}{\rho c_p}\Phi \tag{3.120a}$$

여기서 $\alpha=\frac{k}{\rho c_p}$이고 열확산계수(thermal diffusivity)라고 한다. 위의 식을 완전히 전개하여 나타내면 다음과 같다.

$$\frac{\partial T}{\partial t}+u\frac{\partial T}{\partial x}+v\frac{\partial T}{\partial y}+w\frac{\partial T}{\partial z}=\alpha\left(\frac{\partial^2T}{\partial x^2}+\frac{\partial^2T}{\partial y^2}+\frac{\partial^2T}{\partial z^2}\right)+\frac{\mu}{\rho c_p}\Phi \tag{3.120b}$$

위의 에너지방정식에서 속도를 0으로 하면, 정지 유체나 고체에도 적용될 수 있으며, 열발생이 없는 경우 다음처럼 간단하게 나타낼 수 있다.

$$\frac{\partial T}{\partial t} = \alpha\left(\frac{\partial^2 T}{\partial x^2} + \frac{\partial^2 T}{\partial y^2} + \frac{\partial^2 T}{\partial z^2}\right) \tag{3.121}$$

3.13.2 압축성 유동

압축성 유동에 대한 에너지방정식은 다음과 같다.

✦ $\frac{Dp}{Dt} = \frac{\partial p}{\partial t} + u\frac{\partial p}{\partial x} + v\frac{\partial p}{\partial y} + w\frac{\partial p}{\partial z}$

$$\rho c_p \frac{DT}{Dt} = \nabla\cdot(k\nabla T) + \beta T\frac{Dp}{Dt} + \mu\Phi \tag{3.122}$$

앞의 비압축성 유동에 나타나지 않은 기호는 다음과 같다.

- β : 열팽창계수(coefficient of thermal expansion).

열팽창계수 β와 압축성 유동에 대한 소산함수 Φ는 다음과 같다.

$$\beta = -\rho\left(\frac{\partial\rho}{\partial T}\right)_p \tag{3.123}$$

$$\begin{aligned}\Phi = {} & 2\left[\left(\frac{\partial u}{\partial x}\right)^2 + \left(\frac{\partial v}{\partial y}\right)^2 + \left(\frac{\partial w}{\partial z}\right)^2\right] + \left(\frac{\partial u}{\partial y} + \frac{\partial v}{\partial x}\right)^2 \\ & + \left(\frac{\partial v}{\partial z} + \frac{\partial w}{\partial y}\right)^2 + \left(\frac{\partial w}{\partial x} + \frac{\partial u}{\partial z}\right)^2 - \frac{2}{3}\left(\frac{\partial u}{\partial x} + \frac{\partial v}{\partial y} + \frac{\partial w}{\partial z}\right)^2\end{aligned} \tag{3.124}$$

3.14 지배방정식

앞에서 유도한 연속방정식과 운동량방정식은 유동장의 모든 점에서 성립하여야 한다. 연속방정식과 운동량방정식은 그림 3.1에서 보여주듯이 임의의 한 점 $O(x, y, z)$를 중심으로 하는 미소검사체적 또는 미소유체요소에 대해 성립하는 식이고, 식에서의 밀도와 속도는 각각 한 점 $O(x, y, z)$에서의 $\rho(x, y, z, t)$와 $\mathbf{v}(x, y, z, t)$를 나타내고 있다. 앞에서도 설명하였듯이 미소검사체적은 그림 1.1의 ④의 한 점과 같고, 그림 1.2에서 영역 II에 해당하므로, 결국에는 연속방정식과 운동량방정식은 유동장의 임의의 한 점 $O(x, y, z)$에서 성립하고, 따라서 유동 영역의 모든 점에서 성립하는 식이다. 즉, 유동장의 모든 점에서 이 연속방정식과 운동량방정식은 성립되어야한다. 다시 말하면, 유동은 이 연속방정식과 운동량방정식을 따라야 되고, 마치 연속방정식과 운동량방정식이 유동을 지배하는 듯 보여, 연속방정식과 운동량방정식을 유체유동의 **지배방정식(governing equation)**이라 한다.

✦ 지배방정식
- 연속방정식
- 운동량방정식
- 에너지방정식

그리고 열전달이 있거나 온도가 변하는 유동의 경우 에너지방정식이 필요하고 이 책에서는 유도하지는 않았지만 결과만을 소개하였다. 이 에너지방정식도 앞의 연속방정식처럼 미소검사체적에 대해 유도된 것으로 식에 나타나는 온도는 $T(x, y, z, t)$이고, 역시 임의의 한 점 $\mathrm{O}(x, y, z)$에서 성립하고, 따라서 유동 영역의 모든 점에서 성립하는 식이다. 온도가 변하는 유동의 경우 에너지방정식 또한 지배방정식이다.

이 지배방정식은 유동의 상황에 따라 약간씩 다르게 표현되는데 다음에서 요약하여 나타낸다.

3.14.1 비압축성 유동에 대한 지배방정식

온도가 변하지 않는 비압축성 유동인 경우 유체 유동에 대한 지배방정식은 연속방정식과 3방향에 대한 3개의 Navier-Stokes방정식이다.

연속방정식

$$\nabla \cdot \mathbf{v} = 0 \quad \rightleftarrows \quad \frac{\partial u}{\partial x} + \frac{\partial v}{\partial y} + \frac{\partial w}{\partial z} = 0 \tag{3.125}$$

운동량방정식

$$\frac{\partial u}{\partial t} + u\frac{\partial u}{\partial x} + v\frac{\partial u}{\partial y} + w\frac{\partial u}{\partial z} = -\frac{1}{\rho}\frac{\partial p}{\partial x} + \nu\left(\frac{\partial^2 u}{\partial x^2} + \frac{\partial^2 u}{\partial y^2} + \frac{\partial^2 u}{\partial z^2}\right) + g_x \tag{3.126a}$$

$$\frac{\partial v}{\partial t} + u\frac{\partial v}{\partial x} + v\frac{\partial v}{\partial y} + w\frac{\partial v}{\partial z} = -\frac{1}{\rho}\frac{\partial p}{\partial y} + \nu\left(\frac{\partial^2 v}{\partial x^2} + \frac{\partial^2 v}{\partial y^2} + \frac{\partial^2 v}{\partial z^2}\right) + g_y \tag{3.126b}$$

$$\frac{\partial w}{\partial t} + u\frac{\partial w}{\partial x} + v\frac{\partial w}{\partial y} + w\frac{\partial w}{\partial z} = -\frac{1}{\rho}\frac{\partial p}{\partial z} + \nu\left(\frac{\partial^2 w}{\partial x^2} + \frac{\partial^2 w}{\partial y^2} + \frac{\partial^2 w}{\partial z^2}\right) + g_z \tag{3.126c}$$

위의 식들의 좌변은 간단하게 표시하여 다음처럼 나타내기도 한다.

$$\frac{Du}{Dt} = -\frac{1}{\rho}\frac{\partial p}{\partial x} + \nu\left(\frac{\partial^2 u}{\partial x^2} + \frac{\partial^2 u}{\partial y^2} + \frac{\partial^2 u}{\partial z^2}\right) + g_x \tag{3.127a}$$

$$\frac{Dv}{Dt} = -\frac{1}{\rho}\frac{\partial p}{\partial y} + \nu\left(\frac{\partial^2 v}{\partial x^2} + \frac{\partial^2 v}{\partial y^2} + \frac{\partial^2 v}{\partial z^2}\right) + g_y \tag{3.127b}$$

$$\frac{Dw}{Dt} = -\frac{1}{\rho}\frac{\partial p}{\partial z} + \nu\left(\frac{\partial^2 w}{\partial x^2} + \frac{\partial^2 w}{\partial y^2} + \frac{\partial^2 w}{\partial z^2}\right) + g_z \tag{3.127c}$$

온도가 크게 변하지 않는 비압축성 유동의 경우 밀도 ρ는 일정하므로 미지수는 속도 u, v, w(직교좌표에 대해)와 압력 p이고 연속방정식 하나와 Navier-Stokes방정식 3개가 있으므로, 4개의 미지수에 4개의 방정식이 있으므로, 연립방정식을 풀어 해를 구할 가능성은 있다. Navier-Stokes방정식은 연립 비선형(nonlinear) 편미분방정식이므로 일반적으로 해를 구하기가 쉽지는 않다.

온도가 변수일 때는 에너지 방정식을 고려해야 하고, 밀도, 비열, 열전도율이 일정한 경우에는 다음의 에너지방정식을 추가하면 된다.

에너지방정식

$$\frac{\partial T}{\partial t} + u\frac{\partial T}{\partial x} + v\frac{\partial T}{\partial y} + w\frac{\partial T}{\partial z} = \alpha\left(\frac{\partial^2 T}{\partial x^2} + \frac{\partial^2 T}{\partial y^2} + \frac{\partial^2 T}{\partial z^2}\right) + \frac{\mu}{\rho c_p}\Phi \tag{3.128}$$

이 경우 5개의 미지수에 5개의 방정식이 주어지므로 역시 연립방정식을 풀 가능성이 있다.

지배방정식이 주어지면 지배방정식을 풀어 해를 구할 수 있으며, 해를 구하는 방법으로는 해석적인 방법과 수치적인 방법이 있다. 비교적 단순한 형상들에 대해서는 해석적으로도 해를 구할 수 있다. 5장에서 여러 경우에 대해 지배방정식을 풀어 엄밀해를 구하는 방법에 대해 설명한다.

3.14.2 압축성 유동에 대한 지배방정식

유동 중인 유체가 기체이고, 속도가 상당히 빠른 경우에는 압축성 유동으로 해석을 하여야한다. 압축성 유동은 밀도가 일정하지 않고 변한다. 따라서 밀도가 구하여야할 변수에 포함되고, 기체의 경우 온도 또한 밀도와 압력변화에 따라 많이 변하므로, 온도 또한 구하여야 하는 변수이다. 따라서 압축성 유동의 경우 구하여야하는 변수는 속도 u, v, w(직교좌표에 대해), p, ρ 및 T의 6개이고, 지배방정식은 연속방정식 하나와 운동량방정식 3개, 에너지방정식 하나의 5개 외에 하나의 식이 더 필요하고 압력-온도-밀도 사이의 관계식인 상태방정식(equation of state)이다. 따라서 모두 6개의 식이 지배방정식이 된다.

연속방정식

$$\frac{\partial \rho}{\partial t}+\frac{\partial(\rho u)}{\partial x}+\frac{\partial(\rho v)}{\partial y}+\frac{\partial(\rho w)}{\partial z}=0 \tag{3.129}$$

운동량방정식

$$\rho\frac{Du}{Dt}=-\frac{\partial p}{\partial x}+\mu\left(\frac{\partial^2 u}{\partial x^2}+\frac{\partial^2 u}{\partial y^2}+\frac{\partial^2 u}{\partial z^2}\right)+\frac{1}{3}\mu\frac{\partial}{\partial x}(\nabla\cdot\mathbf{v})+\rho g_x \tag{3.130a}$$

$$\rho\frac{Dv}{Dt}=-\frac{\partial p}{\partial y}+\mu\left(\frac{\partial^2 v}{\partial x^2}+\frac{\partial^2 v}{\partial y^2}+\frac{\partial^2 v}{\partial z^2}\right)+\frac{1}{3}\mu\frac{\partial}{\partial y}(\nabla\cdot\mathbf{v})+\rho g_y \tag{3.130b}$$

$$\rho\frac{Dw}{Dt}=-\frac{\partial p}{\partial z}+\mu\left(\frac{\partial^2 w}{\partial x^2}+\frac{\partial^2 w}{\partial y^2}+\frac{\partial^2 w}{\partial z^2}\right)+\frac{1}{3}\mu\frac{\partial}{\partial z}(\nabla\cdot\mathbf{v})+\rho g_z \tag{3.130c}$$

에너지방정식

✦ $\frac{Dp}{Dt}=\frac{\partial p}{\partial t}+u\frac{\partial p}{\partial x}+v\frac{\partial p}{\partial y}+w\frac{\partial p}{\partial z}$

$$\rho c_p\frac{DT}{Dt}=\nabla\cdot(k\nabla T)+\beta T\frac{Dp}{Dt}+\mu\Phi \tag{3.131}$$

상태방정식(이상기체인 경우)

$$p=\rho RT \tag{3.132}$$

위의 식에 사용된 μ, k, c_p, β 등이 일정하지 않고 온도의 함수인 경우는 추가적으로 각각 온도의 함수로 주어져야한다.

3.14.3 경계조건 및 초기조건

온도가 변하지 않는 비압축성 유동인 경우 유체 유동에 대한 지배방정식은 연속방정식과 Navier-Stokes방정식이고 이 식들을 연립하여 풀면 해를 구할 수도 있다. 이 지배방정식들은 미분방정식 형태로 되어 있어 완전한 해를 구하기 위해서는 경계조건과 초기조건이 필요하다. 유체 유동과 관련된 경계조건으로 다음과 같은 것들이 있다.

점착조건 – 경계면이 고체

유체 유동과 관련된 가장 대표적인 경계는 유체가 고체와 접하는 곳이다. 이 곳에서 가장 많이 사용되는 경계조건은 **점착조건(no-slip condition)**이고 고체에 접하는 유체는 고체표면에서 미끄러지지 않고 고체와 같은 속도로 움직인다는 것이고 다음처럼 나타낼 수 있다.

점착조건 : $$\mathbf{v}_{\text{fluid}} = \mathbf{v}_{\text{wall}} \tag{3.133}$$

만약 고체가 정지하고 있다면 고체 표면에서의 유체속도는 0이 된다($\mathbf{v}_{\text{fluid}} = 0$). 아주 희박한 기체의 유동(rarefied gas flow)을 제외한 대부분의 공학문제에서 이 점착조건은 성립하고 필요한 조건이다. 이 책에에서는 별도의 언급이 없더라도 항상 점착조건을 사용한다.

경계면이 유체 – 두 유체 경계면에서의 경계조건

두 유체가 경계를 이룰 때 경계에서 두 유체의 속도가 같아야 하고 또한 작용반작용의 원리에 의해 전단응력이 서로 같아야 한다. 따라서 두 유체의 경계에서는 다음의 경계조건이 성립하여야 한다.

두 유체의 경계 : $$\mathbf{v}_{\text{fluid},1} = \mathbf{v}_{\text{fluid},2}, \quad \tau_{\text{fluid},1} = \tau_{\text{fluid},2} \tag{3.134}$$

기타 경계조건

위의 두 조건 외에 풀려는 문제에서 입구와 출구가 있는 경우, 입구와 출구에서 적절한 경계조건이 주어져야 한다. 예를 들면 입구에서의 속도나 출구에서의 속도 또는 속도기울기 등 필요한 경계조건이 주어져야 한다.

초기조건(initial condition)

유동이 시간에 따라 변하는 비정상(unsteady) 문제인 경우 식에서 보듯이 시간 t의 함수이므로 초기조건도 주어져야 한다.

초기조건 : $t = 0$; $\mathbf{v}_{\text{fluid}}$ 주어짐 (3.135)

연습 문제

3.1 평판 주위에 밀도 ρ인 유체가 일정한 속도 U로 흐를 때 평판에서의 마찰저항으로 인하여 평판 주위의 속도가 줄어들어 그림에서 보듯이 BD 단면에서의 속도는 벽에서 0이 되고 $y = \delta$에서는 U가 되어, 속도분포는 $u(y)$로 나타난다. 이렇게 속도가 변하는 영역을 경계층이라 한다. CD는 수평한 선이고 평판의 폭은 b이다. 검사체적 ABDC를 생각해보면, AC 단면을 통해 흘러들어오는 유량이 BD 단면을 통해 흘러 나가는 유량보다 많기 때문에 CD 단면을 통해 흘러 나가는 유량이 생긴다. 검사체적 ABDC에 대해 적분형 연속방정식을 적용하여 CD 단면을 통해 흘러 나가는 질량유량 $\dot{m}_{\rm CD}$를 구하는 식을 ρ, U, u, δ, b를 사용하여 나타내어라.

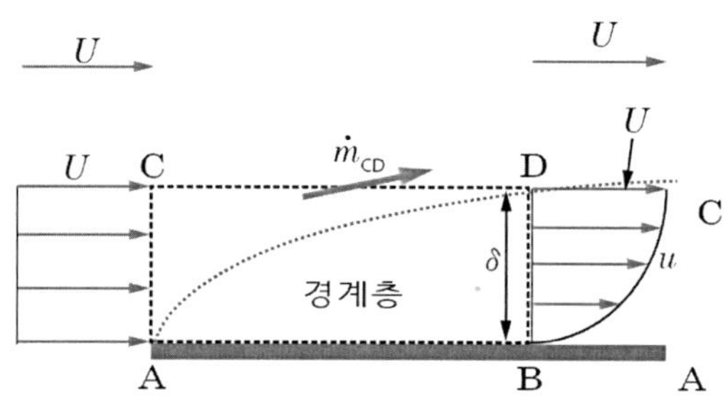

그림 P3.1

3.2 속도분포가 $u(y) = U\left[2\frac{y}{\delta} - \left(\frac{y}{\delta}\right)^2\right]$일 때, 앞의 문제 3.1에서 질량유량 $\dot{m}_{\rm CD}$를 구하라.

3.3 앞의 문제 3.2에서도 설명하였듯이 검사체적 ABDC를 생각해보면, AC 단면을 통해 흘러 들어오는 유량이 BD 단면을 통해 흘러 나가는 유량보다 많기 때문에 CD 단면을 통해 흘러 나가는 유량이 생긴다. 즉, 작지만 평판에 수직한 방향의 유동이 존재한다. 이러한 수직방향의 속도성분 때문에, 그림 P3.3에서 보듯이 유체는 위로 밀려 올라가게 되고 결과적으로 C에 있는 유체는 D로 이동하지 않고 D'로 이동하게 된다. 즉, 그림에 나타내었듯이 CD′가 유선이 된다. 그림에서 밀려 올라간 거리 DD′를 δ^*라고 나타내었다. 검사체적 ABD′C에 대해 적분형 연속방정식을 적용하여, 다음이 성립함을 보여라.

$$\delta^* = \int_0^\delta \left(1 - \frac{u}{U}\right) dy$$

CD 단면에서의 속도분포는 다음과 같다.

$$0 \le y \le \delta \ ; \ u = u(y)$$

$$y \ge \delta \ ; \ u = U$$

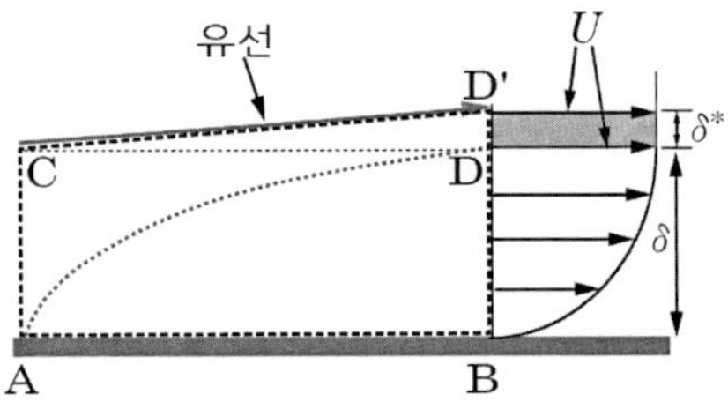

그림 P3.3

3.4 속도분포가 $u(y) = U\left[2\frac{y}{\delta} - \left(\frac{y}{\delta}\right)^2\right]$일 때, 앞의 문제 3.3에서 δ^*를 δ로 나타내어라.

3.5 속도장이 $\mathbf{v} = (Axy + Bz + Ct)\mathbf{i} - \left(\frac{A}{2}y^2 + Ct\right)\mathbf{j} + Dxy\mathbf{k}$로 나타나는 유동은 비압축성 유동인지 아닌지 판단하라. A, B, C, D는 0이 아닌 상수이다.

3.6 3차원, 정상, 비압축성 유동에서 $u = Axy$, $v = By$로 주어질 때 w를 구하라. A와 B는 0이 아닌 상수이다.

3.7 2차원, 정상, 비압축성유동의 속도가 $v_\theta = Ar^2 - Br\theta^2$이다. 속도 v_r을 구하라. A와 B는 0이 아닌 상수이다.

3.8 예제 2.1(b)에서 속도가 $\mathbf{v} = Ax\mathbf{i} - Ay\mathbf{j}$ 일 때, 유선의 정의식으로부터 유선의 방정식을 구하였다. 이제 유동함수를 이용하여 유선을 그릴 수 있다. 원점에서의 유동함수가 0일 때, (a)유동함수를 구하라. (b) 유동함수를 이용하여 유선을 그려라. A는 0이 아닌 양의 상수이다.

3.9 속도가 $\mathbf{v} = 2A(x-y)\mathbf{i} - 2A(x+y)\mathbf{j}$ 일 때, (a) 비압축성 유동인가? (b) 비압축성 유동이면, 유동함수를 구하라. A는 0이 아닌 상수이다.

3.10 원통좌표계에서 속도가 $v_r = \dfrac{A\cos\theta}{r^2}$, $v_\theta = \dfrac{A\sin\theta}{r^2}$이다. 유동함수를 구하라. A는 0이 아닌 상수이다.

3.11 유체 유동장에서 어떤 점에서 응력이 다음처럼 표시된다. 응력의 단위는 모두 $\mathrm{kN/m^2}$(즉, kPa)이다.

$$[\sigma_{ij}] = \begin{bmatrix} -200 & 400 & -200 \\ 400 & -200 & 100 \\ -200 & 100 & -500 \end{bmatrix}$$

(a) 역학적압력은 얼마인가?

(b) 편차응력(deviatoric stress tensor)을 구하라.

3.12 유체 유동장에서 응력이 다음처럼 표시될 때, 어떤 한 점에서 단위부피당 작용하는 표면력을 구하라. 응력의 단위는 모두 $\mathrm{N/m^2}$(즉, Pa)이다. A, B는 0이 아닌 상수이다.

$$[\sigma_{ij}] = \begin{bmatrix} -200+Ax & 100+By & 100-Az \\ 100+By & -300-Ay & 0 \\ 100-Az & 0 & -400+Bz \end{bmatrix}$$

3.13 밀도가 ρ인 비압축성 유동장에서의 응력이 문제 3.12와 같다면, 이 유동장에서 가속도 벡터 $\mathbf{a}$를 구하라. 중력은 $-z$방향으로 작용한다.

3.14 밀도가 ρ이고 점성계수가 μ인 비압축성, 점성, 정상, 2차원 유동의 속도가 $\mathbf{v} = 2A(x-y)\mathbf{i} - 2A(x+y)\mathbf{j}$ 일 때, 구성방정식으로 부터 τ_{xx}, τ_{yy}, τ_{xy}, τ_{yx}를 구하라. A는 0이 아닌 상수이다.

3.15 밀도가 ρ인 비압축성, 비점성, 정상, 2차원 유동의 속도가 $\mathbf{v} = 2A(x-y)\mathbf{i} - 2A(x+y)\mathbf{j}$ 일 때, (a) ∇p를 구하라. (b) $p(x,y)$를 구하라. A는 0이 아닌 상수이고 중력은 무시하라.

3.16 밀도가 1.2 kg/m^{3}인 유체가 흐르고 있다. 이 유동이 정상, 비점성, 비압축성 유동일 때, 1점에서의 속도의 크기가 200 m/s이고 압력이 200 kP이다. 같은 높이의 2점에서의 속도가 20 m/s인 경우 2점에서의 압력을 구하려고 Bernoulli방정식을 적용하려면 추가적인 조건이 하나 더 필요하다. (a) 하나의 추가적인 조건으로 두 가지가 가능하다. 어떤 경우인가? (b) 이때 2점에서의 압력은 얼마인가?

3.17 정상, 비압축성 유동에서 $u = u(x,y)$, $v = v(x,y)$, $w = 0$, $p = p(x,y,z)$이고 $\mathbf{g} = -g\mathbf{k}$일 때, Navier–Stokes방정식을 성분별로 단순화하여 나타내어라.

3.18 2차원 원동좌표계(r과 θ)에서의 비압축성 유동에서 $v_r = v_r(r,\theta)$, $v_\theta = v_\theta(r,\theta)$ 일 때 r, θ방향의 운동량방정식을 단순화하여 나타내어라. 중력은 무시한다.

3.19 유체가 정지하고 있는 경우, 온도를 구하기 위한 에너지 방정식을 직교좌표계에서 나타내어라.

3.20 온도가 일정한 비압축성 유동에서 지배방정식은 무엇인가? 식을 다 적을 필요는 없고 이름만 나열하여라.

CHAPTER 04

차원해석, 무차원화, 스케일 해석

학습목표

이 장의 학습 및 강의 목표는 다음과 같은 사항을 학생들이 완전하게 이해하는 것이다.

- 차원해석의 개념 및 방법에 대한 이해.
- 스케일에 대한 이해.
- 무차원화에 대한 방법 및 사용.
- 지배방정식의 무차원화 방법 및 해석.

4.1 서론

유체역학의 문제 및 공학문제의 지배방정식을 풀어서 해를 구할 수 있으면 가장 좋은 방법이지만, 해석적으로 해를 구하기 어려운 경우가 많다. 이런 경우 실험을 통하여 유체역학 문제를 해결하게 된다. 그러나 아무런 해석 없이 막연한 실험을 통하여 문제를 해결하려 할 경우에는 너무 많은 시간과 노력을 낭비하게 된다. 이 장에서는 차원해석과 스케일 및 크기 정도 해석 및 지배방정식의 무차원화 방법 및 해석 등의 여러 가지 해석방법을 설명하여 문제를 해결하는데 시간과 노력을 절감하고자 한다.

4.2 차원해석

차원해석(dimensional analysis)에 대해서는 지배방정식을 모르고 단순히 관계되는 물리적인 변수들만 알 때 사용하는 Buckingham pi정리를 이용하는 방법과 지배방정식을 알고 있을 때 지배방정식을 무차원화 하는 방법 등에 대해서 다음의 간단한 문제를 예를 들어가며 기본적인 사항에 대하여 설명할 것이다.

4.2.1 단순한 문제 해석 – 지배방정식을 모르는 경우

차원해석을 설명하기 전에 다음과 같은 유동문제를 고려해 보자.

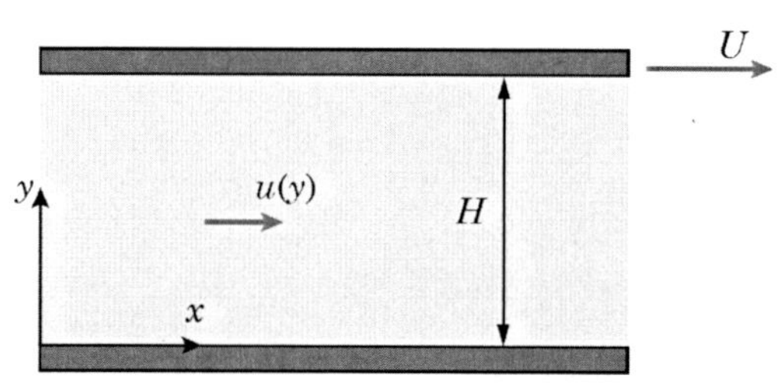

그림 4.1
두 평판 사이의 유동

유동문제

그림 4.1처럼 간격이 H인 두 개의 무한 평판사이의 유동을 생각하자. 위 평판을 일정한 속도 U로 계속 움직일 때,

(1) 밀도 ρ, 점성계수 μ인 유체의 속도분포 u, 평판 사이의 z방향 단위길이당 유량 q, 아래 평판에서의 전단응력 τ 등이 어떤 변수의 함수인지 구하고자 한다.

(2) 그리고 속도 U, 간격 H, ρ 및 μ가 각각 2배가 될 때, q 및 τ_0가 어떻게 될지 또한 알고자 한다.

이 문제는 다음처럼 단순화 하여 생각할 수 있다.

가정

(1) 비압축성, Newton유체이다.

(2) 정상유동이다.

(3) 평행유동이다. 즉, u만 존재하고($v=0$), u는 $u(y)$이다. 뒤에서 설명하겠지만 2차원 유동 $u(x,y)$라고 가정하더라도 최종적으로는 1차원 유동 $u(y)$로 단순화 된다.

(4) 여기서는 중력효과를 무시한다. 역시 뒤에서 설명하겠지만 중력을 $-y$방향, 즉 $\vec{g}=-g\vec{j}$ 로 가정해도 속도분포에는 전혀 영향을 주지 않는다.

이 문제는 아주 간단한 문제이기 때문에 지배방정식을 해석적으로 풀어 해를 쉽게 구할 수 있다. 효율적인 교육의 목적으로 **지배방정식을 모른다고 잠시 가정**하여 실험을 한다고 생각해보자.

해석

이 문제에서 u는 다음처럼 공간좌표와 파라미터의 함수라고 합리적으로 생각할 수 있다.

$$u=f_1(y;\,U,H,\rho,\mu) \tag{4.1}$$

속도 u는 공간좌표 y와 파라미터(parameter) U, H, ρ, μ의 함수이지만, 공간좌표 y와 다른 파라미터는 약간 구분이 되므로, 세미콜론(;)으로 구분하여 표시하였다. 단위길이당 유량 q와 아래 평판에서의 전단응력 τ_0는 다음처럼 나타낼 수 있다.

$$q = \frac{Q}{l} = \int_0^H u\,dy = f_2(U, H, \rho, \mu) \tag{4.2}$$

$$\tau_0 = \mu \frac{du}{dy}\bigg|_{y=0} = f_3(U, H, \rho, \mu) \tag{4.3}$$

q와 τ_0는 더 이상 공간좌표 y의 함수가 아니라는 것에 주목하라. 속도 u는 y의 함수이지만, 식 (4.2)에서 y에 대해 적분하여 H를 대입하면 식에 더 이상 y는 나타나지 않아 q는 y의 함수가 아니라는 것을 알 수 있어 식 (4.2)로 나타낼 수 있고, 아래 평판에서의 전단응력은 식 (4.3)에서 y에 대해 미분하여 0을 대입하므로 식에 y는 나타나지 않아 식 (4.3)으로 나타낼 수 있다.

보충설명

이 유동에서 속도분포가 밀도와 상관없다는 것을 확신한다면, u, q 및 τ는 다음처럼 공간좌표와 파라미터의 함수라고 생각할 수 있다.

$$u = f_1(y; \mu, U, H) \tag{4.4}$$

$$q = f_2(\mu, U, H) \tag{4.5}$$

$$\tau_0 = f_3(\mu, U, H) \tag{4.6}$$

그러나 이 유동문제에서 유체의 밀도가 속도분포 등에 무관하다고 확신할 수 없는 경우라면, 밀도를 포함한 식 (4.1) ~ 식 (4.3)으로 가정하는 것이 합리적이고 안전하다.

지금으로서는 문제의 질문 (1)과 질문 (2)에 대한 답을 할 수가 없다. 이에 대한 답을 하려면 함수관계를 알아야 하고, 차원해석을 전혀 모르는 상태에서 아주 순진하게 이 문제를 실험으로 해결하려는 경우는 다음처럼 실험 계획을 할 것이다. 먼저 관계되는 파라미터가 U, H, ρ, μ 등의 4개이고 이들의 영향을 알아보려면, 이들 값들을 변경하면서 실험을 하여야 보다 완전한 결과를 얻을 수 있다. 편의상 각각의 파라미터를 다음처럼 10번씩 변경하면서 실험을 한다고 하자.

$$U\ ;\ U_1,\ U_2,\ U_3,\ \cdots,\ U_{10}$$

$$H\ ;\ H_1,\ H_2,\ H_3,\ \cdots,\ H_{10}$$

$$\rho;\ \rho_1, \rho_2,\ \rho_3, \cdots,\ \rho_{10}$$

$$\mu;\ \mu_1,\ \mu_2,\ \mu_3,\ \cdots,\ \mu_{10}$$

각각의 파라미터를 10번씩 변경하는 것이 적절한지 적절하지 않은지는 여기서 논의의 대상이 아니다. 물론 보다 효율적인 방법을 생각할 수도 있겠지만, 단순하게 각각의 파라미터를 10번씩 변경하면서 실험을 한다면 10^4번의 실험을 하여야 한다. 상당한 시간과 노력을 하여 실험 데이터를 확보하였다고 하자. 이제 이 데이터를 효율적으로 정리하기 위해서는 일반적으로 그래프를 그려야 한다. 다른 것은 제쳐두고 편의상 τ_0가 U에 따라(물론 H, ρ, μ에 따라) 어떻게 변하는지를 보려면 우선 그림 4.2와 같은 그래프를 그려야할 것이다. 물론 그림에 나타낸 그래프는 실제 실험을 하여 나타낸 것은 아니고 그냥 개략적으로 나타낸 것이기 때문에 실제와는 다르다.

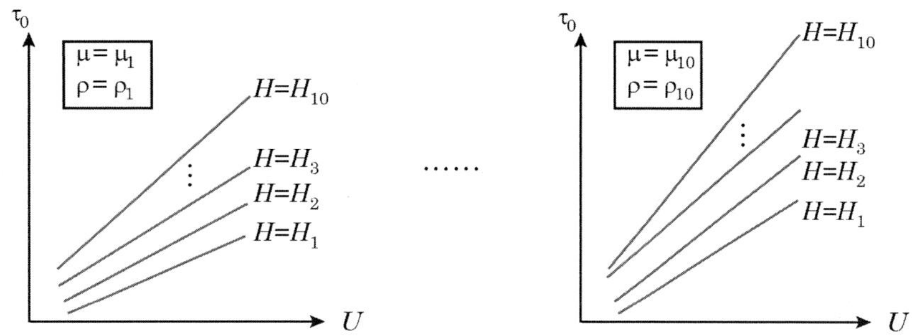

그림 4.2
실험 데이터를 나타낸 그래프 (가상의 그래프)

모두 몇 장의 그래프가 필요할까? μ와 ρ가 각각 10개이므로 모두 100장의 그래프가 필요하다는 것을 알 수 있다. q가 U에 따라(물론 ρ, μ, H에 따라) 어떻게 변하는지를 보려면 역시 100장의 그래프가 필요하다는 것을 알 수 있다. 그림4.2와 같은 그래프를 구할 수 있다면, 이제 문제의 질문 (1)과 질문 (2)에 대한 답을 할 수가 있을 것이고, 그래프를 수식으로 나타내는 것도 가능할 수 있다.

실제로 실험을 하고 데이터를 정리할 때 이와 같이 하면 아주 많은 실험을 하여야 하고 실험 데이터를 정리하여 나타내는 데에도 아주 많은 그래프가 필요하여 이렇게 하는 것은 너무 어리석다고 해야 할 것이다. 따라서 실제로는 다음에 설명하는 차원해석을 하여 실험계획을 세워 실험을 하고 데이터를 정리하여야한다. 차원해석의 기본이 되는 차원동일성에 대해 설명하기로 한다.

4.2.2 차원동일성

여러 변수가 관계되는 공학문제의 경우 이론으로 구하든 실험으로 구하든 해석결과는 최종적으로 수식으로 표현하게 되는 경우가 대부분이다. 예를 들어 물체가 자유 낙하할 때, t초 동안 자유 낙하한 거리 S와 중력가속도 g 사이에는 다음의 관계가 성립한다.

$$S = \frac{1}{2}gt^2 \tag{4.7}$$

그리고 Bernoulli방정식은 다음처럼 나타낼 수 있다.

$$p + \frac{\rho V^2}{2} + \rho gz = p_t \tag{4.8}$$

식 (4.7)에서 S와 gt^2의 차원은 같고, 식 (4.8)의 각항들의 차원 또한 모두 같다는 것을 알 수 있다. 위의 예에서 보듯이, 실험이나 이론으로 구해진 모든 물리량의 관계식들에서 각 항의 차원은 모두 같아야 하고 이것을 **차원동일성**(dimensional homogeneity)라고 한다. 이 차원동일성은 차원해석의 기본이 된다. 위의 식들을 다음처럼 변형할 수 있다.

$$\frac{S}{gt^2} = \frac{1}{2} \tag{4.9}$$

$$\frac{p}{p_t} + \frac{\rho V^2/2}{p_t} + \frac{\rho gz}{p_t} = 1 \tag{4.10}$$

식 (4.9)와 식 (4.10)의 각 항들은 모두 무차원으로 표시되는 무차원 변수이다. 실험이나 이론으로 구해진 모든 물리량의 관계식들은 차원동일성 때문에 식 (4.9)와 식 (4.10)과 같은 형태로 **무차원 변수들의 관계식들로 나타낼 수 있다**. 식 (4.9)와 식 (4.10)에서

$$\Pi_1 = \frac{S}{gt^2}, \quad \Pi_2 = \frac{p}{p_t}, \quad \Pi_3 = \frac{\rho V^2/2}{p_t}, \quad \Pi_4 = \frac{\rho gz}{p_t} \tag{4.11}$$

라고 두면 Π_1, Π_2, Π_3, Π_4는 모두 무차원 변수이고 식 (4.9)와 식 (4.10)은 다음처럼 나타낼 수 있다.

$$\Pi_1 = \frac{1}{2} \tag{4.12}$$

$$\Pi_2 + \Pi_3 + \Pi_4 = 1 \tag{4.13}$$

각 항들이 차원으로 표시된 식 (4.7)은 세 개의 변수 S, g, t 사이의 관계식이고, 무차원 변수들로 표시된 식 (4.12)는 하나의 무차원 변수 Π_1에 관한 식이다. 각 항들이 차원으로 표시된 식 (4.8)은 6개의 물리량 사이의 관계식이고, 무차원 변수들로 표시된 식 (4.13)은 3개의 무차원 변수 Π_2, Π_3, Π_4에 관한 식이다. 관계식에 포함되는 변수의 수가 각각 3개에서 1개로, 6개에서 3개로 줄어든다는 것을 알 수 있다. 앞의 두 물리적인 관계식의 예에서 보듯이, 물리량의 관계식들은 무차원 변수들 사이의 관계식으로 나타낼 수 있고, 또한 관계되는 변수들의 수가 줄어든다는 것이 **차원해석(dimensional analysis)**의 핵심이고 그 방법에 대해 뒤에서 설명하기로 한다.

4.2.3 Buckingham pi정리

Buckingham pi정리

Buckingham pi정리는 다음처럼 요약하여 나타낼 수 있다.

n개의 물리적인 변수 사이의 관계식은 $r = n - k$의 무차원 변수들 사이의 관계식으로 나타낼 수 있다. 여기서 k는 변수들에 나타나는 기본차원의 최소 개수이다.

기본차원은 SI단위에서는 M, L, T이고, 위의 표현을 다시 설명하여 나타내면 다음과 같다.

서로 독립적인 n개의 물리적인 변수 Q_1, Q_2, $\cdots$, Q_n사이의 관계식

$$F_1(Q_1, Q_2, \cdots, Q_{n-1}, Q_n) = 0 \quad \text{또는} \quad Q_n = f_1(Q_1, Q_2, \cdots, Q_{n-1})$$

은 다음처럼 무차원 변수 Π_1, Π_2, $\cdots$, Π_r사이의 관계식으로 나타낼 수 있다.

$$F_2(\Pi_1, \Pi_2, \cdots, \Pi_{r-1}, \Pi_r) = 0 \quad \text{또는} \quad \Pi_r = f_2(\Pi_1, \Pi_2, \cdots, \Pi_{r-1})$$

Buckingham 무차원 변수 구하는 방법

무차원 변수 Π는 다음과 같은 방법으로 구할 수 있다(기본차원의 수가 3일 경우).

① 변수들을 기본차원으로 나타내고, n, k, r을 구하여 필요한 무차원 변수의 수를 파악한다.

② 각각의 기본차원을 대표할 수 있는 기본변수들을 하나씩 선택한다. 이 기본변수들을 각각 Q_1, Q_2, Q_3라고 둔다(기본차원의 수가 3일 경우).

③ 무차원 변수 Π를 다음처럼 표시한다.

$$\Pi_i = Q_1^{a_i} Q_2^{b_i} Q_3^{c_i} Q_{i+k} \;\; ; \; i = 1, \cdots, r \tag{4.14}$$

④ 무차원 변수가 무차원이 되도록 a_i, b_i, c_i를 구한다.

이제 앞에서 언급한 두 평행평판사이의 문제를 다시 생각하여 전단응력 τ를 구하는 문제를 생각해보자. 식 (4.3)을 다시 적으면 다음과 같다.

$$\tau_0 = f_3(U, H, \rho, \mu)$$

① 변수들을 기본차원으로 나타내면 다음과 같다.

U : LT^{-1} H : L ρ : ML^{-3} μ : $ML^{-1}T^{-1}$ τ_0 : $ML^{-1}T^{-2}$

변수들의 수 $n = 5$이고 변수들에 나타나는 기본차원은 M, L, T이므로 $k = 3$이고 따라서 무차원 변수의 수 $r = 5 - 3 = 2$ 이다.

② 변수들에 나타나는 기본차원은은 M, L, T이므로 다음처럼 각각의 기본차원을 대표할 수 있는 기본변수들을 하나씩 선택한다.

M : $\rho \leftarrow Q_1$

L : $H \leftarrow Q_2$

T : $U \leftarrow Q_3$

③ 따라서 무차원 변수 Π를 다음처럼 표시할 수 있다.

$\Pi_1 = \rho^{a_1} H^{b_1} U^{c_1} \mu \quad \leftarrow \quad Q_4 = \mu$

$\Pi_2 = \rho^{a_2} H^{b_2} U^{c_2} \tau_0 \quad \leftarrow \quad Q_5 = \tau_0$

④ 위의 Π가 무차원이 되도록 하려면 다음처럼 하면 된다. 먼저 Π_1의 우변에 차원을 대입하여 나타내면 다음과 같다.

$$(\mathbf{ML}^{-3})^{a_1}(\mathbf{L})^{b_1}(\mathbf{LT}^{-1})^{c_1}(\mathbf{ML}^{-1}\mathbf{T}^{-1}) = \mathbf{M}^{a_1+1}\mathbf{L}^{-3a_1+b_1+c_1-1}\mathbf{T}^{-c_1-1}$$

Π_1이 무차원이므로 각각의 차원에 대한 지수는 모두 0이어야 한다.

M : $a_1 + 1 = 0$

L : $-3a_1 + b_1 + c_1 - 1 = 0$

T : $-c_1 - 1 = 0$

위의 세 식으로부터

$$a_1 = -1\ ,\ b_1 = -1\ ,\ c_1 = -1$$

를 얻을 수 있고 따라서

$$\Pi_1 = \frac{\mu}{\rho H U} \tag{4.15}$$

를 얻을 수 있다. 같은 방법으로 Π_2를 구하면, 다음과 같다.

$$\Pi_2 = \frac{\tau_0}{\rho U^2} \tag{4.16}$$

따라서 다음처럼 나타낼 수 있다.

$$\Pi_2 = f_4(\Pi_1) \quad \text{또는} \quad \frac{\tau_0}{\rho U^2} = f_4\left(\frac{\mu}{\rho H U}\right) \tag{4.17}$$

이제 τ_0(또는 무차원 변수 Π_2)가 어떤 변수들의 함수인지는 알지만 속도 U, 밀도 ρ 및 점성계수 μ가 각각 2배가 될 때, 아래 평판에서의 전단응력 τ_0가 어떻게 될지는 실험을 하여 식 (4.17)의 함수 관계를 구하여야 알 수가 있다. 실험을 하여 그림 4.3과 같은 그래프를 얻었다고 가정하자. 더 이상의 파라미터가 없기 때문에 그래프는 단, 하나만 필요할 뿐이다. 물론 그림 4.3에 예시한 그래프는 실제 실험을 한 정확한 그래프는 아니다. 그림 4.2와 비교하여 보면 차원해석을 하여 데이터를 정리하면 얼마나 효율적인지를 쉽게 알 수 있을 것이다.

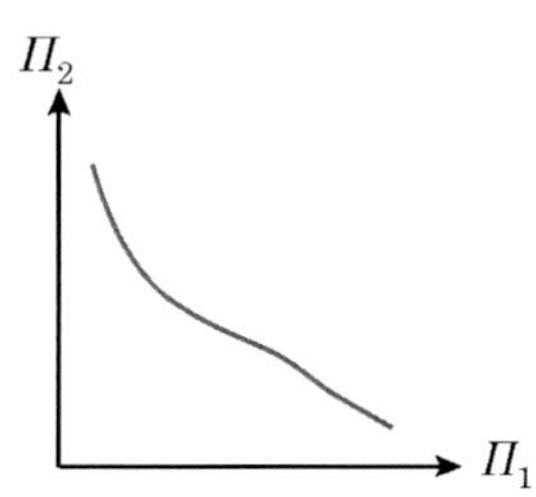

그림 4.3
실험 데이터를 나타낸 그래프 (가상의 그래프)

위의 차원해석에서는 기본변수들을 ρ, H, U로 선택하여 무차원 변수들을 구한 것이다. 기본변수들을 선택하는 방법은 무수히 많지만, 확실한 것은 식 (4.3)의 좌변에 있는 τ_0를 기본변수로 선택하지는 않는다는 것이다. 따라서 기본변수들을 달리 선택하여 μ, H, U로 하여 무차원 변수들을 구하면 다음처럼 구할 수 있을 것이고, 구하는 것은 연습문제로 남겨둔다.

$$\Pi_1 = \frac{\rho H U}{\mu}, \ \Pi_2 = \frac{\tau_0 H}{\mu U} \tag{4.18}$$

따라서 다음처럼 나타낼 수 있다.

$$\Pi_2 = f_5(\Pi_1) \quad \text{또는} \quad \frac{\tau_0 H}{\mu U} = f_5\left(\frac{\rho H U}{\mu}\right) \tag{4.19}$$

앞에서 구한 무차원 변수와 다르다는 것을 알 수 있고 기본변수들을 ρ, H, U로 선택하는 것이 좋은지 μ, H, U로 선택하는 것이 좋은지 차원해석 자체만으로는 알 수 가 없고 추가적으로 경험적 또는 이론적인 고려를 하거나, 실험을 하여 어느 쪽으로 선택하는 것이 더 좋을지 판단해야 할 뿐이다. 역시 실험을 하여 그림 4.4(a)와 같은 그래프를 얻었다고 하자. 물론 예시한 그래프는 실제 실험을 한 정확한 그래프는 아니고 실제와는 차이가 나는 그래프이다. 만약 실험 결과가 각각 그림 4.3과 그림 4.4(a)와 같이 표시된다면, 지금으로서는 더 이상의 이론적인 배경이 없더라도 그림 4.4(a)가 그림 4.3보다 어떤 경향을 잘 나타내기 때문에 더 좋아 보인다. 따라서 기본변수들을 μ, H, U로 선택하여 무차원 변수를 $\Pi_2 = \frac{\rho H U}{\mu}$, $\Pi_1 = \frac{\tau_0 H}{\mu U}$로 나타내는 것이 더 좋아 보이지만 절대적인 것은 아니다. 즉, 차원해석 자체는 어느 것이 더 좋은 선택인지를 보장하지는 않는다.

그러나 만약에 실험을 하여 구한 그래프가 그림 4.4(b)와 같이 나타났다면 어떨까? 이때는 무차원 변수 Π_2가 무차원 변수 Π_1과는 무관하게 일정하다는 것을 알 수 있어, 다음의 결과를 얻을 수 있다.

$$\Pi_2 = \frac{\tau_0 H}{\mu U} = C \quad \Rightarrow \quad \tau_0 = C\mu U H \tag{4.20}$$

만약 그림 4.4(b)처럼 실험결과가 얻어진다면, 당연히 기본변수들을 μ, H, U로 선택하여 차원해석하는 것이 훨씬 유용할 것이라는 것을 짐작할 수 있다.

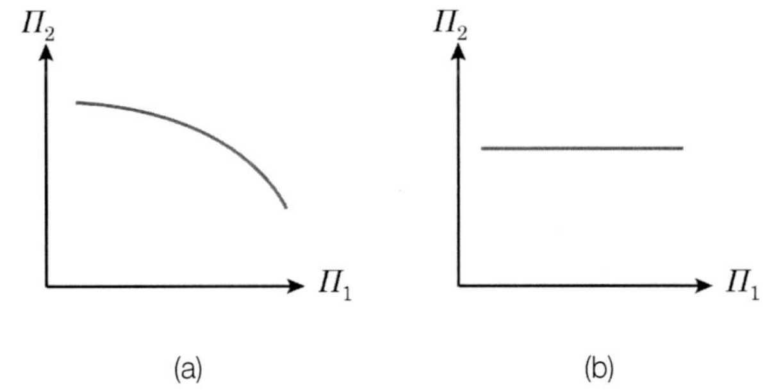

그림 4.4
실험 데이터를 나타낸 그래프 (가상의 그래프)

지금까지는 아래 평판에서의 전단응력 τ_0에 대해서만 차원해석을 하였지만, 속도와 단위길이당 유량 q에 대해서도 차원해석을 하여 함께 나타내면 다음과 같다(기본변수들을 μ, H, U로 선택하였을 때).

$$\tau_0 = f_3(U, H, \rho, \mu) \quad \Rightarrow \quad \frac{\tau_0 H}{\mu U} = f_5\left(\frac{\rho H U}{\mu}\right) \tag{4.21}$$

$$u = f_1(y;\, U, H, \rho, \mu) \quad \Rightarrow \quad \frac{u}{U} = f_6\left(\frac{y}{H};\, \frac{\rho H U}{\mu}\right) \tag{4.22}$$

$$q = f_2(U, H, \rho, \mu) \quad \Rightarrow \quad \frac{q}{UH} = f_7\left(\frac{\rho H U}{\mu}\right) \tag{4.23}$$

차원해석에서 구한 무차원 변수를 반드시 Π라는 기호를 사용하여 나타낼 필요는 없고 다음처럼 무차원 변수를 정의하기로 한다.

✦ ★(star) : 무차원 변수를 나타낼 때 사용한다.
*(asterisk) : 압축성 유동에서 임계값을 나타낼 때 사용한다.

$$u^\star = \frac{u}{U},\; y^\star = \frac{y}{H},\; q^\star = \frac{q}{UH},\; \tau_0^\star = \frac{\tau_0}{\mu U/H},\; \mathrm{Re} = \frac{\rho U H}{\mu} \tag{4.24}$$

이렇게 무차원 변수의 기호를 정의하면 각각의 무차원 변수가 무엇을 나타내는지 쉽게 알 수 있어 편리하다. 즉, $u^\star$는 속도 u를 무차원화 한 무차원 속도를 나타낸다는 것을 쉽게 알 수 있고, $\tau_0^\star$는 무차원 전단응력이라는 것을 쉽게 알 수 있다. 그러면 식 (4.21)~(4.23)은 다음처럼 표시할 수 있다.

$$\tau_0^\star = f_5(\mathrm{Re}) \tag{4.25}$$

$$u^\star = f_6(y^\star;\, \mathrm{Re}) \tag{4.26}$$

$$q^{\star} = f_7(\mathrm{Re}) \tag{4.27}$$

4.3 지배방정식과 무차원화

앞의 문제는 지배방정식을 쉽게 알 수 있는 경우이다. 비압축성 유동에 대한 일반적인 지배방정식은 연속방정식 하나와 운동방정식 세 개이지만 앞의 가정들을 적용시키면 다음처럼 단순화된 지배방정식 하나를 얻을 수 있고 식 (4.28)처럼 나타낼 수 있다. 이에 대한 상세한 과정은 5.3절을 참조하기 바란다.

4.3.1 지배방정식을 이용한 해석

지배방정식

$$\frac{d^2u}{dy^2} = 0 \tag{4.28}$$

지배방정식은 2계 미분방정식이고 두 개의 경계조건이 필요하고, 경계조건은 점착조건(no-slip condition)으로부터 다음과 같다.

경계조건

$$y = 0; \qquad u = 0 \tag{4.29}$$

$$y = H; \qquad u = U \tag{4.30}$$

해석

대부분의 유체유동에 관한 지배방정식은 상당히 복잡하여 해석적으로 풀어 엄밀해를 구하는 것이 쉽지 않다. 이 문제의 지배방정식은 매우 간단한 형태이기 때문에 아주 쉽게 풀 수 있지만, 이 **미분방정식을 풀지 못한다고 가정**하고 해석하여 보자. 이 문제의 경우 속도분포는 다음과 같은 독립변수 y와 파라미터 U와 H의 함수라고 생각할 수 있다.

$$u = f_8(y; U, H) \tag{4.31}$$

지배방정식을 모르는 앞의 경우에는 식 (4.1)처럼 ρ와 μ를 포함하는 것이 상식적이나, 지배방정식을 알고 있는 지금은 식과 경계조건에 ρ와 μ가 나타나지 않으므로 식 (4.31)처럼 ρ와 μ를 포함시키지 않는 것이 정상적이다. 그리고 식에는 나타나지 않았지만, 경계조건에 U와 H가 나타나므로 속도분포 u는 U와 H의 영향을 받는 것이 분명하므로, 지배방정식과 경계조건에 나타난 파라미터는 모두 포함되어야 한다.

속도와 단위길이당 유량, 속도와 아래평판에서의 전단응력 사이의 관계식은 다음과 같다는 것을 알 수 있다.

$$q = \int_0^H u\, dy \tag{4.32}$$

$$\tau_0 = \mu \frac{du}{dy}\bigg|_{y=0} \tag{4.33}$$

따라서 지금 단계에서 $u = f_8(y; U, H)$를 알지 못한다 하더라도 이것을 식에 대입하면 단위길이당 유량 및 전단응력은 다음 파라미터의 함수임을 알 수 있다.

$$q = \int_0^H f_8(y; U, H)\, dy = f_9(U, H) \tag{4.34}$$

$$\tau_0 = \mu \frac{df_8(y; U, H)}{dy}\bigg|_{y=0} = \mu f_{10}(U, H) \tag{4.35}$$

앞에서도 설명하였듯이 속도 u는 y, H와 U의 함수이지만, 식 (4.32)에서 y에 대해 적분하여 H를 대입하면 식에 더 이상 y는 나타나지 않아 q는 U와 H만의 함수임을 알 수 있어 식 (4.34)로 나타낼 수 있고, 아래 평판에서의 전단응력은 식 (4.33)에서 y에 대해 미분하여 0을 대입하므로 식에 y는 나타나지 않고 대신 식에 μ가 포함되어 있어 μ, U와 H의 함수이고 식 (4.35)로 나타낼 수 있다.

속도 U, 간격 H, 밀도 및 점성계수가 각각 2배가 될 때, 유량 및 아래 평판에서의 전단응력이 어떻게 될지는 실험을 하여 식 (4.34)와 식 (4.35)에서 함수 관계를 구하여야 알 수가 있다. 물론 지배방정식을 풀 수 없다고 가정한 경우에 그렇다. 하지만 식 (4.34)로부터 **유량 q는 밀도와 점성계수와 무관하고** U와 H만의 함수이므로, **밀도**

와 점성계수가 각각 2배가 되더라도 유량은 같다는 것을 알 수 있다. 그러나 U와 H의 영향에 대해서는 식 (4.34)에서의 관계식을 실험을 하여 구하여야만 알 수 있다.
식 (4.35)로부터 전단응력 τ는 밀도와 무관하고 U와 H 및 μ만의 함수이므로, 밀도가 2배가 되더라도 전단응력은 같다는 것을 알 수 있다. 또한 식에서 전단응력은 점성계수 μ에 비례한다는 것을 알 수 있어 μ가 2배가 되면 전단응력은 2배가 된다는 것을 알 수 있다. 나머지 파라미터 U와 H의 영향에 대해서는 식 (4.35)에서의 관계식을 미분방정식의 해 또는 실험을 하여 구하여야만 알 수 있다.
지배방정식을 알고 있을 때는 비록 그 지배방정식을 풀지 못한다 하더라도 지배방정식을 모를 때보다 더 많은 정보를 얻을 수 있다. 지배방정식을 모를 때 알 수 있는 식 (4.1), 식 (4.2)와 식 (4.3)과 지배방정식을 알고 있을 때 알 수 있는 식 (4.31), 식 (4.34)와 식 (4.35)를 비교해 보면 필요 없는 파라미터를 줄일 수 있다는 것을 알 수 있다. 물론 이 단계에서 식 (4.31), 식 (4.34)와 식 (4.35)를 차원해석하여 파라미터를 줄일 수도 있지만 다음에 설명하는 지배방정식을 무차원화 하는 방법이 더 좋은 방법이다.

4.3.2 지배방정식의 무차원화를 이용한 해석

앞에서 지배방정식을 이용하여 속도분포, 유량, 전단응력과 관련된 해석방법을 설명하였다. 물론 지배방정식을 풀지 못한다는 가정을 하였고 지금도 마찬가지다. 이제 지배방정식을 **무차원화(nondimensionalization)** 하는 방법에 대해 설명한다.
그림 4.1 또는 지배방정식인 식 (4.28)과 경계조건인 식 (4.30)으로부터, 특성길이(characteristic length)와 특성속도(characteristic velocity)가 각각 H와 U임을 알 수 있다. 특성길이와 특성속도는 각각의 문제에서 유체의 유동과 관계되는 중요한 길이와 속도를 나타낸다. 이것들을 사용하여 다음처럼 무차원화 한다.

$$y^\star = \frac{y}{H},\ u^\star = \frac{u}{U}$$

그러면 지배방정식과 경계조건은 다음처럼 무차원 변수들로 나타낼 수 있다. 식 (4.28)에 위의 무차원 변수를 대입하면,

$$\frac{d^2u}{dy^2} = \frac{d^2(Uu^\star)}{d(Hy^\star)^2} = \frac{U}{H^2}\frac{d^2u^\star}{dy^{\star 2}} = 0$$

이고, 따라서 지배방정식은 다음처럼 무차원 변수들로 나타낼 수 있고, 경계조건 또한 무차원 변수들로 나타내면 다음과 같다.

지배방정식

$$\frac{d^2u^\star}{dy^{\star 2}} = 0 \tag{4.36}$$

경계조건

$$y^\star = 0; \qquad u^\star = 0 \tag{4.37}$$

$$y^\star = 1; \qquad u^\star = 1 \tag{4.38}$$

해석

역시 이 미분방정식을 풀지 못한다고 가정하고 해석하여 보자. 이 경우 무차원 속도 $u^\star$는 다음과 같은 무차원 독립변수 $y^\star$만의 함수라고 생각할 수 있다.

$$u^\star = f_{11}(y^\star) \tag{4.39}$$

무차원화 하기 전에 구한 식 (4.31)과 달리, 지배방정식인 식 (4.36)과 경계조건인 식 (4.37)과 식 (4.38) 어디에도 독립변수 $y^\star$ 이외의 어떤 파라미터도 포함되어 있지 않으므로 무차원 속도 $u^\star$는 무차원 독립변수 $y^\star$만의 함수이다.

역시 지금 단계에서 $f_{11}(y^\star)$를 알지 못한다 하더라도, 단위길이당 무차원유량과 무차원 전단응력을 다음처럼 구할 수 있다. 먼저 유량에 대해, 식 (4.32)로부터

$$q = \int_0^H u\,dy = \int_0^1 (Uu^\star)d(Hy^\star) = UH\int_0^1 u^\star dy^\star$$

이고, 다시 무차원으로 표시하면 다음과 같다.

$$\frac{q}{UH} = \int_0^1 u^\star dy^\star$$

식에서 $\frac{q}{UH}$는 단위길이당 무차원 유량이고 $q^\star$로 나타내면 다음처럼 나타낼 수 있다.

$$q^\star = \int_0^1 u^\star dy^\star = C_1 \tag{4.40}$$

식 (4.40)에서 $u^\star = f_{11}(y^\star)$이므로 이것을 적분한 적분값인 무차원 유량 $q^\star$는 어떠한 파라미터의 함수로도 나타나지 않고 상수임을 알 수 있다.
전단응력에 대해,

$$\tau_0 = \mu \frac{du}{dy}\bigg|_{y=0} = \mu \frac{d(Uu^\star)}{d(Hy^\star)}\bigg|_{y^\star=0} = \frac{\mu U}{H}\frac{du^\star}{dy^\star}\bigg|_{y^\star=0}$$

이고, 다시 무차원으로 표시하면 다음과 같다.

$$\frac{\tau_0}{\frac{\mu U}{H}} = \frac{du^\star}{dy^\star}\bigg|_{y^\star=0}$$

식에서 $\frac{\tau_0}{\mu U/H}$는 아래평판에서의 무차원 전단응력이고 $\tau_0^\star$로 로 나타내면 다음처럼 나타낼 수 있다.

$$\tau_0^\star = \frac{du^\star}{dy^\star}\bigg|_{y^\star=0} = C_2 \tag{4.41}$$

식 (4.41)에서 $u^\star = f_{11}(y^\star)$이므로 이것을 미분한 미분값은 상수이어서, 무차원 전단응력 $\tau_0^\star$는 어떠한 파라미터의 함수로도 나타나지 않고 상수임을 알 수 있다.
무차원으로 나타낸 지배방정식의 해석으로부터 식 (4.39), 식 (4.40)과 식 (4.41)을 얻을 수 있고, 지배방정식을 풀지 못할 경우에도(지금의 미분방정식은 너무 간단하여 쉽게 풀 수 있지만 풀 수 없는 미분방정식이라 가정하자) 이 결과를 사용하여 실험으로 유량과 전단응력에 관한 결과를 얻는데 식 (4.40)과 식 (4.41)을 활용하여 식에서의 상수 C_1과 C_2만 구하면 되기 때문에 실험 횟수 및 실험결과 정리하는데 많은 도움이 된다.

식 (4.40)과 식 (4.41)을 차원이 있는 형태로 다시 나타내면, 다음과 같다.

$$q^{\star} = \frac{q}{UH} = C_1 \quad \Rightarrow \quad q = C_1 UH \tag{4.42}$$

$$\tau_0^{\star} = \frac{\tau_0}{\mu U/H} = C_2 \quad \Rightarrow \quad \tau_0 = C_2 \frac{\mu U}{H} \tag{4.43}$$

속도 U, 간격 H, 밀도 및 점성계수 μ가 각각 2배가 될 때, 유량 및 아래 평판에서의 전단응력이 어떻게 될지는 실험을 하여 상수 C_1과 C_2를 구하지 않아도 식 (4.42)와 식 (4.43)로부터 알 수가 있다.

식 (4.42)로부터 **유량 q는 밀도와 점성계수와 무관하고 U와 H에 비례**하므로 속도 U가 2배가 되면 유량은 2배, 간격 H가 2배가 되면 유량은 2배가 된다는 것을 알 수 있고, 밀도와 점성계수가 2배가 되더라도 유량은 같다는 것을 알 수 있다.

식 (4.43)으로부터 **전단응력 τ는 밀도와 무관하고 점성계수 μ와 U에 비례하고 H에 반비례**한다는 것을 알 수 있다. 따라서 속도 U가 2배가 되면 전단응력은 2배가 되고, 점성계수 μ가 2배가 되면 전단응력은 2배가 되고, 간격 H가 2배가 되면 전단응력은 반으로 줄어들게 된다는 것을 알 수 있고, 밀도가 2배가 되더라도 전단응력은 같다는 것을 알 수 있다.

지배방정식을 알고 있을 때는 지배방정식을 풀지 못하더라도 그 지배방정식을 무차원화하여 해석한다면, 지배방정식을 무차원화하지 않았을 때보다 관계되는 파라미터를 줄일 수 있고 더 많은 정보를 얻을 수 있다. 물론 지배방정식을 풀어 해를 구할 수 있는 경우는 원래 형태의 지배방정식을 사용하여 해를 구하거나 무차원화 된 지배방정식을 사용하여 해를 구하나 동일한 결과를 얻을 수 있지만, 그럼에도 무차원화한 지배방정식을 사용하는 것이 더 편할 때가 많다.

4.3.3 지배방정식의 해

앞에서는 지배방정식의 해를 구하지 못한 경우에 해석하는 방법에 대해 설명하였지만, 지배방정식을 풀 수 있을 때는 모든 것이 명확해진다. 지배방정식인 식 (4.36)은 쉽게 해를 구할 수 있고 두 번 적분하면 일반해는 다음과 같다.

$$u^{\star} = C_3 y^{\star} + C_4 \tag{4.44}$$

적분 상수 C_3와 C_4는 경계조건인 식 (4.37)과 식 (4.38)을 적용하여 다음처럼 구할 수 있다.

$$C_3 = 1,\ C_4 = 0$$

따라서 이것을 식 (4.37)에 대입하면, 속도분포는 다음과 같다.

$$u^\star = y^\star \quad \rightleftarrows \quad \frac{u}{U} = \frac{y}{H} \tag{4.45}$$

식 (4.40)과 식 (4.41)로부터 단위길이당 무차원 유량과 아래평면에서의 무차원 전단응력을 구할 수 있다.

$$q^\star = \int_0^1 u^\star dy^\star = \int_0^1 y^\star dy^\star = \frac{1}{2} \quad \rightleftarrows \quad \frac{q}{UH} = \frac{1}{2} \tag{4.46}$$

$$\tau_0^\star = \left.\frac{du^\star}{dy^\star}\right|_{y^\star = 0} = 1 \quad \rightleftarrows \quad \frac{\tau_0}{\mu U/H} = 1 \tag{4.47}$$

식 (4.45), 식 (4.46)과 식 (4.47)을 모두 차원이 있는 형태로 나타내면, 다음과 같다.

$$u = \frac{U}{H}y,\ q = \frac{1}{2}UH,\ \tau_0 = \frac{\mu U}{H} \tag{4.48}$$

지배방정식을 풀면 정확한 관계를 얻을 수 있다. 차원이 있는 형태로 표시된 지배방정식인 식 (4.28)을 풀더라도 식 (4.48)을 구할 수 있다.

지배방정식을 풀 수 있는 경우는 차원이 있는 형태로 표시된 지배방정식을 풀거나 무차원으로 표시된 지배방정식을 풀거나 동일한 결과를 얻을 수 있다.

지금까지 4.2.1절의 유동문제에 대한 해석 방법에 대하여 설명하였다. 지금까지 설명한 방법을 요약하여 표 4.1에 나타내고 있다. 지배방정식을 모르는 경우 그대로 해석하는 경우와 차원해석을 한 경우는 많은 차이가 난다는 것을 알 수 있다. 지배방정식을 아는 경우는 필요한 변수들을 정확하게 알 수 있고, 해를 구할 수 없는 경우이더라도 지배방정식을 무차원하여 해석하면 관계되는 파라미터를 줄일 수 있어 경우에 따라 필요한 정보를 얻을 수 있다. 예를 들어 표에서 보면, 정확한 값은 모르더라도 q는 U와 H에 비례한다는 것을 알 수 있고, τ_0는 U와 μ에 비례하고, H에 반비례한다는 것을 알 수 있다. 물론 해를 구할 수 있는 경우에는 정확한 답을 알 수 있다.

지금까지 예를 든 문제는 지배방정식을 알 수 있는 문제이고 지배방정식을 풀 수 있는 단순한 문제이지만 이와 같은 해석 방법은 해를 구할 수 없는 복잡한 지배방정식에 적용하면 조금이라고 유용한 정보를 얻을 수 있어 실험을 하여 데이터를 정리하는데 도움이 될 것이다. 지배방정식을 알 수 없는 경우에도 반드시 차원해석을 하여 파라미터를 줄인 후 실험을 하여 데이터를 정리하여야 할 것이다.

표 4.1
유동해석 방법의 요약

경 우	방 법	해석결과	
지배방정식을 모르는 경우	단순방법 (4.2.1절)	$u=f_1(y;\, U, H, \rho, \mu)$ $q=f_2(U, H, \rho, \mu)$ $\tau_0=f_3(U, H, \rho, \mu)$	
	차원해석 (4.2.3절)	$u^\star=f_6(y^\star;\, \Pi_1)$ $q^\star=f_7(\Pi_1)$ $\tau_0^\star=f_5(\Pi_1)$	$\dfrac{u}{U}=f_6\left(\dfrac{y}{H};\, \dfrac{\rho HU}{\mu}\right)$ $\dfrac{\tau_0 H}{\mu U}=f_5\left(\dfrac{\rho HU}{\mu}\right)$ $\dfrac{q}{UH}=f_7\left(\dfrac{\rho HU}{\mu}\right)$
지배방정식을 아는 경우	원래형태 지배방정식 사용 (4.3.1절)	$u=f_8(y;\, U, H)$ $q=f_9(U, H)$ $\tau_0=\mu f_{10}(U, H)$	
	무차원 형태 지배방정식 사용 (4.3.2절)	$u^\star=f_{11}(y^\star)$ $q^\star=C_1$ $\tau_0^\star=C_2$	$\dfrac{u}{U}=f_{11}\left(\dfrac{y}{H}\right)$ $q=C_1 UH$ $\tau_0=C_2\dfrac{\mu U}{H}$
	해를 구하는 경우 (4.3.3)	$u^\star=y^\star$ $q^\star=\dfrac{1}{2}$ $\tau_0^\star=1$	$u=\dfrac{U}{H}y$ $q=\dfrac{1}{2}UH$ $\tau_0=\dfrac{\mu U}{H}$

4.4 스케일 및 크기 정도 해석의 개념

유체역학의 지배방정식은 매우 복잡하여 해석적으로 구하기가 쉽지 않아, 식을 단순화하거나 지배방정식으로 부터 여러 정보를 얻을 필요가 있을 때가 있으며, 이 때 많이 사용되는 방법 중의 하나가 크기 정도 해석(order of magnitude analysis)이다. 먼저 **크기 정도(order of magnitude)**의 개념에 대해 설명한다.

4.4.1 크기 정도(order of magnitude)

다음처럼 크기 정도 또는 크기 차수를 정의한다.

크기 정도는 어떤 수나 물리량을 가장 가까운 10^n으로 나타내는 것으로 대략적인 크기를 나타낼 때 많이 사용하는 표현이다. 어떤 수 x가 다음과 같은 범위에 있다고 하자.

$$5 \times 10^{n-1} \le x < 5 \times 10^n \quad \Rightarrow x \sim 10^n$$

이 수를 반올림하여 가장 가까운 10^n의 형태로 나타낼 때, 크기 정도(order of magnitude) 또는 크기 차수는 다음처럼 혼용하여 사용한다.

① 좁은 의미 또는 정확한 문자 그대로의 의미로는 n을 나타낸다.

② 넓은 의미 또는 일반적으로 더 많이 사용하기로는 10^n을 나타낸다.

원래 크기 정도가 정확한 숫자를 사용하는 것이 아니고 대략적인 크기를 비교하는 것이므로, ①처럼 사용하느냐, ②처럼 사용하느냐가 중요한 것은 아니고, 그 사용 방법 및 개념이 중요한 것이다. 영어로 "order of magnitude"를 ①처럼 사용할 때는 **크기 차수**라고 번역하는 것이 적절하고, ②처럼 사용할 때는 **크기 정도**라고 번역하는 것이 옳은 것 같다. 이 책에서는 대부분 ②처럼 사용할 것이며, "order of magnitude"를 크기 정도라고 할 것이다.

예를 들어, $8900 = 0.89 \times 10^4$과 $35300 = 3.53 \times 10^4$은 모두 10^4의 크기 정도를 가진다고 할 수도 있고, 4의 크기 차수를 가진다고 할 수 있어, **같은 크기 정도**를 가진다. 그러면, $89000 = 0.89 \times 10^5$과 $35300 = 3.53 \times 10^4$의 크기 정도를 위의 ②처럼 적용하여, 각각 10^5과 10^4의 크기 정도를 가지므로 다른 크기 정도일까? 그렇지는 않다. $89000 = 8.9 \times 10^4$과 $35300 = 3.53 \times 10^4$은 같은 크기 정도를 갖는다고 해도

이상할 것이 없다. 두 수를 비교할 때는 다음처럼 해석할 수 있다.

작은 수를 큰 수로 나누어 0.1과 1사이에 있다면, 또는 큰 수를 작은 수로 나누어 1과 10사이에 있다면, 두수는 같은 크기 정도를 가진다고 할 수 있다.

즉, $39300/89000 = 0.442$ 이므로 두 수는 충분히 같은 크기 정도를 가진다고 할 수 있다. 크기 정도의 해석에서는 위의 ① 또는 ②처럼 엄밀하게 적용하는 것은 아니고 또한 위에서처럼 작은 수를 큰 수로 나누어 꼭 0.1과 1사이에 있지 않더라도 근사적으로 이러한 범위에 가깝다면 같은 크기 정도라 할 수 있고, 실제로는 그 보다 더 폭 넓은 의미로 사용한다.

4.4.2 크기 정도 해석 – 스케일 해석

유체역학에서 다루는 지배방정식은 미분방정식의 형태로 주어진다. 지배방정식과 관련된 크기 정도 해석 및 무차원화가 필요한 경우가 있어, 바로 미분방정식으로 설명하기에는 대학원생이 아닌 학부과정의 학생에게는 약간 어려운 면이 있어 먼저 다음과 같은 단순한 문제에 대하여 설명하고자 한다. 세 물체 A, B와 X로 이루어진 시스템이 있다고 할 때, 각각의 질량은 m_{A}, m_{B}, m_{X}이고 전체의 질량을 m_{t}라고 할 때, m_{t}, m_{A}, m_{B}를 알고 있을 때 m_{X}를 구하는 아주 간단한 문제를 생각해 보면, m_{X}는 m_{t}, m_{A}, m_{B}의 함수이고 다음처럼 나타낼 수 있다.

$$m_{\mathrm{X}} = f(m_{\mathrm{t}},\ m_{\mathrm{A}},\ m_{\mathrm{B}}) \tag{4.49}$$

여기서 $\boldsymbol{m_{\mathrm{B}}}$는 $\boldsymbol{m_{\mathrm{A}}}$와 비슷한 크기 정도의 질량을 가질 수도 있고 $\boldsymbol{m_{\mathrm{A}}}$보다 아주 작은 크기 정도의 질량을 가질 수도 있는 경우를 생각해 보자. 미지수 m_{X}를 구하는 이 함수는 너무 간단하고 다음과 같다.

$$m_{\mathrm{X}} = m_{\mathrm{t}} - m_{\mathrm{A}} - m_{\mathrm{B}} \tag{4.50}$$

위의 식은 간단하지만 이 문제에서 m_{X}를 구하는 지배방정식(governing equation)이라 할 수 있다. 다음과 같은 여러 경우를 생각해보자.

표 4.2
여러 경우의 질량

경우	m_t	m_A	m_B	m_X
I	4.2 kg	1.5 kg	0.9 kg	?
II	4.2 g	1.5 g	0.9 g	?
III	4.2 kg	1.5 kg	~ 1 mg	?
IV	4.2 kg	1.5 kg	0.9 mg	?
V	9.0 kg	1.5 kg	0.9 mg	?

경우 I

이 경우 X의 질량은, 지배방정식을 이용하여 구할 수 있다.

$$m_X = m_t - m_A - m_B = 4.2\ \text{kg} - 1.5\ \text{kg} - 0.9\ \text{kg} = 1.8\ \text{kg}$$

이 문제를 크기 정도(order of magnitude)로 따져 본다면, 각항의 크기 정도는 모두 1 kg이고, 서로 같은 크기 정도를 가진다.

✦ O : order 또는 Big O라고하고, 수학적으로 명확하게 정의를 할 수도 있으나, $m_t \sim 1$과 $m_t = O(1)$을 비슷한 뜻으로 사용한다고 생각하면 된다.

$$\begin{matrix} m_X = & m_t - & m_A - & m_B \\ & \wr & \wr & \wr \\ & 1\ \text{kg} & 1\ \text{kg} & 1\ \text{kg} \end{matrix} \tag{4.51}$$

각항의 크기 정도를 비교해 보면, 다음처럼 크기 정도를 ~ 기호를 사용하여 표시할 수 있다.

$$m_t \sim 1\ \text{kg}\,,\quad m_A \sim 1\ \text{kg}\,,\quad m_B \sim 1\ \text{kg}$$

따라서 m_X를 계산하지 않더라도 m_X의 크기 정도가 1 kg인 것을 쉽게 알 수 있다 ($m_X \sim 1\ \text{kg}$). 물론 식에서 정확히 계산하면 1.8 kg이다.

경우 II

이 경우 X의 질량은, 지배방정식을 이용하여 구할 수 있다.

$$m_X = m_t - m_A - m_B = 4.2\ \text{g} - 1.5\ \text{g} - 0.9\ \text{g} = 1.8\ \text{g}$$

이 경우는 경우 I과 숫자는 완전히 동일하고 단위만 다를 뿐이다. 즉, 경우 I과 경우 II는 질량의 **스케일(scale)**만 다를 뿐이다. 스케일은 크기 정도를 나타내는 척도이고 경우 Ⅰ에서 질량의 스케일(질량 스케일)은 1 kg이고 경우 Ⅱ에서는 질량의 스케일은 1 g이라고 생각하면 된다. 스케일은 단위와 비슷하게 생각하면 되지만, 단위와 같은 개념은 아니고 조금 다르며, 뒤에서 더 자세히 설명할 것이다. 이 경우 역시 크기 정도(order of magnitude)로 따져 본다면, 각항의 크기 정도는 1 g 또는 10^{-3} kg으로 다음과 같고 서로 같은 크기 정도를 가진다.

$$\begin{array}{ccccccc} m_{\mathrm{X}} & = & m_{\mathrm{t}} & - & m_{\mathrm{A}} & - & m_{\mathrm{B}} \\ \wr & & \wr & & \wr & & \wr \\ 1\ \mathrm{g} & & 1\ \mathrm{g} & & 1\ \mathrm{g} & & 1\ \mathrm{g} \\ 10^{-3}\ \mathrm{kg} & & 10^{-3}\ \mathrm{kg} & & 10^{-3}\ \mathrm{kg} & & 10^{-3}\ \mathrm{kg} \end{array} \tag{4.52}$$

경우 Ⅲ

이 경우는 m_{B}의 값은 모르지만 m_{B}의 크기 정도가 1 mg이라고 할 때, m_{X}를 알고자 하는 문제이고 또한 m_{X}를 구하여야 그 다음 단계의 어떤 중요한 설계 문제를 해결할 수 있다고 가정해 보자. 지배방정식으로부터 m_{X}를 구하려고 하니, m_{B}의 값을 모르므로 구할 수가 없다. 따라서 이 후의 중요한 설계과정을 중지하여야 할 것인가?

다음처럼 크기 정도(order of magnitude)를 비교해보자.

$$\begin{array}{cccccc} m_{\mathrm{X}} = & m_{\mathrm{t}} & - & m_{\mathrm{A}} & - & m_{\mathrm{B}} \\ & \wr & & \wr & & \wr \\ & 1\ \mathrm{kg} & & 1\ \mathrm{kg} & & 10^{-6}\ \mathrm{kg} \end{array} \tag{4.53}$$

m_{B}의 크기 정도는 10^{-6} kg이어서 다른 항에 비해 아주 작아, 식에서 무시할 수 있다. 즉, m_{X}를 구하는 식(지배방정식)으로부터 m_{X}의 크기 정도는 1 kg인 것을 쉽게 알 수 있고, 처음부터 m_{B}를 무시하면 다음과 같다.

$$m_{\mathrm{X}} = m_{\mathrm{t}} - m_{\mathrm{A}} \tag{4.54}$$

처음부터 위의 식을 m_{X}를 구하는 식(즉, 지배방정식)으로 사용할 수 있다. 이와 같이 각 항의 크기 정도(order of magnitude)를 비교하는 방법을 **크기 정도 해석(order of magnitude analysis)** 또는 **스케일 해석(scale analysis)**라고 한다. 크기 정도 해석에서 다른 항에 비해 아주 작은 항은 식에서 무시하고 나타낼 수가 있다. 식 (4.54)로 m_{X}를 구하면

$$m_X = m_t - m_A = 4.2\ \text{kg} - 1.5\ \text{kg} = 2.7\ \text{kg}$$

이다. 즉, 원칙적으로 m_X를 구하기 위해서는 지배방정식인 식 (4.50)을 사용하여야 하나, m_B의 크기 정도(order of magnitude)가 다른 항에 비해 작을 때는 이 항을 무시한 식 (4.54)을 m_X를 구하는 지배방정식으로 사용할 수 있다.

처음으로 돌아가서 m_B의 값은 모르지만 m_B의 크기 정도가 1 mg이라는 것을 알 때는, m_B의 값을 모르므로 m_X를 구할 수 없다고 하면 공학적인 접근 방법이 아니다. 크기 정도 해석을 하여 $m_X = 2.7\ \text{kg}$을 구하여야 하고 그 결과를 이용하여 다음 단계로 넘어가 문제를 해결하여야 한다.

경우 Ⅳ

이제 m_B의 질량이 0.9 mg으로 알려진 경우를 생각해보자. 이 경우 m_B의 값을 알고 있으므로 식 (4.50)로 m_X를 구하면,

$$m_X = m_t - m_A - m_B = (4.2 - 1.5 - 0.9 \times 10^{-6})\ \text{kg} = 2.6999991\ \text{kg}$$

을 얻을 수 있다. 그러면 X의 질량은 2.69999991 kg이라고 해야 할까? 그렇지 않고, 유효숫자 개념을 사용하여 2.7 kg이라고 해야 할 것이다. 이 경우 m_B의 값을 알고 있더라도 m_B의 크기 정도가 아주 작은 경우의 지배방정식인 식 (4.54)를 사용하여 X의 질량을 구하여도 2.7 kg이라는 결과를 얻게 된다.

크기 정도 해석(order of magnitude analysis)을 하여 아주 작은 항은 처음부터 지배방정식에서 제외하고 단순화된 지배방정식을 사용할 수 있음을 알 수 있다. 즉, 이 경우는 경우 Ⅲ과 동일하다는 것을 알 수 있다.

경우 Ⅴ

이 경우 지배방정식을 사용하여 크기 정도를 단순하게 주어진 질량의 값을 사용하여 엄밀하게 나타내 보면 다음과 같다.

$$\begin{array}{cccccc} m_X = & m_t & - & m_A & - & m_B \\ & \wr & & \wr & & \wr \\ & 10\ \text{kg} & & 1\ \text{kg} & & 10^{-6}\ \text{kg} \end{array}$$

식으로부터,

$$m_t \sim 10\,\mathrm{kg}\,,\ \ \mathrm{m_A} \sim 1\,\mathrm{kg}\,,\ \ \mathrm{m_B} \sim 10^{-6}\,\mathrm{kg}$$

으로 각 항의 크기 정도가 다르다. 경우 Ⅲ 또는 경우 Ⅳ와 마찬가지로 m_B의 크기 정도가 아주 작아 식에서 m_B의 크기 정도를 처음부터 무시 할 수 있다. 그러나 m_t와 m_A 의 크기 정도는 엄밀하게 적용하면 10 kg과 1 kg의 크기 정도를 가지기 때문에 크기 정도가 갈지는 않지만 비슷한 크기 정도를 가져, 한 쪽을 무시할 수 있을 만큼의 크기 정도가 차이가 나지 않는다. 더군다나, $\dfrac{m_A}{m_t} = \dfrac{1.5}{9} = 0.167$ 이어서 앞에서도 설명하였듯이 m_t 와 m_A 는 같은 크기 정도라고 할 수도 있고 m_A 는 식에서 무시할 수 없다. 따라서 m_X 를 구하는 지배방정식은 m_B만을 무시한 식 (4.54)가 된다. 지금까지의 결과를 정리하여 표 나타내면 다음과 같다.

표 4.3
여러 경우의 질량으로 m_X를 구함

경우	m_t	m_A	m_B	m_X
Ⅰ	4.2 kg	1.5 kg	0.9 kg	1.8 kg
Ⅱ	4.2 g	1.5 g	0.9 g	1.8 g
Ⅲ	4.2 kg	1.5 kg	~ 1 mg	2.7 kg
Ⅳ	4.2 kg	1.5 kg	0.9 mg	2.7 kg
Ⅴ	9.0 kg	1.5 kg	0.9 mg	7.5 kg

지금까지의 크기 정도 해석(order of magnitude analysis)에 의하여 지배방정식을 단순화 할 수 있다는 것을 설명하였다.

4.4.3 스케일(scale)과 무차원화

앞에서도 언급하였듯이 유체역학에서는 무차원화 된 지배방정식을 사용하여 해석하는 경우가 많다. 무차원화 할 때 제일 먼저 생각해야하는 것이 **스케일**(척도, **scale**)이고, 이 문제에서는 질량스케일을 생각하여야 한다. 앞의 예에서 각 시스템의 질량을 대표적으로 나타낼 수 있는 질량을 특성질량(characteristic mass)이라고 하고 시스템의 질량을 나타내는 척도, 즉 **질량스케일**(mass scale)또는 **기준질량**(reference mass)으로 삼을 수 있다. 경우 Ⅰ과 경우 Ⅱ에서 모든 질량의 크기 정도가 비슷하기 때문에, m_t, m_A, m_B 중 어느 것이라도 특성질량이 될 수 있고 질량스케일로 생각할 수 있다.

질량스케일 = m_A 인 경우

m_A 를 질량스케일로 생각하여 무차원화 할 때 기준질량(reference mass)으로 삼으면, 질량을 다음처럼 무차원 변수로 나타낼 수 있다.

$$n = \frac{m}{m_A} \tag{4.55}$$

무차원 변수 n은 질량 m_A 의 몇 배인가를 나타낸다. 무차원화 된 지배방정식은 다음과 같다.

$$n_X = n_t - n_A - n_B \tag{4.56}$$

경우 Ⅰ과 경우 Ⅱ는 다음처럼 완전히 동일한 무차원 값 n을 가진다.

표 4.4
여러 경우의 무차원 질량
($n = m/m_A$: 질량 m_A 의 몇 배)

경우	n_t	n_A	n_B	n_X
Ⅰ, Ⅱ	2.8	1	0.6	1.2
Ⅲ	2.8	1	$\sim 10^{-6}$	1.8
Ⅳ	2.8	1	0.6×10^{-6}	1.8
Ⅴ	6.0	1	0.6×10^{-6}	5.0

표 4.4에서 보듯이 n_A 는 항상 1이므로, 식 (4.56)은 다음처럼 나타낼 수 있다.

$$n_X = n_t - 1 - n_B \tag{4.57}$$

이제 무차원으로 표시된 이 지배방정식은 차원으로 표시된 식 (4.50)과 비교하면, 변수 또는 파라미터가 하나 줄었다는 것을 알 수 있으며, 지배방정식을 무차원화 하면 관계되는 변수가 일반적으로 줄어들 수 있다. 경우 Ⅰ과 경우 Ⅱ는 완전히 동일하고, 모든 무차원 변수가 1, 즉 10^0의 크기 정도를 가지므로 식 (4.57)에서 어떤 항도 무시할 수 없고 이것을 사용하여야 한다.

$$\begin{array}{cccccc} n_X = & n_t - & 1 - & n_B \\ & \wr & \wr & \wr \\ & 1 & 1 & 1 \end{array} \tag{4.58}$$

크기 정도 해석을 통하여 n_X 의 크기 정도가 1이라는 것을 알 수 있다. 물론 식에 대입하면, 정확한 값을 다음처럼 얻을 수 있다.

$$n_X = n_t - 1 - n_B = 2.8 - 1 - 0.6 = 1.2$$

n_X 의 정확한 값은 1.2이고, m_X는 m_A의 1.2배라는 것을 나타낸다.
경우 Ⅲ, Ⅳ, Ⅴ에 대해서 생각해 보면, 크기 정도는 다음과 같다.

$$\begin{array}{cccccc} n_X = & n_t - & 1 - & n_B \\ & \wr & \wr & \wr \\ & 1 & 1 & 10^{-6} \end{array}$$

경우 Ⅴ일 때는 $n_t = 6$ 으로 굳이 정확하게 표현하자면 크기 정도가 10에 가깝지만 위의 식처럼 1의 크기 정도를 가진다고 나타내어도 무방하다. 이는 앞의 차원으로 나타낸 지배방정식을 크기 정도 해석할 때 이미 설명하였다. 따라서 이 경우에는 n_B의 크기 정도가 다른 항에 비해 아주 작아 식에서 n_B를 무시하면 지배방정식은 다음처럼 된다.

$$n_X = n_t - 1 \tag{4.59}$$

경우 Ⅲ, Ⅳ, Ⅴ에 대한 지배방정식은 식 (4.58) 대신에 단순화된 식 (4.59)를 사용하면 된다. 경우 Ⅲ, Ⅳ에 대해 식 (4.59)로 n_X 를 계산하면 1.8이고, 경우 Ⅴ에 대해 계산하면 5.0이다.

질량스케일 = m_t인 경우

m_t를 질량스케일로 생각하여 무차원화 할 때 기준질량(reference mass)으로 삼으면, 질량을 다음처럼 무차원 변수로 나타낼 수 있다.

$$n = \frac{m}{m_t} \tag{4.60}$$

무차원 변수 n은 질량 m_t의 몇 배인가를 나타내고, 전체 질량에서 차지하는 비율을 나타낸다. 무차원화 된 지배방정식은 다음과 같다.

$$n_X = n_t - n_A - n_B \quad \Rightarrow \quad n_X = 1 - n_A - n_B \tag{4.61}$$

앞의 경우와 같은 방법으로 표를 작성하면 다음과 같다.

표 4.5
여러 경우의 무차원 질량 ($n = m/m_t$: 질량 m_t의 몇 배)

경우	n_t	n_A	n_B	n_X
I, II	1	0.357	0.214	0.429
III	1	0.357	$\sim 10^{-6}$	0.643
IV	1	0.357	0.214×10^{-6}	0.643
V	1	0.167	0.1×10^{-6}	0.833

질량스케일 = m_B인 경우

m_B를 질량스케일로 생각하여 무차원화 할 때 기준질량(reference mass)으로 삼으면, 질량을 다음처럼 무차원 변수로 나타낼 수 있다.

$$n = \frac{m}{m_B} \tag{4.62}$$

무차원으로 표시된 n은 질량 m_B의 몇 배인가를 나타낸다. 무차원화 된 지배방정식은 다음과 같다.

$$n_X = n_t - n_A - n_B \quad \Rightarrow \quad n_X = n_t - n_A - 1 \tag{4.63}$$

앞의 경우와 같은 방법으로 표를 작성하면 다음과 같다. 기준으로 삼을 m_B를 모르는 경우 III은 생략하였다.

표 4.6
여러 경우의 무차원 질량 ($n = m/m_B$: 질량 m_B의 몇 배)

경우	n_t	n_A	n_B	n_X
I, II	4.67	1.67	1.0	2.0
IV	4.67×10^6	1.67×10^6	1.0	3.0×10^6
V	1.0×10^7	1.67×10^6	1.0	8.3×10^6

표 4.4 ~ 표 4.6을 참고하면, m_t, m_A는 시스템의 질량 특성을 잘 나타낸다고 할 수 있지만, m_B는 시스템의 질량 특성을 잘 나타낸다고 할 수가 없다. 경우 Ⅳ와 Ⅴ에서 m_B를 특성질량이라 생각하여 무차원화 하면, n_t, n_A와 n_X의 크기 정도가 모두 10^6이다. 즉, 지배방정식에서의 대부분의 무차원 변수 n_t, n_A와 n_X의 크기 정도가 10^6으로 대단히 크다는 것을 알 수 있다. 반면에 m_t, m_A를 특성질량으로 하여 무차원화 하여 나타난 무차원 질량 n_t, n_A와 n_X의 크기 정도는 모두 1이라는 것을 알 수 있다. 즉, 다시 표현하면, 경우 Ⅳ와 같을 때, m_B를 특성질량이라 생각하여 무차원으로 표현하면,

"m_t는 m_B의 4.67×10^6배이고, m_A는 m_B의 1.67×10^6배이고, m_X는 m_B의 3.0×10^6배이다"

라고 나타내어야 한다면 상당히 불편하다는 것을 알 수 있다.
반면에 m_A를 특성질량이라 생각하여 무차원으로 표현하면,

"m_t는 m_A의 2.8배이고, m_X는 m_A의 1.8배이고, m_B는 m_A의 0.6×10^{-6}배이어서 m_B는 무시할 수 있을 만큼 작다"

라고 나타낼 수 있어 상당히 자연스럽다는 것을 알 수 있다.
또한 m_t를 특성질량이라 생각하여 무차원으로 표현하면,

"m_A는 전체질량의 35.7%이고(m_t의 0.357배이고), m_X는 전체질량의 64.3%이고 m_B는 전체질량의 2.14×10^{-5}%이고, 따라서 m_B는 무시할 수 있을 만큼 작다"

라고 나타낼 수 있어 상당히 자연스럽다는 것을 알 수 있다.
즉, 특성질량 또는 기준질량을 사용할 때 시스템의 특성을 잘 나타내는 질량으로 무차원화 해야 대부분의 무차원 질량의 크기 정도가 1이 되어 자연스럽고 합리적이라는 것을 알 수 있다. 바꾸어 말하면 적절한 특성질량 또는 스케일을 사용하면 지배방정식에 사용되는 무차원 항의 대부분의 크기 정도는 1이 된다는 것을 알 수 있고 표 4.7에 요약하여 나타내고 있다. 따라서 어떤 물리량 또는 변수를 무차원화 할 때는 시스템의 특성을 잘 나타내는 물리량 또는 변수를 기준으로 하는 것이 좋다.

표 4.7
경우 Ⅳ에 대한 무차원 질량의 크기 정도

경우	n_t	n_A	n_B	n_X
m_A로 무차원	1	1	10^{-6}	1
m_t로 무차원	1	1	10^{-6}	1
m_B로 무차원	10^6	10^6	1.0	10^6

4.4.4 유체유동에서 스케일(scale)과 무차원화

앞에서 아주 단순한 문제에 대해 지배방정식의 무차원화, 스케일 및 크기 정도 해석에 대하여 설명하였다. 유체유동의 지배방정식은 복잡한 미분방정식이고 이를 해석할 때, 지금까지 설명한 크기 정도 해석, 스케일 및 무차원에 대한 개념을 유용하게 사용하여 해석할 수 있다. 다음의 여러 예제를 통하여 이에 대해 자세히 살펴보기로 한다.

예제 4.1 **다음과 같은 속도분포를 가지는 1차원 유동을 생각해보자.**

$$0 \leq y \leq H \quad ; u = U\left(\frac{y}{H}\right)^2 \tag{1}$$

이 경우 특성길이는 H이고 특성속도는 U이다. 따라서 u의 적절한 크기 정도(order of magnitude) 또는 스케일(scale)은 U이고 y의 적절한 크기 정도 또는 스케일은 H이고, 다음처럼 나타낼 수 있다.

$$y \sim H, \; u \sim U \tag{2}$$

그러면 $\frac{du}{dy}$의 크기 정도는 $\frac{U}{H}$이다. 즉,

$$\frac{du}{dy} \sim \frac{U}{H} \tag{3}$$

이다. 이것을 확인하기 위하여 (a) $H = 2$m이고 $U = 10$ m/s인 경우, $y = 0.5, 1, 1.5$ m일 때 $\frac{du}{dy}$를 계산하고, 각각의 y에서 $\frac{du}{dy}$의 크기 정도가 $\frac{U}{H}$인지 확인하라. (b) $H = 0.04$ m이고 $U = 32$ m/s인 경우, $y = 0.01, 0.02, 0.03$ m일 때 $\frac{du}{dy}$를 계산하고, 이때의 크기 정도가 $\frac{U}{H}$인지 확인하라.

풀이

(a) $u = U\left(\frac{y}{H}\right)^2$ 이므로 $\frac{du}{dy} = \frac{2Uy}{H^2}$ 이다.

$H = 2$m이고, $U = 10$m/s인 경우, $\frac{U}{H} = 5\text{s}^{-1}$이다. $\frac{du}{dy}$의 크기 정도가 $\frac{U}{H}$인지 비교하기 위하여, 다음 표에 $\frac{du/dy}{U/H}$를 나타낸다.

y (m)	u (m/s)	$\frac{du}{dy}$ (s^{-1})	$\frac{du/dy}{U/H}$
0.5	0.625	2.5	0.5
1	2.5	5	1
1.5	5.625	7.5	1.5

$y = 0.5, 1, 1.5$m일 때, $\frac{du/dy}{U/H}$의 크기 정도가 1이고, 따라서 $\frac{du}{dy}$의 크기 정도는 $\frac{U}{H}$이다.

(b) $H = 0.04$ m이고, $U = 32$ m/s인 경우, $\frac{U}{H} = 800s^{-1}$이고, 다음 표에 $\frac{du/dy}{U/H}$를 나타낸다.

y (m)	u (m/s)	$\frac{du}{dy}$ (s^{-1})	$\frac{du/dy}{U/H}$
0.01	2	400	0.5
0.02	8	800	1
0.03	18	1200	1.5

$y = 0.01, 0.02, 0.03$m일 때, $\frac{du/dy}{U/H}$의 크기 정도가 1이고, 따라서 $\frac{du}{dy}$의 크기 정도는 $\frac{U}{H}$이다.

보충설명

u의 적절한 크기 정도(order of magnitude) 또는 스케일(scale)이 U이고 y의 적절한 길이 스케일이 H일 때, $\frac{du}{dy}$의 크기 정도는 $\frac{U}{H}$이다. 즉, 다음과 같다.

$$y \sim H,\ u \sim U \ \Rightarrow \ \frac{du}{dy} \sim \frac{U}{H}$$

$\frac{U}{H}$는 속도의 평균기울기를 나타낸다. (a)에서 평균기울기는 $5s^{-1}$이고, 여러 위치에서의 기울기 값은 이것과 비슷한 크기를 가진다. (b)에서 평균기울기는 $800s^{-1}$이고, 여러 위치에서의 기울기 값은 이것과 비슷한 크기를 가진다.

예제 4.2

앞의 예제 4.1에서 (a) $\frac{d^2u}{dy^2}$ 의 크기 정도는 얼마인가? (b) $H=2$m이고 $U=10$ m/s인 경우, $y=0.5,\ 1,\ 1.5$ m일 때 $\frac{d^2u}{dy^2}$ 를 계산하고, 이 때의 크기 정도를 (a)의 답으로 구한 결과와 비교하여 확인하라. (c) $H=0.04$ m이고 $U=32$ m/s인 경우, $y=0.01,\ 0.02,$ 0.03m일 때, $\frac{d^2u}{dy^2}$ 를 계산하고, 이때의 크기 정도를 (a)의 답으로 구한 결과와 비교하여 확인하라.

풀이

(a) $\frac{d^2u}{dy^2}$ 의 크기 정도는 다음과 같다.

$$\frac{d^2u}{dy^2}=\frac{d}{dy}\left(\frac{du}{dy}\right)\sim\frac{U}{H^2}$$

(b) $H=2$m이고, $U=10$ m/s일 때, $\frac{U}{H^2}=2.5\text{m}^{-1}\text{s}^{-1}$이다.

$u=U\left(\frac{y}{H}\right)^2$ 이므로 $\frac{d^2u}{dy^2}=\frac{2U}{H^2}$ 이다.

$y=0.5,\ 1,\ 1.5$ m일 때, 모든 곳에서 $\frac{d^2u}{dy^2}=5\text{m}^{-1}\text{s}^{-1}$이다.

따라서 $\frac{d^2u}{dy^2}$ 의 크기 정도는 $\frac{U}{H^2}$ 이다.

(c) $H=0.04$m이고, $U=32$ m/s인 경우 $\frac{U}{H^2}=20000\text{m}^{-1}\text{s}^{-1}$이다.

$y=0.01,\ 0.02,\ 0.03$m일 때, 모든 곳에서 $\frac{d^2u}{dy^2}=40000\text{m}^{-1}\text{s}^{-1}$이다.

따라서 $\frac{d^2u}{dy^2}$ 의 크기 정도는 $\frac{U}{H^2}$ 이다.

보충설명

u의 적절한 크기 정도(order of magnitude) 또는 스케일(scale)이 U이고 y의 적절한 길이 스케일이 H일 때, $\frac{d^2u}{dy^2}$ 의 크기 정도는 $\frac{U}{H^2}$ 이다. 즉, 다음과 같다.

$$y\sim H,\ u\sim U\ \Rightarrow\ \frac{d^2u}{dy^2}\sim\frac{U}{H^2}$$

$\frac{d^2u}{dy^2}$ 의 크기 정도가 $\frac{U^2}{H^2}$ 이 아니라는 것에 주의하여야 한다.

예제 4.3 적절한 길이 스케일 H와 속도 스케일 U를 각각 기준 길이와 기준 속도로 사용하여 y와 u를 무차원 변수로 나타내면 다음과 같다.

$$y^\star = \frac{y}{H}$$

$$u^\star = \frac{u}{U}$$

(a) 예제 4.1의 식 (1)을 무차원 변수로 나타내어라.

(b) $y^\star$, $u^\star$의 크기 정도는 얼마인가?

(c) $\frac{du^\star}{dy^\star}$의 크기 정도는 얼마인가?

(d) $\frac{d^2u^\star}{dy^{\star 2}}$의 크기 정도는 얼마인가?

풀이

(a)

$$\frac{u}{U} = \left(\frac{y}{H}\right)^2$$

이므로 무차원으로 나타내면 다음과 같다.

$$u^\star = y^{\star 2}$$

(b) $y \sim H$이므로 $y^\star \sim \frac{H}{H} = 1$이다. 즉, $y^\star \sim 1$이다.

$u \sim U$이므로 $u^\star \sim \frac{U}{U} = 1$이다. 즉, $u^\star \sim 1$이다.

(c) $y^\star \sim 1$이고, $u^\star \sim 1$이므로, $\frac{du^\star}{dy^\star} \sim \frac{1}{1} = 1$ 이다. 즉, $\frac{du^\star}{dy^\star} \sim 1$이다.

(d) $y^\star \sim 1$이고, $u^\star \sim 1$이므로, $\frac{d^2u^\star}{dy^{\star 2}} \sim \frac{1}{1^2} = 1$ 이다. 즉, $\frac{d^2u^\star}{dy^{\star 2}} \sim 1$이다.

보충설명

u의 적절한 크기 정도 또는 스케일이 U이고 y의 적절한 길이 스케일이 H일 때, 이것을 기준으로 한 무차원 변수 $u^\star$와 $y^\star$의 크기 정도는 1이고 또한 $\frac{du^\star}{dy^\star}$와 $\frac{d^2u^\star}{dy^{\star 2}}$의 크기 정도는 모두 1이다. 즉, 다음과 같이 나타낼 수 있다.

$$y \sim H,\ u \sim U \ \Rightarrow\ y^\star = \frac{y}{H} \sim 1,\ u^\star = \frac{u}{U} \sim 1 \ \Rightarrow\ \frac{du^\star}{dy^\star} \sim 1,\ \frac{d^2u^\star}{dy^{\star 2}} \sim 1$$

예제 4.4 $y \sim H$, $u \sim U$일 때 다음 미분방정식의 각 항의 크기 정도를 구하라.

$$u\frac{du}{dy} = \nu\frac{d^2u}{dy^2}$$

풀이

$$u\frac{du}{dy} \sim U\frac{U}{H} = \frac{U^2}{H}$$

$$\nu\frac{d^2u}{dy^2} \sim \nu\frac{U}{H^2} = \frac{\nu U}{H^2}$$

예제 4.5 $y \sim H$, $u \sim U$일 때 무차원 변수 $y^\star = \frac{y}{H}$, $u^\star = \frac{u}{U}$를 사용하여, (a) 예제 4.4의 미분방정식을 무차원변수로 나타내고, (b) 각 항의 크기 정도를 비교하라.

풀이

(a)

$$u\frac{du}{dy} = (Uu^\star)\frac{d(Uu^\star)}{d(Hy^\star)} = \frac{U^2}{H}u^\star\frac{du^\star}{dy^\star} \tag{1}$$

$$\nu\frac{d^2u}{dy^2} = \nu\frac{d^2(Uu^\star)}{d(Hy^\star)^2} = \frac{\nu U}{H^2}\frac{d^2u^\star}{dy^{\star 2}} \tag{2}$$

이므로 대입하면,

$$\frac{U^2}{H}u^\star\frac{du^\star}{dy^\star} = \frac{\nu U}{H^2}\frac{d^2u^\star}{dy^{\star 2}}$$

이고, 따라서 다음과 같이 나타낼 수 있다.

$$\frac{UH}{\nu}u^\star\frac{du^\star}{dy^\star} = \frac{d^2u^\star}{dy^{\star 2}} \tag{3}$$

여기서 $u^\star\frac{du^\star}{dy^\star}$와 $\frac{d^2u^\star}{dy^{\star 2}}$이 무차원이기 때문에 $\frac{UH}{\nu}$도 무차원수이다.

이것을 무차원수 $\mathrm{Re} = \frac{UH}{\nu}$라고 하면 다음처럼 나타낼 수 있다.

$$\mathrm{Re}\, u^\star\frac{du^\star}{dy^\star} = \frac{d^2u^\star}{dy^{\star 2}} \tag{4}$$

(b) 각 항의 크기 정도는 앞의 예제 4.3의 결과를 사용하면 다음과 같다.

$$\frac{du^\star}{dy^\star} \sim 1, \quad \frac{d^2u^\star}{dy^{\star 2}} \sim 1$$

따라서

$$\mathrm{Re}\, u^\star \frac{du^\star}{dy^\star} \sim \mathrm{Re}$$

$$\frac{d^2u^\star}{dy^{\star 2}} \sim 1$$

이다.

보충설명

Re≪ 1일 때 ,식 (4)의 좌변의 크기 정도가 우변의 크기 정도에 비해 아주 작으므로 좌변을 무시한 다음 식을 사용할 수도 있다.

$$\frac{d^2u^\star}{dy^{\star 2}} = 0$$

예제 4.1에서 예제 4.5까지 다룬 내용을 다음과 같이 요약할 수 있다. u의 적절한 크기 정도 또는 스케일이 U이고 y의 적절한 크기 정도 또는 스케일이 H일 때, $\frac{du}{dy}$의 크기 정도는 $\frac{U}{H}$이고, $\frac{d^2u}{dy^2}$의 크기 정도는 $\frac{U}{H^2}$이고 다음처럼 나타낼 수 있다.

$$y \sim H,\ u \sim U \quad \Rightarrow \quad \frac{du}{dy} \sim \frac{U}{H},\ \frac{d^2u}{dy^2} \sim \frac{U}{H^2}$$

적절한 스케일을 기준변수로 사용하여 무차원화 하면 무차원 변수 및 미분항의 크기 정도는 1이고 다음처럼 나타낼 수 있다.

$$y \sim H,\ u \sim U,\ y^\star = \frac{y}{H},\ u^\star = \frac{u}{U}$$

$$\Rightarrow y^\star \sim 1,\ u^\star \sim 1,\ \frac{du^\star}{dy^\star} \sim 1,\ \frac{d^2u^\star}{dy^{\star 2}} \sim 1$$

여기서 주의해야 할 것은 유체역학에서는 크기 정도에 대해 엄격하게 적용하기 보다는 상당히 관대한 입장을 취하여, 아주 크거나 아주 작지 않으면 크기 정도가 1이라고 생각할 수 있다. 예를 들어, 0.01이라든가 100정도가 되더라도 크기 정도가 1이라고 볼 수도 있다. 그러나 10^5이나 10^{-5}은 크기 정도가 1로 볼 수는 없다. 이와 같은 크기 정도 및 무차원에 관한 내용은 다음의 5장과 7장 등의 유체유동 해석에서 적절하게 사용된다.

연습 문제

4.1 직경 D인 매끈한 수평 원형 관의 비압축, 정상유동에서 마찰에 의한 압력손실 Δp는 관의 직경 D, 관의 길이 L, 유체의 속도 V, 유체의 밀도 ρ와 점성계수 μ 에 영향을 받고, 다음처럼 나타낼 수 있다.

$$\Delta p = f(V,\ D,\ \rho,\ L,\ \mu)$$

차원해석을 하면 어떤 무차원 변수들 사이의 관계식으로 나타낼 수 있는가?

4.2 4.2절의 식 (4.3)에서 $\tau_0 = f_3(U, H, \rho, \mu)$ 의 관계가 있다. 본문에서는 기본변수들을 ρ, H, U로 선택하여 무차원 변수들을 구하였지만, 이와 달리 기본변수들을 μ, H, U를 선택하여 차원해석을 할 수 있다. 무차원 변수들을 구하여라.

4.3 그림과 같이 위가 외부에 노출된, 직경이 D인 큰 원통형 탱크에 처음에 높이 H까지 밀도가 ρ인 액체가 차 있다가, 직경이 d인 아래의 구멍을 통하여 물이 흘러 나간다. 시간 t에 따른 물의 높이 $h(t)$를 구하는 것이 최종 목적이기는 하나, 이것은 뒤의 문제 4.4 ~ 문제 4.7에서 다룬다. 여기서는 단순히 다음과 같은 문제를 생각해 보기로 한다. 높이가 $\dfrac{H}{2}$로 줄어들 때까지의 시간이 t_1이었다면, 다음의 질문에 답하라. 단, 모든 마찰손실 및 저항은 무시하고, D가 d에 비해 상당히 커서 아래 구멍에서 흘러나오는 속도는 Bernoulli 방정식에 의해 $\sqrt{2gh}$ 라고 가정한다. 주어진 형상과 밀도 등에 대해서는 액체의 높이는 변수 t만의 함수이지만, D, d 등의 파라미터가 바뀌면 h도 영향을 받는다. 따라서 이러한 파라미터의 영향을 모두 나타내면 다음처럼 나타낼 수 있다.

$$h = f(t; H, D, d, \rho, g) \qquad (1)$$

모든 마찰손실을 무시한다고 하였으므로 점성 μ는 파라미터에 포함하지 않았다. 이 문제에서는 어떠한 방정식도 풀지 말고 식 (1) 만을 이용하여 다음에 답하라.

(a) 다른 모든 파라미터는 동일하고, 밀도만 2배인 액체라면 높이가 $\frac{H}{2}$로 줄어들 때까지의 시간을 구할 수 있겠는가? 구할 수 있으면 t_1으로 표시하라.

(b) 다른 모든 파라미터는 동일하고, 중력이 지구의 1/6인 달에서 실험한다면, 높이가 $\frac{H}{2}$로 줄어들 때까지의 시간을 구할 수 있겠는가? 구할 수 있으면 t_1으로 표시하라.

(c) 다른 모든 파라미터는 동일하고, D와 d가 각각 2배씩 된다면, 높이가 $\frac{H}{2}$로 줄어들 때까지의 시간을 구할 수 있겠는가? 구할 수 있으면 t_1으로 표시하라.

(d) 다른 모든 파라미터는 동일하고, d만 2배가 된다면, 높이가 $\frac{H}{2}$로 줄어들 때까지의 시간을 구할 수 있겠는가? 구할 수 있으면 t_1으로 표시하라.

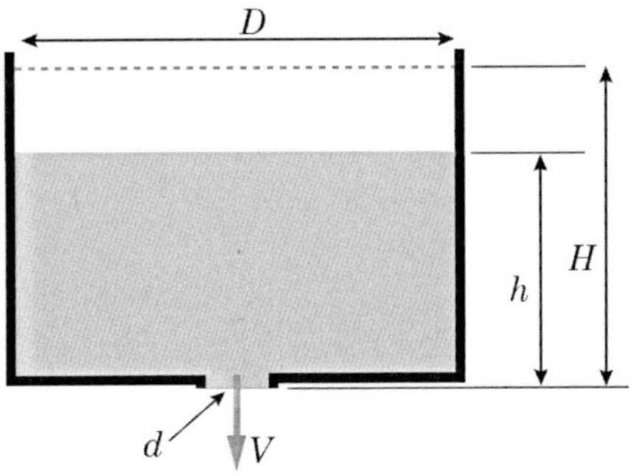

그림 P4.3

4.4 앞의 문제 4.3을 다시 고려하여 지배방정식과 필요한 초기조건 또는 경계조건을 구하라. 아직 지배방정식을 풀어 해를 구하지는 마라. 문제 4.3의 식 (1)은 어떻게 나타낼 수 있는가? 문제 4.3의 (a), (b), (c), (d)에 대해 다시 답하라.

4.5 문제 4.3의 식(1) 대신 문제 4.4에서 구한 결과를 이용하여, 차원해석을 하여 무차원 변수들을 구하라. 이 결과를 이용하여 문제 4.3의 (a), (b), (c), (d)에 대해 다시 답하라. 아직 지배방정식을 풀어 해를 구하지는 마라.

4.6 앞의 문제 4.5에서 구한 지배방정식과 초기조건을 사용하여 무차원 변수들로 나타낸 지배방정식과 초기조건을 나타내어라. 무차원 변수들로 표시된 지배방정식과 초기조건을 이용하면, 무차원 높이 $h^{\star}$ 는 어떠한 무차원 변수들의 함수로 나타낼 수 있는가? 이 결과를 이용하여 문제 4.3의 (a), (b), (c), (d)에 대해 다시 답하라. 아직 지배방정식을 풀어 해를 구하지는 마라.

4.7 앞의 문제 4.6을 다시 고려하여 무차원 변수들로 나타낸 지배방정식과 초기조건을 풀어 해를 구하라. 이 결과를 이용하여 문제 4.3의 (a), (b), (c), (d)에 대해 다시 답하라.

4.8 다음과 같은 속도분포를 가지는 1차원 유동을 생각해 보자.

$$0 \leq y \leq H \; ; \; u = U\left(\frac{y}{H}\right)^3 \tag{1}$$

이 경우 u와 y의 적절한 크기 정도는 다음처럼 나타낼 수 있다.

$$y \sim H, \; u \sim U \tag{2}$$

그러면 $\frac{du}{dy}$ 의 크기 정도는 $\frac{U}{H}$ 이다. 즉,

$$\frac{du}{dy} \sim \frac{U}{H} \tag{3}$$

이다. 이것을 확인하기 위하여 (a) $H = 2\,\mathrm{m}$이고 $U = 10\,\mathrm{m/s}$인 경우, $y = 0.5,\, 1,\, 1.5\,\mathrm{m}$일 때 $\frac{du}{dy}$ 를 계산하고, 각각의 y 에서 $\frac{du}{dy}$ 의 크기 정도가 $\frac{U}{H}$ 인지 $\frac{du/dy}{U/H}$ 를 구하여 확인하라. (b) $H = 0.04\,\mathrm{m}$이고, $U = 32\,\mathrm{m/s}$인 경우, $y = 0.01,\, 0.02,\, 0.03\,\mathrm{m}$일 때, $\frac{du}{dy}$ 를 계산하고, 이때의 크기 정도가 $\frac{U}{H}$ 인지 $\frac{du/dy}{U/H}$ 를 구하여 확인하라.

4.9 속도분포가 문제 4.8과 같을 때, $\dfrac{d^2u}{dy^2}$의 크기 정도가 $\dfrac{U}{H^2}$인지 확인하기 위하여, (a) $H = 2\,\text{m}$이고 $U = 10\,\text{m/s}$인 경우, $y = 0.5,\ 1,\ 1.5\,\text{m}$일 때 $\dfrac{d^2u}{dy^2}$를 계산하고, $\dfrac{d^2u/dy^2}{U/H^2}$를 구하여 확인하라. (b) $H = 0.04\ \text{m}$이고 $U = 32\,\text{m/s}$인 경우, $y = 0.01,\ 0.02,\ 0.03\,\text{m}$일 때 $\dfrac{d^2u}{dy^2}$를 계산하고, $\dfrac{d^2u/dy^2}{U/H^2}$를 구하여 확인하라.

4.10 비압축성 유동의 2차원 연속방정식은 다음처럼 나타낼 수 있다.

$$\frac{\partial u}{\partial x} + \frac{\partial v}{\partial y} = 0$$

적절한 특성길이가 L이고 특성속도가 U일 때 이것을 사용하여 무차원 변수를 구하고 무차원으로 표시되는 연속방정식을 나타내어라.

4.11 중력이 $-z$방향으로 작용할 때, 정상상태의 Euler운동방정식은 식 (3.97)로 주어지고 다시 적으면 다음과 같다.

$$(\mathbf{v}\cdot\nabla)\mathbf{v} = -\frac{1}{\rho}\nabla p - g\nabla z$$

직교좌표에서 이 식의 z방향 성분을 완전히 전개하여 나타내면 다음과 같다.

$$u\frac{\partial w}{\partial x} + v\frac{\partial w}{\partial y} + w\frac{\partial w}{\partial z} = -\frac{1}{\rho}\frac{\partial p}{\partial z} - g \tag{1}$$

적절한 특성길이가 L이고 특성속도가 U이다. 공간좌표와 속도성분은 이것을 기준으로 하여 무차원 변수를 사용하여 식 (1)을 무차원화 하여 나타내어라. 압력은 다음처럼 무차원화 한다.

$$p^\star = \frac{p}{\rho U^2}$$

비압축성 층류 유동의 해석방법 및 엄밀해

학습목표

이 장의 학습 및 강의 목표는 다음과 같은 사항을 학생들이 완전하게 이해하는 것이다.

- 비압축성 유동의 여러 문제에 대한 지배방정식의 단순화.
- 여러 문제에 대한 지배방정식의 엄밀해 해법.
- 상사변수 및 상사해에 대한 이해.
- 지배방정식에서의 무차원수 이해.
- 무차원 변수로 표시한 연속방정식과 운동량방정식의 무차원화 방법 및 이해.

5.1 서론

유체의 유동이 일어나도록 하는 것을 구동력(driving force)이라고 하며 보통 압력차와 전단력 등이 있다. 이러한 구동력이 존재할 때 유체의 유동이 생기게 되고 이러한 유동을 예측하려면 지배방정식을 풀어 유동해석을 하여야 한다. 이 장에서는 비압축성 및 Newton유체의 유동 중, 해를 구할 수 있는 특별한 경우에 대하여 속도분포와 압력분포를 구하고자 한다. 속도분포와 압력분포를 구하기 위해서는 지배방정식 풀어야 한다. 특별하게 Newton유체라고 언급하지 않더라도 이 장에서는 항상 Newton유체만 취급한다. 또한 이 장에서는 모든 유동을 층류유동이라 가정한다. 이 장에서 지배방정식을 풀어 엄밀한 해를 구하는 것이 목적이긴 하지만, 차원해석, 지배방정식의 무차원 등 유동해석 방법 등에 대해서도 설명한다.

비압축성 유동에 대한 지배방정식

비압축성 유동에 대한 지배방정식은 연속방정식과 운동량방정식이고 앞의 4장에서 유도하였으며 다시 나타내면 다음과 같다.

연속방정식

$$\frac{\partial u}{\partial x}+\frac{\partial v}{\partial y}+\frac{\partial w}{\partial z}=0 \tag{5.1}$$

운동량방정식

$$\frac{\partial u}{\partial t}+u\frac{\partial u}{\partial x}+v\frac{\partial u}{\partial y}+w\frac{\partial u}{\partial z}=-\frac{1}{\rho}\frac{\partial p}{\partial x}+\nu\left(\frac{\partial^2 u}{\partial x^2}+\frac{\partial^2 u}{\partial y^2}+\frac{\partial^2 u}{\partial z^2}\right)+g_x \tag{5.2a}$$

$$\frac{\partial v}{\partial t}+u\frac{\partial v}{\partial x}+v\frac{\partial v}{\partial y}+w\frac{\partial v}{\partial z}=-\frac{1}{\rho}\frac{\partial p}{\partial y}+\nu\left(\frac{\partial^2 v}{\partial x^2}+\frac{\partial^2 v}{\partial y^2}+\frac{\partial^2 v}{\partial z^2}\right)+g_y \tag{5.2b}$$

$$\frac{\partial w}{\partial t}+u\frac{\partial w}{\partial x}+v\frac{\partial w}{\partial y}+w\frac{\partial w}{\partial z}=-\frac{1}{\rho}\frac{\partial p}{\partial z}+\nu\left(\frac{\partial^2 w}{\partial x^2}+\frac{\partial^2 w}{\partial y^2}+\frac{\partial^2 w}{\partial z^2}\right)+g_z \tag{5.2c}$$

온도가 크게 변하지 않는 비압축성 유동의 경우 밀도 ρ는 일정하므로 미지수는 직교좌표계인 경우 속도 u, v, w와 압력 p이고 지배방정식으로는 연속방정식 하나와

Navier-Stokes방정식 3개가 있으므로, 4개의 미지수에 4개의 방정식이 있어 연립방정식을 풀어 해를 구할 가능성은 있다. Navier-Stokes방정식은 편미분방정식이고 또한 연립 비선형(nonlinear)이고 속도와 압력이 연계(coupling)되어 있어 해석적으로 구할 수 있는 문제는 그리 많지 않다. 다음에 해석적으로 구할 수 있는 몇 가지 경우에 대하여 해를 구하여 본다.

5.2 평면 Poiseuille 유동

그림 5.1처럼 두 개의 무한 평판사이의 유동을 생각하자. 압력차 또는 압력기울기 $\frac{\partial p}{\partial x}$가 주어졌을 때 다음과 같은 가정에서 유체의 속도분포를 구하는 것이 목표이다.

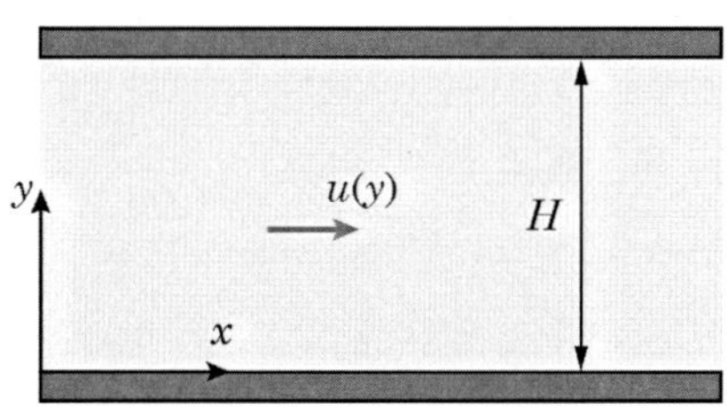

그림 5.1
평판 사이의 평행 유동 - 평면 Poiseuille 유동

가정 :

(1) 비압축성, Newton유체이다.

(2) 정상유동이다. 즉, $\frac{\partial ( )}{\partial t} = 0$ 이다.

(3) 2차원 유동이다. 즉, x와 y좌표만 필요하고, 속도 중에서 u와 v만 필요하고($w = 0$), 구하고자하는 것은 $u(x,y)$, $v(x,y)$, $p(x,y)$이다.

(4) 중력은 $-y$방향이다. 즉, $\mathbf{g} = -g\,\mathbf{j}$ 이다.

(5) 평행유동이다. 즉, u만 존재한다($v = 0$).

(6) x 방향의 압력 기울기 $\frac{\partial p}{\partial x} = -\frac{\Delta p}{L} = C$ 는 주어진다.

지배방정식

먼저 지배방정식을 적어야한다. 가정 (1)~(4)에 의해 Newton유체에 대한 2차원, 비정상, 비압축성에 대한 연속방정식, Navier-Stokes방정식은 다음과 같고, 이 문제에 대한 지배방정식이다.

$$\frac{\partial u}{\partial x} + \frac{\partial v}{\partial y} = 0 \tag{5.3a}$$

$$\rho\left(u\frac{\partial u}{\partial x} + v\frac{\partial u}{\partial y}\right) = -\frac{\partial p}{\partial x} + \mu\left(\frac{\partial^2 u}{\partial x^2} + \frac{\partial^2 u}{\partial y^2}\right) \tag{5.3b}$$

$$\rho\left(u\frac{\partial v}{\partial x} + v\frac{\partial v}{\partial y}\right) = -\frac{\partial p}{\partial y} + \mu\left(\frac{\partial^2 v}{\partial x^2} + \frac{\partial^2 v}{\partial y^2}\right) - \rho g \tag{5.3c}$$

경계조건

필요한 경계조건은 다음과 같다(no-slip condition).

$$y = 0; \qquad u = 0,\ v = 0 \tag{5.4a}$$

$$y = H; \qquad u = 0, v = 0 \tag{5.4b}$$

해석

가정 (5)와 (6)을 적용하면 위 식들은 다음처럼 단순화 할 수 있다. 즉 단순화 지배방정식은 다음과 같다.

$$\frac{\partial u}{\partial x} = 0 \tag{5.5a}$$

$$\rho\left(u\frac{\partial u}{\partial x}\right) = -\frac{\partial p}{\partial x} + \mu\left(\frac{\partial^2 u}{\partial x^2} + \frac{\partial^2 u}{\partial y^2}\right) \tag{5.5b}$$

$$0 = -\frac{\partial p}{\partial y} - \rho g \tag{5.5c}$$

식 (5.5a)와 같이 속도분포가 x방향에 대해 변하지 않을 경우 완전발달유동(fully developed flow)라 한다. 평행유동이라는 가정으로부터 이와 같은 완전발달유동을 구할 수 있으며, 평행유동이라는 가정($v=0$)과 완전발달유동이라는 가정($\frac{\partial u}{\partial x}=0$)은 동일한 것이다. 즉, 완전발달유동이라는 가정을 하여 문제를 풀어도 평행유동($v=0$)이라는 결과를 얻을 수 있다. 식 (5.5a)를 식 (5.5b)에 대입하면 다음과 같다.

$$0=-\frac{\partial p}{\partial x}+\mu\frac{\partial^2 u}{\partial y^2} \quad \Rightarrow \quad \frac{\partial^2 u}{\partial y^2}=\frac{1}{\mu}\frac{\partial p}{\partial x} \tag{5.6}$$

일반적으로 $u=u(x,y)$이지만, 식(5.5a)로부터 $u=u(y)$가 되어 식(5.6)에서의 편미분은 상미분으로 바꾸어 적을 수 있고 속도 u에 관한 가장 단순화된 지배방정식을 얻을 수 있다.

$$\frac{d^2u}{dy^2}=\frac{1}{\mu}\frac{\partial p}{\partial x}=\text{일정} \tag{5.7}$$

이제 이 식을 적분하면

$$\frac{du}{dy}=\frac{1}{\mu}\frac{\partial p}{\partial x}y+C_1$$

이고, 한 번 더 적분하면,

$$u=\frac{1}{2\mu}\frac{\partial p}{\partial x}y^2+C_1y+C_2 \tag{5.8}$$

이고, 적분상수를 포함하고 있는 해를 일반해(general solution)이라 한다. 적분상수 C_1과 C_2는 식 (5.6)에 경계조건인 식 (5.4a)와 (5.4b)를 적용하여 구할 수 있다.

$$C_1=-\frac{1}{2\mu}\frac{\partial p}{\partial x}H,\ C_2=0$$

따라서 속도분포는 다음과 같다.

$$u=-\frac{1}{2\mu}\frac{\partial p}{\partial x}y(H-y) \tag{5.9}$$

식 (5.9)는 다음처럼 나타낼 수 있다.

$$u = -\frac{H^2}{2\mu}\frac{\partial p}{\partial x}\frac{y}{H}\left(1-\frac{y}{H}\right) \tag{5.10}$$

앞의 가정(6)에서 압력기울기 $\frac{\partial p}{\partial x}$는 $-\frac{\Delta p}{L}$로 주어진 값이고, x방향 길이 L동안 압력이 Δp 떨어지면 압력기울기는 음이고 유동은 양의 x방향으로 흐른다. 따라서 식 (5.10)은 다음처럼 나타낼 수도 있다.

$$u = \frac{H^2 \Delta p}{2\mu L}\frac{y}{H}\left(1-\frac{y}{H}\right) \tag{5.11}$$

위의 식은 평판 Poiseuille 유동의 속도분포이고 그림 5.2에 나타내고 있으며 포물선 형태이다.

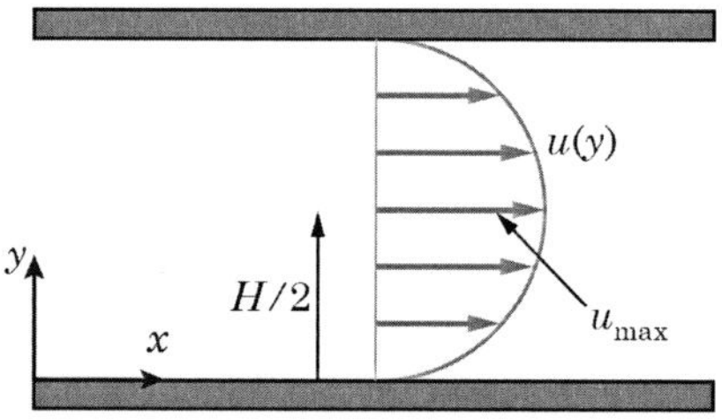

그림 5.2
평면 Poiseuille 유동의 속도 분포

지배방정식을 풀어 속도분포를 구할 수 있고, 속도분포로부터 유량, 평균속도, 전단응력 등 많은 정보를 알 수 있다.

유량과 평균속도와 최고속도

두 평판의 중앙($y=0.5H$)에서 속도는 최대이고, 최대속도 u_{max}는 다음과 같다.

✦ 최고속도

$\frac{du}{dy}=0 \Rightarrow y=\frac{1}{2}H$

$$u_{max} = \frac{H^2}{8\mu}\frac{\Delta p}{L} \tag{5.12}$$

이 최대속도를 사용하여 식 (5.11)을 다음처럼 나타낼 수 있다.

$$\frac{u}{u_{max}} = 4\frac{y}{H}\left(1-\frac{y}{H}\right) \tag{5.13a}$$

이 식은 무차원 변수를 사용하면 다음처럼 나타낼 수 있다.

$$u^\star = 4y^\star(1-y^\star) \tag{5.13b}$$

여기서 무차원 변수는 다음과 같다.

$$u^\star = \frac{u}{u_{\max}},\ y^\star = \frac{y}{H}$$

유량

식 (5.13a)를 적분하면 z방향의 폭 b사이에 흐르는 유량을 다음처럼 구할 수 있다.

$$Q = \int_A u dA = \int_0^H 4u_{\max}\frac{y}{H}\left(1-\frac{y}{H}\right)b\,dy = \frac{2}{3}u_{\max}bH$$

이 식에 식 (5.12)를 대입하면 유량은 다음과 같다.

$$Q = \frac{bH^3\Delta p}{12\mu L} \tag{5.14}$$

평균속도

평균속도 u_{av}는 다음처럼 구할 수 있다.

$$u_{\mathrm{av}} = \frac{Q}{A} = \frac{Q}{bH} = \frac{H^2\Delta p}{12\mu L} = \frac{2}{3}u_{\max} \tag{5.15}$$

전단응력

1차원 평행 유동이므로 전단응력은 다음처럼 구할 수 있다.

✦ 여기서의 τ는 응력텐서의 개념을 도입하면 τ_{yx} 이다.

$$\tau = \mu\frac{du}{dy} = \frac{4\mu u_{\max}}{H}\left(1-2\frac{y}{H}\right) \tag{5.16}$$

아래 평판과 위 평판에서의 전단응력의 크기는 같고 다음과 같다.

$$\tau_{\mathrm{w}} = \left|\mu\left(\frac{du}{dy}\right)_{y=0}\right| = \left|\mu\left(\frac{du}{dy}\right)_{y=H}\right| = \frac{4\mu u_{\max}}{H}$$

식 (5.15)를 대입하면 다음처럼 나타낼 수 있다.

$$\tau_{\mathrm{w}} = \frac{4\mu u_{\max}}{H} = \frac{6\mu u_{\mathrm{av}}}{H} \tag{5.17}$$

압력은 식 (5.5c)로부터 구할 수 있다. 이 식을 적분하면,

$$p = -\rho g y + f(x) \tag{5.18}$$

로 주어진다. 따라서 주어진 x에서, y방향으로의 압력변화는 정수압적인 압력변화를 가진다. 식 (5.18)과 가정 (5)에서,

$$\frac{\partial p}{\partial x} = -\frac{\Delta p}{L} = f'(x)$$

이고 적분하면,

$$f(x) = \frac{\partial p}{\partial x}x + C_3$$

이고, 이것을 식 (5.18)에 대입하면 다음과 같다.

$$p = \frac{\partial p}{\partial x}x - \rho g y + C_3 \tag{5.19}$$

만약에 $x=0$, $y=0$에서의 압력을 p_0라고하면, $C_3 = p_0$이고 위 식은 다음처럼 나타낼 수 있다.

$$p = \frac{\partial p}{\partial x}x - \rho g y + p_0 \tag{5.20}$$

주어진 x에서의 y방향의 압력분포는 유체의 높이차에 의한 정수압분포이다. 유체의 속도를 나타내는 식 (5.10) 또는 식 (5.11)로부터 y방향의 중력 g는 속도분포에 전혀 영향을 미치지 않는다는 것을 알 수 있다. 중력은 자유표면에서 중력에 의하여 표면

파(surface wave)가 존재할 때 영향을 미친다. 식 (5.20)에서 보듯이 이 문제에서 중력의 영향은 단순히 높이차에 의한 정수압분포 차이를 나타낼 뿐이다. 이와 같은 문제에서 중력을 고려하지 않고 문제를 풀어도 된다는 것을 알 수 있으며, 일반적으로 자유표면이 없는 비압축성 유동의 경우에 해당된다. 따라서 이 책에서 자유표면이 존재하지 않는, 즉 중력이 속도분포에 영향을 미치지 않는 유동에서는 모두 중력을 무시하고 해석한다.

보충설명

이 문제는 연속방정식과 x및 y방향 운동량방정식을 모두 고려하여 해석하였지만, 평행유동인 경우, $v=0$이고, y방향의 압력은 정수압분포이므로 구할 필요가 없고, $u(y)$를 구하는 것이 목적이어서 처음부터 y방향 운동량방정식만이 지배방정식이고 다음처럼 단순화된 간단한 문제가 된다.

지배방정식

$$\frac{d^2u}{dy^2} = \frac{1}{\mu}\frac{\partial p}{\partial x} = \text{일정}$$

경계조건

$$y=0; \quad u=0,\ v=0$$

$$y=H; \quad u=0,\ v=0$$

5.3 Couette 유동

두 무한 평판사이의 유동을 생각하자. 이번에는 압력차에 의해 유동이 일어나는 것이 아니라 위 평판을 움직였을 때 유체의 속도분포를 구하는 것이 목표이다.

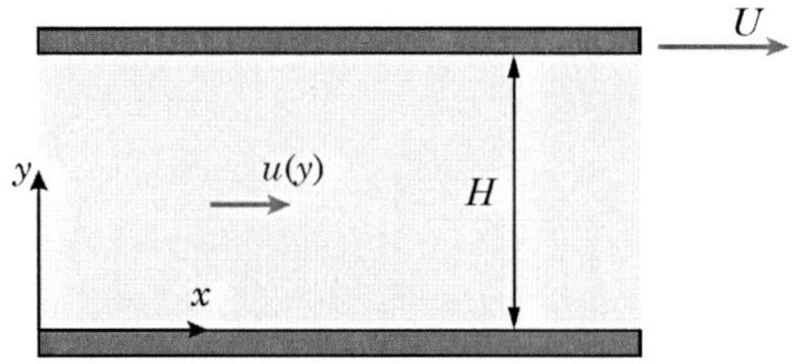

그림 5.3
평판 사이의 평행 유동 - Couette 유동

5.3.1 압력차가 없는 경우

먼저 x 방향의 압력 기울기 $\dfrac{\partial p}{\partial x}=0$ 인 경우를 고려하자.

가정

가정 (1)~(5)는 앞의 문제와 동일하다.

(6) x 방향의 압력 기울기 $\dfrac{\partial p}{\partial x}=0$ 이다.

지배방정식

먼저 지배방정식을 적어야한다. 지배방정식은 앞의 문제와 가정 (1)-(5)가 동일하므로 단순화된 지배방정식은 앞의 문제와 동일하게 식 (5.7) 및 식 (5.5c)이고 다시 적으면 다음과 같다.

$$\frac{d^2u}{dy^2}=\frac{1}{\mu}\frac{\partial p}{\partial x}=\text{일정} \tag{5.21a}$$

$$0=-\frac{\partial p}{\partial y}-\rho g \tag{5.21b}$$

경계조건

필요한 경계조건은 다음과 같다.

벽에서의 점착조건 : $y = 0; \quad u = 0$ (5.22a)

벽에서의 점착조건 : $y = H; \quad u = U$ (5.22b)

해석

가정 (6)을 적용하면, 위 식들은 앞의 문제와 같은 방법으로, 다음처럼 **단순화된 지배방정식**을 얻을 수 있다.

$$\frac{d^2u}{dy^2} = 0 \tag{5.23a}$$

$$\frac{dp}{dy} = -\rho g \tag{5.23b}$$

식 (5.23a)를 적분하여 해를 구하면,

$$u = C_1 y + C_2 \tag{5.24}$$

이고, 적분 상수 C_1과 C_2는 경계조건인 식 (5.22a)와 식 (5.22b)를 적용하여 구할 수 있다.

$$C_1 = \frac{U}{H}, \ C_2 = 0$$

이것을 식 (5.24)에 대입하면, 속도분포는 다음과 같다.

$$u = \frac{U}{H}y \ \Rightarrow \ \frac{u}{U} = \frac{y}{H} \tag{5.25}$$

위의 속도분포는 직선이고 그림 5.4(a)에 나타내고 있다.
압력은 식 (5.23b)로부터 구할 수 있다. 이 식을 적분하면,

$$p = -\rho g y + C_3 \tag{5.26}$$

로 주어진다. 따라서 압력변화는 정수압적인 압력변화를 가진다.
이와 같은 유동은 베어링 안에서 축이 회전할 때 윤활유의 유동을 해석할 때 이용할 수 있다. 베어링과 축 사이의 틈이 축의 반지름에 비해 아주 작을 때, 틈에서의 유동은 평판 사이의 유동으로 생각할 수 있어 Couette 유동으로 해석할 수 있다. 만약 틈이 축의 반지름에 비해 아주 작지 않을 때에는 원통좌표계를 이용하여 해석하여야 하며, 5.5절에서 다룬다.

5.3.2 압력차가 있는 경우

앞의 Couette 유동과 평면 Poiseuille 유동이 합쳐진 경우로, 위 평판은 U의 속도로 움직이면서 압력차가 주어진 경우이다.

가정

가정 (1)~(6) 전부 평면 Poiseuille 유동과 동일하다.

지배방정식

지배방정식은 평면 Poiseuille 유동에서와 동일하게 식 (5.5a) ~ 식 (5.5c)이고 가정을 모두 적용한 u에 관한 가장 단순화된 지배방정식은 식 (5.7)이다. 평면 Poiseuille 유동과는 경계조건이 다르다.

$$\frac{d^2u}{dy^2} = \frac{1}{\mu}\frac{\partial p}{\partial x} = \text{일정}$$

경계조건

필요한 경계조건은 Couette 유동과 같고, 식 (5.22a)와 식 (5.22b)이다.

벽에서의 점착조건 : $y = 0; \quad u = 0$

벽에서의 점착조건 : $y = H; \quad u = U$

해석

지배방정식이 평면 Poiseuille 유동과 동일하므로 일반해는 식 (5.8)과 같고 다시 적으면 다음과 같다.

$$u = \frac{1}{2\mu}\frac{\partial p}{\partial x}y^2 + C_1 y + C_2 \tag{5.27}$$

경계조건을 적용하여 적분상수를 구할 수 있으며, 다음과 같다.

$$C_2 = 0,\ C_1 = \frac{U}{H} - \frac{1}{2\mu}\frac{\partial p}{\partial x}H$$

따라서 속도분포는 다음과 같다.

$$u = \frac{U}{H}y + \frac{1}{2\mu}\frac{\partial p}{\partial x}(y^2 - Hy) \tag{5.28}$$

식 (5.28)은 다음처럼 나타낼 수 있다.

$$\frac{u}{U} = \frac{y}{H} + \frac{H^2}{2\mu U}\frac{\partial p}{\partial x}\left[\left(\frac{y}{H}\right)^2 - \frac{y}{H}\right] \tag{5.29}$$

식 (5.29)는 압력차가 없는 Couette 유동의 속도분포와 평면 Poiseuille 유동의 속도분포가 합해진 경우이다. 지배방정식이 선형(linear)이기 때문에 각각의 해를 더한 것도 해가 된다는 것을 보여주고 있다.

- 압력차가 없는 Couette 유동 : $\frac{u}{U} = \frac{y}{H}$
- 평면 Poiseuille 유동 : $\frac{u}{U} = \frac{H^2}{2\mu U}\frac{\partial p}{\partial x}\left[\left(\frac{y}{H}\right)^2 - \frac{y}{H}\right]$

식 (5.29)를 살펴보면, 각항의 차원은 동일하여야 하고, u/U, y/H가 무차원이기 때문에 $\frac{H^2}{\mu U}\frac{\partial p}{\partial x}$는 무차원이고 P라고 하자. 다음처럼 무차원 변수와 파라미터를 정의한다.

✦ $u^\star$: 무차원 독립변수
$u^\star$: 무차원 종속변수
P : 무차원 파라미터

$$y^\star = \frac{y}{H},\ u^\star = \frac{u}{U},\ P = \frac{H^2}{2\mu U}\frac{\partial p}{\partial x}$$

여기서 $y^\star$는 독립변수이고 $u^\star$는 구하여야 하는 종속변수이지만, P는 무차원파라미터이다. 식 (5.29)는 다음처럼 나타낼 수 있다.

$$u^\star = y^\star + Py^\star\left(y^\star - 1\right) \tag{5.30}$$

위의 속도분포를 그림 5.4(b)에 나타내고 있으며 파리미터 P의 값에 따라 속도분포가 달라지며 다음과 같다.

- $P = 0$: $\dfrac{\partial p}{\partial x} = 0$ 일 때이고 그림 5.4(a)의 속도분포와 같다.
- $P < 0$: $\dfrac{\partial p}{\partial x} < 0$ 일 때이고 왼쪽의 압력이 오른쪽보다 높으므로 압력차가 없는 경우 $(P = 0)$보다 유체의 속도가 더 커진다.
- $P > 0$: $\dfrac{\partial p}{\partial x} > 0$ 일 때이고 왼쪽의 압력이 오른쪽보다 낮으므로 압력차가 없는 경우 $(P = 0)$보다 유체의 속도가 더 작아진다.

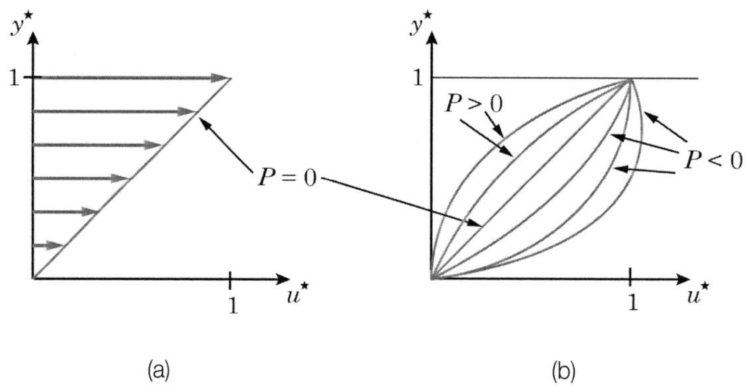

그림 5.4
Couette 유동의 속도분포, (a) 압력차 없는 경우, (b) 압력차 있는 경우

5.4 Poiseuille 유동

반지름 R이고 아주 긴 원관에서의 완전발달 유동을 생각하자. 압력차가 주어졌을 때 다음과 같은 가정에서 유체의 속도분포를 구하는 것이 목표이다.

가정

(1) 비압축성, Newton유체이다.

(2) 정상유동이다. 즉, $\frac{\partial ( )}{\partial t} = 0$ 이다.

(3) 유동은 축 대칭이고, θ방향으로 회전하지 않는 2차원 유동이다. 즉, r, θ, z좌표 중 r과 z좌표만 필요하고, 속도 중에서 v_r과 v_z만 필요하고($v_\theta = 0$), 구하고자하는 것은 $v_r(r,z)$, $v_z(r,z)$이다.

(4) 평행유동이다. 즉, $v_z(r,z)$만 존재한다($v_r = 0$). 앞에서도 설명하였듯이 완전발달이라는 가정을 하여도 같은 결과를 구할 수 있다.

(5) z 방향의 압력 기울기 $\frac{\partial p}{\partial z} = -\frac{\Delta p}{L} = C$ 는 주어진다.

(6) 중력은 고려하지 않는다. 앞에서도 설명하였듯이 r방향의 중력은 축방향의 속도분포에 영향을 주지 않는다.

지배방정식

먼저 지배방정식을 적어야한다. 가정 (1)~(4)에 의해, 원통좌표계로 나타낸 Newton 유체에 대한 2차원, 정상, 비압축성에 대한 연속방정식, Navier-Stokes 방정식은 다음과 같고(r, θ방향의 운동방정식은 필요 없다), 이 문제에 대한 지배방정식이다.

$$\frac{\partial v_z}{\partial z} = 0 \tag{5.31a}$$

$$\rho v_z \frac{\partial v_z}{\partial z} = -\frac{\partial p}{\partial z} + \mu\left[\frac{1}{r}\frac{\partial}{\partial r}\left(r\frac{\partial v_z}{\partial r}\right) + \frac{\partial^2 v_z}{\partial z^2}\right] \tag{5.31b}$$

식 (5.31a)로부터 $v_z = v_z(r)$이고, 식 (5.31b)는

$$\frac{1}{r}\frac{d}{dr}\left(r\frac{dv_z}{dr}\right) = \frac{1}{\mu}\frac{\partial p}{\partial z} \tag{5.32}$$

가 되고 이문제의 유일한 지배방정식이 된다.

경계조건

✦중심에서 대칭이라는 것이 확실하게 인식되지 않을 때는 중심에서 "속도가 유한" 하다라는 조건을 사용해도 된다.

필요한 경계조건은 다음과 같다.

중심에서 대칭 : $r = 0;\ \dfrac{dv_z}{dr} = 0$ (5.33a)

벽에서의 점착조건 : $r = R;\ v_z = 0$ (5.33b)

해석

경계조건 (5.33)을 적용하여 식 (5.32)를 해석적으로 푸는 것은 아주 쉬운 문제이고 그 해는 다음과 같다.

✦책에 따라 z축을 x축으로 나타내어 $u = \dfrac{1}{4\mu}\dfrac{\partial p}{\partial x}(r^2 - R^2)$ 로 나타내기도 한다.

$$v_z = \frac{1}{4\mu}\frac{\partial p}{\partial z}\left(r^2 - R^2\right) \tag{5.34}$$

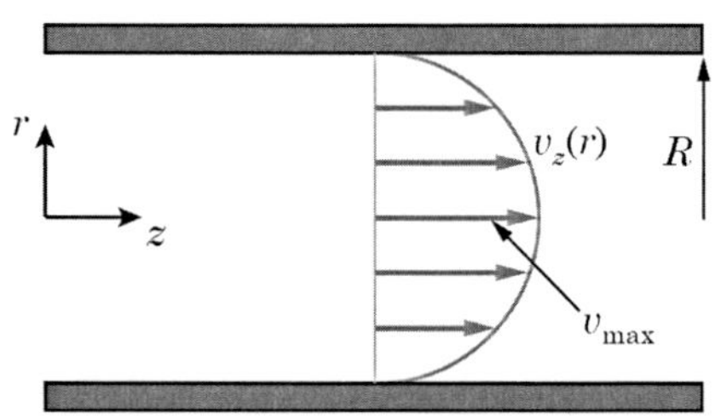

그림 5.5
Poiseuille 유동 - 원관에서의 완전발달 층류유동

속도분포가 알려지면 속도분포로부터 유량, 최대속도, 평균속도, 전단응력 등의 정보를 쉽게 구할 수 있다.

최대속도는 $r = 0$일 때의 속도이고 v_{max}라고 하면 다음과 같다.

✦ 책에 따라 z축을 x축으로 나타내어 $u = \frac{1}{4\mu}\frac{\partial p}{\partial x}(r^2 - R^2)$ 로 나타내기도 한다.

$$v_{\max} = -\frac{R^2}{4\mu}\frac{\partial p}{\partial z} \tag{5.35}$$

유량은 다음처럼 구할 수 있다.

$$Q = \int_0^R v_z(2\pi r)\, dr = -\frac{\pi R^4}{8\mu}\frac{\partial p}{\partial z} \tag{5.36}$$

평균속도 V는 다음과 같다.

$$V = \frac{Q}{A} = \frac{Q}{\pi R^2} = -\frac{R^2}{8\mu}\frac{\partial p}{\partial z} \tag{5.37}$$

평균속도와 최대속도는 다음과 같은 관계를 가진다.

$$V = \frac{v_{\max}}{2} \tag{5.38}$$

속도분포는 다음처럼 무차원 형태로 나타낼 수 있다.

$$\frac{v_z}{v_{\max}} = 1 - \left(\frac{r}{R}\right)^2 \tag{5.39}$$

부록의 식 (A.12)를 사용하여 전단응력 τ_{rz}를 다음처럼 구할 수 있다.

$$\tau_{rz} = \mu\left[\frac{\partial v_r}{\partial z} + \frac{\partial v_z}{\partial r}\right] = \mu\frac{dv_z}{dr} = \frac{r}{2}\frac{\partial p}{\partial z} \tag{5.40}$$

전단응력은 원관의 벽에서 최대가 벽에서의 전단응력 τ_{w}는 다음과 같다.

$$\tau_{\mathrm{w}} = \frac{R}{2}\frac{\partial p}{\partial z} \tag{5.41}$$

5.5 두 원관 사이의 회전유동

그림 5.6(a)에서 보여주고 있듯이 반지름 R_i인 원통과 반지름 R_o인 원관 사이에 유체가 있으며 안쪽의 원통(또는 원관)은 정지하고 있고 바깥의 원관이 ω_o의 각속도로 회전하고 있을 때, 유체의 속도를 구하고자 한다. 다음과 같은 가정에서 유체의 속도분포를 구하는 것이 목표이다.

가정

(1) 비압축성, Newton유체이다.

(2) 정상유동이다. 즉, $\dfrac{\partial(\,)}{\partial t} = 0$ 이다.

(3) 유동은 2차원 유동이다. 즉, r, θ, z좌표 중 r과 θ 좌표만 필요하고, 속도 중에서 v_r과 v_θ만 필요하고($v_z = 0$), 구하고자하는 것은 $v_r(r,\theta)$, $v_\theta(r,\theta)$, $p(r,\theta)$이다.

(4) 중력은 고려하지 않는다.

(5) 유동은 축 대칭이고, 따라서 속도와 압력은 θ 방향으로 변하지 않는다.
즉, $\dfrac{\partial v_r}{\partial \theta} = 0$, $\dfrac{\partial v_\theta}{\partial \theta} = 0$, $\dfrac{\partial p}{\partial \theta} = 0$ 이다. 따라서 결론적으로 $v_r(r)$, $v_\theta(r)$, $p(r)$을 구하여야 한다.

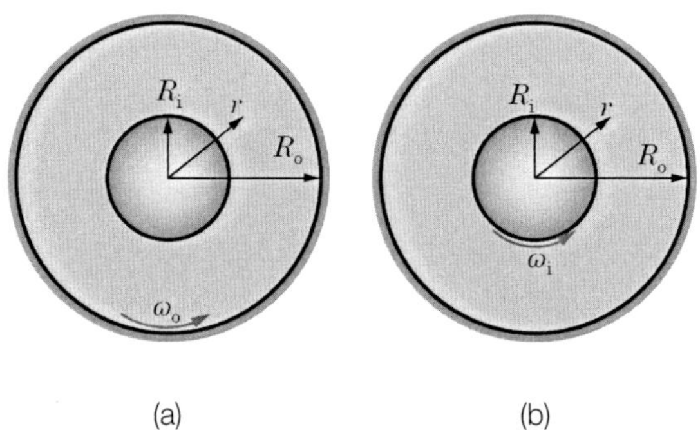

그림 5.6
안쪽 원통과 바깥쪽 원관 사이 유체 유동, (a) 바깥 원관 회전, (b) 안쪽 원통 회전

지배방정식

먼저 지배방정식을 적어야한다. 가정 (1)~(5)에 의해, 원통좌표계로 나타낸 Newton 유체에 대한 정상, 비압축성 유동에 대한 지배방정식은 다음과 같은 연속방정식과

Navier-Stokes 운동량방정식이고, z방향의 운동량방정식은 처음부터 필요 없다.

연속방정식 : $$\frac{1}{r}\frac{d(rv_r)}{dr}=0 \tag{5.42a}$$

운동량방정식 : $$v_r\frac{dv_r}{dr}-\frac{v_\theta^2}{r}=-\frac{1}{\rho}\frac{dp}{dr}+\nu\frac{d}{dr}\left\{\frac{1}{r}\frac{d}{dr}(rv_r)\right\} \tag{5.42b}$$

$$v_r\frac{dv_\theta}{\partial r}+\frac{v_rv_\theta}{r}=\nu\frac{d}{dr}\left\{\frac{1}{r}\frac{d}{dr}(rv_\theta)\right\} \tag{5.42c}$$

식 (5.42a)를 쉽게 적분할 수 있고 다음과 같다.

$$v_r(r)=\frac{C}{r}$$

$r=R_\mathrm{i}$에서 $v_r=0$이므로 $C=0$이고 따라서 유동장 전체에서 $v_r=0$이다. 이것을 식 (5.42b)와 식 (5.42c)에 대입하면 지배방정식은 다음처럼 간단히 나타낼 수 있다.

$$\frac{v_\theta^2}{r}=\frac{1}{\rho}\frac{dp}{dr} \tag{5.43a}$$

$$\frac{d}{dr}\left\{\frac{1}{r}\frac{d}{dr}(rv_\theta)\right\}=0 \tag{5.43b}$$

경계조건

필요한 경계조건은 다음과 같다.

$$r=R_\mathrm{i};\ v_\theta=0 \tag{5.44a}$$

$$r=R_\mathrm{o};\ v_\theta=R_\mathrm{o}\omega_\mathrm{o} \tag{5.44b}$$

해석

식 (5.43b)를 해석적으로 푸는 것은 쉽고, 그 일반해(general solution)는 다음과 같다.

$$v_\theta = C_1 r + \frac{C_2}{r} \tag{5.45}$$

경계조건을 적용하면 적분상수를 구할 수 있고 최종적인 해는 다음과 같다.

$$v_\theta = \frac{\omega_o R_o^2}{R_o^2 - R_i^2}\left(r - \frac{R_i^2}{r}\right) \tag{5.46}$$

속도분포를 알면, 전단응력을 구할 수 있고 부록의 식 (A.10)에 대입하여 $\tau_{r\theta}$를 구할 수 있다.

✦ $r\theta$ 평면에서 $\tau_{r\theta} = \mu \dfrac{dv_\theta}{dr}$ 가 아니다.

$$\tau_{r\theta} = \tau_{\theta r} = \mu\left[r\frac{\partial}{\partial r}\left(\frac{v_\theta}{r}\right) + \frac{1}{r}\frac{\partial v_r}{\partial \theta}\right] \Rightarrow \tau_{r\theta} = \mu r \frac{d}{dr}\left(\frac{v_\theta}{r}\right)$$
$$\tau_{r\theta} = 2\mu \frac{\omega_o R_o^2}{R_o^2 - R_i^2}\frac{R_i^2}{r^2} \tag{5.47}$$

안쪽의 원통벽에서의 전단응력 τ_i 는 다음과 같다.

$$\tau_i = 2\mu \frac{\omega_o R_o^2}{R_o^2 - R_i^2}$$

이 식은 회전식 점도계(viscometer)의 원리가 된다. 바깥 원관을 회전시켜 안쪽 원통벽에서의 전단응력 τ_i를 측정하면 유체의 점성계수 μ를 측정할 수 있다.

그림 5.6(b)처럼 바깥의 원관은 정지하여 있고, 안쪽의 원통이 ω_i의 각속도로 회전하고 있을 때, 유체의 속도분포를 구하고자 할 때, 지배방정식이 동일하여 일반해는 식 (5.45)로 동일하다. 경계조건을 바꾸어 적용하면 되므로 적분상수가 달라지고 따라서 최종적인 해는 다음과 같다.

$$v_\theta = \frac{\omega_i R_i^2}{R_o^2 - R_i^2}\left(-r + \frac{R_o^2}{r}\right) \tag{5.48}$$

그림 5.7(a)처럼 안쪽의 원통이 ω_i의 각속도로 회전하고, 바깥의 원관이 ω_o의 각속

도로 회전하고 있을 때, 유체의 속도에 관한 일반해는 역시 식 (5.45)로 동일하다. 다음의 경계조건을 적용하면 된다.

$$r = R_i;\ v_\theta = R_i\omega_i \tag{5.49a}$$

$$r = R_o;\ v_\theta = R_o\omega_o \tag{5.49b}$$

이때의 최종적인 해는 다음과 같다.

$$v_\theta = \frac{1}{R_o^2 - R_i^2}\left[\left(\omega_o R_o^2 - \omega_i R_i^2\right)r - \left(\omega_o - \omega_i\right)\frac{R_i^2 R_o^2}{r}\right] \tag{5.50}$$

이 속도분포로부터 두 극단적인 경우인 그림 5.7(b)와 그림 5.7(c)의 해를 구할 수 있다. 그림 5.7(b)의 회전하는 원관 내부의 유동은 $R_i = 0$, $\omega_i = 0$ 을 대입하여 구하면 되고 다음과 같다.

$$v_\theta = \omega_o r \tag{5.51}$$

그림 5.7(c)의 회전하는 원통 외부의 유동은 극한을 이용하여($R_o \to \infty$, $\omega_o \to 0$) 구하면 다음과 같다.

$$v_\theta = \frac{\omega_i R_i^2}{r} \tag{5.52}$$

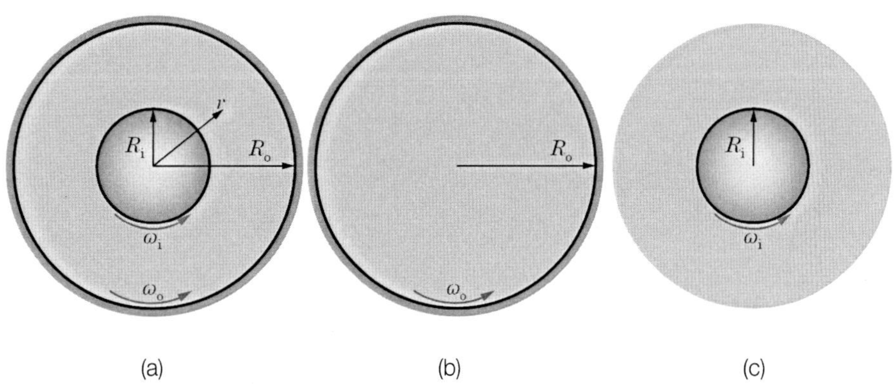

그림 5.7
(a) 안쪽 원통과 바깥쪽 원관 모두 회전, (b) 원관 내부 유동, (c) 원통 외부 유동

5.6 Stokes의 첫 번째 문제

그림 5.8과 같은 무한 평판이 처음에 정지하여 있다가 평판이 갑자기 x방향으로 일정한 속도 U로 움직일 때, 다음에 나타낸 여러 가정이 적용되는 경우의 평판주위 유체의 유동 문제를 Stokes의 첫 번째 문제(Stokes's first problem) 또는 Rayleigh 문제(Rayleigh problem)라고 한다. 이 문제에서는 단순히 지배방정식을 풀어 해를 구하는 것만이 목적이 아니라, 이 문제와 관련된 유체유동의 물리적 현상 및 여러 가지 해석방법에 대해 설명하고자 한다.

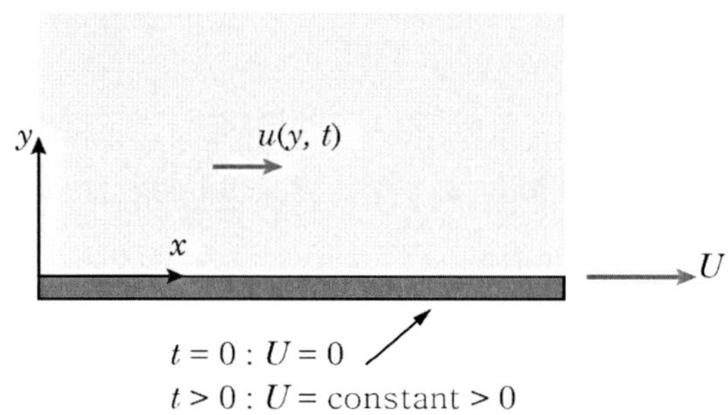

그림 5.8
무한 평판 위 유체의 유동 전파

가정

(1) 비압축성, Newton유체이다.

(2) 2차원 유동이다. 즉, x와 y좌표만 필요하고, 속도 중에서 u와 v만 필요하고($w=0$), 구하고자하는 것은 $u(x,y,t)$, $v(x,y,t)$, $p(x,y,t)$이다. 기본적으로 이 문제는 비정상유동이다.

(3) 평행유동이다. 즉, u만 존재한다($v=0$).

(4) 압력은 x방향으로 일정하다. 즉, 구하고자 하는 압력은 $p(y,t)$이다.

(5) 중력은 무시한다.

물리적 현상

이 문제에 대한 물리적인 현상은 다음과 같다. 이 문제의 경우 처음에 유체는 정지하고 있다가 무한히 큰 아래의 평판이 갑자기 일정한 속도로 움직이기 시작하면, 유체의 점성에 의하여 평판 위의 유체가 x방향으로 움직이기 시작한다. 기본적으로는 x방향의 속도 u(실제로는 x방향의 운동량)가 유체의 점성에 의하여 위의 유체에 전단력($\tau = \mu \dfrac{du}{dy}$)을 작용하게 되어, y방향으로 x방향의 운동량(운동에너지 또는 x 방향의 속도 u)이 전파(propagate)되어 가는 것이다. 그림 5.9에서 보듯이 평판 위의 유체의 속도분포가 시간이 지남에 따라 점차 커지고 그 영역이 확대되는 것을 예측할 수 있다.

그림 5.9에서 시간이 t일 때 유체가 움직이기 시작하는 높이를 δ라고 하고 이것을 **점성확산거리**(viscous diffusion distance)라고 하며 점성효과가 확산되는 거리를 나타내고 유체역학에서 자주 등장하는 기본 개념이다.

만약 점성계수 μ가 크다면 y방향으로 전파되는 속도는 빨라질 것이다. 여기서 다음과 같은 질문을 할 수 있다.

평판 위의 유체가 물과 공기인 경우 어느 것이 더 빨리 y방향으로 전파될까?

물의 점성이 공기보다 훨씬 크므로 물의 경우 공기보다 빨리 x방향의 운동량(또는 x방향의 속도 u)이 y방향으로 전파될까? 다음과 같은 구체적인 질문을 생각해보자.

(1) 높이가 δ_1에 도달할 때까지의 시간이 t_1이었다면, 높이가 $\delta_2 = 2\delta_1$ 에 도달할 때까지의 시간 t_2는 t_1과 어떤 관계가 있을까?

(2) 시간이 t_1일 때 유체가 움직이기 시작하는 높이가 δ_1이었다면, 시간이 $t_2 = 2t_1$ 일 때 높이 δ_2는 δ_1의 몇 배일까?

(3) 동일한 시간에, 공기일 때 움직이기 시작하는 높이 δ_{a}는 물이 움직이기 시작하는 높이 δ_{w}의 몇 배일까?

동일한 점성계수를 가지는 유체라고 하더라도 y방향으로 전파되는 속도는 같지 않고, 유체의 밀도 ρ에 따라 달라질 수 있다는 것을 예측할 수 있다. 동일한 점성계수를 가질 때 유체의 밀도가 작을 때 가벼워서 쉽게 움직일 수 있으므로 빨리 y방향으로 전파된다는 것을 예측할 수 있다. 즉, y방향으로 전파되는 속도는 μ뿐 아니라 ρ에도 관계된다는 것을 알 수 있다. 그렇지만 지금으로서는 실험을 하지 않고서는 위의 세 가지 의문사항에 대한 답을 할 수가 없다.

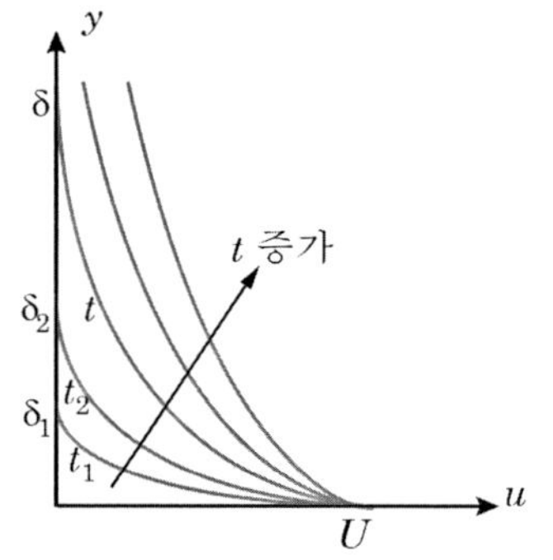

그림 5.9
시간에 따른 속도분포의 변화

지배방정식

먼저 지배방정식을 적어야한다. 가정 (1)~(5)에 의해, Newton유체에 대한 2차원, 비압축성에 대한 연속방정식, Navier-Stokes방정식은 다음과 같고(z방향의 운동방정식은 필요 없다), 이 문제에 대한 지배방정식이다.

$$\frac{\partial u}{\partial x} = 0 \tag{5.53a}$$

$$\rho\left(\frac{\partial u}{\partial t} + u\frac{\partial u}{\partial x}\right) = \mu\frac{\partial^2 u}{\partial y^2} \quad \Rightarrow \quad \frac{\partial u}{\partial t} + u\frac{\partial u}{\partial x} = \nu\frac{\partial^2 u}{\partial y^2} \tag{5.53b}$$

$$\frac{\partial p}{\partial y} = 0 \tag{5.53c}$$

식 (5.53a)로부터 $u = u(y, t)$이고, 식 (5.53b)는 다음처럼 단순화 된다.

$$\rho\frac{\partial u}{\partial t} = \mu\frac{\partial^2 u}{\partial y^2}$$

양변을 ρ로 나누면 다음과 같다.

$$\frac{\partial u}{\partial t} = \nu\frac{\partial^2 u}{\partial y^2} \tag{5.54}$$

이것은 공학에서 많이 나타나는 미분방정식이고 이와 같은 식을 1차원 **확산방정식**(diffusion equation)이라 한다. 이 문제에 대한 지배방정식은 식 (5.54)와 식 (5.53c)이다.

경계조건

필요한 경계조건은 다음과 같다.

벽에서의 점착조건 : $y=0;\ u=U$ (5.55a)

벽에서 멀리 떨어진 곳 : $y\rightarrow\infty;\ u=0$ (5.55b)

벽에서의 압력 : $y=0;\ p=p_0$ (5.55c)

초기조건

이 문제는 지배방정식에 시간에 대한 1계 미분이 있어, 초기조건이 필요하고 다음과 같다.

초기조건 : $t=0;\ u=0$ (5.55d)

이제 식 (5.54)를 참고하면, y방향으로 전파되는 속도는 오직 동점성계수 ν에만 관계된다는 것을 알 수 있고, 동점성계수 ν가 크면 y방향으로 빨리 전파된다. x방향의 운동량(또는 x방향의 속도 u)은 y방향으로 퍼져나가듯이 전파되고 전문적인 용어로는 y방향으로 "**확산**(diffuse)**된다**"라고 하고, 앞에서도 나타내었듯이 식 (5.54)를 **확산방정식**(diffusion equation)이라 한다.

크기 정도 해석(order of magnitude analysis)

이제 지배방정식으로부터 확산되는 속도는 동점성계수와 관계된다는 것을 알 수 있고, 앞의 질문들에 대한 답은 물론 지배방정식을 풀어 해를 구하면 쉽게 알 수 있지만, 지금 여러분의 실력이 이 해를 구할 수 없다고 가정해서 이 문제를 생각해보자. 시간 t일 때 유체가 움직이기 시작하는 높이를 δ라고 할 때, 지배방정식 (5.54)의 크기 정도(order of magnitude)는 다음과 같다.

$$\frac{\partial u}{\partial t} \sim \frac{U}{t}$$

$$\nu \frac{\partial^2 u}{\partial y^2} \sim \nu \frac{U}{\delta^2}$$

✦ $\delta \sim \sqrt{\nu t}$ 가 의미하는 것은 δ의 크기 정도가 $\sqrt{\nu t}$ 라는 것으로, 크기 정도 해석으로는 정확하게는 알 수 없다. $\sqrt{\nu t}$ 의 몇 배가 되는지는 알 수 없다. 즉, $\delta = n\sqrt{\nu t}$ 가 될 것이다.

지배방정식이 의미가 있으려면 이 두 크기 정도는 서로 같아야 한다.

$$\frac{U}{t} \sim \nu \frac{U}{\delta^2} \quad \Rightarrow \quad \delta \sim \sqrt{\nu t} \tag{5.56}$$

그렇지 않고 만약 한쪽의 크기 정도가 아주 작다면 지배방정식은 다음의 두 경우처럼 될 것이고 이들은 전혀 의미가 없는 방정식들이서 이 문제에 대한 지배방정식이 될 수 없어 두 항의 크기 정도는 서로 같아야 한다.

$$\frac{U}{t} \gg \nu \frac{U}{\delta^2} \quad \Rightarrow \quad \frac{\partial u}{\partial t} = 0$$

$$\frac{U}{t} \ll \nu \frac{U}{\delta^2} \quad \Rightarrow \quad \nu \frac{\partial^2 u}{\partial y^2} = 0$$

지배방정식의 크기 정도 해석만으로도 앞의 세 질문에 대한 답을 얻을 수 있다. 유체가 움직이기 시작하는 높이 δ의 크기 정도는 식 (5.56)으로부터 $\sqrt{\nu t}$ 임을 알 수 있다. 유체가 움직이기 시작하는 높이 δ는 $\sqrt{\nu}$ 와 $\sqrt{t}$ 에 비례한다는 것을 알 수 있어 앞의 질문에 대한 답을 할 수 있고 다음과 같다.

(1) $t \sim \frac{\delta^2}{\nu}$ 이므로 $\frac{t_2}{t_1} = \frac{\delta_2^2}{\delta_1^2} = \frac{(2\delta_1)^2}{\delta_1^2} = 4$

(2) $\delta \sim \sqrt{\nu t}$ 이므로 $\frac{\delta_2}{\delta_1} = \frac{\sqrt{t_2}}{\sqrt{t_1}} = \frac{\sqrt{2t_1}}{\sqrt{t_1}} = \sqrt{2}$

(3) $\delta \sim \sqrt{\nu t}$ 이므로 $\frac{\delta_a}{\delta_w} = \frac{\sqrt{\nu_a}}{\sqrt{\nu_w}} = \sqrt{\frac{\nu_a}{\nu_w}}$

지배방정식을 알지만 해를 구할 수 없거나, 구할 수 있어도 해를 구하지 않고, 크기 정도 해석만으로도 아주 많은 추가적인 정보를 얻을 수 있다. 공기의 동점성계수가 물의 동점성계수보다 훨씬 크기 때문에 **공기가 물보다 훨씬 빨리 움직이기 시작한다**(즉, 훨씬 빨리 확산한다)는 것을 알 수 있다. 공기의 동점성계수가 물의 동점성계수보다 훨씬 크므로 공기의 경우 운동량이 빨리 확산된다는 것을 알 수 있다.
유체가 움직이기 시작하는 높이 δ는 뒤에서 자세히 설명하겠지만, **일종의 경계층두께이다**. 이 경계층보다 아래($y \leq \delta$)에서는 유체가 점성의 영향을 받아 움직이지만, 이 경계층보다 위($y > \delta$)에서는 유체가 점성의 영향을 전혀 받지 않고 움직이지 않는다.
이제 이 문제를 해석적으로 풀어 엄밀해(exact solution)를 구하고자 한다.

해석 – 상사해

이 문제는 지금까지의 문제와 달리 편미분방정식이다. 이와 같은 편미분 방정식의 해를 구하는 방법은 Laplace 변환이나, 상사해법을 이용하여 구할 수 있으며, 여기서는 상사해법을 이용하여 구한다.
상사해의 기본개념을 이해하기 쉽지는 않지만 다음처럼 설명할 수 있다. 앞의 그림 5.9에서 설명하였듯이 유체의 속도분포는 시간이 지남에 따라 점점 변하고 유체가 움직이기 시작하는 높이 δ는 점점 커지게 된다. 그림 5.10(a)에서의 시간에 따른 속도분포를 같은 높이로 맞추어 나타내면, 모두 동일한 그래프로 될 것처럼 보인다. 즉, 시간 t_1에서의 속도분포 그래프를 y방향으로 δ_1점에서 δ까지 일괄적으로 동일한 비율로 쭉 늘리면, 굵게 나타낸 시간 t에서의 속도분포 그래프와 같아질 것처럼 보인다. 그리고 시간 t_2에서의 속도분포 그래프를 y방향으로 δ_2점에서 δ까지 일괄적으로 동일한 비율로 쭉 늘리면, 이것 또한 시간 t에서의 속도분포 그래프와 같아질 것처럼 보인다. 시간 t보다 큰 시간에서의 곡선들은 δ까지 일괄적으로 아래쪽으로 축소하면 시간 t에서의 속도분포 그래프와 같아질 것처럼 보인다. 이처럼 모든 속도분포는 닮은(similar) 형태로 보여 같은 높이로 그래프를 다시 조정하여 나타내면 동일한 그래프로 나타낼 수 있을 것 같다. 실제로 해석하여 보면 **동일한 그래프로 나타낼 수 있고 이를 상사해**라 하고, 그림 5.10(a)에서의 y축 대신에 변수를 치환하여 그림 5.10(b)의 y/δ를 사용하여 나타내면 $y/\delta = 1$인 점에서 시작되는 하나의 그래프로 나타낼 수 있다. 그림 5.10(b)의 y/δ를 새로운 변수 η라 둔다.

$$\eta = \frac{y}{\delta} \tag{5.57}$$

앞에서 $\delta \sim \sqrt{\nu t}$ 의 관계로부터 $\delta = n\sqrt{\nu t}$ 이고, 지금은 정확한 n을 모르지만 편의상 $n = 2$라고 하여 다음처럼 **상사변수(similarity variable)**와 **상사해(similarity solution)**를 가정한다.

✦ $\eta = \frac{y}{\delta} = \frac{y}{n\sqrt{\nu t}}$
편의상 $n = 2$라 두면
⇨ $\eta = \frac{y}{2\sqrt{\nu t}}$

상사변수 : $$\eta = \frac{y}{2\sqrt{\nu t}} \tag{5.58}$$

상사해 : $$u^{\star} = \frac{u}{U} = f(\eta) \tag{5.59}$$

식 (5.59)에서 $u^{\star}$는 무차원 속도를 나타내고 있으며 상사변수 η만의 함수라고 가정한 것이고 $u^{\star}$가 상사변수 η만의 함수일 때 $u^{\star}$를 상사해라고 한다. 상사변수를 치환할 때 정확한 n을 모르므로 적절한 n을 사용하여 해를 구할 수 있다. 예를 들어, 앞에서 $n = 1$을 사용하여 $\xi = \frac{y}{\sqrt{\nu t}}$ 로 치환하여도 상사해를 구할 수 있지만(보충설명 참조), 지금처럼 $\eta = \frac{y}{2\sqrt{\nu t}}$ 를 사용하는 것이 해를 구하기가 제일 쉽다(이미 해를 구하는 전 과정을 알고 있다는 뜻이다). 그림 5.10을 참조하여 물리적인 현상을 통하여 상사해의 가능성에 대하여 설명하였지만, 차원해석을 통하여도 상사해가 가능하다는 것을 알 수 있다(보충설명 참조).

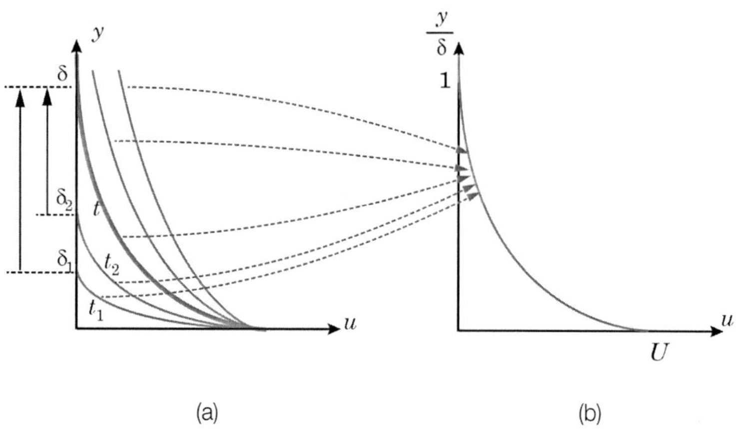

그림 5.10
(a) 속도분포, (b) 동일한 스케일로 나타낸 속도분포

이제 변수치환을 하여 다음처럼 지배방정식과 경계조건 및 초기조건을 변환할 수 있다. 식 (5.54)의 각 항을 다음처럼 치환한다.

✦식들에서 $u^\star = f(\eta)$ 이므로 $u^\star$ 대신에 f를 대입해서 나타낼 수도 있다. 즉, $\frac{\partial u}{\partial y} = U\frac{df}{d\eta}\frac{1}{2\sqrt{\nu t}}$ 로 표시할 수도 있다.

$$\frac{\partial u}{\partial y} = \frac{\partial (Uu^\star)}{\partial y} = U\frac{\partial u^\star}{\partial y} = U\frac{\partial u^\star}{\partial \eta}\frac{\partial \eta}{\partial y} = U\frac{du^\star}{d\eta}\frac{1}{2\sqrt{\nu t}} \tag{5.60a}$$

$$\frac{\partial^2 u}{\partial y^2} = \frac{\partial}{\partial y}\left(\frac{\partial u}{\partial y}\right) = \frac{\partial}{\partial y}\left(U\frac{du^\star}{d\eta}\frac{1}{2\sqrt{\nu t}}\right) = U\frac{1}{4\nu t}\frac{d^2u^\star}{d\eta^2} \tag{5.60b}$$

$$\frac{\partial u}{\partial t} = U\frac{\partial u^\star}{\partial t} = U\frac{du^\star}{d\eta}\frac{\partial \eta}{\partial t} = -U\frac{du^\star}{d\eta}\frac{y}{4\sqrt{\nu}}t^{-3/2} = -U\frac{du^\star}{d\eta}\frac{\eta}{2t} \tag{5.60c}$$

이것을 식 (5.54)에 대입하면 다음과 같은 상미분방정식을 구할 수 있다.

$$\frac{d^2u^\star}{d\eta^2} + 2\eta\frac{du^\star}{d\eta} = 0 \tag{5.61}$$

상사변수를 치환하면서 경계조건 및 초기조건은 다음처럼 바뀐다.

벽에서의 점착조건 : $\eta = 0;\ u^\star = 1$ (5.62a)

벽에서 멀리 떨어진 곳 : $\eta \to \infty;\ u^\star = 0$ (5.62b)

초기 조건 : $\eta \to \infty;\ u^\star = 0$ (5.62b)

경계조건인 식 (5.55b)와 초기조건인 식 (5.55d)가 식 (5.62b)로 동일하게 표시되는 것에 주목하여야한다.

식 (5.61)의 미분방정식과 식 (5.62)의 경계조건을 살펴보면, 독립변수 t와 y가 전혀 나타나지 않아, 속도 $u^\star$는 독립변수 η만의 함수로 표시되었다는 것을 알 수 있다. 만약 이 식이나 경계조건에 t 또는 y가 사라지지 않고 나타난다면, 속도 $u^\star$는 독립변수 η만의 함수가 아니라 t 또는 y의 함수라는 것을 나타내고 처음에 가정한 식 (5.59)와 같은 상사해가 존재하지 않는다는 것을 의미하며, 이런 경우는 상사해를 구할 수 없다.

원래의 지배방정식은 독립변수 t와 y에 관한 편미분방정식인데 반하여 상사해라 가정하여 변환된 지배방정식은 독립변수 η에 관한 상미분방정식으로 바뀌었다는 것에 또한 주목하여야한다. 편미분방정식보다 상미분방정식의 해를 구하기가 훨씬 쉽다. 상사변수 치환을 한 결과 편미분방정식은 상미분 방정식으로 바뀌었고 초기조건은 없어지고 두 개의 경계조건으로만 나타낼 수 있어, 이 상미분방정식의 해를 구하기는 쉽다.

✦ $u^\star = \dfrac{u}{U} = f(\eta)$이므로 $F = f'$이다.

$F = \dfrac{du^\star}{d\eta}$ 라 두면 식 (5.61)을 다음처럼 나타낼 수 있다.

$$F' + 2\eta F = 0 \tag{5.63}$$

이것을 적분하면 다음과 같다.

✦ $F' = \dfrac{dF}{d\eta}$

$$\frac{F'}{F} = -2\eta \quad \Rightarrow \quad \ln F = -\eta^2 + C_1$$

$$F = \frac{du^\star}{d\eta} = e^{-\eta^2 + C_1} = e^{C_1} e^{-\eta^2} = C_2 e^{-\eta^2}$$

이고, 이것을 적분하면 다음과 같다.

$$u^\star = C_2 \int_0^\eta e^{-\zeta^2} d\zeta + C_3 \tag{5.64}$$

경계조건을 적용하면 다음과 같다.

$$C_3 = 1$$

$$C_2 \int_0^\infty e^{-\zeta^2} d\zeta + 1 = 0$$

그런데

$$\int_0^\infty e^{-\zeta^2} d\zeta = \frac{\sqrt{\pi}}{2}$$

이므로

$$C_2 = -\frac{2}{\sqrt{\pi}}$$

이고, C_2와 C_3를 식 (5.64)에 대입하면 다음을 얻는다.

$$u^{\star} = \frac{u}{U} = 1 - \frac{2}{\sqrt{\pi}} \int_0^{\eta} e^{-\zeta^2} d\zeta \tag{5.65}$$

오차함수(error function)는 다음과 같다.

$$erf(\eta) \equiv \frac{2}{\sqrt{\pi}} \int_0^{\eta} e^{-\zeta^2} d\zeta \tag{5.66}$$

이것을 이용하면 최종적인 해는 다음처럼 나타낼 수 있다.

$$u^{\star} = \frac{u}{U} = 1 - erf(\eta) \equiv erfc(\eta) \tag{5.67}$$

여기서 $erfc$는 여오차함수(complementary error function)를 나타낸다. 그림 5.11에 속도분포를 나타내고 있다.

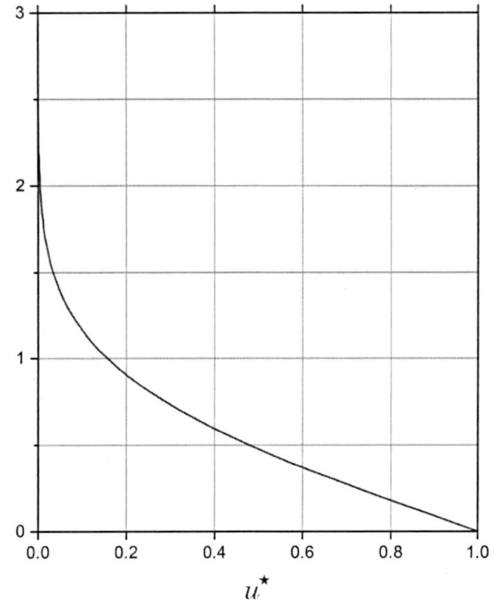

그림 5.11
상사변수로 표현된 무차원 속도 분포

유체가 움직이기 시작하는 높이, 즉 점성확산거리(viscous diffusion distance) δ를 구하여 보자. 그림 5.11에서 $u = 0.01\,U$(또는 $u^{\star} = 0.01$)에 도달할 때, 유체의 움직임을 확신할 수 있다고 생각하여 보통 $u = 0.01\,U$일 때의 높이 y를 δ로 정의한다. 그림 5.11 또는 식 (5.67)로부터

$$erfc(1.82) = 0.01$$

이므로, $\eta = 1.82$ 일 때 $u^{\star} = 0.01$ 이다. 즉, $\dfrac{y}{2\sqrt{\nu t}} = 1.82$ 일 때 $u = 0.01U$이고, 이때의 y가 바로 δ이고 다음과 같다.

$$\frac{\delta}{2\sqrt{\nu t}} = 1.82 \quad \Rightarrow \quad \delta = 3.64\sqrt{\nu t} \tag{5.68}$$

점성에 의하여 유체의 유동이 확산되는(diffuse) 거리인 점성확산거리는 $\sqrt{\nu t}$에 비례한다는 것을 알 수 있고, 이는 유체역학에서 기본적인 사항이다.

보충설명 ⊙ 다른 상사변수의 선택

상사변수 :
$$\xi = \frac{y}{\sqrt{\nu t}} \tag{5.69}$$

상사해 :
$$u^{\star} = \frac{u}{U} = f(\xi) \tag{5.70}$$

라 두고 지배방정식을 변환하면 다음과 같다.

$$\frac{d^2u^{\star}}{d\xi^2} + \frac{\xi}{2}\frac{du^{\star}}{d\xi} = 0 \tag{5.71}$$

경계조건은 다음과 같다.

$$\xi = 0;\ u^{\star} = 1 \tag{5.72a}$$

$$\xi \to \infty;\ u^{\star} = 0 \tag{5.72b}$$

위의 지배방정식과 경계조건을 사용하여 해를 구하면 앞에서 구한 해와 같은 결과를 구할 수 있다. 해를 구하는 도중에 $\eta = \dfrac{\xi}{2}$로 치환하여 구하여야만 하고 이것을 구하는 상세한 과정은 연습문제로 남겨둔다.

보충설명 ⊕ 차원해석을 통한 상사해

이 문제의 지배방정식과 경계조건, 초기조건은 다음과 같다.

$$\frac{\partial u}{\partial t} = \nu \frac{\partial^2 u}{\partial y^2}$$

$$y = 0\,;\ u = U$$

$$y \to \infty\,;\ u = 0$$

$$t = 0\,;\ u = 0$$

이 문제의 특성속도는 U이지만 특성길이나 특성시간은 존재하지 않는다. 따라서 지금으로서는 무차원 속도 $u^\star$ 를 다음처럼 정의할 수 있을 뿐이다.

$$u^\star = \frac{u}{U}$$

이것을 이용하면 지배방정식과 경계조건, 초기조건을 다음처럼 변환할 수 있다.

$$\frac{\partial u^\star}{\partial t} = \nu \frac{\partial^2 u^\star}{\partial y^2}$$

$$y = 0\,;\ u^\star = 1$$

$$y \to \infty\,;\ u^\star = 0$$

$$t = 0\,;\ u^\star = 0$$

위의 지배방정식과 경계조건, 초기조건으로부터

$$u^\star = f(y,t;\nu) \tag{5.73}$$

가 성립한다는 것을 알 수 있다.

식 (5.73)에 관계되는 변수는 4개(무차원 1개, 차원 3개)이고 변수들에 나타나는 기본차원은 2개(길이와 시간)이므로 차원이 있는 변수 3개(y, t, ν)를 1개의 무차원 변수로 바꿀 수 있다. 차원해석에 의해 이 무차원 변수를 구하면 다음과 같다.

$$\pi = \frac{y}{\sqrt{\nu t}} \tag{5.74}$$

즉, 다음처럼 나타낼 수 있다.

$$u^\star = f(\pi) \ \Rightarrow\ u^\star = f\left(\frac{y}{\sqrt{\nu t}}\right) \tag{5.75}$$

이 식이 나타내는 것은 무차원 속도 $u^\star$ 가 무차원 변수(즉, 상사변수) $\frac{y}{\sqrt{\nu t}}$ 만의 함수이고 상사해가 존재한다는 것을 알 수 있다.

보충설명 ⑥ 상사해의 존재

상사해가 항상 존재하는 것은 아니고 다음과 같을 때에만 가능하다.

(1) 미분방정식이 2개의 독립변수로 주어지고,

(2) 미분방정식의 형태가 포물형(parabolic)이고,

(3) 문제에서 특성길이(characteristic length) 또는 길이 스케일(length scale)이 없는 문제에서 가능하다.

Stokes의 첫 번째 문제에서 독립변수는 t와 y 두 개이고, 미분방정식은 포물형이고, 문제에서 어떠한 특성길이도 없으므로 위의 세 조건을 모두 만족시키므로 상사해가 존재한다.

그러나 Couette 유동에서 고려하였던 간격이 H인 두 무한평판사이의 유동에서, 처음에 모두 정지하고 있다가 위쪽 평판을 갑자기 움직이기 시작한 후의 속도는 비정상상태이고 그림 5.12처럼 유체의 속도분포는 시간이 지남에 따라 바뀌게 되고 마지막으로 정상상태에 도달하게 된다. 마지막 정상상태의 속도분포는 앞의 압력차가 없는 Couette 유동에서 구한 그림 5.4(a)와 같이 직선이 된다. 그림에 5.12에서 보듯이 이 경우는 문제에서 특성길이 H가 존재하므로 상사해가 존재하지 않고, 그림에서 보듯이 시간에 따른 속도분포는 전혀 닮지(similar) 않다는 것을 알 수 있다.

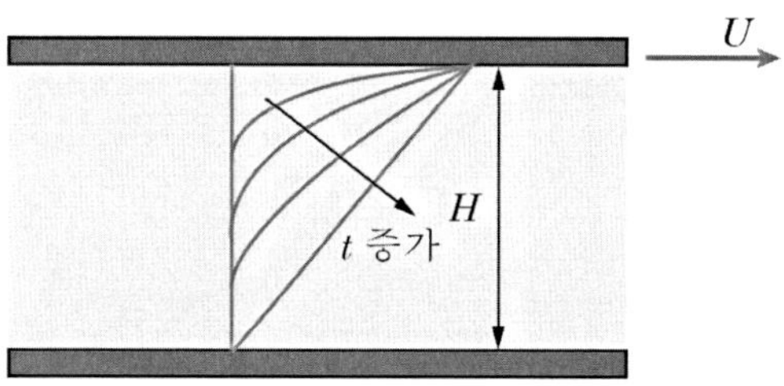

그림 5.12
Couette 유동에서 시간에 따른 속도분포의 변화

5.7 다공 평판 사이의 유동

그림 5.13처럼 매우 큰 다공(porous) 평판 사이의 유동을 생각하자. 위 평판은 U의 속도로 움직이고 아래 평판은 고정되어 있다. 위 평판에서 수직방향으로 $-V$의 속도로 흘러들어와 아래 평판에서 $-V$의 속도로 흘러 나간다. 다음과 같은 가정이 성립하는 경우 u와 v를 구하는 것이 목표이지만, 특별히 u를 구하는 것이 최종목표이다.

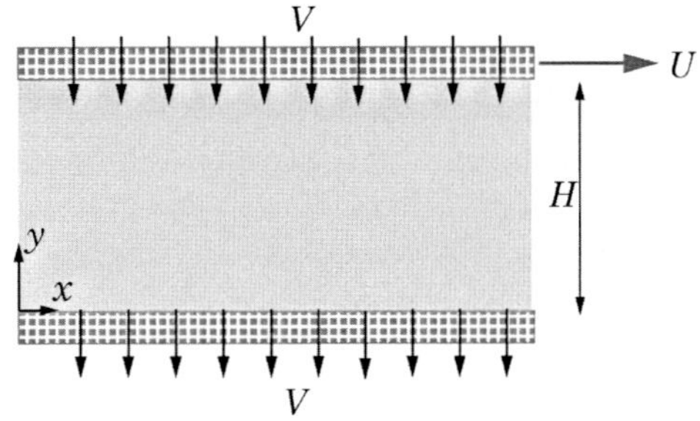

그림 5.13
다공 평판 사이의 유동

가정

(1) 비압축성, Newton유체이다.

(2) 2차원 유동이다. 즉, x와 y좌표만 필요하고, 속도 중에서 u와 v만 필요하고($w=0$), 구하고자하는 것은 $u(x,y)$, $v(x,y)$, $p(x,y)$이다.

(3) 정상유동이다.

(4) 중력을 무시한다.

(5) x방향으로 속도 및 압력이 변하지 않는다. 즉, $\dfrac{\partial u}{\partial x}=0$, $\dfrac{\partial v}{\partial x}=0$, $\dfrac{\partial p}{\partial x}=0$이고 따라서 구하고자하는 것은 $u(y)$, $v(y)$, $p(y)$이다.

지배방정식

먼저 지배방정식을 적어야한다. 가정 (1)~(4)에 의해 Newton유체에 대한 2차원, 정상, 비압축성에 대한 연속방정식, Navier-Stokes방정식은 다음과 같고, 이 문제에 대한 지배방정식이다.

$$\frac{\partial u}{\partial x}+\frac{\partial v}{\partial y}=0 \tag{5.76a}$$

$$\rho\left(u\frac{\partial u}{\partial x}+v\frac{\partial u}{\partial y}\right)=-\frac{\partial p}{\partial x}+\mu\left(\frac{\partial^2 u}{\partial x^2}+\frac{\partial^2 u}{\partial y^2}\right) \tag{5.76b}$$

$$\rho\left(u\frac{\partial v}{\partial x}+v\frac{\partial v}{\partial y}\right)=-\frac{\partial p}{\partial y}+\mu\left(\frac{\partial^2 v}{\partial x^2}+\frac{\partial^2 v}{\partial y^2}\right) \tag{5.76c}$$

가정 (5)까지 적용하여 보다 단순한 지배방정식을 이 단계에서도 바로 적을 수 있지만 연속방정식과 Navier-Stokes방정식이 어떻게 적용되는지를 명확하게 나타내기 위해 이 단계에서는 가정 (1)~(4)까지만 적용한 지배방정식을 나타내었다.

경계조건

필요한 경계조건은 다음과 같다.

$$y = 0 \ ; \ u = 0, \ v = -V \tag{5.77a}$$

$$y = H \ ; \ u = U, \ v = -V \tag{5.77b}$$

해석

이 단계에서 u가 어떤 변수들의 함수인지 한번 생각해보면, 다음처럼 나타낼 수 있을 것이다. 이 문제는 지배방정식과 경계조건이 알려진 경우이므로 쉽게 구할 수 있다.

$$u = u(x, y; U, V, H, \rho, \mu) \tag{5.78}$$

식을 풀어 해를 구할 수 없다면(방정식이 어렵거나 해를 구할 능력이 되지 않는다면), 실험을 하여 변수들 사이의 관계를 구하여야 할 것이다.
가정 (5)를 적용하면 지배방정식은 다음처럼 더욱 더 단순화 할 수 있다. 가정 (5)를 적용하면 속도와 압력이 y만의 함수 $u(y)$, $v(y)$, $p(y)$이므로 편미분방정식이 아닌 상미분방정식으로 바뀐다.

$$\frac{dv}{dy} = 0 \tag{5.79a}$$

$$\rho v \frac{du}{dy} = \mu \frac{d^2u}{dy^2} \tag{5.79b}$$

$$\rho v \frac{dv}{dy} = -\frac{dp}{dy} + \mu \frac{d^2v}{dy^2} \tag{5.79c}$$

식 (5.79a)를 적분하면,

$$v = C$$

이고, 경계조건을 적용하면 $C = -V$ 이므로

$$v = -V \tag{5.80}$$

이고 일정하다. 이것을 식 (5.79c)에 대입하면

$$\frac{dp}{dy} = 0 \quad \Rightarrow \quad p = C \tag{5.81}$$

가 되어 압력은 유동장 전체에서 일정하다. 이제 남은 것은 $u(y)$를 구하는 것이고 식 (5.80)과 식 (5.81)을 식 (5.79c)에 대입하면 지배방정식은 다음처럼 나타낼 수 있다.

$$\frac{d^2u}{dy^2} + \frac{V}{\nu}\frac{du}{dy} = 0 \tag{5.82}$$

이 방정식과 관련된 경계조건은 다음과 같다.

$$y = 0 \ ; \ u = 0 \tag{5.83a}$$

$$y = H \ ; \ u = U \tag{5.83b}$$

이제 위의 지배방정식과 경계조건을 사용하여 미분방정식을 풀어 해를 구하면 되지만, 해를 구할 수 없어 실험을 한다고 가정하면, 지배방정식과 경계조건으로부터 u를 다음처럼 나타낼 수 있을 것이고 식 (5.78)보다 변수들이 줄어든다.

$$u = u(y; U, V, H, \nu) \tag{5.84}$$

여러 파라미터를 바꾸어 가며 실험을 하고 데이터를 적절히 정리하여 그래프로 나타내어야 위의 관계를 추측할 수 있을 것이다.

지배방정식의 무차원화

다음과 같은 무차원 변수를 생각한다.

$$y^\star = \frac{y}{H},\ u^\star = \frac{u}{U} \tag{5.85}$$

지배방정식을 다음처럼 무차원화 하여 나타낼 수 있다.

$$\frac{d^2u^\star}{dy^{\star 2}} + \frac{VH}{\nu}\frac{du^\star}{dy^\star} = 0 \tag{5.86}$$

위의 식에서 $\frac{d^2u^\star}{dy^{\star 2}}$와 $\frac{du^\star}{dy^\star}$가 무차원이고 따라서 $\frac{VH}{\nu}$도 무차원이라야 한다. 물론 각각의 차원을 대입하여 이것이 무차원이라는 것을 확인할 수도 있다. 따라서 $\frac{VH}{\nu}$을 다음처럼 무차원 변수 α라 정의한다.

$$\alpha = \frac{VH}{\nu} \tag{5.87}$$

그러면 무차원 지배방정식과 경계조건은 다음과 같다.

$$\frac{d^2u^\star}{dy^{\star 2}} + \alpha\frac{du^\star}{dy^\star} = 0 \tag{5.88}$$

$$y^\star = 0\ ;\ u^\star = 0 \tag{5.89a}$$

$$y^\star = 1\ ;\ u^\star = 1 \tag{5.89b}$$

이제 위의 지배방정식과 경계조건을 사용하여 $u^\star$를 다음처럼 나타낼 수 있을 것이고 식 (5.84)보다 변수들이 줄어들었다.

$$u^\star = u^\star(y^\star;\alpha) \tag{5.90}$$

해를 구할 수 없어 실험을 하여 해석하는 경우라 하더라도 무차원 파라미터 α에 따라 속도분포가 바뀐다는 것을 알 수 있고 데이터를 쉽게 정리할 수 있다. 즉, 식 (5.84)의 관계보다 식 (5.90)의 관계를 이용하여 데이터를 정리하면 훨씬 간편하게 실험데이터를 그래프로 나타낼 수 있다는 것을 알 수 있다.
이 문제의 지배방정식은 쉽게 해를 구할 수 있는 경우이고 다음처럼 해를 구할 수 있다.

$$X = \frac{du^\star}{dy^\star} \tag{5.91}$$

라 두면 식 (5.88)은 다음처럼 나타낼 수 있다.

$$\frac{dX}{dy^\star} + \alpha X = 0 \quad \Rightarrow \quad \frac{dX}{X} = -\alpha\, dy^\star \tag{5.92}$$

이것을 적분하면,

$$\ln X = -\alpha y^\star + C_1 \quad \Rightarrow \quad X = e^{-\alpha y^\star + C_1} = C_2 e^{-\alpha y^\star}$$

이고, 다음과 같다.

$$\frac{du^\star}{dy^\star} = C_2 e^{-\alpha y^\star} \tag{5.93}$$

적분하면 다음과 같다.

$$u^\star = -\frac{C_2}{\alpha} e^{-\alpha y^\star} + C_3 = C_4 e^{-\alpha y^\star} + C_3 \tag{5.94}$$

경계조건을 대입하여 적분상수를 구하면

$$C_3 = \frac{1}{1-e^{-\alpha}}\ , \ C_4 = -\frac{1}{1-e^{-\alpha}} \tag{5.95}$$

이고 따라서 무차원 속도는 다음과 같다.

$$u^\star = \frac{1-e^{-\alpha y^\star}}{1-e^{-\alpha}} \tag{5.96}$$

그림 5.14에 속도분포를 나타내고 있다. 그림에서 보듯이 속도분포는 무차원 파라미터 α에 따라 달라진다는 것을 알 수 있고, α의 값이 클수록 속도분포는 아래쪽으로 더욱 더 평평해 진다는 것을 알 수 있다.

✦ α의 값이 크다는 것은 $\frac{VH}{\nu}$가 크다는 것을 의미하고, 따라서 주어진 H에서 V가 크거나 ν가 아주 작다는 것을 나타낸다. 따라서, $\alpha = 0$: $V = 0$, 또는 $\nu = \infty$을 나타내고, $\alpha = \infty$: $V = \infty$, 또는 $\nu = 0$을 나타낸다.

속도분포 중 α의 두 극한인, $\alpha \to 0$, $\alpha \to \infty$일 때의 속도분포를 구하여 보자.
먼저, $\alpha \to 0$일 때의 속도분포는 식 (5.96)에서 $\alpha \to 0$인 극한에서 구할 수 있으며 다음과 같다. 이것을 구하는 것은 연습문제로 남겨둔다.

$$\alpha \to 0 : u^\star = y^\star \tag{5.97}$$

$\alpha = 0$일 때는 V가 0인 경우에 해당된다고 볼 수 있으므로, 평판 Couette 유동의 속도분포와 같고 그림 5.14에서 제일 위의 직선으로 표시된다.

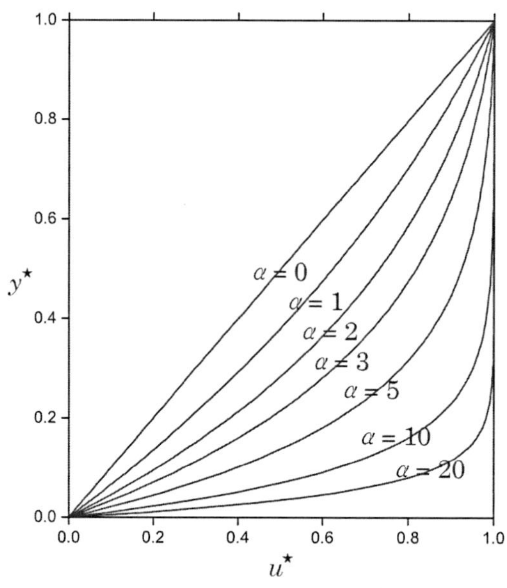

그림 5.14
다공 평판 사이의 속도분포

α의 값이 클수록 속도분포는 아래쪽으로 더욱 더 평평해지고, 그림 5.15(a)에 $\alpha = 50$일 때의 속도분포를 나타내고 있으며, 속도분포는 확연하게 두 층으로 구분하여 설명할 수 있다. 대부분의 유동영역에서 속도는 U가 되고 이 부분에서의 전단응력은 거의 0이 되는 것을 쉽게 알 수 있다. 즉, α의 값이 아주 클 때는 V가 아주 크거나 또는 동점성계수 ν가 아주 작은 경우라 생각하면 되지만, 여기서는 동점성계수 ν가 아주

작은 경우라 생각하면 이해하기 쉽다. 따라서 α의 값이 아주 클 때는 점성이 아주 작아 대부분의 유동영역에서 점성을 무시할 수 있다. 그러나 아래 평판 가까운 곳에서는 속도가 급격하게 변하고 점성을 무시할 수 없는 영역이 존재하고 이러한 영역을 경계층이라고 할 수 있고, 그림에서 이 영역의 높이를 δ로 나타내었고 δ를 경계층두께라 할 수 있다. 그림 5.15(b)에 $\alpha = 200$일 때의 속도분포를 나타내고 있으며, 경계층두께는 상당히 작다는 것을 알 수 있고, 그림 5.15(c)에서는 극단적으로 $\alpha \to \infty (\nu \to 0)$일 때의 속도분포를 보여주고 있으며, 경계층두께 $\delta \to 0$으로 아주 작아진다. $\alpha \to \infty$일 때의 해는 식 (5.96)에서 $\alpha \to \infty$인 극한에서 구할 수 있으며 다음과 같다. 이것을 구하는 것은 연습문제에서 다룬다.

$$\alpha \to \infty \ : u^{\star} = 1 \tag{5.98}$$

$\alpha \to \infty$일 때의 해를 전체적으로 보면, 유동장 전체에서 $u^{\star} = 1$이 되는데, 아래평판에서 경계조건인 식 (5.89a)를 만족하지 못하므로, 실제적으로는 아래평판에 아주 작은 경계층이 존재하여야 하지만, 이 경계층두께가 아주 작아($\delta \to 0$) 그림에 나타내기 어려울 뿐이다. 이와 같은 경계층에 대한 개념은 7장에서 다룰 경계층유동에서 더욱 자세히 다룰 것이고 그때 경계층에 대한 개념을 이해하는데 도움이 될 것이다.

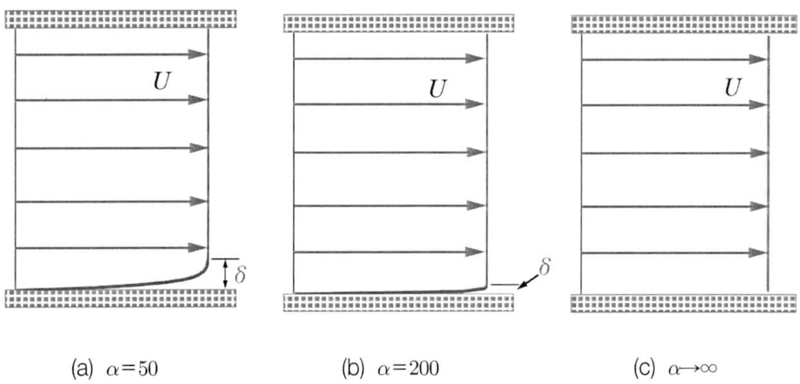

그림 5.15
다공 평판 사이의 속도분포

앞에서 무차원화 된 지배방정식으로 해를 구하였지만, 해를 구할 수 있는 경우는 지배방정식을 무차원화 하여 구하나, 원래 형태 그대로 구하나 결과적으로는 차이점이 없다. 즉, 원래형태의 지배방정식과 경계조건인 식 (5.82)와 식 (5.83)으로 부터 해를 다음처럼 구할 수도 있다.

$$u = \frac{1 - e^{-\frac{Vy}{\nu}}}{1 - e^{-\frac{VH}{\nu}}} U \tag{5.99}$$

이 식과 앞에서 구한 식은 같은 식이라는 것을 알 수 있다.

5.8 지배방정식의 무차원화 및 무차원수

지금까지 해석적으로 엄밀해를 구할 수 있는 문제에 대해 속도분포를 구하였다. 그 과정에서 지배방정식을 직접 풀어서 해를 구한 경우도 있고, 지배방정식을 무차원화 하여 해를 구한 경우도 있었다. 지배방정식을 무차원화 하면 해를 구할 수 없는 경우에도 추가적으로 유용한 정보를 제공하여 파라미터를 줄일 수 있다는 것을 보여주었다.

이제 비압축성, Newton유체에 대하여 일반적인 지배방정식인 연속방정식과 운동량방정식을 무차원화 하고자 한다. 적절한 길이 스케일과 속도 스케일이 각각 L과 V로 주어지는 경우에 대하여 무차원화 한다. 지배방정식을 무차원화 하기 전에, 앞에서 설명한 크기 정도 해석을 하여 나타나는 대표적인 무차원수인 Re와 Fr 등에 대해 설명하고자 한다.

Re 수의 정의

비압축성, Newton유체에 대한 운동량방정식은 다음과 같다.

$$\underset{①}{\rho\left[\frac{\partial \mathbf{v}}{\partial t}\right.} + \underset{②}{\left.(\mathbf{v}\cdot\nabla)\mathbf{v}\right]} = \underset{③}{-\nabla p} + \underset{④}{\mu\nabla^2\mathbf{v}} + \underset{⑤}{\rho\mathbf{g}} \tag{5.100}$$

첨자표기법을 사용하면 다음처럼 나타낼 수 있다.

$$\underset{①}{\rho\left(\frac{\partial v_i}{\partial t}\right.} + \underset{②}{\left.v_k\frac{\partial v_i}{\partial x_k}\right)} = \underset{③}{-\frac{\partial p}{\partial x_i}} + \underset{④}{\mu\frac{\partial^2 v_i}{\partial x_k^2}} + \underset{⑤}{\rho g_x} \tag{5.101}$$

◆ $\frac{\partial^2 v_i}{\partial x_k^2} = \frac{\partial^2 v_i}{\partial x_k \partial x_k} = \frac{\partial^2 v_i}{\partial x^2} + \frac{\partial^2 v_i}{\partial y^2} + \frac{\partial^2 v_i}{\partial z^2}$

관성력과 점성력 및 중력을 나타내는 ②항(①항을 포함하여), ④항과 ⑤항의 크기 정도는 다음과 같다.

② 관성력 : $\rho v_k \dfrac{\partial v_i}{\partial x_k} \sim \dfrac{\rho V^2}{L}$

④ 점성력 : $\mu \dfrac{\partial^2 v_i}{\partial x_k^2} \sim \dfrac{\mu V}{L^2}$

⑤ 중력 : $\rho g_i \sim \rho g$

✦ $\mathrm{Re} = \dfrac{\rho VL}{\mu} \sim \dfrac{\text{관성력}}{\text{점성력}}$

관성력과 점성력의 상대적인 비는 무차원수이고 이를 **Reynolds수(Reynolds number)** Re라 정의하고 다음과 같다.

$$\frac{\text{관성력}}{\text{점성력}} \sim \frac{\dfrac{\rho V^2}{L}}{\dfrac{\mu V}{L^2}} = \frac{\rho VL}{\mu} = \mathrm{Re} \tag{5.102}$$

Reynolds수는 Navier-Stokes방정식에서 관성력과 점성력의 상대적인 크기를 나타내며 유체역학에서 아주 중요한 역할을 하는 무차원수이다.

✦ $\mathrm{Fr} = \dfrac{V}{\sqrt{gL}} \sim \sqrt{\dfrac{\text{관성력}}{\text{중력}}}$

관성력과 중력의 상대적인 비는 무차원수이고 이것으로부터 Froude 수(Froude number) Fr을 정의하고 다음과 같다.

$$\frac{\text{관성력}}{\text{중력}} \sim \frac{\dfrac{\rho V^2}{L}}{\rho g} = \frac{V^2}{gL} = \mathrm{Fr}^2 \quad \Rightarrow \quad \mathrm{Fr} = \frac{V}{\sqrt{gL}} \tag{5.103}$$

비압축성 유동의 지배방정식의 무차원화

비압축성 유동에 대한 지배방정식을 다시 적으면 다음과 같다.

$$\frac{\partial v_i}{\partial x_i} = 0 \tag{5.104}$$

$$\rho\left(\frac{\partial v_i}{\partial t} + v_k \frac{\partial v_i}{\partial x_k}\right) = -\frac{\partial p}{\partial x_i} + \mu \frac{\partial^2 v_i}{\partial x_k^2} + \rho g_i \tag{5.105}$$

이제 지배방정식을 무차원 변수를 사용하여 무차원화 한다. 다음에 설명하는 과정은 유체의 유동에서 관성력과 점성력이 중요한 경우인 일반적인 유체유동에 대해 적용할 수 있다. 즉, 점성이 0에 가까운 유동이라든지, 유체의 속도가 0에 가까운 아주 느린 유동이라든지 하는 극한의 경우를 제외한 일반적인 유체유동에 대해 적용될 수 있다.

유동에서의 특성길이 L, 특성속도 V가 알려져 있고, 중력가속도가 g인 경우 다음처럼 무차원 변수를 정의할 수 있다.

✦ $x_i^\star = \frac{x_i}{L} : x^\star = \frac{x}{L},\ y^\star = \frac{y}{L}, z^\star = \frac{z}{L}$

$v_i^\star = \frac{v_i}{V} : u^\star = \frac{u}{V},\ v^\star = \frac{v}{V},\ w^\star = \frac{w}{V}$

$g_i^\star = \frac{g_i}{g} : g_x^\star = \frac{g_x}{g},\ g_y^\star = \frac{g_y}{g},\ g_z^\star = \frac{g_z}{g}$

$$x_i^\star = \frac{x_i}{L},\ v_i^\star = \frac{v_i}{V},\ g_i^\star = \frac{g_i}{g} \tag{5.106a}$$

변수 p와 t에 대해서는 무엇으로 무차원화 하여야 할지 지금은 알 수 없기 때문에 다음처럼 무차원 변수를 정의한다.

$$t^\star = \frac{t}{t_r},\ p^\star = \frac{p-p_\infty}{p_r} \tag{5.106b}$$

여기서 t_r은 기준(reference)이 되는 시간스케일이고, p_r은 기준(reference)이 되는 압력스케일이고, 현재로서는 모르는 값이다. 압력 p_∞는 보통 물체에서 멀리 떨어진 곳에서의 압력을 나타낸다. 압력은 식 (5.105)에서 오직 기울기 형태로만 나타나기 때문에 유동장에서 압력의 기울기가 중요하지 압력의 절대적인 크기가 중요한 것이 아니다. 따라서 무차원 압력은 위의 식처럼 어떤 한 점에서의 압력과의 차이를 무차원으로 나타내는 것이 합리적이다. 압력 기울기는 다음처럼 무차원 압력으로 나타낼 수 있다.

$$\frac{\partial p}{\partial x_i} = \frac{\partial (p-p_\infty)}{\partial x_i} = \frac{p_r}{L}\frac{\partial p^\star}{\partial x_i^\star} \tag{5.107}$$

이것을 사용하면 다음처럼 무차원화 할 수 있다.

$$\frac{\partial v_i^\star}{\partial x_i^\star} = 0 \tag{5.108}$$

$$\rho \frac{V}{t_{\mathrm{r}}} \frac{\partial v_i^{\star}}{\partial t^{\star}} + \rho \frac{V^2}{L} v_k^{\star} \frac{\partial v_i^{\star}}{\partial x_k^{\star}} = -\frac{p_{\mathrm{r}}}{L} \frac{\partial p^{\star}}{\partial x_i^{\star}} + \mu \frac{V}{L^2} \frac{\partial^2 v_i^{\star}}{\partial x_k^{\star 2}} + \rho g\, g_i^{\star} \tag{5.109}$$

이제 $\frac{\rho V^2}{L}$을 나누면 다음을 얻는다.

$$\frac{L}{Vt_{\mathrm{r}}} \frac{\partial v_i^{\star}}{\partial t^{\star}} + v_k^{\star} \frac{\partial v_i^{\star}}{\partial x_k^{\star}} = -\frac{p_{\mathrm{r}}}{\rho V^2} \frac{\partial p^{\star}}{\partial x_i^{\star}} + \frac{\mu}{\rho VL} \frac{\partial^2 v_i^{\star}}{\partial x_k^{\star 2}} + \frac{gL}{V^2} g_i^{\star} \tag{5.110}$$

이 식의 모든 항은 무차원이다. 먼저 앞에서 정의한 무차원수 Re와 Fr를 다시 적으면 다음과 같다.

$$\mathrm{Re} = \frac{\rho VL}{\mu}\,, \ \mathrm{Fr} = \frac{V}{\sqrt{gL}} \tag{5.111}$$

이것을 대입하면 다음처럼 나타낼 수 있다.

$$\underset{①}{\frac{L}{Vt_{\mathrm{r}}} \frac{\partial v_i^{\star}}{\partial t^{\star}}} + \underset{②}{v_k^{\star} \frac{\partial v_i^{\star}}{\partial x_k^{\star}}} = -\underset{③}{\frac{p_{\mathrm{r}}}{\rho V^2} \frac{\partial p^{\star}}{\partial x_i^{\star}}} + \underset{④}{\frac{1}{\mathrm{Re}} \frac{\partial^2 v_i^{\star}}{\partial x_k^{\star 2}}} + \underset{⑤}{\frac{1}{\mathrm{Fr}^2} g_i^{\star}} \tag{5.112}$$

여기서 ①항은 무차원이고 $\frac{\partial v_i^{\star}}{\partial t^{\star}}$은 무차원이므로, $\frac{L}{Vt_{\mathrm{r}}}$도 무차원이라야 한다. 따라서 $\frac{L}{Vt_{\mathrm{r}}} = 1$로 둔다. 즉,

$$t_{\mathrm{r}} = \frac{L}{V} \tag{5.113}$$

이다. 위에서 1이 아니고 다른 상수로 둘 수도 있지만 1로 하는 것이 편하다. 예를 들어 $\frac{L}{Vt_{\mathrm{r}}} = 2$로 두고 $t_{\mathrm{r}} = \frac{L}{2V}$로 하여도 되지만 굳이 1이 아닌 다른 것으로 둘 필요는 없다.

같은 이유로 ③항은 무차원이고 따라서 다음처럼 둘 수 있다.

$$p_{\mathrm{r}} = \rho V^2 \tag{5.114}$$

이것을 식 (5.112)에 대입하면 다음과 같다.

$$\frac{\partial v_i^\star}{\partial t^\star}+v_k^\star\frac{\partial v_i^\star}{\partial x_k^\star}=-\frac{\partial p^\star}{\partial x_i^\star}+\frac{1}{\mathrm{Re}}\frac{\partial^2 v_i^\star}{\partial x_k^{\star\,2}}+\frac{1}{\mathrm{Fr}^2}g_i^\star \tag{5.115}$$

식 (5.113)과 식 (5.114)를 식 (5.106b)에 대입하면 무차원 변수 $t^\star$와 $p^\star$는 다음과 같다.

✦유체의 속도가 0에 가까운 아주 느린 유동(creeping flow)에서는 $p^\star=\dfrac{p-p_\infty}{\rho V^2}$로 무차원화 하지 않는다.

$$t^\star=\frac{t}{L/V},\quad p^\star=\frac{p-p_\infty}{\rho V^2} \tag{5.116}$$

지금까지 설명한 것처럼 기준이 되는 길이스케일 L이나 속도스케일 V처럼 알려진 경우는 처음부터 바로 무차원 변수를 쉽게 정의할 수 있지만, 기준이 되는 스케일을 모르는 경우(앞에서 t_r과 p_r)에는 지금처럼 하여 무차원 변수를 구할 수 있다. 특성길이 L과 특성속도 V가 주어진 경우는 식 (5.113)에서 보듯이 $\dfrac{L}{V}$는 시간 차원이 되고 적절한 시간스케일이 될 수 있음을 알 수 있다. 그리고 ρV^2은 압력차원을 가지고, 또한 Bernoulli방정식에서 알 수 있듯이 압력과 서로 동등한 역할을 하며, 적절한 압력스케일로 사용될 수 있음을 보여준다.

✦유체의 속도가 0에 가까운 아주 느린 유동(creeping flow)에서는 ρV^2은 적절한 압력스케일이 아니다.

무차원 변수로 나타낸 연속방정식과 운동량방정식을 다시 나타내면 다음과 같다.

$$\frac{\partial v_i^\star}{\partial x_i^\star}=0 \tag{5.117}$$

✦ $\dfrac{\partial v_i^\star}{\partial t^\star}+v_k^\star\dfrac{\partial v_i^\star}{\partial x_k^\star}$를 $\dfrac{Dv_i^\star}{Dt^\star}$로 표시할 수도 있다.

$$\frac{\partial v_i^\star}{\partial t^\star}+v_k^\star\frac{\partial v_i^\star}{\partial x_k^\star}=-\frac{\partial p^\star}{\partial x_i^\star}+\frac{1}{\mathrm{Re}}\frac{\partial^2 v_i^\star}{\partial x_k^{\star\,2}}+\frac{1}{\mathrm{Fr}^2}g_i^\star \tag{5.118}$$

벡터를 사용하여 나타내면 다음과 같다.

$$\nabla^\star\cdot\mathbf{v}^\star=0 \tag{5.119}$$

✦ $\dfrac{\partial\mathbf{v}^\star}{\partial t^\star}+(\mathbf{v}^\star\cdot\nabla^\star)\mathbf{v}^\star$를 $\dfrac{D\mathbf{v}^\star}{Dt^\star}$로 표시할 수도 있다.

$$\frac{\partial\mathbf{v}^\star}{\partial t^\star}+(\mathbf{v}^\star\cdot\nabla^\star)\mathbf{v}^\star=-\nabla^\star p^\star+\frac{1}{\mathrm{Re}}\nabla^{\star\,2}\mathbf{v}^\star+\frac{1}{\mathrm{Fr}^2}\mathbf{g}^\star \tag{5.120}$$

여기서 $\nabla^\star$와 $\nabla^{\star\,2}$은 다음과 같다.

$$\nabla^{\star} = \frac{\partial}{\partial x^{\star}}\mathbf{i} + \frac{\partial}{\partial y^{\star}}\mathbf{j} + \frac{\partial}{\partial z^{\star}}\mathbf{k} \tag{5.121}$$

$$\nabla^{\star 2} = \frac{\partial^2}{\partial x^{\star 2}} + \frac{\partial^2}{\partial y^{\star 2}} + \frac{\partial^2}{\partial z^{\star 2}} \tag{5.122}$$

지배방정식이 식 (5.119)와 식 (5.120)으로 주어지는 경우 해석적으로 해를 구하지 못하더라도 속도분포는 다음처럼 나타낼 수 있다는 것을 알 수 있다.

$$v_i^{\star} = f_1(x_i^{\star}, t^{\star}; \mathrm{Re}, \mathrm{Fr}) \quad \leftrightharpoons \quad \mathbf{v}^{\star} = f(\mathbf{x}^{\star}, t^{\star}; \mathrm{Re}, \mathrm{Fr}) \tag{5.123}$$

무차원 파라미터 Re와 Fr가 속도분포에 영향을 미치는 중요한 파라미터이다. 앞에서도 설명하였듯이 자유표면이 존재하고 표면파의 효과가 있는 경우에만 중력이 유동에 영향을 준다. 이러한 대표적인 경우가 배가 움직일 때 배 주위의 유동이고 이때 중요한 파라미터는 Re와 Fr이다. 자유표면의 효과가 없는 대부분의 유동에서 속도분포는 중력과 무관하여 운동량방정식에서 중력을 무시할 수 있고 따라서 운동량방정식을 다음처럼 나타낼 수 있다.

$$\frac{\partial \mathbf{v}^{\star}}{\partial t^{\star}} + (\mathbf{v}^{\star} \cdot \nabla^{\star})\mathbf{v}^{\star} = -\nabla p^{\star} + \frac{1}{\mathrm{Re}}\nabla^{\star 2}\mathbf{v}^{\star} \tag{5.124}$$

운동량방정식이 식 (5.124)로 주어지는 경우 속도분포는 다음처럼 나타낼 수 있고, 무차원 파라미터 Re가 속도분포에 영향을 미치는 중요한 파라미터이고 Fr는 더 이상 유체의 유동에 영향을 주는 파라미터가 아니다.

$$v_i^{\star} = f_1(x_i^{\star}, t^{\star}; \mathrm{Re}) \quad \leftrightharpoons \quad \mathbf{v}^{\star} = f(\mathbf{x}^{\star}, t^{\star}; \mathrm{Re}) \tag{5.125}$$

연습 문제

5.1 5.2절에서 다룬 평면 Poiseuille 유동을 그림 5.1처럼 나타내지 않고 두 평판의 중심에서 y' 좌표를 잡아 다음 그림처럼 나타낼 때, (a) u에 대한 지배방정식과 경계조건을 나타내어라. (b) 지배방정식을 풀어 일반해 구하고 식 (5.8)과 비교하라. (c) 경계조건을 적용하여 해를 구하라.

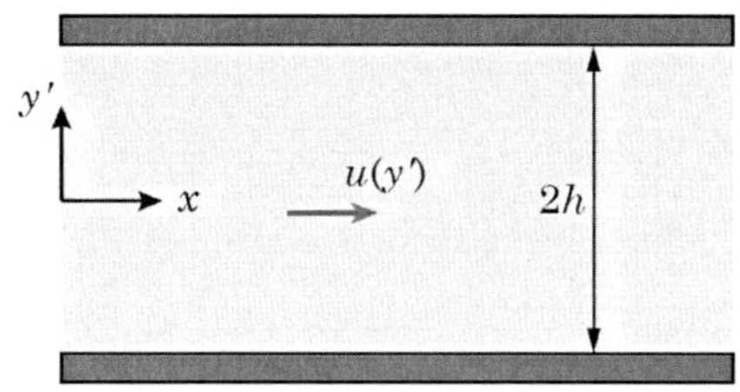

그림 P5.1

5.2 문제 5.1은 5.2절에서 다룬 평면 Poiseuille 유동의 결과인 식 (5.10)을 이용하여 변수를 치환하여 해를 구할 수 있다.

$$H = 2h,\ y' = y + h$$

를 식 (5.10)에 대입하여 해를 구하고 문제 5.1의 결과와 비교하라.

5.3 5.3.1절에서 다룬 압력차가 없는 Couette 유동에서, 평판 사이의 유체가 하나가 아닌 두 유체가 다음 그림처럼 흐르고 있는 경우를 고려하기로 한다. 위 유체의 밀도가 작고 아래 유체의 밀도가 커서 두 유체는 섞이지 않는다. 모든 가정은 5.3.1절과 동일하고 압력변화는 5.3.1절과 마찬가지로 정수압적인 압력분포를 가지므로 구할 필요가 없다. 따라서 두 유체의 속도분포 $u_{\mathrm{a}}(y)$와 $u_{\mathrm{b}}(y)$를 구하고자 한다.

(a) $u_{\mathrm{a}}(y)$와 $u_{\mathrm{b}}(y)$에 대한 지배방정식, 즉 단순화된 x방향 운동량방정식을 나타내어라.

(b) $u_{\mathrm{a}}(y)$와 $u_{\mathrm{b}}(y)$에 대한 각각의 경계조건을 적어라. 두 유체의 경계에서 두 유체의 속도가 같아야 하고, 두 유체의 전단응력이 같아야 한다.

(c) 지배방정식과 경계조건을 풀어 해를 구하라.

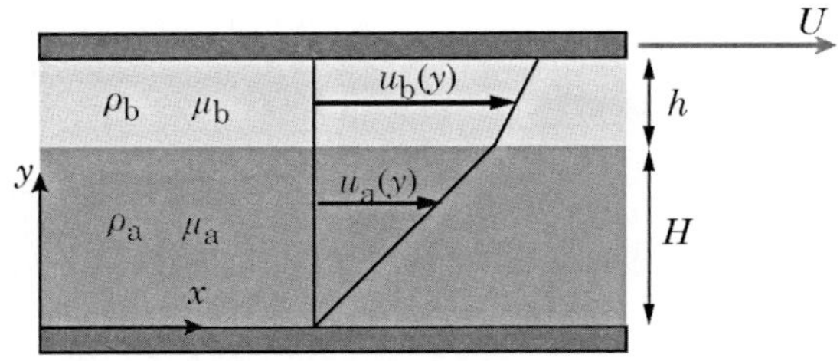

그림 P5.3

5.4 다음 그림처럼 반지름 R_i인 아주 긴 원통이 각속도 ω_i로 회전하고 있을 때 원통 주위 유체의 유동을 구하고자 한다. 5.5절의 두 원관 사이의 회전유동에서 한 가정과 동일하게 가정하는 경우에, 구하여야 하는 속도는 $v_\theta(r)$이다.

(a) 가장 단순화된 θ방향 운동량방정식인 지배방정식을 나타내어라.

(b) 적절한 경계조건을 나타내어라.

(c) 지배방정식을 풀어 일반해 구하고 식 (5.45)와 같은지 확인하라.

(d) 경계조건을 적용하여 해를 구하라.

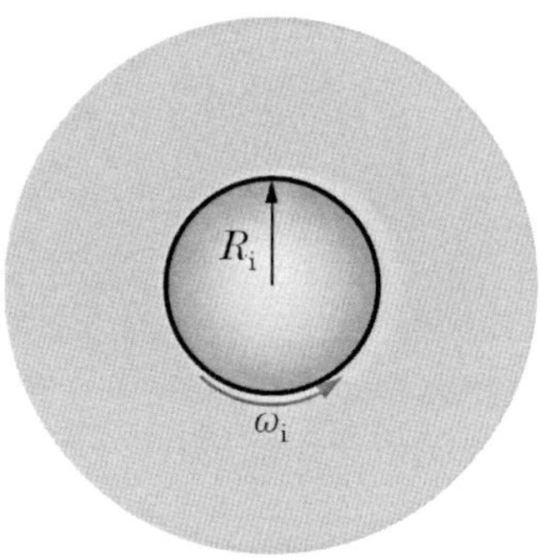

그림 P5.4

5.5 문제 5.4에서 지배방정식을 풀어 해를 구할 수 있다. 이제 식 (5.50)을 사용하여, $R_o \to \infty$, $\omega_o \to 0$인 극한일 때를 구하여 문제 5.4의 해와 동일한지 보여라.

5.6 다음 그림처럼 반지름 R_o인 아주 긴 원관이 각속도 ω_o로 회전하고 있을 때 원관 안의 유체의 유동을 구하고자 한다. 5.5절의 두 원관 사이의 회전유동에서 한 가정과 동일하게 가정하는 경우에, 구하여야 하는 속도는 $v_\theta(r)$이다.

(a) 가장 단순화된 θ방향 운동량방정식인 지배방정식을 나타내어라.

(b) 적절한 경계조건을 나타내어라.

(c) 지배방정식을 풀어 일반해 구하고 식 (5.45)와 같은지 확인하라.

(d) 경계조건을 적용하여 해를 구하라.

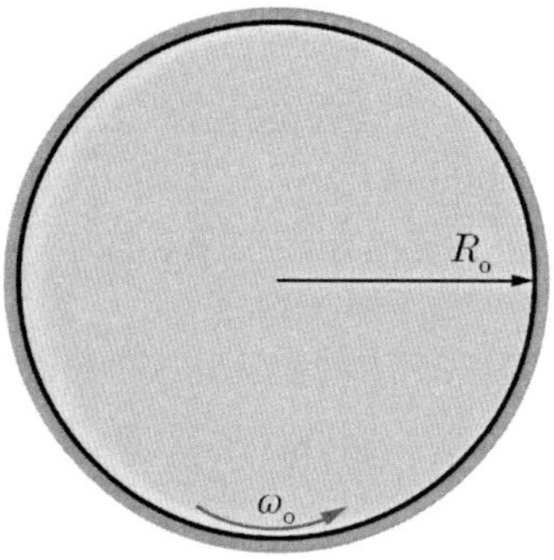

그림 P5.6

5.7 문제 5.6에서 지배방정식을 풀어 해를 구할 수 있다. 이제 식 (5.50)을 사용하여, $R_i = 0$, $\omega_i = 0$인 극한일 때를 구하여 문제 5.6의 해와 동일한지 보여라.

5.8 그림처럼 정지하고 있는 무한히 큰 평판의 오른쪽에 유체가 두께 H인 막(film)을 이루면서 흘러내리고 있다. 속도는 흘러내리는 z방향 속도성분 w만 존재하고 나머지는 0이다. 압력은 모든 곳에서 대기압과 같다. 속도성분 w가 오직 x만의 함수일 때, (a) 가장 단순화된 z방향 운동량방정식인, 지배방정식을 나타내어라. (b) 적절한 경계조건을 나타내어라. 오른쪽 공기와 접하는 부분에서는 공기의 점성이 아주 작아서 전단응력을 무시할 수 있다. (c) 지배방정식을 풀어 해를 구하라. 중력은 $-z$방향으로 작용한다.

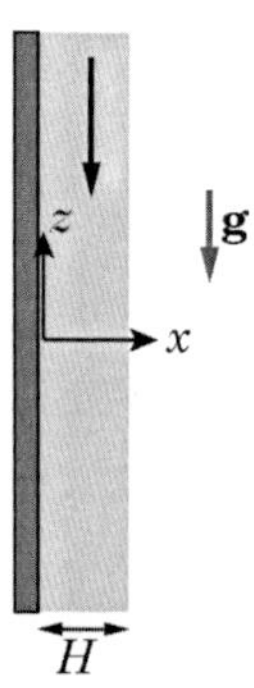

그림 P5.8

5.9 문제 5.8에서 평판이 위 방향으로 U의 속도로 움직일 때, 속도성분 w를 구하라.

5.10 5.7절에서 다음그림과 같은 다공 평판 사이의 유동에 대하여 해석을 하여 해를 구하였고, 식 (5.96)과 같다. 이것을 이용하여, (a) $V=0$일 때 속도분포를 구하라. (b) $V\to\infty$일 때 속도분포를 구하라.

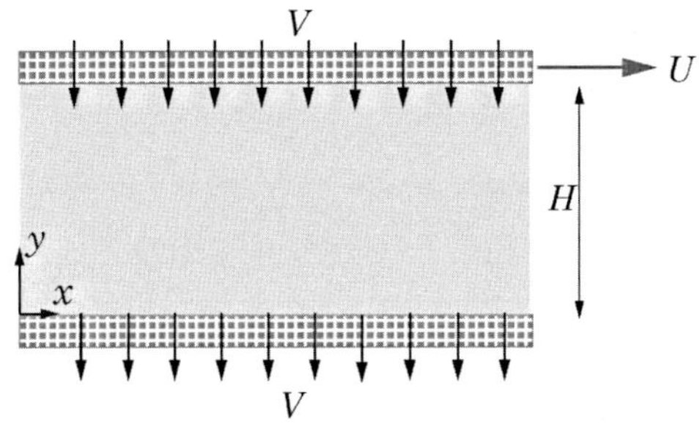

그림 P5.10

5.11 5.6절에서 다룬 Stokes의 첫 번째 문제는 다음과 같다.

$$\frac{\partial u}{\partial t}=\nu\frac{\partial^2 u}{\partial y^2} \tag{1}$$

$$y=0\,;\ u=U \tag{2}$$

$$y\to\infty\,;\ u=0 \tag{3}$$

$$t=0\,;\ u=0 \tag{4}$$

상사변수 $\xi=\dfrac{y}{\sqrt{\nu t}}$를 사용하여, 해를 구하라.

5.12 5.7절에서 다룬 다공성 평판에서의 속도분포가 다음과 같다.

$$u^\star=\frac{1-e^{-\alpha y^\star}}{1-e^{-\alpha}}$$

이것을 이용하여 $\alpha\to 0$일 때와 $\alpha\to\infty$일 때의 속도분포가 각각 다음과 같음을 보여라.

$$\alpha\to 0\ :\ u^\star=y^\star$$

$$\alpha\to\infty\ :\ u^\star=1$$

5.13 5.7절에서 다룬 다공성 평판에서 지배방정식과 경계조건은 다음과 같다.

$$\frac{d^2u}{dy^2} + \frac{V}{\nu}\frac{du}{dy} = 0 \tag{1}$$

$$y = 0 \ ; \ u = 0 \tag{2}$$

$$y = H \ ; \ u = U \tag{3}$$

5.7절에서 무차원으로 표시된 지배방정식을 풀어 해를 구하였다. 식 (1)을 직접 풀어 그 해를 구하고, 이 해를 무차원으로 나타내면, 식 (5.96)처럼 나타낼 수 있음을 보여라.

포텐셜유동

학습목표

이 장의 학습 및 강의 목표는 다음과 같은 사항을 학생들이 완전하게 이해하는 것이다.

- 비회전, 비점성 유동과 속도포텐셜의 개념 및 응용.
- 순환의 의미.
- 비회전, 비점성 유동에 대한 해석방법.
- 평면 포텐셜유동의 해석.

6.1 서론

이 장에서는 비점성, 비회전 유동에 대하여 다룬다. 일반적으로 유체는 점성을 가지고 운동량방정식은 Navier-Stokes방정식이 된다. 일반적으로 점성이 완전히 없는 유체는 없지만, 점성이 아주 작은 유체의 유동에서 점성을 무시할 수 있는 경우가 있을 수 있으며, 이 경우에 비점성 유동으로 취급할 수가 있다. 비점성 유동에서의 운동량방정식은 Euler방정식이다. 그림 6.1(a)에서 보여주고 있듯이 일정한 속도 U_∞로 균일하게 흐르는 유동장에 물체가 있을 때, 물체 부근에서 점성이 중요한 내부(internal) 점성유동영역과 점성이 크게 중요하지 않아 비점성으로 취급할 수 있는 외부(external) 비점성 유동 영역으로 구분하여 해석할 수 있다.

그림 6.1(a)에서 물체에 도달하기 훨씬 이전의 유동은 일정한 속도 U_∞로 균일하게 흐르는 유동장이고 이곳에서 ω가 0인 비회전 유동이다. 이러한 **비회전 유동은 점성이 존재하지 않으면 계속 비회전 유동을 유지**하게 된다. 물체 주위에서는 물체의 마찰로 인하여 점성이 중요한 유동영역이 존재하게 되고, 이런 점성 영역에서는 입자들 사이의 점성에 의한 마찰력으로 인하여 유체입자는 회전하게 되고 유동은 회전 유동이 된다. 그러나 물체에서 충분히 떨어진 곳인 외부 영역에서는 점성의 영향이 아주 작아 비점성 유동으로 취급할 수 있고 비회전 유동이 유지된다. 일반적으로 Re가 아주 큰 유동의 경우, 이러한 점성유동 영역은 상당히 작아지게 된다.

공학의 응용문제에서 Re가 아주 큰 유동인 경우가 상당히 많다. 따라서 물체 주위의 내부 점성유동영역을 제외한 나머지 대부분의 유동영역에서는 비점성, 비회전 유동이 되고 포텐셜유동으로 해석할 수 있다.

점성이 완전히 0인 이상적인 경우에는 그림 6.1(b)처럼 유동장 전체가 비점성유동이 되고, 점성이 있는 영역은 사라진다. 점성이 완전히 0인 경우에는 물체 표면에서 점성에 의한 마찰력이 없어지고 물체 표면에서 유체는 미끄러지게 되어, 경계조건으로서 점착조건(no-slip condition)이 성립하지 않는다. 즉, 정지한 물체표면에서 유체의 속도는 0이 아니고 그림에서 보듯이 어떤 속도 U가 된다.

이 장에서는 점성이 완전히 0인 비점성유동이라 가정하고 해석을 한다.

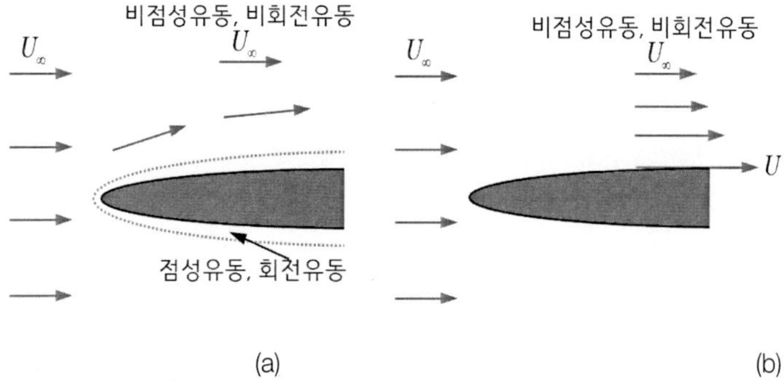

그림 6.1
물체 주위의 유동 중 점성유동과 비점성유동

6.2 속도포텐셜

비회전 유동일 때는 속도포텐셜을 정의할 수 있다. b가 스칼라일 때 다음과 같은 벡터항등식이 항상 성립한다.

✦ **벡터 항등**
b가 스칼라일 때 다음 식은 항상 성립한다.
$\nabla\times(\nabla b)=0$

$$\nabla\times(\nabla b)=0 \tag{6.1}$$

비회전 유동은 다음과 같은 관계가 항상 성립한다.

$$\nabla\times\mathbf{v}=0 \tag{6.2}$$

따라서 비회전 유동에서 속도는 벡터항등식에 의하면 다음처럼 나타낼 수 있다.

✦ 책에 따라 다음처럼 정의하기도 한다.
$\mathbf{v}=-\nabla\phi$

$$\mathbf{v}=\nabla\phi \tag{6.3}$$

✦ $\mathbf{v}=\nabla\phi \Leftrightarrow \nabla\times\mathbf{v}=0$
$\Uparrow$
$\nabla\times(\nabla\phi)=0$

여기서 ϕ를 **속도포텐셜(velocity potential)**이라 하고, 식 (6.3)을 식 (6.2)에 대입하면 $\nabla\times\mathbf{v}$는 항상 0이 된다. 즉, $\mathbf{v}=\nabla\phi$ 일 때는 $\nabla\times\mathbf{v}=0$ 이 되어 비회전이 되고, 비회전($\nabla\times\mathbf{v}=0$)이면, $\mathbf{v}=\nabla\phi$ 로 나타낼 수 있다. 따라서 유동이 비회전인 경우 식 (6.3)처럼 속도를 속도포텐셜로 나타낼 수 있다. 따라서 비회전 유동을 **포텐셜유동(potential flow)**이라고도 한다. 유동장 전체에서 속도포텐셜이 존재하려면 유동은 비회전 유동이어야 하고, 앞에서도 설명하였듯이 비회전 유동이 유동장 전체에서 유지되려면 마찰이 없는 비점성 유동이어야 한다. 속도포텐셜이 존재하려면 결국 비점성, 비회전 유동일 때 가능하다. 따라서 일반적으로 포텐셜유동이라고 하면 실제로는 비회전 유동에 비점성유동이 함께 적용되는 경우를 의미한다.

식 (6.3)을 직교좌표계에서 각 성분별로 나타내면 다음과 같다.

$$u = \frac{\partial \phi}{\partial x}, \ v = \frac{\partial \phi}{\partial y}, \ w = \frac{\partial \phi}{\partial z} \tag{6.4}$$

원통좌표계에서 각 성분별로 나타내면 다음과 같다.

$$v_r = \frac{\partial \phi}{\partial r}, \ v_\theta = \frac{1}{r}\frac{\partial \phi}{\partial \theta}, \ v_z = \frac{\partial \phi}{\partial z} \tag{6.5}$$

등포텐셜선과 유선의 직교성

유동함수가 일정한 선이 유선이라는 것을 이미 알고 있다. 속도포텐셜이 일정한 선을 **등포텐셜선**(equipotential line)이라하고, 이 선은 어떠한 선인지 알아보기로 하자. 유동함수는 기본적으로 2차원유동(축대칭유동을 포함하여)에 대해 정의되는 것이기 때문에, 유선과의 관계를 알아보기 위하여 2차원 유동인 경우에 대해 생각해 보기로 한다. 속도포텐셜이 $\phi = \phi(x, y)$로 주어진 경우, 다음과 같은 미분 관계식이 항상 성립한다.

$$d\phi = \frac{\partial \phi}{\partial x}dx + \frac{\partial \phi}{\partial y}dy = udx + vdy \tag{6.6}$$

등포텐셜선은 다음처럼 나타낼 수 있다.

$$\phi(x, y) = c \tag{6.7}$$

위의 식을 미분하면 $d\phi = 0$이므로 식 (6.6)은 다음과 같다.

$$d\phi = udx + vdy = 0 \quad \Rightarrow \quad \left.\frac{dy}{dx}\right|_{\phi = c} = -\frac{u}{v} \tag{6.8}$$

앞에서 유선의 정의에 의하면 유선에서는 다음의 식이 성립한다.

$$\left.\frac{dy}{dx}\right|_{\psi = c} = \frac{v}{u} \tag{6.9}$$

따라서 다음의 관계가 성립한다.

$$\left.\frac{dy}{dx}\right|_{\phi=c} \times \left.\frac{dy}{dx}\right|_{\psi=c} = -\frac{u}{v}\frac{v}{u} = -1 \tag{6.10}$$

위의 관계식으로부터 **유선과 등포텐셜선은 서로 직교**(orthogonal)한다는 것을 알 수 있고, 그림 6.2에서 보여주고 있는 것처럼 모든 점에서 유선과 등포텐셜선은 직교한다.

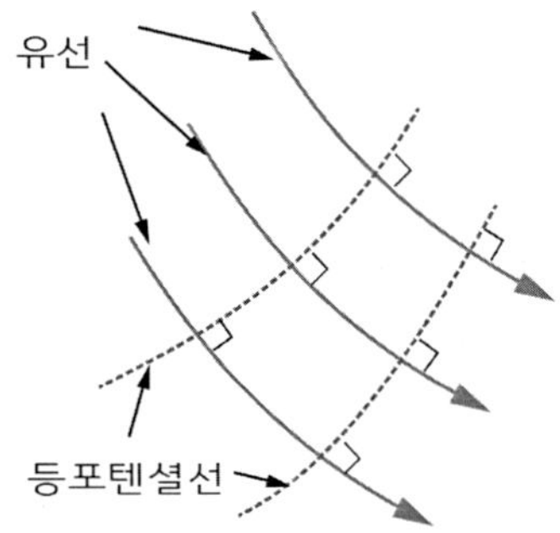

그림 6.2
유선과 등포텐셜선

6.3 Laplace방정식

포텐셜유동(비회전 유동)에 비압축성이 적용되는 유동에 대해서는 보다 특별한 방법으로 유동을 해석할 수 있으며 이에 대해 알아보기로 한다.

비압축성 포텐셜유동(비회전 유동)

비회전 유동인 경우 다음처럼 속도포텐셜이 존재한다.

$$\nabla \times \mathbf{v} = 0 \quad \rightleftarrows \quad \mathbf{v} = \nabla \phi \tag{6.11}$$

비압축성 유동인 경우 다음의 연속방정식이 성립한다.

$$\nabla \cdot \mathbf{v} = 0 \tag{6.12}$$

✦ $\nabla \cdot \nabla = \nabla^2$

두 식으로부터 다음의 결과를 얻을 수 있다.

$$\nabla \cdot \mathbf{v} = \nabla \cdot \nabla \phi = 0 \quad \Rightarrow \quad \nabla^2 \phi = 0 \tag{6.13}$$

위와 같은 형태의 식을 Laplace방정식이라 하고, 속도포텐셜에 대해 Laplace방정식이 성립한다. **비압축성, 포텐셜유동(비회전 유동)**에서 속도포텐셜은 Laplace방정식을 만족시키고, 수학에서의 **포텐셜 이론**(potential theory)을 적용할 수 있다. Laplace방정식을 만족시키는 함수를 조화함수(harmonic function)라 한다. 속도포텐셜에 대한 위의 Laplace방정식은 비압축성 유동에 대한 연속방정식에 비회전 유동 조건이 적용된 것임에 주목하라. 뒤의 포텐셜유동 해석에서 지배방정식으로 연속방정식 대신 속도포텐셜에 대한 Laplace방정식인 식 (6.13)을 사용한다.
직교좌표계 및 원통좌표계에서의 Laplace방정식은 각각 다음과 같다.

직교좌표계 :

$$\nabla^2 \phi = \frac{\partial^2 \phi}{\partial x^2} + \frac{\partial^2 \phi}{\partial y^2} + \frac{\partial^2 \phi}{\partial z^2} = 0 \tag{6.14}$$

원통좌표계 :

$$\nabla^2 \phi = \frac{1}{r}\frac{\partial}{\partial r}\left(r\frac{\partial \phi}{\partial r}\right) + \frac{1}{r^2}\frac{\partial^2 \phi}{\partial \theta^2} + \frac{\partial^2 \phi}{\partial z^2} = 0 \tag{6.15}$$

속도포텐셜은 3차원에서도 존재하고, 속도포텐셜에 대한 3차원 형태의 Laplace 방정식이 성립한다.

2차원, 비압축성 포텐셜유동(비회전 유동)

2차원유동에 대해서는 유동함수 ψ를 적용할 수 있으며, 2차원 비압축성 유동에 대한 연속방정식은 유동함수를 도입하면 저절로 만족하게 된다.

$$\nabla \cdot \mathbf{v} = 0 \quad \rightleftarrows \quad u = \frac{\partial \psi}{\partial y}, \; v = -\frac{\partial \psi}{\partial x} \tag{6.16}$$

비회전 유동일 때 $\nabla \times \mathbf{v} = 0$ 이고, 2차원 유동인 경우

$$\frac{\partial v}{\partial x} - \frac{\partial u}{\partial y} = 0 \tag{6.17}$$

이 성립하고, 여기에 유동함수를 대입하면 다음이 성립한다.

$$\frac{\partial^2 \psi}{\partial x^2}+\frac{\partial^2 \psi}{\partial y^2}=0 \quad : \nabla^2 \psi=0 \tag{6.18}$$

따라서 2차원, 비압축성 포텐셜유동(비회전 유동)에 대해서 유동함수도 Laplace방정식을 만족시킨다. 속도포텐셜에 대한 Laplace방정식은 3차원 유동에 대해서도 적용할 수 있지만, 유동함수에 대한 Laplace방정식은 2차원 유동에 대해서만 적용할 수 있다.

예제 6.1 **정상, 2차원 유동의 유동함수가 $\psi=3Ax^2y-Ay^3$ 으로 표현될 때, (a) Laplace방정식을 만족하는가? (b) 속도를 구하라. (c) 비회전 유동인지 보여라. (d) 속도포텐셜을 구하라. (e) 속도포텐셜도 Laplace방정식을 만족하는지 보여라. (f) 원점에서의 압력이 p_0 일 때 압력분포에 관한 식을 구하라. 단 A는 상수이다.**

풀이

(a)

$$\frac{\partial^2 \psi}{\partial x^2}+\frac{\partial^2 \psi}{\partial y^2}=6Ay-6Ay=0 \tag{1}$$

따라서 유동함수는 Laplace방정식을 만족한다.

(b) 유동함수가 주어지면 속도는 식 (3.35)로부터 구할 수 있다.

$$u=\frac{\partial \psi}{\partial y}=3A(x^2-y^2) \tag{2}$$

$$v=-\frac{\partial \psi}{\partial x}=-6Axy \tag{3}$$

(c) 와도는 x와 y에 관한 2차원 속도분포이므로 식 (2.55)로 ζ_z를 계산하면 된다.

$$\zeta_z=\frac{\partial v}{\partial x}-\frac{\partial u}{\partial y}=-6Ay+6Ay=0$$

따라서 비회전 유동이다.

(d) 속도포텐셜은 식 (2)와 식 (3)을 이용하여 식 (6.4)로 부터 구할 수 있다.
즉,

$$u=\frac{\partial \phi}{\partial x}=3A(x^2-y^2) \tag{4}$$

$$v=\frac{\partial \phi}{\partial y}=-6Axy \tag{5}$$

이므로 식 (4)를 적분하면,

$$\phi=Ax^3-3Axy^2+f(y) \tag{6}$$

이고 이것을 식 (5)에 대입하면 다음과 같다.

$$-6Axy+\frac{df}{dy}=-6Axy \Rightarrow \frac{df}{dy}=0 \Rightarrow f=C \tag{7}$$

여기서 C는 상수이고 식 (6)에 대입하면 속도포텐셜은 다음과 같다.

$$\phi=Ax^3-3Axy^2+C \tag{8}$$

(e)

$$\frac{\partial^2\phi}{\partial x^2}+\frac{\partial^2\phi}{\partial y^2}=6Ax-6Ax=0 \tag{9}$$

따라서 속도포텐셜은 Laplace방정식을 만족한다.

(f) 비회전 유동이므로 유동장 전체에서 Bernoulli방정식이 성립하다.

$$p+\frac{\rho V^2}{2}+\rho gz=C_2$$

높이차가 없으므로(2차원 유동),

$$p+\frac{\rho V^2}{2}=C_2 \tag{10}$$

원점에서 속도가 0이고 압력이 p_0이므로 대입하면

$$C_2=p_0$$

이고, 따라서 압력분포는 다음처럼 구할 수 있다.

$$p=p_0-\frac{\rho V^2}{2}=p_0-\frac{\rho}{2}\left[9A^2(x^2-y^2)^2+36A^2x^2y^2\right]$$

정리하면 다음과 같다.

$$p=p_0-\frac{9\rho A^2}{2}(x^2+y^2)^2 \tag{11}$$

보충설명

비회전 유동에서 유동함수가 주어지면 속도분포, 속도포텐셜, 압력분포 등의 많은 것들을 알 수 있다. 역으로 속도포텐셜이 주어지더라도 많은 정보를 알 수 있다. 비회전 유동에서 유동장 전체에서 Bernoulli방정식이 성립한다는 것을 명심하여야 한다.

6.4 평면(2차원) 포텐셜유동

이 절에서는 **평면(2차원), 정상, 비점성, 비압축성, 비회전 유동**을 다룬다. 유동의 지배방정식은 기본적으로 연속방정식과 운동량방정식이다. 표 6.1에 보여주고 있듯이 비압축성, 비점성유동인 경우의 **지배방정식은 연속방정식**과 운동량방정식인 **Euler방정식**이고 이를 풀면 속도 $\mathbf{v}$와 압력 p를 구할 수 있다. 속도 $\mathbf{v}$는 벡터이므로 직교좌표계에서 u, v, w와 압력 p의 4개의 미지수가 있고 따라서 하나의 연속방정식과 각성분별로 3개의 Euler방정식을 연립하여 풀어 속도와 압력을 구하여야 한다. 이 경우 **경계조건**은 앞에서도 설명하였듯이 점착조건이 성립하지 않고 그림 6.1(b)에서 보듯이 물체 표면에서 물체에 수직한 방향의 속도 성분만 0이 된다.

✦ **정상, 비압축성, 포텐셜유동에서의 지배방정식**
- Laplace방정식($\nabla^2\phi=0$)
- Bernoulli방정식

정상, 비점성, 비압축성, 비회전 유동인 경우 앞에서 설명하였고 표 6.1에 보여주고 있듯이 연속방정식은 속도포텐셜에 대한 Laplace방정식, Euler방정식은 Bernoulli방정식으로 바꾸어 적용할 수 있다. 이 경우 연속방정식과 Euler방정식을 풀지 않고 속도포텐셜에 대한 Laplace방정식과 Bernoulli방정식을 풀어 해를 구할 수 있다. 즉, 이 경우 지배방정식은 속도포텐셜에 대한 **Laplace방정식**과 **Bernoulli방정식**이고 이를 풀어 속도포텐셜 ϕ와 압력 p를 구할 수 있고, 속도포텐셜 ϕ를 알면 속도는 쉽게 구할 수 있다.

표 6.1
유동의 지배방정식

비점성, 비압축성 유동	정상, 비압축성 포텐셜유동
연속방정식 $\nabla\cdot\mathbf{v}=0$	$\xrightarrow{\text{비회전}}$ Laplace방정식 $\nabla^2\phi=0$
Euler방정식 $\dfrac{D\mathbf{v}}{Dt}=-\dfrac{1}{\rho}\nabla p+\mathbf{g}$	$\xrightarrow[\text{정상유동}]{\text{비회전}}$ Bernoulli방정식 $p+\dfrac{\rho V^2}{2}+\rho gz=c$
미지수 : $\mathbf{v}(u,\ v,\ w),\ p$	미지수 : $\phi,\ p$

2차원 유동인 경우에는 다음처럼 유동함수에 대한 Laplace방정식도 성립하고 보조적으로 사용가능하다.

$$\nabla^2\psi=0 \tag{6.19}$$

지배방정식

평면(2차원), 정상, 포텐셜유동에서는 xy평면에서만 다루어 중력을 무시하므로, **지배방정식**을 직교좌표계에서 다시 적으면 다음과 같다.

$$\frac{\partial^2\phi}{\partial x^2}+\frac{\partial^2\phi}{\partial y^2}=0 \tag{6.20}$$

$$p+\frac{\rho V^2}{2}=c \tag{6.21}$$

경계조건

지배방정식이 미분방정식으로 표시되므로 경계조건이 필요하고 보통 다음과 같은 두 형태로 주어질 수 있다.

(1) 물체표면에서의 경계조건

앞에서도 설명하였듯이 물체 표면에서 점착조건은 성립하지 않고, 그림 6.1(b)를 참조하면, 고정된 물체 표면에서 물체에 수직한 방향의 속도가 0으로 주어진다.

물체표면 : $$v_n=0 \quad \Rightarrow \quad \frac{\partial\phi}{\partial n}=0 \tag{6.22}$$

여기서 n은 물체 표면에서 수직한 방향을 나타낸다. 즉, $\frac{\partial\phi}{\partial n}$은 물체 표면에서 수직한 방향의 속도 v_n을 나타내고, 정지한 물체 표면에서는 0이다. 물체 표면의 접선 방향 속도 성분은 주어지지 않고 구하여야 한다. 그림 6.1(b)에서 물체 표면에서의 속도 U는 주어지는 것이 아니고 지배방정식을 풀어 구하여야 하는 것이다.

(2) 멀리 떨어진 곳에서의 경계조건

가장 많이 나타나는 형태가 그림 6.1(b)처럼 물체에서 멀리 떨어진 곳에서의 속도가 U_∞로 주어지는 경우이다. 이 경우 경계조건은 다음과 같다.

멀리 떨어진 곳 : $$u=U_\infty\ ,\ v=0 \quad \Rightarrow \quad \frac{\partial\phi}{\partial x}=U_\infty\ ,\ \frac{\partial\phi}{\partial y}=0 \tag{6.23}$$

지배방정식인 식(6.20)과 식(6.21)을 경계조건과 함께 풀면 해를 구할 수 있지만, 복잡한 경계에서 경계조건을 적용하여 Laplace방정식을 푸는 것은 일반적으로 쉽지 않다. 여기서는 경계조건을 주고 미분방정식을 구하는 방법을 택하지 않고, 이미 해가 알려져 있는 간단한 평면 포텐셜유동에 대해서만 다룬다. 그리고 뒤에서 설명하지만 유동의 중첩(superposition)을 이용하여 보다 복잡한 물체 주의의 포텐셜유동의 해를 구하는 방법에 대해서 설명한다.

6.4.1 균일유동

간단한 평면 포텐셜유동 중 하나는 일정한 속도로 평행하게 흐르는 **균일유동(uniform flow)**이고, 속도포텐셜이 다음처럼 표현되는 경우이다.

$$\phi = Ux \tag{6.24}$$

위의 속도포텐셜은 Laplace방정식의 해라는 것을 식(6.20)에 대입하여 보면 쉽게 알 수 있다. 속도포텐셜이 주어진 경우 속도는 다음처럼 구할 수 있다.

$$u = \frac{\partial \phi}{\partial x} = U, \ v = \frac{\partial \phi}{\partial y} = 0$$

이 유동은 x방향으로 균일한 속도로 흐르는 유동이다. 유동함수의 정의에 의해 유동함수도 구할 수 있다.

$$u = \frac{\partial \psi}{\partial y} = U \ \Rightarrow \ \psi = Uy + f(x)$$

$$v = -\frac{\partial \psi}{\partial x} = 0 \ \Rightarrow \ f'(x) = 0 \ \Rightarrow \ f(x) = C$$

따라서,

$$\psi = Uy + C \tag{6.25}$$

이고 C는 적분상수이며, $y = 0$일 때 $\psi = \psi_0$ 이면 $C = \psi_0$ 이고, $y = 0$일 때 $\psi = 0$ 면 $C = 0$이다. 유동함수의 절대값이 중요한 것은 아니고 그 차가 중요하기 때문에 편의상 $C = 0$ 으로 두는 경우가 많고 따라서 유동함수는 다음과 같다.

$$\psi = Uy \tag{6.26}$$

유동함수가 일정한 선이 유선이므로 유선은 그림 6.3처럼 나타날 수 있고, 이 유동은 x방향으로 U의 속도로 흐르는 균일유동(uniform flow)이라는 것을 알 수 있다. 또한 그림에서 등포텐셜선은 유선과 직교한다는 것을 알 수 있다.

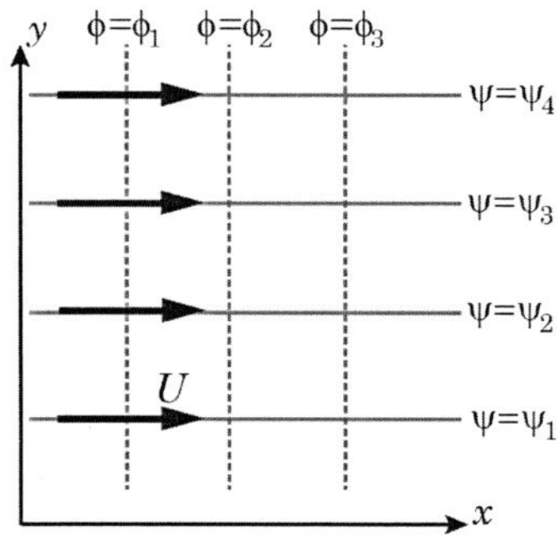

그림 6.3
균일유동

지금까지 속도포텐셜이 (6.24)로 주어졌을 때 속도분포와 유동함수를 구하였으나, 역으로 속도분포가 주어지더라도 속도포텐셜과 유동함수를 구할 수 있다. 그림 6.4에 나타내고 있듯이 속도분포, 속도포텐셜, 유동함수 중 어느 하나를 알면 다른 것들은 쉽게 구할 수 있다.

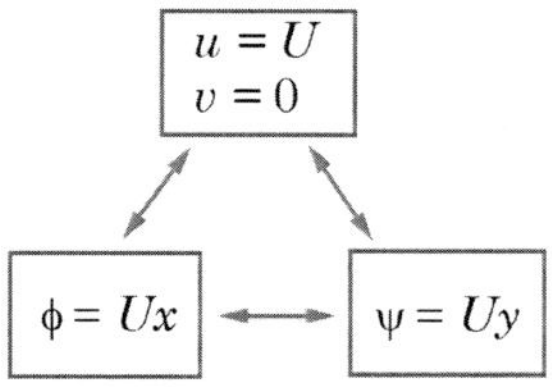

그림 6.4
속도분포 - 속도포텐셜 - 유동함수

속도를 Bernoulli방정식에 대입하여 압력을 구하여 보면, 균일유동에서의 압력은 유동장 전체에서 일정하다는 것을 알 수 있다.
이제 다음의 속도포텐셜을 생각해 보자.

$$\phi = Uy \tag{6.27}$$

이 유동의 유동함수와 속도는 다음과 같고 y방향으로 균일한 유동을 나타낸다.

$$\psi = -Ux \tag{6.28}$$

$$u = 0\,,\ v = U \tag{6.29}$$

다음의 속도포텐셜과 유동함수는 U의 속도로 x축에 대해 α의 각으로 흐르는 균일 유동을 나타내고 그림 6.5에 이 유동을 나타내고 있다.

$$\phi = U(x\cos\alpha + y\sin\alpha) \tag{6.30}$$

$$\psi = U(y\cos\alpha - x\sin\alpha) \tag{6.31}$$

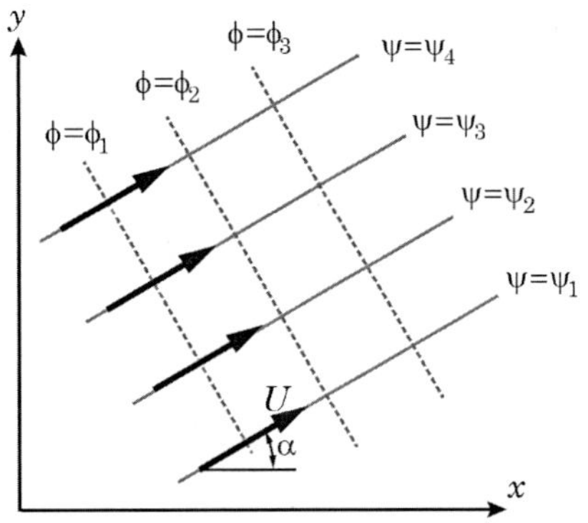

그림 6.5
x축과 α의 각을 이루는 균일 유동

속도분포는 속도포텐셜 또는 유동함수로부터 쉽게 다음처럼 구할 수 있다.

$$u = U\cos\alpha,\ v = U\sin\alpha \tag{6.32}$$

6.4.2 소스, 싱크

속도포텐셜이 다음과 같은 경우를 생각해 보자.

$$\phi = \frac{m}{2\pi}\ln r \tag{6.33}$$

속도포텐셜이 주어지면 속도를 다음처럼 쉽게 구할 수 있다.

$$v_r = \frac{\partial\phi}{\partial r} = \frac{m}{2\pi r}\,,\ v_\theta = \frac{1}{r}\frac{\partial\phi}{\partial\theta} = 0 \tag{6.34}$$

유동함수는 다음의 식으로 구할 수 있다.

$$v_r = \frac{1}{r}\frac{\partial \psi}{\partial \theta} = \frac{m}{2\pi r}\ ,\ v_\theta = -\frac{\partial \psi}{\partial r} = 0 \tag{6.35}$$

이 식들을 적분하면 유동함수는 다음과 같다(적분 상수를 편의상 0으로 둔다).

$$\psi = \frac{m}{2\pi}\theta \tag{6.36}$$

소스 또는 싱크는 원통좌표계를 사용하여 나타내는 것이 간편하지만 직교좌표계를 사용할 수도 있고, 직교좌표계에서는 다음처럼 표시된다.

✦ $r^2 = x^2 + y^2$

$\tan\theta = \frac{y}{x}$

$$\phi = \frac{m}{2\pi}\ln\sqrt{x^2 + y^2} \tag{6.37}$$

$$\psi = \frac{m}{2\pi}\tan^{-1}\left(\frac{y}{x}\right) \tag{6.38}$$

유동함수가 일정한 선이 유선이고, 등포텐셜선은 속도포텐셜이 일정한 선이므로 유선과 등포텐셜선은 각각 다음과 같다.

유선 : $$\psi = \frac{m}{2\pi}\theta = C \quad \Rightarrow \quad \theta = \mathrm{constant} \tag{6.39}$$

등포텐셜선 : $$\pi = \frac{m}{2\pi}\ln r = C \quad \Rightarrow \quad r = \mathrm{constant} \tag{6.40}$$

따라서 θ가 일정한 선이 유선이고, r이 일정한 선(즉, 원)이 등포텐셜선이다. 식 (6.35)에서 알 수 있듯이, 속도는 반경방향의 속도성분 v_r만 있고 θ방향의 속도 성분 v_θ는 0이다. 그림 6.6에서 $m > 0$일 때 실선으로 유선을, 점선으로 등포텐셜선을 나타내고 있으며, v_r은 양이 되어 유동은 원점에서 반경방향으로 퍼져 나가고 **소스(source)** 유동이라 한다. $m < 0$일 때 v_r은 음이 되고 유동은 원점으로 빨려들게 되고 **싱크(sink)** 유동이라 한다. 원점에서의 속도는 무한대가 되어 물리적으로는 불가능하고 이러한 곳을 수학적으로 특이점(singularity)이라 하고 한다. 마치 샘(source)이나 싱크처럼 물이 흘러나오고 빨려 들어가는 것을 상상하면 된다. 여기서 m은 소스 또는 싱크의 세기(강도 ; strength)를 나타낸다.

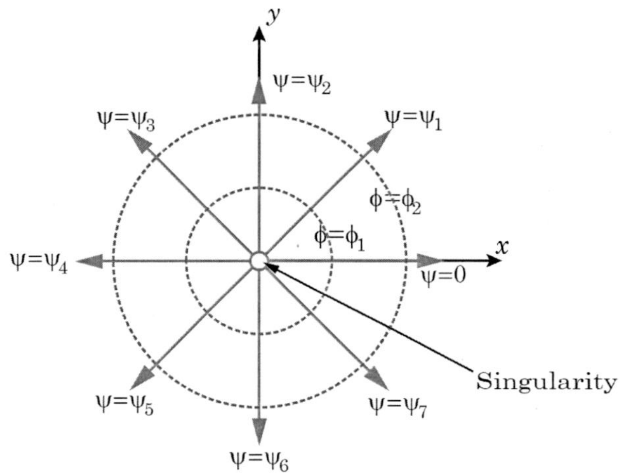

그림 6.6
소스

반경 반향의 속도 v_r은 소스 또는 싱크의 세기 m에 비례한다는 것을 식 (6.35)에서 알 수 있다. 세기 m에 대하여 자세히 알아보기 위하여 그림 6.7과 같이 반지름 r인 검사체적을 설정하여 검사체적을 흘러 나가는 단위 폭당(z방향 단위 길이 당) 유량 q를 계산하여 보면 다음과 같다.

$$q = \int_0^{2\pi} v_r r d\theta = \int_0^{2\pi} \frac{m}{2\pi r} r d\theta = \int_0^{2\pi} \frac{m}{2\pi} d\theta = m \tag{6.41}$$

소스 또는 싱크의 세기 m은 결국 반지름 r인 검사체적을 통과하는 단위 폭당 유량 q를 의미하고, 원점에서 흘러나오거나 빠져나가는 유량을 의미한다.

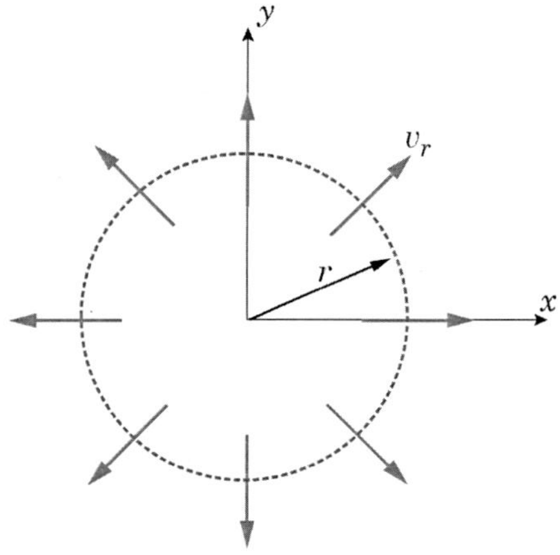

그림 6.7
검사체적을 흘러나가는 유량

6.4.3 자유와류

속도포텐셜이 소스의 유동함수와 같은 형태일 때의 **자유와류(free vortex)**를 고려해 보자(식에서 m 대신 Γ라는 기호를 사용한다).

$$\phi = \frac{\Gamma}{2\pi}\theta \tag{6.42}$$

여기서 사용된 Γ는 와류세기(와류강도 ; vortex strength)를 나타내고 뒤에서 설명하는 순환(circulation)을 의미한다. 속도포텐셜이 주어지면 속도를 쉽게 구할 수 있다.

$$v_r = \frac{\partial\phi}{\partial r} = 0\ ,\ v_\theta = \frac{1}{r}\frac{\partial\phi}{\partial\theta} = \frac{\Gamma}{2\pi r} \tag{6.43}$$

유동함수는 다음의 식으로 구할 수 있다.

$$v_r = \frac{1}{r}\frac{\partial\psi}{\partial\theta} = 0\ ,\ v_\theta = -\frac{\partial\psi}{\partial r} = \frac{\Gamma}{2\pi r} \tag{6.44}$$

위의 식들을 적분하면 유동함수는 다음과 같다(적분 상수를 편의상 0으로 둔다).

$$\psi = -\frac{\Gamma}{2\pi}\ln r \tag{6.45}$$

유동함수가 일정한 선이 유선이고 등포텐셜선은 속도포텐셜이 일정한 선이므로, 유선과 등포텐셜선은 소스일 때와 비교하면 서로 바뀌어 있다는 것을 알 수 있고 그림 6.8과 같다. 식 (6.43)에서 알 수 있듯이, 속도는 θ방향의 속도 성분 v_θ만 있고 반경방향의 속도성분 v_r은 0이다. 그림 6.8에서 실선으로 유선을, 점선으로 등포텐셜선을 나타내고 있으며, $\Gamma > 0$일 때 v_θ는 양이고 반시계방향으로 회전하는 유동이다. $\Gamma < 0$일 때 v_θ는 음이고 시계방향으로 회전하는 유동이다. 소스 또는 싱크와 마찬가지로, 원점에서의 속도는 무한대가 되어 물리적으로는 불가능하고 이러한 곳을 수학적으로 특이점(singularity)이라 한다.

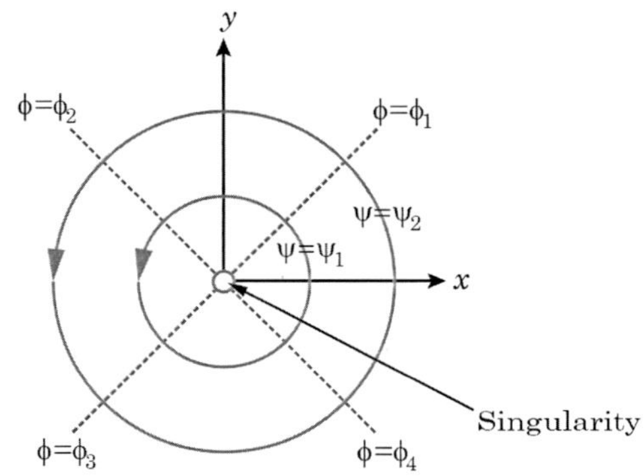

그림 6.8
자유와류

와류세기 Γ에 대하여 자세히 알아보기 위하여 먼저 순환에 대해 설명한다.

순환

순환(circulation)은 유동장에서 어떤 폐곡선을 따라 다음처럼 정의되는 적분이다.

$$\Gamma = \oint_{C} \mathbf{v} \cdot d\mathbf{s} \tag{6.46}$$

여기서

$$\mathbf{v} \cdot d\mathbf{s} = |\mathbf{v}||d\mathbf{s}|\cos\theta = |\mathbf{v}|\cos\theta\,|d\mathbf{s}| = v_s\,ds$$

이고, 따라서 식 (6.46)은 다음처럼 나타낼 수도 있다.

$$\Gamma = \oint_{C} \mathbf{v} \cdot d\mathbf{s} = \oint_{C} v_s\,ds \tag{6.47}$$

여기서 v_s는 속도벡터 $\mathbf{v}$의 곡선에 접하는 방향의 속도성분을 나타내고 ds는 폐곡선 위의 미소한 길이를 나타낸다. 따라서 순환 Γ는 유동장에서 어떤 폐곡선을 따라 속도의 접선방향성분을 선적분한 것이다.

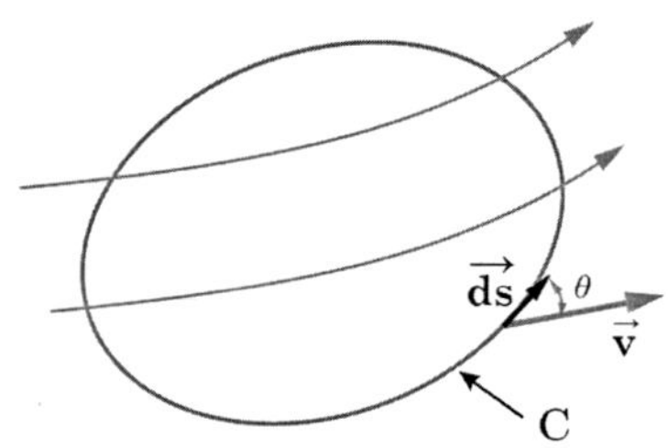

그림 6.9
순환(C는 폐곡선)

자유와류에서 그림 6.10과 같은 반경 R인 원으로 된 폐곡선 C에서 순환을 계산하자. 그림에서 x축에서 θ인 곳에서 곡선방향 속도 v_s는 v_θ이고, 곡선 ds의 길이는 $Rd\theta$이다. 따라서 반경 R인 원으로 된 폐곡선 C에서 순환은 다음과 같다.

$$\Gamma = \oint_C v_s \, ds = \int_0^{2\pi} v_\theta \, R d\theta = \int_0^{2\pi} \frac{\Gamma}{2\pi R} R d\theta = \Gamma \tag{6.48}$$

즉, 폐곡선 C에서 계산한 순환 Γ는 식 (6.42)에서 사용된 와류세기 Γ와 같다. 따라서 식 (6.42)에서의 와류세기 Γ는 곧 순환을 나타낸다. 즉, 순환 Γ를 가지는 자유와류의 포텐셜은 $\phi = \dfrac{\Gamma}{2\pi}\theta$로 나타낼 수 있다.

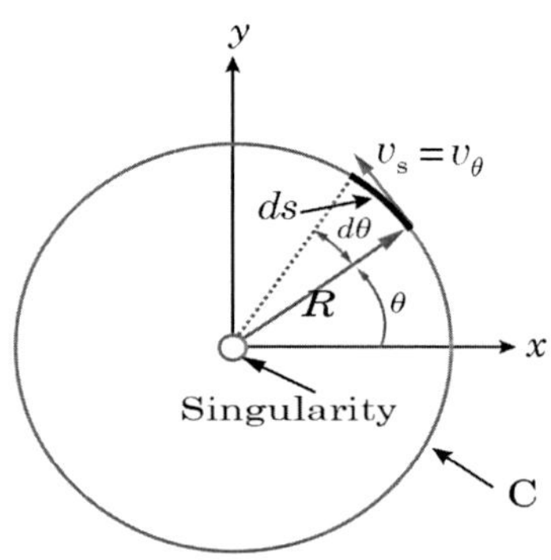

그림 6.10
자유와류에서의 순환 계산

Stokes 정리

Stokes 정리(Stokes' theorem)는 그림 6.11(a)에 나타내고 있는 어떤 열린 곡면의 면적 A에 대한 면적분과 그 면적의 경계를 이루는 폐곡선 C에서의 선적분과의 관계를 나타내는 정리이고 다음처럼 표현된다.

$$\int_A (\nabla \times \mathbf{v}) \cdot \mathbf{n}\, dA = \oint_C \mathbf{v} \cdot \mathbf{ds} \tag{6.49}$$

여기서 $\mathbf{n}$은 곡면 A에서 바깥방향으로 향하는 단위벡터인 법선벡터이고, $\mathbf{ds}$는 폐곡선 C에서의 미소길이 ds를 가지는 접선벡터이다. 곡면 A는 그림 6.11(b)에 보여주는, 폐곡선 C로 둘러싸인 평면만을 나타내는 것은 아니고, 일반적으로는 그림 6.11(a)처럼 폐곡선 C 위로 볼록하게 표시되는 곡면을 나타낸다. 폐곡선 C를 오른손으로 감쌀 때 엄지손가락이 곡면이 있는 쪽을 가리킬 때 나머지 네 손가락이 가리키는 방향이 접선벡터 $\mathbf{ds}$의 양의 방향이다(일종의 오른손 법칙을 따른다). 식 (6.49)는 $\nabla \times \mathbf{v}$를 면적 A에 대해 적분한 것은 $\mathbf{v}$를 면적의 경계인 폐곡선 C에서 선적분한 것과 같다는 것을 나타낸다. 그림 6.11(b)는 그림 6.11(a)의 곡면이 극단적으로 평평하여, 폐곡선 C로 둘러싸인 평면과 같아질 때를 나타내고, 이때는 $\nabla \times \mathbf{v}$의 방향과 $\mathbf{n}$의 방향은 일치하며, 평면에 대해 수직인 방향을 나타내게 된다.

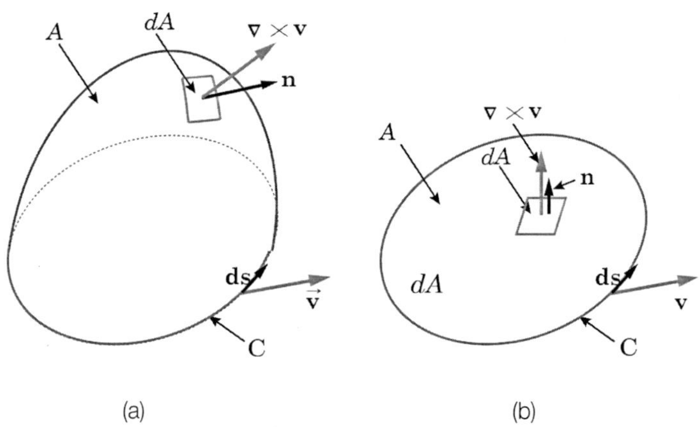

그림 6.11
Stokes 정리

순환에 대한 정의식에 Stokes 정리를 대입하면 순환은 다음 식으로 계산할 수 있다.

$$\Gamma = \oint_C \mathbf{v} \cdot \mathbf{ds} = \int_A (\nabla \times \mathbf{v}) \cdot \mathbf{n}\, dA \tag{6.50}$$

이 식으로부터 폐곡선 주위의 순환(circulation)은 폐곡선으로 둘러싸인 면적에서의 와도(vorticity)의 적분을 나타낸다는 것을 알 수 있다.

그림 6.12의 폐곡선 C_1에 대해 순환을 계산해 보면 면적 A_1전체에서 $\nabla \times \mathbf{v} = 0$ 이므로, 순환은 다음처럼 0이다.

$$\Gamma = \oint_{C_1} \mathbf{v} \cdot d\mathbf{s} = \int_{A_1} (\nabla \times \mathbf{v}) \cdot \mathbf{n}\, dA = 0 \tag{6.51}$$

그림 6.12의 폐곡선 C_2에 대해서도 면적 A_2전체에서 $\nabla \times \mathbf{v} = 0$ 이므로, 순환은 역시 0이다. 그러나 특이점을 포함하는 폐곡선 C_3에 대한 순환은 면적 A_3전체에서 $\nabla \times \mathbf{v} \neq 0$ 이므로, 0이 아니다.

$$\Gamma = \oint_{C_3} \mathbf{v} \cdot d\mathbf{s} = \int_{A_3} (\nabla \times \mathbf{v}) \cdot \mathbf{n}\, dA \neq 0 \tag{6.52}$$

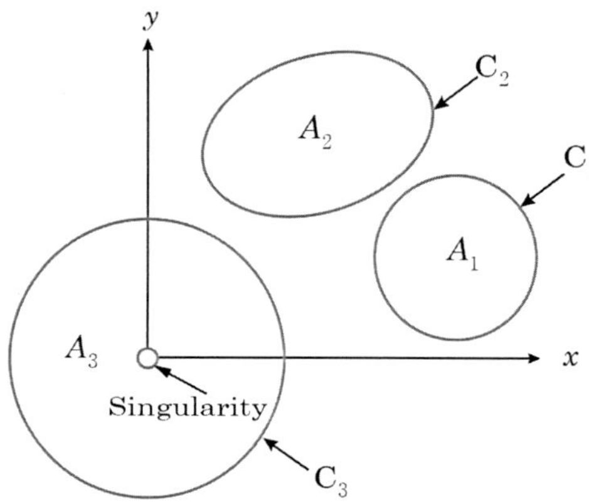

그림 6.12
자유와류에서 여러 폐곡선에서의 순환

자유와류에서 특이점을 포함하는 폐곡선에 대한 순환은 이미 앞에서 계산하였고 Γ이다. 일반적으로 자유와류에서 특이점을 포함하는 폐곡선에 대한 순환은 Γ이고, 특이점을 포함하지 않는 모든 폐곡선에 대한 순환은 0이다.

비회전 유동에서는 순환을 다음처럼 속도포텐셜을 사용하여 구할 수도 있다. 비회전 유동에서, $\mathbf{v} = \nabla \phi$로 나타낼 수 있으므로 순환은 다음처럼 나타낼 수 있다.

$$\Gamma = \oint_{C} \mathbf{v} \cdot d\mathbf{s} = \oint_{C} \nabla \phi \cdot d\mathbf{s} \tag{6.53}$$

여기서 $d\mathbf{s} = dx\,\mathbf{i} + dy\,\mathbf{j} + dz\,\mathbf{k}$ 이고, $\nabla \phi = \frac{\partial \phi}{\partial x}\mathbf{i} + \frac{\partial \phi}{\partial y}\mathbf{j} + \frac{\partial \phi}{\partial z}\mathbf{k}$이므로

$$\nabla \phi \cdot d\mathbf{s} = \frac{\partial \phi}{\partial x}dx + \frac{\partial \phi}{\partial y}dy + \frac{\partial \phi}{\partial z}dz = d\phi \tag{6.54}$$

이다. 따라서 식 (6.53)은 다음처럼 표현된다.

$$\Gamma = \oint_{C} d\phi \tag{6.55}$$

비회전 유동에서 순환은 항상 0이 됨을 알 수 있다. 그러나 폐곡선 안에 특이점이 포함된다면 순환은 0이 아닐 수 있다(예제 6.2 참조).

예제 6.2 **자유와류에서 그림 6.12의 폐곡선 C_1과 폐곡선 C_3에서 순환을 식 (6.55)를 이용하여 구하라.**

풀이

폐곡선 C_1에 대해서는 그림 E6.2(a)를 참고하여 다음처럼 적분할 수 있다.

$$\Gamma = \oint_{C_1} d\phi = \lim_{2\to 1}(\phi_2 - \phi_1) = \lim_{\varepsilon\to 0}[(\phi_1 - \varepsilon) - \phi_1] = 0$$

폐곡선 C_3에 대해서는 그림 E6.2(b)를 참고하여 다음처럼 적분할 수 있다.

$$\Gamma = \oint_{C_3} d\phi = \lim_{2\to 1}(\phi_2 - \phi_1) = \lim_{\varepsilon\to 0}[(\Gamma - \varepsilon) - 0] = \Gamma$$

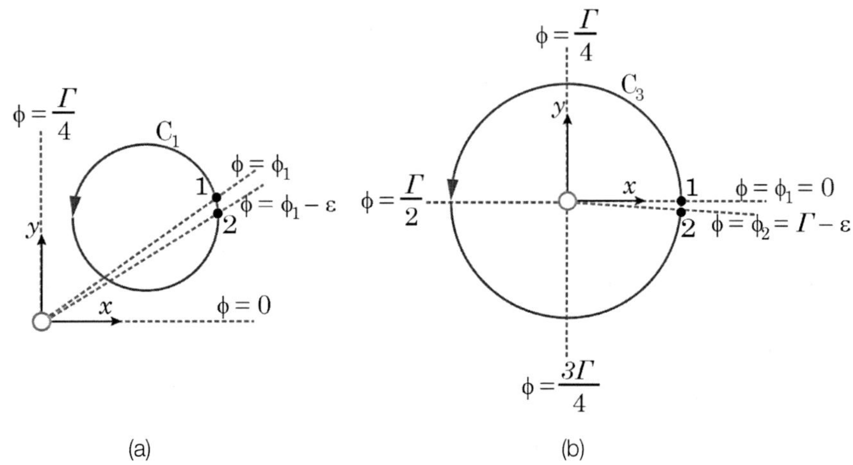

그림 E6.2
(a) 특이점을 포함하지 않음,
(b) 특이점을 포함

보충설명

폐곡선 C_1은 특이점인 원점을 포함하지 않고, 폐곡선 C_3는 특이점인 원점을 포함한다. 자유와류에서 특이점을 포함하지 않는 모든 폐곡선에 대한 순환은 0이다. 특이점을 포함하는 폐곡선에 대한 순환은 0이 아니고 Γ이다.

예제 6.3 앞의 5장에서 원관 내부의 유동과 원통 외부의 유동에 관한 해를 구하였고 각각 식 (5.51)과 식 (5.52)이다. 그림 E6.3(a)처럼 반지름 R인 원관이 ω의 각속도로 회전할 때 내부 유체의 속도는 다음과 같고 강체유동과 같은 형태이다.

$$v_\theta = \omega r \tag{1}$$

그림 E6.3(b)처럼 반지름 R인 원통이 ω의 각속도로 회전할 때 외부 유체의 유동속도는 다음과 같고 자유와류와 같은 형태이다.

$$v_\theta = \frac{\omega R^2}{r} \tag{2}$$

(a) 속도분포 (1)은 회전 유동이고, 속도분포 (2)는 비회전 유동임을 보여라. (b) 속도분포 (b)에 대해, $r \to \infty$ 인 곳에서의 압력이 p_∞ 일 때 압력분포를 구하라. 두 경우 모두 $v_r = 0$ 이다.

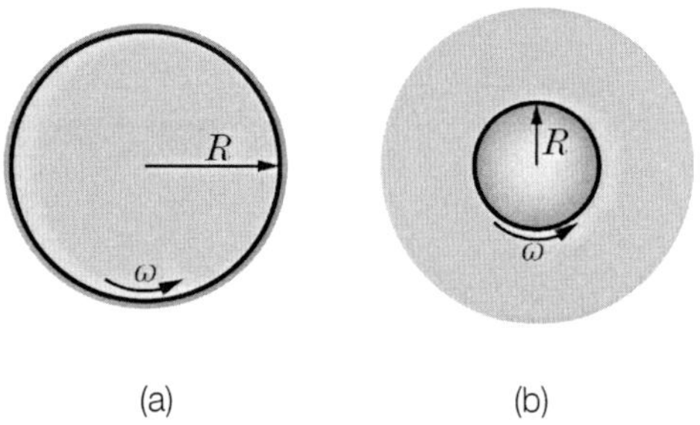

그림 E6.3
(a) 원관의 내부 유동, (b) 원통의 외부 유동

풀이

(a) 회전유동인지 아닌지는 와도를 계산하여 확인하여야 한다. 속도가 원통좌표계를 사용하여 표시되어 있으므로 원통좌표계를 사용하여 와도를 구하는 것이 편리하다. 속도가 $r\theta$평편에 표시되어 있으므로, ζ_z만 구하면 되고 식 (2.59)를 사용하면 된다.

속도분포가 식 (1)일 때,

$$\zeta_z = \frac{1}{r}\frac{\partial(rv_\theta)}{\partial r} - \frac{1}{r}\frac{\partial v_r}{\partial \theta} = 2\omega - 0 = 2\omega \neq 0$$

이므로 회전유동이다.

속도분포가 식 (2)일 때,

$$\zeta_z = \frac{1}{r}\frac{\partial(rv_\theta)}{\partial r} - \frac{1}{r}\frac{\partial v_r}{\partial \theta} = 0 - 0 = 0$$

이므로 비회전 유동이다.

(b) 속도분포 (2)는 비회전 유동이므로 유동장 전체에서 Bernoulli방정식이 성립하다.

$$p + \frac{\rho V^2}{2} = C$$

$r \to \infty$ 인 곳에서의 압력이 p_∞ 이고 속도는 0이므로

$$C = p_\infty$$

이고, 따라서 압력분포는 다음처럼 구할 수 있다.

$$p = p_\infty - \frac{\rho V^2}{2} = p_\infty - \frac{\rho \omega^2 R^4}{2r^2} \tag{3}$$

보충설명

속도성분에서 v_θ가 있다고 해서 모두 회전유동인 것은 아니다. 회전유동인지 아닌지는 와도를 계산하여 확인하여야 한다. 속도분포 (2)의 경우는 점성유동으로 구한 해이지만 비회전 유동이고 자유와류에 해당하는 포텐셜유동이다. 속도 (2)를 자유와류인 식 (6.43)과 비교하면

$$\frac{\Gamma}{2\pi} = \omega R^2 \Rightarrow \Gamma = 2\pi\omega R^2$$

임을 알 수 있다.

식 (1)과 식 (3)을 합하면 태풍 또는 토네이도의 속도분포를 근사적으로 나타낼 수 있다.

$$v_\theta = \begin{cases} \omega r & r \le R \\ \dfrac{\omega R^2}{r} & r > R \end{cases}$$

6.4.4 중첩

포텐셜유동에서 속도포텐셜과 관련된 지배방정식은 다음과 같은 Laplace방정식이다.

$$\nabla^2 \phi = 0 \tag{6.56}$$

위의 Laplace방정식은 선형(linear) 미분방정식이다. 선형 미분방정식의 특징은 ϕ_1과 ϕ_2가 Laplace방정식을 만족시키는 포텐셜이라면 이 둘을 더한 $\phi = \phi_1 + \phi_2$ 도 Laplace방정식을 만족시키는 해가 된다는 것이다.

$$\nabla^2 \phi = \nabla^2(\phi_1 + \phi_2) = \nabla^2\phi_1 + \nabla^2\phi_2 = 0 \tag{6.57}$$

ϕ_1과 ϕ_2가 Laplace방정식을 만족시키는 속도포텐셜이라면 $\phi_1 + \phi_2$ 도 Laplace방정식을 만족시키는 속도포텐셜이다. 이와 같이 둘 이상의 속도포텐셜을 더하는 것을 **중첩(superposition)**이라고 하며, 포텐셜유동의 문제에서 다양하게 사용된다.

유동함수에 대하서도 동일한 결과를 얻을 수 있다. ψ_1과 ψ_2가 Laplace방정식을 만족시키는 유동함수라면 이 둘을 더한 $\psi = \psi_1 + \psi_2$ 도 Laplace방정식을 만족시키는 해가 된다.

$$\nabla^2\psi = \nabla^2(\psi_1 + \psi_2) = \nabla^2\psi_1 + \nabla^2\psi_2 = 0 \tag{6.58}$$

6.4.5 소스와 싱크의 중첩

소스와 싱크가 중첩된 포텐셜유동을 생각해 보기로 한다. 먼저, 원점이 아닌 한 점에서 소스 또는 싱크가 위치하고 있는 경우의 속도포텐셜과 유동함수는 다음처럼 구할 수 있다. 그림 6.13에서 소스가 $(x_1,\ y_1)$에 위치하고 있을 때, P점에서의 속도포텐셜과 유동함수는 x, y축의 원점을 기준으로 한 원통좌표계인 r과 θ로 나타내기는 힘들고, x', y'축에서의 원점에 소스가 있는 경우의 속도포텐셜과 유동함수로 생각하여 다음처럼 나타낼 수 있다.

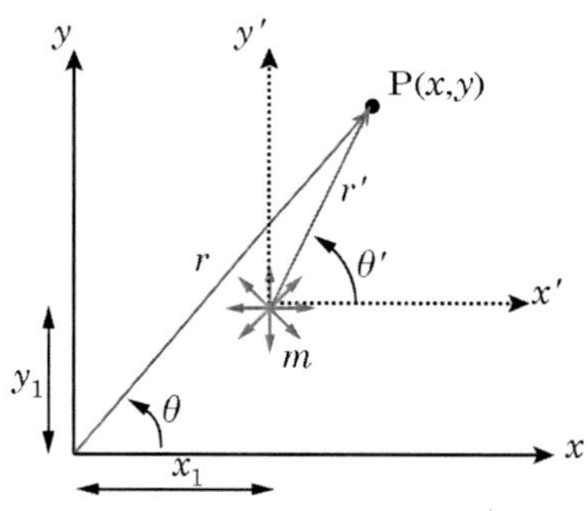

그림 6.13
자유원점이 아닌 곳에 위치한 소스

원통좌표계 :

$$\phi = \frac{m}{2\pi}\ln r' \tag{6.59}$$

$$\psi = \frac{m}{2\pi}\theta' \tag{6.60}$$

직교좌표계 :

$$\phi = \frac{m}{2\pi}\ln\sqrt{(x')^2 + (y')^2} \tag{6.61}$$

$$\psi = \frac{m}{2\pi}\tan^{-1}\left(\frac{y'}{x'}\right) \tag{6.62}$$

x, y축의 원점을 기준으로 한 원통좌표계에서 속도포텐셜과 유동함수를 r과 θ의 함수로 나타내기는 상당히 어려워 식 (6.59)와 식 (6.60)을 그대로 사용한다. 다만 직교좌표계에서 속도포텐셜과 유동함수는 좌표를 변환하여($x' = x - x_1$, $y' = y - y_1$), 다음처럼 x, y좌표로 나타낼 수 있다.

$$\phi = \frac{m}{2\pi}\ln\sqrt{(x-x_1)^2 + (y-y_1)^2} \tag{6.63}$$

$$\psi = \frac{m}{2\pi}\tan^{-1}\left(\frac{y-y_1}{x-x_1}\right) \tag{6.64}$$

그림 6.14(a)에서 보여주고 있듯이 같은 세기의 소스와 싱크가 원점에서 각각 a만큼 떨어져 있는 경우의 포텐셜유동을 생각해 보기로 한다. 이 경우의 속도포텐셜과 유동함수는 중첩을 사용하여 다음처럼 나타낼 수 있다.

원통좌표계 :

✦ $\phi = \phi_{\text{source}} + \phi_{\text{sink}}$
$= \frac{m}{2\pi}(\ln r_1 - \ln r_2)$
$= \frac{m}{2\pi}\ln\frac{r_1}{r_2}$

$$\phi = \frac{m}{2\pi}\ln\frac{r_1}{r_2} \tag{6.65}$$

$$\psi = \frac{m}{2\pi}(\theta_1 - \theta_2) \tag{6.66}$$

직교좌표계 :

$$\phi = \frac{m}{2\pi}\ln\sqrt{\frac{(x+a)^2 + y^2}{(x-a)^2 + y^2}} \tag{6.67}$$

$$\psi = \frac{m}{2\pi}\left[\tan^{-1}\left(\frac{y}{x+a}\right) - \tan^{-1}\left(\frac{y}{x-a}\right)\right] \tag{6.68}$$

그림 6.14(b)에 이 유동의 대표적인 유선을 보여주고 있다.

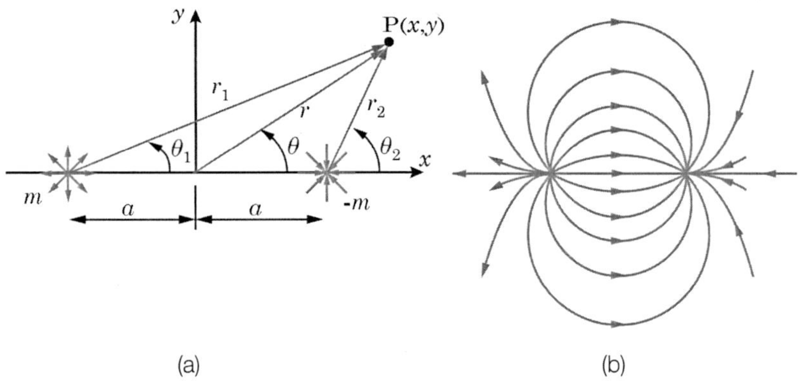

그림 6.14
소스와 싱크의 중첩

6.4.6 더블렛

같은 세기의 소스와 싱크가 원점에 아주 가깝게 접근하면서($a \rightarrow 0$) 세기가 점점 커질 때($m \rightarrow \infty$) 생기는 특별한 경우의 포텐셜유동을 **더블렛(doublet)**이라하며, 속도포텐셜과 유동함수는 다음처럼 표현된다(보충설명 참조).

$$\phi = \frac{K\cos\theta}{r} \tag{6.69}$$

$$\psi = -\frac{K\sin\theta}{r} \tag{6.70}$$

여기서 K는 더블렛의 세기(strength)이다. 그림 6.15에 더블렛의 유선들을 나타내고 있으며, 그림 6.14(b)에서 소스와 싱크를 원점으로 서로 접근시킨 모습을 상상하면 된다.

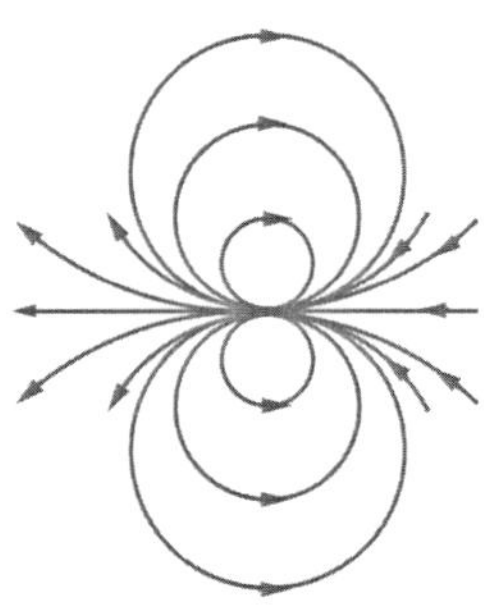

그림 6.15
더블렛

보충설명 ⊕ 더블렛의 포텐셜 유도

그림 6.14와 같이 소스와 싱크가 중첩되어 있는 경우의 속도포텐셜은 식 (6.65)와 같고 다시 적으면 다음과 같다.

$$\phi = \frac{m}{2\pi}\ln\frac{r_1}{r_2}$$

그림 6.14에서 r_1과 r_2를 r로 나타내면 다음과 같다.

$$r_1 = \sqrt{r^2 + a^2 + 2ra\cos\theta}$$

$$r_2 = \sqrt{r^2 + a^2 - 2ra\cos\theta}$$

따라서 속도포텐셜은 다음과 같다.

$$\phi = \frac{m}{4\pi}\ln\frac{r^2 + a^2 + 2ra\cos\theta}{r^2 + a^2 - 2ra\cos\theta} = \frac{m}{4\pi}\ln\frac{1 + \dfrac{2ra\cos\theta}{r^2 + a^2}}{1 - \dfrac{2ra\cos\theta}{r^2 + a^2}}$$

이제 소스와 싱크를 아주 가깝게 접근시켜보자. 단, 소스와 싱크의 세기를 점점 크게하여 ma가 일정하도록 한다. 수학적으로 표현하면 다음과 같다.

$$a \to 0,\ m \to \infty,\ ma = \text{일정}\left(\text{즉, } \frac{ma}{\pi} = K = \text{일정}\right)$$

$$\phi = \lim_{\substack{a\to 0\\ m\to\infty}}\left(\frac{m}{4\pi}\ln\frac{1 + \dfrac{2ra\cos\theta}{r^2 + a^2}}{1 - \dfrac{2ra\cos\theta}{r^2 + a^2}}\right) = \lim_{\substack{a\to 0\\ m\to\infty}}\left(\frac{m}{4\pi}\ln\frac{1 + \dfrac{2a\cos\theta}{r}}{1 - \dfrac{2a\cos\theta}{r}}\right)$$

여기서 $X = \dfrac{2a\cos\theta}{r}$라 두면

$$\lim_{X\to 0}\ln(1 + X) = X - \frac{1}{2}X^2 + \frac{1}{3}X^3 + \cdots$$

$$\lim_{X\to 0}\ln(1 - X) = -X - \frac{1}{2}X^2 - \frac{1}{3}X^3 + \cdots$$

이므로,

$$\lim_{\substack{X\to 0\\ m\to\infty}}\left[\ln\frac{1 + X}{1 - X}\right] = \lim_{\substack{X\to 0\\ m\to\infty}}\left[\ln(1 + X) - \ln(1 - X)\right] = 2X + \frac{2}{3}X^3 + \cdots$$

이고 속도포텐셜은 다음처럼 정리할 수 있다.

$$\phi = \lim_{\substack{X\to 0\\ m\to\infty}}\left[\frac{m}{4\pi}\left(2X + \frac{2}{3}X^3 + \cdots\right)\right] = \frac{m}{2\pi}X = \frac{ma}{\pi}\frac{\cos\theta}{r} = \frac{K\cos\theta}{r}$$

속도포텐셜이 이렇게 표시되면 유동함수는 쉽게 다음처럼 구할 수 있다.

$$\psi = -\frac{K\sin\theta}{r}$$

6.4.7 Rankine의 반체

그림 6.16(a)처럼 균일유동과 소스가 중첩된 유동의 속도포텐셜과 유동함수를 다음처럼 구할 수 있다.

$$\phi = \phi_{\text{uniform flow}} + \phi_{\text{source}} \quad \Rightarrow \quad \phi = Ur\cos\theta + \frac{m}{2\pi}\ln r \tag{6.71}$$

$$\psi = \psi_{\text{uniform flow}} + \psi_{\text{source}} \quad \Rightarrow \quad \psi = Ur\sin\theta + \frac{m}{2\pi}\theta \tag{6.72}$$

속도포텐셜과 유동함수가 주어진 경우 속도는 쉽게 구할 수 있고 다음과 같다.

$$v_r = U\cos\theta + \frac{m}{2\pi r}, \quad v_\theta = -U\sin\theta \tag{6.73}$$

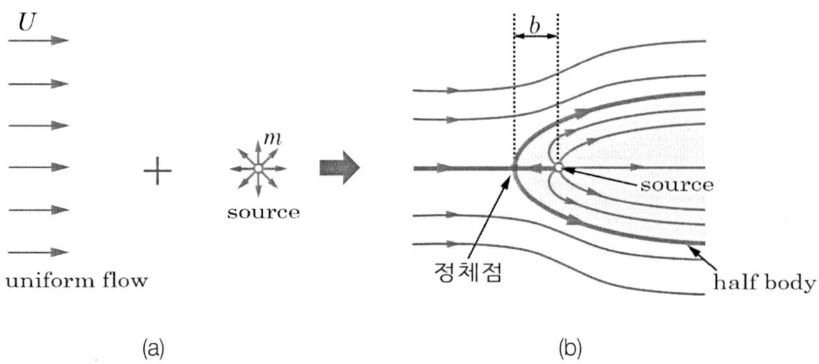

그림 6.16
(a) 균일유동과 소스의 중첩,
(b) Rankine의 반체

이 유동에서 관심을 끄는 한 점은 속도가 0이 되는 정체점(stagnation point)이다. 정체점에서 속도가 0이 되므로, v_r과 v_θ가 모두 0이 된다.

$$v_\theta = -U\sin\theta = 0 \quad \Rightarrow \quad \theta = 0, \pi$$

$\theta = 0$일 때

$$v_r = U + \frac{m}{2\pi r} > 0$$

이므로 정체점이 없다.

$\theta=\pi$일 때 다음처럼 v_r이 0이 되는 점이 존재한다.

$$v_r=-U+\frac{m}{2\pi r}=0 \quad ; r=\frac{m}{2\pi U} \tag{6.74}$$

여기서

$$b=\frac{m}{2\pi U} \tag{6.75}$$

이라고 하면, (r, θ) = (b, π)인 점이 정체점이고 그림 (6.16)에 나타내고 있으며, 직교좌표계로 나타내면 (x, y) = $(-b, 0)$인 점이다. 유동 전체에서 하나의 정체점이 있다. U가 클수록 m이 작을수록 b가 작아지므로 정체점의 위치는 원점에 가까워지고, 반대로 U가 작을수록 m이 클수록 정체점의 위치는 원점에서 멀어진다는 것 알 수 있고, 그림 6.16에서도 직관적으로 이렇게 된다는 것을 추측할 수 있다.
정체점에서의 유동함수의 값은 다음과 같다.

$$\psi_{\text{stag}}=\frac{m}{2}$$

정체점을 지나는 유선의 방정식은 유동함수가 $m/2$으로 일정한 선이다.

$$\psi=Ur\sin\theta+\frac{m}{2\pi}\theta=\frac{m}{2} \tag{6.76}$$

$m=2\pi bU$이고 대입하여 정체점을 지나는 유선의 방정식을 다시 나타내면 다음과 같다.

$$r\sin\theta=b(\pi-\theta) \tag{6.77}$$

그림 6.16(b)의 굵게 표시된 곡선과 음의 방향 x축이 정체점을 지나는 유선이다. 다른 유선들도 그림에 나타내고 있다. 굵게 표시된 곡선은 유선이므로 이 유선을 가로지르는 유동은 없어 이 곡선을 물체라 생각하면 된다. 이와 같은 물체에 균일유동이 접근할 때의 포텐셜유동의 양상은 그림 6.16(b)의 굵게 표시된 곡선(즉, 물체)의 외부 유선의 모양과 같다(물체내부를 무시하면 된다). 이와 같이 굵게 표시된 곡선을 Rankine의 **반체**(half body)라고 한다.

6.4.8 Rankine의 타원체

그림 6.17(a)처럼 균일유동과 소스 및 싱크가 중첩된 유동의 속도포텐셜과 유동함수를 다음처럼 구할 수 있다(좌표계는 그림 6.14와 같다).

$$\phi = Ur\cos\theta + \frac{m}{2\pi}(\ln r_1 - \ln r_2) \tag{6.78}$$

$$\psi = Ur\sin\theta + \frac{m}{2\pi}\theta_1 - \frac{m}{2\pi}\theta_2 \tag{6.79}$$

이 유동에 대한 유선은 그림 6.17(b)처럼 나타낼 수 있다. 정체점은 두개가 있고, 굵게 표시된 곡선(즉, 물체)이 정체점들을 지나는 유선의 일부이다(x축 전체도 정체점을 지나는 유선이다). 그 모양은 타원체 이고 Rankine의 **타원체**(oval)라고 한다. 굵게 표시된 곡선은 유선이므로 이 유선을 가로지르는 유동은 없어 이 곡선을 물체라 생각하면, 타원체에 균일유동이 접근할 때의 포텐셜유동의 양상이 그림 6.17(b)의 굵게 표시된 곡선(즉, 물체)의 외부 유선의 모양과 같다(물체내부를 무시하면 된다). 반체에 비해 싱크가 더해진 형태이기 때문에 앞부분에서는 비슷한 양상을 나타내지만 뒷부분의 싱크 때문에 이와 같은 양상을 나타낸다.

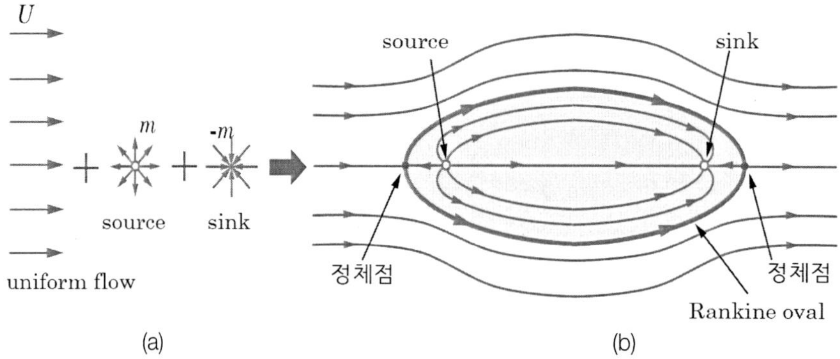

그림 6.17
(a) 균일유동과 소스 및 싱크의 중첩, (b) 타원체 주위의 유동

6.4.9 원통 주위의 유동

그림 6.18(a)처럼 균일유동과 더블렛이 중첩된 유동의 속도포텐셜과 유동함수를 다음처럼 구할 수 있다.

$$\phi = Ur\cos\theta + \frac{K\cos\theta}{r} \tag{6.80}$$

$$\psi = Ur\sin\theta - \frac{K\sin\theta}{r} \tag{6.81}$$

이 유동에 대해 알아보기 전에, 자유유동의 속도 U와 더블렛의 세기 K의 상대적인 크기에 따라 유선의 모양이 달라질 것이라는 것을 쉽게 생각할 수 있다. 이 두 값의 비를 다음처럼 a^2이라고 하자.

$$a^2 = \frac{K}{U} \quad (\text{또는 } a = \sqrt{\frac{K}{U}}\ ) \tag{6.82}$$

그러면

$$K = Ua^2 \tag{6.83}$$

으로 표시할 수 있고, 이것을 식 (6.80)과 식 (6.81)에 대입하면 다음처럼 표시할 수 있다.

$$\phi = Ur\left(1 + \frac{a^2}{r^2}\right)\cos\theta \tag{6.84}$$

$$\psi = Ur\left(1 - \frac{a^2}{r^2}\right)\sin\theta \tag{6.85}$$

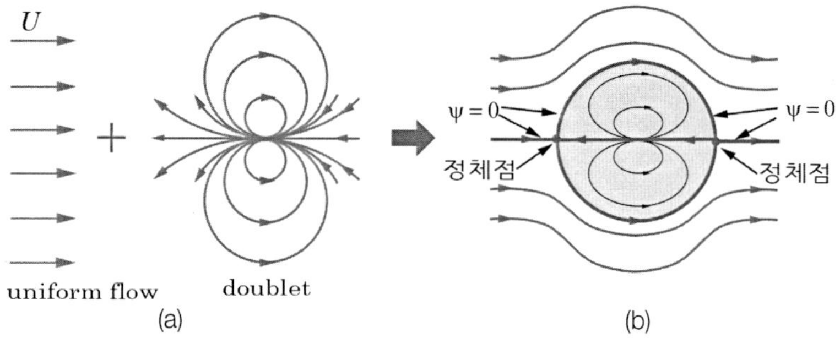

그림 6.18
(a) 균일유동과 더블렛의 중첩,
(b) 원통 주위의 유동

속도포텐셜과 유동함수가 주어진 경우 속도는 쉽게 구할 수 있고 다음과 같다.

$$v_r = U\left(1 - \frac{a^2}{r^2}\right)\cos\theta, \ v_\theta = -U\left(1 + \frac{a^2}{r^2}\right)\sin\theta \tag{6.86}$$

이 유동에서도 관심을 끄는 점은 속도가 0이 되는 정체점(stagnation point)이다. 정체점에서 속도가 0이 되므로, v_r과 v_θ가 모두 0이 된다.

$$v_\theta = -U\left(1 + \frac{a^2}{r^2}\right)\sin\theta = 0 \quad \Rightarrow \quad \theta = 0, \pi$$

$\theta = 0$, 또는 $\theta = \pi$ 일 때 v_θ는 0이고, v_r도 0이 되어야 한다.

$$1 - \frac{a^2}{r^2} = 0 \quad \Rightarrow \quad r = a \tag{6.87}$$

v_r이 0이 되므로, (r, θ) = $(a, 0)$, (a, π)인 두 점이 정체점이다. 직교좌표계로 나타내면 $(a, 0)$, $(-a, 0)$인 두 점이다.
정체점에서의 유동함수 ψ의 값은 다음과 같다.

$$\psi_{\text{stag}} = 0 \tag{6.88}$$

정체점을 지나는 유선의 방정식은 유동함수가 0으로 일정한 선이다.

$$\psi = Ur\left(1 - \frac{a^2}{r^2}\right)\sin\theta = 0 \tag{6.89}$$

따라서 정체점을 지나는 유선은 다음과 같다.

$$1 - \frac{a^2}{r^2} = 0 \quad \Rightarrow \quad r = a : \text{반지름이 } a \text{인 원} \tag{6.90}$$

$$\sin\theta = 0 \quad \Rightarrow \quad \theta = 0, \pi : x\text{축} \tag{6.91}$$

그림 6.18(b)의 굵게 표시된 곡선과 x축이 정체점을 지나는 유선이다. 다른 유선들도 그림에 나타내고 있다. 굵게 표시된 곡선은 유선이므로 이 유선을 가로지르는 유동은 없고, 이 곡선은 2차원유동에서 원 모양이므로 이 물체는 결국 원통(cylinder)의 단면이 된다. 균일유동이 원통 주위를 흐를 때의 포텐셜유동의 양상을 그림 6.18(b)의 원통 외부 유선으로 보여주고 있다(원통의 내부를 무시하면 된다).

식 (6.86)에 $r = a$를 대입하면, 원통의 표면에서의 속도분포를 구할 수 있고 다음과 같다.

$$v_{rs} = 0, \ v_{\theta s} = -2U\sin\theta \tag{6.92}$$

v_θ는 반시계방향이 양의 방향이고, $v_{\theta s}$는 음으로 표시되어 있으므로 시계방향으로 흐르게 된다. 정체점에서의 속도는 0이고 원통의 제일 위, 아래의 점에서 속도의 크기는 $2U$로 최대가 된다.

원통의 표면에서의 압력 p_s는 Bernoulli방정식으로 구할 수 있다.

$$p_\infty + \frac{1}{2}\rho U^2 = p_s + \frac{1}{2}\rho V_s^2 \tag{6.93}$$

여기서 p_∞는 원통에서 멀리 떨어진 곳에서의 압력이고 V_s는 원통에서의 속도의 크기이고 다음과 같다.

$$V_s^2 = v_{rs}^2 + v_{\theta s}^2 = 4U^2\sin^2\theta \tag{6.94}$$

원통의 표면에서의 압력 p_s는 다음과 같다.

$$p_s = p_\infty + \frac{1}{2}\rho U^2(1 - 4\sin^2\theta) \tag{6.95}$$

이 압력분포를 그림 6.19에 무차원 형태로 나타내고 있다. 그림에서 β는 원통의 왼쪽 정체점에서 측정한 각도이다. 무차원 형태의 압력분포인 압력계수 C_p는 다음처럼 정의된다.

$$C_p = \frac{p_s - p_\infty}{\frac{1}{2}\rho U^2} \tag{6.96}$$

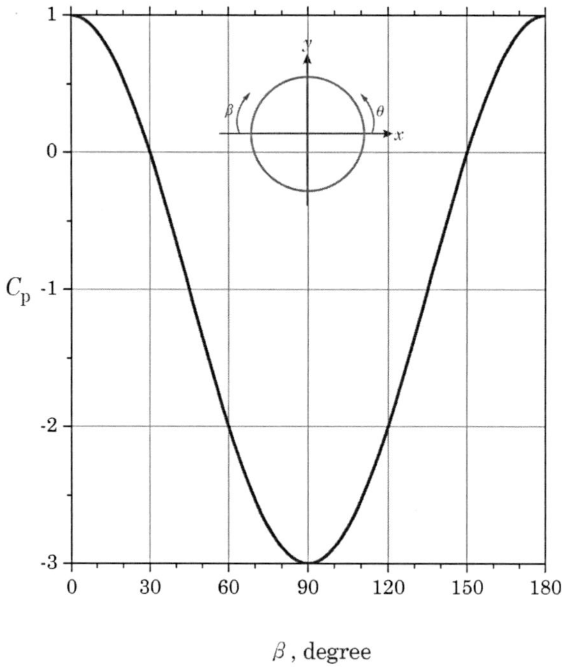

그림 6.19
원통표면에서의 무차원 압력분포

원통표면에서의 압력분포를 알면 원통이 받는 힘을 구할 수 있다. 그림 6.20을 참조하여 다음처럼 적분하면 압력으로 인한 힘의 유동 방향 및 유동의 직각방향성분을 구할 수 있다.

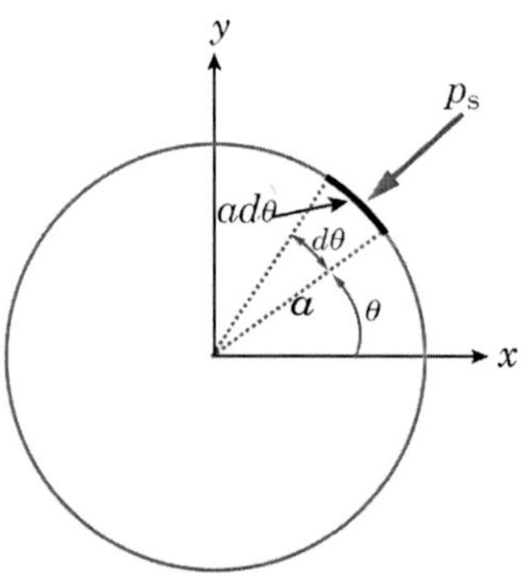

그림 6.20
원통표면에서의 압력을 이용한 힘의 계산

$$F_{\mathrm{D}} = -\int_0^{2\pi} p_s \cos\theta a d\theta \tag{6.97}$$

$$F_{\mathrm{L}} = -\int_0^{2\pi} p_s \sin\theta a d\theta \tag{6.98}$$

여기서 F_{D}는 유동방향으로 작용하는 힘, 즉 항력(drag)이고 F_{L}은 유동의 직각방향으로 작용하는 힘, 즉 양력(lift)이다. 식 (6.97)과 식 (6.98)로부터 계산하면 F_{D}와 F_{L}은 모두 0이 된다. 그림에서 보듯이 압력분포가 좌우 대칭이기 때문에 적분하여 계산하지 않더라도 압력에 의한 항력은 0이 된다는 것을 추측할 수 있다. 실제 유동에서는 원통에 항력이 작용하고 있어 포텐셜유동의 결과를 실제유동에 적용할 수 없다. 좌우 대칭이 아닌 물체라도 포텐셜유동에서 구한 항력은 0이다. 이것은 실제유동과 차이가 있어, d'Alembert의 역설(d'Alembert's paradox)이라고 한다. 이처럼 포텐셜유동의 해석으로 물체의 항력을 제대로 계산할 수는 없지만, 점성이 작은 경우의 물체주위의 속도분포와 압력분포 및 뒤에서 설명하는 경계층이론에 필요한 유동장 전체의 정보를 알아내는 데 유용하다.

✦ d'Alembert : 달랑베르

예제 6.4 **반지름 a인 긴 원통이 균일한 속도 U인 유동장에 놓여있을 때 원통 주위의 포텐셜유동에서 $|x| \geq a$인 x축에서의 압력분포를 x의 함수로 구하라.**

풀이

원통의 외부 x축에서 속도는 식 (6.86)으로부터 구할 수 있다. $\theta = 0$ 또는 $\theta = \pi$이므로

$$v_\theta = 0$$

이다. $\theta = 0$ 또는 $\theta = \pi$일 때 $\cos\theta = \pm 1$이므로

$$V^2 = v_r^2 = U^2\left(1 - \frac{a^2}{r^2}\right)^2 = U^2\left(1 - \frac{a^2}{x^2}\right)^2 \tag{1}$$

이다.

포텐셜유동이므로 유동장 전체에서 Bernoulli방정식이 성립하다.

$x \to -\infty$인 곳에서의 압력이 p_∞이고 속도는 U이므로

$$p_\infty + \frac{\rho U^2}{2} = p + \frac{\rho V^2}{2} \tag{2}$$

이고, 식 (1)을 식 (2)에 대입하면 다음처럼 구할 수 있다.

$$p = p_\infty + \frac{\rho U^2}{2}\left[\frac{a^2}{x^2}\left(2 - \frac{a^2}{x^2}\right)\right] \tag{3}$$

보충설명

정체점은 속도가 0인 점이고 $x = \pm a$일 때이다. 식 (3)에 $x = \pm a$를 대입하여 정체압 p_0를 구하면 다음과 같다.

$$p_0 = p_\infty + \frac{\rho U^2}{2} \tag{4}$$

6.4.10 순환이 있는 원통 주위의 유동

균일유동과 더블렛 및 자유와류가 중첩된 포텐셜유동의 속도포텐셜과 유동함수는 다음과 같다.

$$\phi = Ur\left(1 + \frac{a^2}{r^2}\right)\cos\theta + \frac{\Gamma}{2\pi}\theta \tag{6.99}$$

$$\psi = Ur\left(1 - \frac{a^2}{r^2}\right)\sin\theta - \frac{\Gamma}{2\pi}\ln r \tag{6.100}$$

그림 6.21
순환이 있는 원통 주위의 유동 [Γ가 양인 경우]

속도포텐셜과 유동함수가 주어진 경우 속도는 쉽게 구할 수 있고 다음과 같다.

$$v_r = U\left(1 - \frac{a^2}{r^2}\right)\cos\theta\ ,\ v_\theta = -U\left(1 + \frac{a^2}{r^2}\right)\sin\theta + \frac{\Gamma}{2\pi r} \tag{6.101}$$

이 유동에서도 관심을 끄는 점은 속도가 0이 되는 정체점(stagnation point)이다. 먼저 Γ가 0인 경우는 앞에서 다룬 원통 주위의 유동과 같고 정체점은 두 개이다. Γ가 0이 아니고 양인 경우를 생각해 보자. **원통 표면($r = a$)**에서는 v_r이 항상 0이므로 v_θ가 0이 되는 점이 정체점이다.

$$v_{\theta s} = -2U\sin\theta + \frac{\Gamma}{2\pi a} = 0 \quad \Rightarrow \quad \sin\theta = \frac{\Gamma}{4\pi Ua} \tag{6.102}$$

- $\frac{\Gamma}{4\pi Ua} < 1$일 때 식 (6.102)를 만족시키는 θ는 2개이고 따라서 정체점은 두 개가 있고, 그림 6.21(a)에 Γ가 양인 경우의 정체점과 유동의 양상을 나타내고 있다.
- $\frac{\Gamma}{4\pi Ua} = 1$일 때 위의 식을 만족시키는 θ는 $\frac{\pi}{2}$ 하나이고 따라서 정체점은 하나가 있고, 그림 6.21(b)에 정체점과 유동의 양상을 나타내고 있다.
- $\frac{\Gamma}{4\pi Ua} > 1$일 때 위의 식을 만족시키는 θ는 없고, 따라서 정체점은 원통 표면위에 존재하지 않고, 구하여 보면 원통에서 떨어진 곳에 정체점이 있고, 그림 6.21(c)에 정체점과 유동의 양상을 나타내고 있다.

식 (6.101)에 $r = a$를 대입하면, 원통에서의 속도분포를 구할 수 있고 다음과 같다.

$$v_{rs} = 0, \; v_{\theta s} = -2U\sin\theta + \frac{\Gamma}{2\pi a} \tag{6.103}$$

원통표면에서의 압력은 Bernoulli방정식으로 구할 수 있다.

$$p_\infty + \frac{1}{2}\rho U^2 = p_s + \frac{1}{2}\rho V_s^2$$

여기서 p_∞는 원통에서 멀리 떨어진 곳에서의 압력이고 V_s는 원통표면에서의 속도의 크기이고 다음과 같다.

$$V_s = v_{rs}^2 + v_{\theta s}^2 = \left(-2U\sin\theta + \frac{\Gamma}{2\pi a}\right)^2 \tag{6.104}$$

따라서 원통표면에서의 압력 p_s는 다음과 같다.

$$p_s = p_\infty + \frac{1}{2}\rho U^2\left[1 - 4\sin^2\theta + \frac{2\Gamma\sin\theta}{\pi a U} - \left(\frac{\Gamma}{2\pi a U}\right)^2\right] \tag{6.105}$$

압력분포를 식 (6.97)과 식 (6.98)에 대입하여 항력과 양력을 구하면 F_D는 0이고 F_L은 다음과 같다.

$$F_L = -\rho U \Gamma \tag{6.106}$$

U가 양이고 Γ가 양일 때 $-y$방향으로 양력이 작용하게 된다. 그림 6.21처럼 순환이 양인 경우 원통의 윗부분에서 유체의 속도는 느려져서 압력은 크고, 원통의 아랫부분에서 유체의 속도는 빨라지므로 압력은 작아서, 위에서 아랫방향으로 힘이 작용하게 된다. 야구공이 회전을 하면서 날아가면 공이 휘어져 들어가게 되는 이유이다. 이와 같이 물체가 회전하면서 진행할 때 물체의 진행방향에 수직한 힘이 작용하는 현상을 **Magnus효과(Magnus effect)**라고 한다.

2) 6.4.11 복소포텐셜

앞에서 설명한 포텐셜유동에 복소변수를 이용하면 여러 가지 편리한 점이 많다. 그림 6.22에 보여주고 있는 것처럼 복소평면에서 복소변수(complex variable) z는 직교좌표와 극좌표(또는 원통좌표계)를 이용하여 나타내면 다음과 같다.

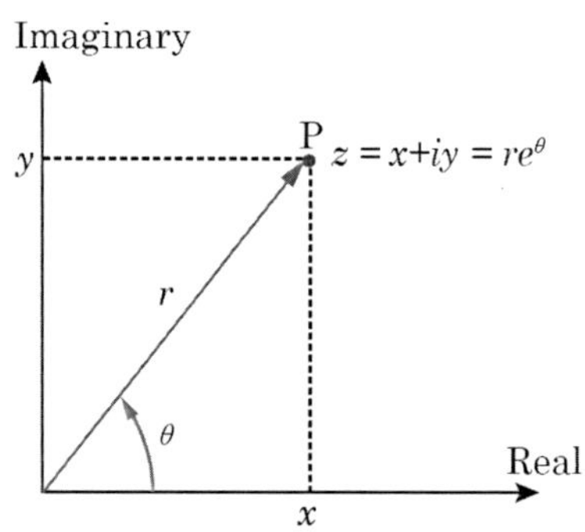

그림 6.22
복소평면

$$z = x + iy = re^{i\theta} \tag{6.107}$$

✦ $e^{i\theta} = \cos\theta + i\sin\theta$,
$e^{-i\theta} = \cos\theta - i\sin\theta$

여기서 $i = \sqrt{-1}$ 이고 $r = \sqrt{x^2 + y^2}$ 이다. 복소변수 z의 켤레(공액)복소변수(complex conjugate) $\bar{z}$는 다음처럼 정의된다.

$$\bar{z} = x - iy \tag{6.108}$$

그러면 다음의 관계가 성립한다.

$$z\bar{z} = z^2 = x^2 + y^2 \tag{6.109}$$

2) 이 부분은 학부생인 경우 생략하여도 무방하다.

보충설명 ⊕ 해석함수

다음과 같은 복소함수를 고려해보자.

$$f(z) = a(x,y) + ib(x,y)$$

(1) $f(z)$가 해석함수(analytic function)이면 Cauchy–Riemann 방정식이 성립하고, Cauchy–Riemann 방정식이 성립하면 $f(z)$는 해석함수이다. 즉, 다음과 같다.

$$f(z) \text{ : 해석함수} \rightleftarrows \text{Cauchy–Riemann 방정식이 성립}$$

(2) $f(z)$가 해석함수(analytic function)이면 $\Delta z \to 0$이 되는 경로와 무관하게 같은 $\dfrac{df}{dz}$의 값을 가진다. 즉, 그림 6.23에서 Δz는 어떤 경로를 취하여도 상관없다.

(3) Cauchy–Riemann 방정식은 다음과 같다.

$$\frac{\partial a}{\partial x} = \frac{\partial b}{\partial y}, \ \frac{\partial a}{\partial y} = -\frac{\partial b}{\partial x} \tag{6.110}$$

다음처럼 실수부가 속도포텐셜 ϕ이고 허수부가 유동함수 ψ로 이루어진 **복소포텐셜 (complex potential)** F를 정의한다.

$$F(z) = \phi(x,y) + i\,\psi(x,y) \tag{6.111}$$

속도포텐셜과 유동함수 ϕ와 ψ는 다음으로 정의된다.

$$u = \frac{\partial \phi}{\partial x}, \ v = \frac{\partial \phi}{\partial y}$$

$$v = \frac{\partial \phi}{\partial x}, \ v = -\frac{\partial \psi}{\partial x}$$

따라서 위의 식들로부터 다음의 Cauchy-Riemann 방정식이 성립된다.

$$\frac{\partial \phi}{\partial x} = \frac{\partial \psi}{\partial y}, \ \frac{\partial \phi}{\partial y} = -\frac{\partial \psi}{\partial x} \tag{6.112}$$

즉, 식 (6.111)로 정의된 복소포텐셜 F는 해석함수(analytic function)이다. 역으로 어떠한 해석함수 $F(z)$가 주어지면 F는 복소포텐셜이고 F의 실수부는 속도포텐셜 ϕ이고 허수부는 유동함수 ψ를 나타낸다.

복소속도(complex velocity) W를 다음처럼 정의한다.

$$W(z) = \frac{dF}{dz} \tag{6.113}$$

그러면 복소속도의 실수부는 속도 u를 허수부는 속도 v를 나타내게 되어, 다음처럼 표현할 수 있다(보충설명 참조).

$$W = u - iv \tag{6.114}$$

극좌표계(또는 원통좌표계)로 나타내면 다음과 같다(보충설명 참조).

$$W(z) = (v_r - iv_\theta)e^{-i\theta} \tag{6.115}$$

W의 켤레(공액) 복소변수(complex conjugate) $\overline{W}$는

$$\overline{W} = u + iv \tag{6.116}$$

이고 따라서,

$$W\overline{W} = u^2 + v^2 = |\vec{\mathbf{v}}|^2 \tag{6.117}$$

이다.

보충설명 ⊙ 복소속도

복소속도 W를 다음처럼 정의한다.

$$W(z) = \frac{dF}{dz} = \lim_{\Delta z \to 0} \frac{F(z+\Delta z) - F(z)}{(z+\Delta z) - z} \tag{6.118}$$

앞에서 설명하였듯이 F가 해석함수이고, $W(z) = \dfrac{dF}{dz}$를 구할 때 $\Delta z \to 0$이 되는 경로와 무관하므로 그림 6.23의 경로 ①, ②, ③ 또는 이와 다른 어떠한 경로를 취하여도 같은 미분값을 가지므로, 다음처럼 구할 수 있다.

경로 ② : $\Delta z = \Delta x$

$$W(z) = \lim_{\Delta x \to 0} \frac{F(z+\Delta x) - F(z)}{(z+\Delta x) - z} = \frac{\partial F}{\partial x} = \frac{\partial \phi}{\partial x} + i\frac{\partial \psi}{\partial x} = u - iv \tag{6.119}$$

또한 다른 경로 ③을 택하여 미분을 구하더라도 같은 결과를 얻을 수 있다.

경로 ③ : $\Delta z = i\Delta y$

$$W(z) = \lim_{\Delta x \to 0} \frac{F(z+i\Delta y) - F(z)}{(z+i\Delta y) - z} = \frac{\partial F}{i\partial y}$$
$$= \frac{\partial \phi}{i\partial y} + i\frac{\partial \psi}{i\partial y} = -i\frac{\partial \phi}{\partial y} + \frac{\partial \psi}{\partial y} = -iv + u \tag{6.120}$$

직교좌표계와 원통 좌표계의 속도 사이에는 다음의 관계가 성립한다.

$$u = v_r\cos\theta - v_\theta\sin\theta, \; v = v_r\sin\theta + v_\theta\cos\theta \tag{6.121}$$

$$W(z) = (v_r\cos\theta - v_\theta\sin\theta) - i(v_r\sin\theta + v_\theta\cos\theta)$$
$$= v_r(\cos\theta - i\sin\theta) - iv_\theta(\cos\theta - i\sin\theta) \tag{6.122}$$
$$= (v_r - iv_\theta)e^{-i\theta}$$

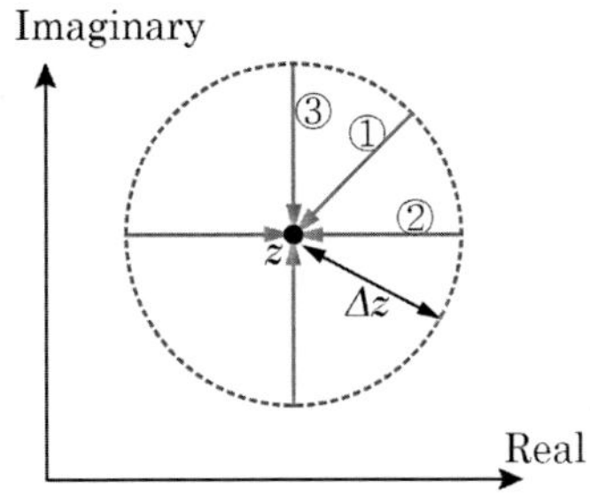

그림 6.23
미분경로

이제 앞에서 설명한 복소포텐셜과 복소속도를 사용하면 앞에서 다룬 여러 가지 포텐셜유동을 간편히 표현할 수 있다.

균일유동

앞에서 설명한 x방향으로 균일한 유동의 복소포텐셜은 다음처럼 나타낼 수 있다.

$$F(z) = Uz \;\; ; \; F(z) = U(x+iy) \tag{6.123}$$

따라서 속도포텐셜과 유동함수는 다음과 같다.

$$\phi = Ux, \; \psi = Uy \tag{6.124}$$

복소속도와 속도성분은 다음과 같다.

$$W = \frac{dF}{dz} = U \;\; ; \; u = U, \; v = 0 \tag{6.125}$$

앞에서 설명한 y방향으로 균일한 유동의 복소포텐셜, 속도포텐셜과 유동함수는 다음처럼 나타낼 수 있다.

$$F(z) = -iUz \;\; ; \; \phi = Uy \, , \; \psi = -Ux \tag{6.126}$$

복소속도와 속도성분은 다음과 같다.

$$W = \frac{dF}{dz} = iU \;\; ; \; u = 0, \; v = U \tag{6.127}$$

U의 속도크기로 x축에 대해 α의 각도로 흐르는 균일유동의 복소포텐셜은 다음과 같다.

$$F = Ue^{-i\alpha}z \tag{6.128}$$

복소속도와 속도성분은 다음과 같다.

✦ $Ue^{-i\alpha}$
$= U(\cos\alpha - i\sin\alpha)$

$$W = \frac{dF}{dz} = Ue^{-i\alpha} \;\; ; \; u = U\cos\alpha, \; v = U\sin\alpha \tag{6.129}$$

소스 또는 싱크

소스 또는 싱크의 복소포텐셜은 다음처럼 나타낼 수 있다.

$$F = \frac{m}{2\pi}\ln z \tag{6.130}$$

✦ $\ln z = \ln(re^{i\theta})$
$= \ln r + i\theta$이므로
$\frac{m}{2\pi}\ln z = \frac{m}{2\pi}(\ln r + i\theta)$

따라서 속도포텐셜과 유동함수는 다음과 같다.

$$\phi = \frac{m}{2\pi}\ln r \, , \; \psi = \frac{m}{2\pi}\theta \tag{6.131}$$

복소속도는

$$W = \frac{dF}{dz} = \frac{m}{2\pi}\frac{1}{z} \tag{6.132}$$

이고, 원통좌표계로 나타내면,

$$W=\frac{m}{2\pi r}e^{-i\theta} \tag{6.133}$$

✦ $W=(v_r-iv_\theta)e^{-i\theta}$

이므로 속도 성분은 다음과 같다.

$$v_r=\frac{m}{2\pi r}\ ,\ v_\theta=0 \tag{6.134}$$

소스 또는 싱크가 z_0인 점에 위치하고 있을 때의 복소포텐셜은 다음과 같다.

$$F=\frac{m}{2\pi}\ln(z-z_0) \tag{6.135}$$

자유와류

자유와류의 복소포텐셜은 다음처럼 나타낼 수 있다.

$$F=-i\frac{\Gamma}{2\pi}\ln z \tag{6.136}$$

✦ $\ln z=\ln(re^{i\theta})$
$=\ln r+i\theta$이므로
$-i\frac{\Gamma}{2\pi}\ln z$
$=-i\frac{\Gamma}{2\pi}(\ln r+i\theta)$
$=\frac{\Gamma}{2\pi}\theta-i\frac{\Gamma}{2\pi}\ln r$

따라서 속도포텐셜과 유동함수는 다음과 같다.

$$\phi=\frac{\Gamma}{2\pi}\theta\ ,\ \psi=-\frac{\Gamma}{2\pi}\ln r \tag{6.137}$$

복소속도는

$$W=\frac{dF}{dz}=-i\frac{\Gamma}{2\pi}\frac{1}{z} \tag{6.138}$$

이고, 원통좌표계로 나타내면,

✦ $W=(v_r-iv_\theta)e^{-i\theta}$

$$W=-i\frac{\Gamma}{2\pi r}e^{-i\theta} \tag{6.139}$$

이므로 속도 성분은 다음과 같다.

$$v_r=0\ ,\ v_\theta=\frac{\Gamma}{2\pi r} \tag{6.140}$$

와류가 z_0인 점에 위치하고 있을 때의 복소포텐셜은 다음과 같다.

$$F = -i\frac{\Gamma}{2\pi}\ln(z - z_0) \tag{6.141}$$

더블렛

더블렛의 복소포텐셜은 다음처럼 나타낼 수 있다.

$$F = \frac{K}{z} \tag{6.142}$$

✦ $\frac{K}{z} = \frac{K}{re^{i\theta}} = \frac{K}{r}e^{-i\theta} = \frac{K}{r}(\cos\theta - i\sin\theta)$

따라서 속도포텐셜과 유동함수는 다음과 같다.

$$\phi = \frac{K}{r}\cos\theta\,,\ \psi = -\frac{K}{r}\sin\theta \tag{6.143}$$

복소속도는

$$W = \frac{dF}{dz} = -\frac{K}{z^2} \tag{6.144}$$

이고, 원통좌표계로 나타내면,

✦ $W = (v_r - iv_\theta)e^{-i\theta}$

$$W = -\frac{K}{r^2}e^{-2i\theta} = -\frac{K}{r^2}(\cos\theta - i\sin\theta)e^{-i\theta} \tag{6.145}$$

이므로 속도 성분은 다음과 같다.

$$v_r = -\frac{K}{r^2}\cos\theta\,,\ v_\theta = -\frac{K}{r^2}\sin\theta \tag{6.146}$$

원통 주위의 유동

원통 주위의 유동을 나타내는 복소포텐셜은 다음과 같다.

$$F= U\left(z+\frac{a^2}{z}\right) \tag{6.147}$$

위의 복소포텐셜을 적절히 변형하면 속도포텐셜과 유동함수는 다음과 같다.

$$\phi= Ur\left(1+\frac{a^2}{r^2}\right)\cos\theta \tag{6.148}$$

$$\psi= Ur\left(1-\frac{a^2}{r^2}\right)\sin\theta \tag{6.149}$$

복소속도는

$$W= \frac{dF}{dz}= U\left(1-\frac{a^2}{z^2}\right) \tag{6.150}$$

이고, 원통좌표계로 나타내면,

✦ $W= (v_r - iv_\theta)e^{-i\theta}$

$$\begin{aligned} W&= U\left(1-\frac{a^2}{r^2e^{2i\theta}}\right)= U\left(e^{i\theta}-\frac{a^2}{r^2}e^{-i\theta}\right)e^{-i\theta} \\ &= U\left[(\cos\theta+i\sin\theta)-\frac{a^2}{r^2}(\cos\theta-i\sin\theta)\right]e^{-i\theta} \\ &= U\left[\left(1-\frac{a^2}{r^2}\right)\cos\theta+i\left(1+\frac{a^2}{r^2}\right)\sin\theta\right]e^{-i\theta} \end{aligned} \tag{6.151}$$

이므로 속도 성분은 다음과 같다.

$$v_r= U\left(1-\frac{a^2}{r^2}\right)\cos\theta,\ v_\theta= -U\left(1+\frac{a^2}{r^2}\right)\sin\theta \tag{6.152}$$

순환이 있는 원통 주위의 유동

반시계방향의 순환(양의 순환)이 있는 원통 주위의 유동을 나타내는 복소포텐셜은 다음과 같다.

$$F = U\left(z + \frac{a^2}{z}\right) - i\frac{\Gamma}{2\pi}\ln\frac{z}{a} \tag{6.153}$$

위의 복소포텐셜을 적절히 변형하면 속도포텐셜과 유동함수는 다음과 같다.

$$\phi = Ur\left(1 + \frac{a^2}{r^2}\right)\cos\theta + \frac{\Gamma}{2\pi}\theta \tag{6.154}$$

$$\psi = Ur\left(1 - \frac{a^2}{r^2}\right)\sin\theta - \frac{\Gamma}{2\pi}\ln r \tag{6.155}$$

복소속도는

$$W = \frac{dF}{dz} = U\left(1 - \frac{a^2}{z^2}\right) - i\frac{\Gamma}{2\pi}\frac{1}{z} \tag{6.156}$$

이고, 원통좌표계로 나타내면 다음과 같다.

$$\begin{aligned} W &= U\left(1 - \frac{a^2}{r^2 e^{i2\theta}}\right) - i\frac{\Gamma}{2\pi r}\frac{1}{e^{i\theta}} = \left[U\left(e^{i\theta} - \frac{a^2}{r^2}e^{-i\theta}\right) - i\frac{\Gamma}{2\pi r}\right]e^{-i\theta} \\ &= \left[U(\cos\theta + i\sin\theta) - U\frac{a^2}{r^2}(\cos\theta - i\sin\theta) - i\frac{\Gamma}{2\pi r}\right]e^{-i\theta} \\ &= \left[U\left\{1 - \frac{a^2}{r^2}\right\}\cos\theta + i\left\{U\left(1 + \frac{a^2}{r^2}\right)\sin\theta - \frac{\Gamma}{2\pi r}\right\}\right]e^{-i\theta} \end{aligned} \tag{6.157}$$

따라서 속도성분은 다음과 같다.

$$v_r = U\left(1 - \frac{a^2}{r^2}\right)\cos\theta, \quad v_\theta = -U\left(1 + \frac{a^2}{r^2}\right)\sin\theta + \frac{\Gamma}{2\pi r} \tag{6.158}$$

모퉁이 주위의 유동

모퉁이(corner, 또는 sector)에서의 유동을 나타내는 복소포텐셜은 다음과 같다.

$$F = Uz^n \quad ; \; n \geq \frac{1}{2} \tag{6.159}$$

위의 복소포텐셜을 적절히 변형하면 속도포텐셜과 유동함수는 다음과 같다.

✦ $Uz^n = Ur^n e^{in\theta}$
$= Ur^n(\cos n\theta + i\sin n\theta)$

$$\phi = Ur^n \cos n\theta \tag{6.160}$$

$$\psi = Ur^n \sin n\theta \tag{6.161}$$

이 유동의 유선을 여러 n에 대하여 그림 6.24에 나타내고 있다. 모퉁이가 이루는 각 α와 n의 관계는 다음과 같다.

$$\alpha = \frac{\pi}{n} \tag{6.162}$$

복소속도는

$$W = \frac{dF}{dz} = nUz^{n-1} \tag{6.163}$$

이고, 원통좌표계로 나타내면,

✦ $W = (v_r - iv_\theta)e^{-i\theta}$

$$\begin{aligned} W &= nUr^{n-1}e^{i(n-1)\theta} = nUr^{n-1}e^{in\theta}e^{-i\theta} \\ &= nUr^{n-1}(\cos n\theta + i\sin n\theta)e^{-i\theta} \end{aligned} \tag{6.164}$$

이므로 속도 성분은 다음과 같다.

$$v_r = nUr^{n-1}\cos n\theta \, , \; v_\theta = -nUr^{n-1}\sin n\theta \tag{6.165}$$

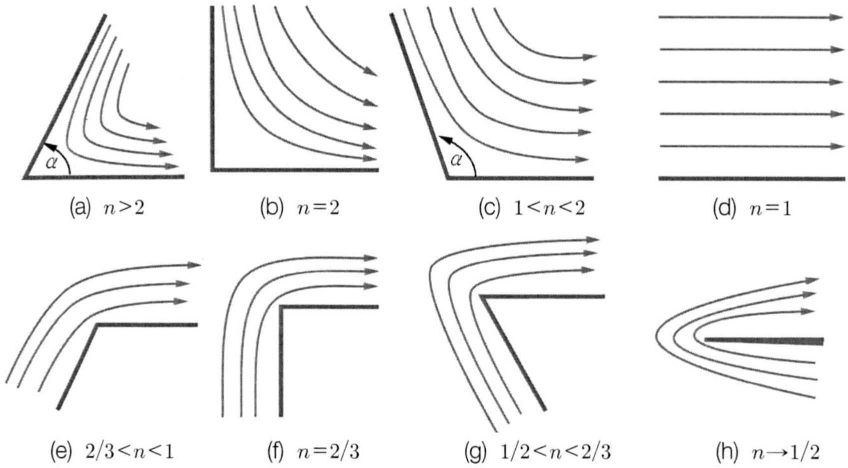

그림 6.24
모퉁이에서의 포텐셜유동

연습 문제

6.1 속도포텐셜이 $\phi = A(x+y)$일 때, (a) 속도분포를 구하라. (b) 이 속도분포는 연속방정식을 만족하는가? (c) 연속방정식을 만족하면, 유동함수를 구하라. A는 0이 아닌 상수이다.

6.2 함수 $A(x^2+y^2)$은 비압축성, 평면포텐셜 유동의 속도포텐셜이 될 수 있는가? A는 0이 아닌 상수이다.

6.3 함수 $A(x^2-y^2)$은 비압축성, 평면포텐셜 유동의 속도포텐셜이 될 수 있는가? A는 0이 아닌 상수이다.

6.4 속도가 $\mathrm{v} = 2A(x-y)\mathrm{i} - 2A(x+y)\mathrm{j}$ 일 때, (a) 비회전 유동인가?. (b) 비회전 유동이면, 속도포텐셜을 구하라. A는 0이 아닌 상수이다.

6.5 함수 $A(x^2-y^2)$이 속도포텐셜일 때, (a) 속도분포를 구하라. (b) 연속방정식을 만족하는가? (c) 유동함수를 구하라. A는 0이 아닌 상수이다.

6.6 원통좌표계에서 속도가 $v_r = \dfrac{A\cos\theta}{r^2}$, $v_\theta = \dfrac{A\sin\theta}{r^2}$이다. 속도포텐셜을 구하라. A는 0이 아닌 상수이다.

6.7 속도포텐셜 $\phi_1(x,y)$와 $\phi_2(x,y)$가 주어지면 $\phi(x,y) = C_1\phi_1(x,y) + C_2\phi_2(x,y)$도 Laplace 방정식을 만족시켜, 속도포텐셜이 될 수 있음을 보여라. C_1과 C_2는 상수이다.

6.8 원점에서의 소스의 세기가 m인 평면 포텐셜 유동장에서 $x = 3$m, $y = 4$m인 점에서의 속도가 4 m/s일 때, 소스의 세기를 구하라.

6.9 속도가 $v_\theta = \dfrac{K}{r}$로 주어지는 자유와류에서 원점에서 반지름 R인 원에서 순환을 구하라.

6.10 속도가 $v_\theta = \omega r$로 주어지는 강제와류에서 원점에서 반지름 R인 원에서 순환을 구하라.

6.11 속도가 $v_\theta = \dfrac{K}{r}$로 주어지는 자유와류에서, 반지름 R_1과 R_2인 사분원으로 구성된 폐곡선 ABCD에서의 순환을 구하라.

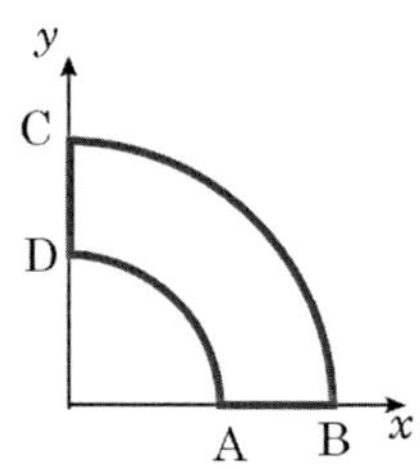

그림 P6.11

6.12 속도가 $v_\theta = \omega r$로 주어지는 강제와류에서, 문제 6.11의 그림 P6.11에서 보여주고 있는, 반지름 R_1과 R_2인 사분원으로 구성된 폐곡선 ABCD에서의 순환을 구하라.

6.13 태풍의 눈 외부에서의 유동을 자유와류로 가정할 수 있다. 태풍의 중심에서 태풍의 눈의 가장자리까지의 거리는 20 km이고 이곳에서의 풍속이 80 m/s이다. (a) 태풍의 눈의 가장자리에서의 압력을 구하라. (b) 태풍의 중심에서 40 km 떨어진 곳에서의 압력을 구하라. 멀리 떨어진 곳의 대기압은 101kPa이고 공기의 밀도는 1.2 kg/m^{3}이다.

6.14 세기가 m과 $2m$인 두 소스가 그림과 같이 x축의 원점과 $x = a$인 곳에 위치하고 있을때, (a) $0 < x < a$인 x축에서의 속도를 구하라 (b) 정체점의 위치를 구하라.

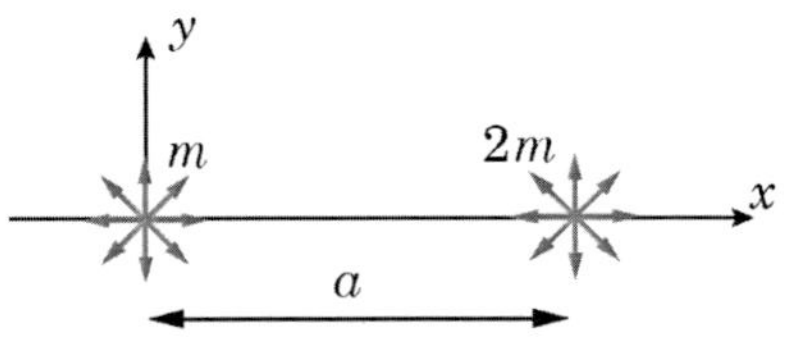

그림 P6.14

6.15 그림처럼 순환이 $-\Gamma$인 와류가 (0, a)에 위치하고, 순환이 Γ인 와류가 (0, $-a$)에 위치할 때, (a) $-a < y < a$인 y축에서의 속도를 구하라 (b) 원점에서의 속도를 구하라. $\Gamma > 0$이다.

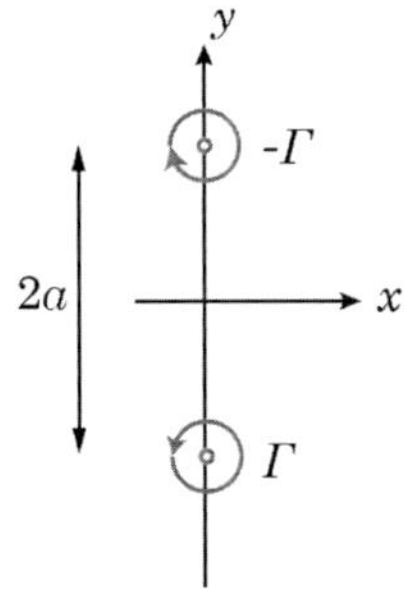

그림 P6.15

6.16 원점에 소스의 세기가 10 m^2/s이고 균일유동의 속도가 20 m/s의 속도로 이루어진 반체(half body)의 유동에서 (a) 정체점의 위치를 구하라. (b) $x \to \infty$ 인 곳에서의 반체의 폭을 구하라.

6.17 무한히 긴 원통이 균일한 속도 U의 비압축성 비점성 유동에 놓여 있을 때, 원통이 받는 항력(drag)이 0임을 보여라.

6.18 균일한 속도 10 m/s와 순환 6 m^2/s가 있는 반지름 20 cm인 무한히 긴 원통주위의 비압축성 비점성 유동에서 정체점의 위치를 구하라.

6.19 순환 Γ가 있는 무한히 긴 원통이 균일한 속도 U의 비압축성 비점성 유동에 놓여 있을 때, 원통이 받는 양력(lift)를 구하라.

6.20 복소포텐셜이 $F = Uz^{2/3}$인 경우 원점을 지나는 유선이 어떻게 나타나는지 설명하라.

경계층이론

학습목표

이 장의 학습 및 강의 목표는 다음과 같은 사항을 학생들이 완전하게 이해하는 것이다.

- 경계층의 개념.
- 경계층에서의 지배방정식 유도 및 이해.
- 운동량 적분방정식의 유도 및 이해.
- 평판 주위 경계층 유동의 해 - Blasius 해을 구하는 방법.
- 경계층 유동의 근사적 해법.
- 난류경계층의 특성.
- 박리현상과 역압력 기울기.
- 물체 주위 유동에서의 항력.

7.1 서론

이 장에서는 경계층 유동에 대하여 설명한다. 그림 7.1과 같은 유동장에서 속도분포와 압력분포를 구하려면, 5장에서와 마찬가지로 전체 유동장에 대하여 연속방정식과 운동량방정식 등의 지배방정식을 풀면 되지만 지배방정식을 해석적으로 풀기란 쉬운 일이 아니다.

유체역학에서 가장 많이 다루는 물과 공기의 경우 비교적 점성이 작아, 물체의 주위를 흐르는 많은 공학 문제에서 거의 대부분의 유동영역에서 비점성 유동으로 취급할 수 있지만, 물체의 표면 가까운 곳에서는 점성의 영향을 고려하여야 한다.

6장에서 비점성, 비회전 유동에 대해 포텐셜유동 해석을 통하여 속도와 압력을 구할 수 있다는 것을 설명하였다. 실제 유동에서 점성이 완전히 0인 것은 아니고 어느 크기의 점성을 가진다. 점성이 있는 유동의 경우, 평판 가까운 곳에서는 평판의 존재와 유체의 점성으로 인하여 점성의 영향을 받는 점성영역과 점성의 영향을 받지 않는 비점성 영역으로 나누어 해석할 수 있다. 그림 7.1에서 보듯이 유체의 동점성(또는 점성)이 크면(Re가 작으면), 유동장에서 점성영역이 커질 것이고 동점성이 작다면 (Re가 크다면) 점성영역은 작아질 것이다.

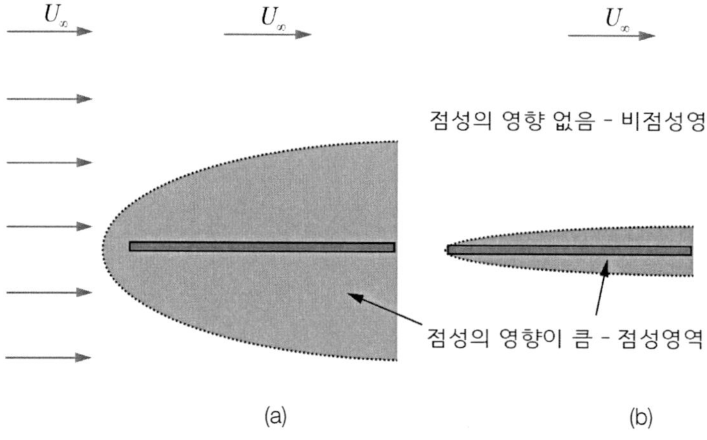

그림 7.1
물체 주위의 유동.
(a) 점성이 작지 않은 유체.
(b) 점성이 아주 작은 유체

비점성유동(포텐셜유동 해석)

평판 앞쪽에서의 균일한 유동은 비회전 유동이고, 점성이 없는 비점성유동의 경우는 유동장 전체에서 계속 비회전이 유지되어 전체 유동장에서 포텐셜유동 해석을 할 수 있다. 포텐셜유동 해석을 통하여, 평판 주위의 속도와 압력을 다음처럼 구할 수 있고, 그림7.2(a)에 속도분포를 보여주고 있다.

✦ • U_∞ : 멀리 떨어진 곳에서의 속도, 즉, 자유유동속도를 나타낸다.
• U : 포텐셜유동에서 구한 물체 표면에서의 속도

$$u = U_\infty,\ v = 0,\ p = p_\infty \tag{7.1}$$

비점성유동이기 때문에 평판의 표면에서 유체의 속도는 0이 아니고 크기를 가지고, 평판의 표면에서 유체의 속도를 U라고하면 U는 U_∞로 일정하고, 평판에서 미끄러진다. 평판이 아닌 경우, 비점정유동(결과적으로 포텐셜유동)에 의한 물체 표면에서의 속도 U는 그림 7.2(b)에서 보여주고 있듯이 일정하지 않고 물체 표면에서의 위치 x에 따라 달라진다. 즉, 다음처럼 나타낼 수 있다.

- 평판 : $U = U_\infty$
- 평판이 아닌 경우 : $U = U(x)$

포텐셜유동에서는 평판의 표면에서 점착조건을 만족시키지 못한다. 또한 유체가 평판에 작용하는 전단력이 전혀 없어, 평판 및 물체에 작용하는 항력을 구할 수 없다.

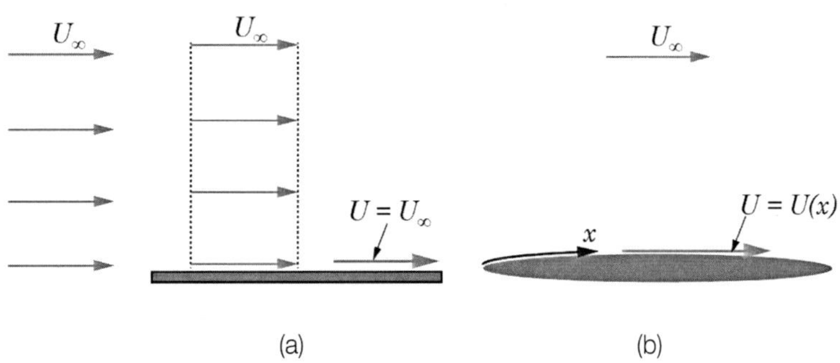

그림 7.2
물체 주위의 비점성유동
(a) 평판 주위 비점성유동,
(b) 물체 주위 비점성유동

7.2 경계층 유동의 개념 및 경계층 두께

평판 주위의 유동을 예로 들면, 크기가 작더라도 점성이 있을 때 평판 표면에서 유체의 속도는 0이다. 그리고 평판 가까운 곳에서는 평판의 영향으로(즉, 유체의 점성으로 인하여) 평판 주위 유체의 속도 u는 그림 7.3에 나타내고 있듯이 0부터 U까지 변하게 된다. 점성이 아주 작은 경우(Re가 아주 큰 경우) 점성의 영향을 받는 점성영역은 상당히 얇다. 그림 7.3에 표시된 것은 과장되게 확대하여 나타낸 것이다.

상당히 얇은 이 점성영역을 **경계층(boundary layer)**이라 하고, 이 층의 두께를 **경계층두께(boundary layer thickness)**라고 하며 δ로 나타낸다. 평판의 앞쪽 유동이 균일유동으로 비회전 유동일지라도, 경계층에서의 유동은 점성의 영향을 받아 계속 비회전 유동을 유지할 수 없고 회전유동이 되어 포텐셜유동이 되지 않는다. 경계층 밖의 외부는 점성을 무시할 수 있는 비점성영역이고 포텐셜유동 해석으로 해를 구할 수 있다. 평판의 경우 비점성영역의 모든 곳에서의 속도는 앞에서 설명하였듯이 U_∞로 일정하다. 경계층두께에서의 속도를 U로 나타내고 이는 포텐셜유동에서 평판 표면에서의 속도와 같고, 평판의 경우 $U = U_\infty$ 이다.

✦ 실제로는 경계층 두께 δ는 그림에서 나타내고 있는 것보다는 훨씬 얇다. 그림은 과장해서 나타낸 것이다.

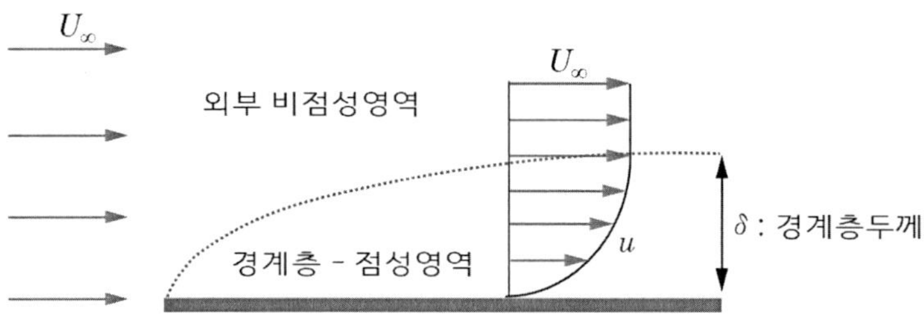

그림 7.3
평판 위 경계층유동

Ludwig Prandtl이 처음으로 경계층의 개념을 제안하였다. 동점성이 아주 작을 때 물체에 아주 가까운 경계층을 제외한 대부분의 유동영역에서 비점성유동으로 해석할 수 있고, 점성을 고려한 경계층에서 점착조건(no-slip condition)을 만족시킬 수 있다. 동점성이 아주 작아지면 경계층두께도 아주 얇아진다. Prandtl의 경계층 개념을 사용하면, 동점성이 아주 작을 경우 유동의 대부분을 비점성으로 해석할 수 있고, 물체의 가까운 부분에서는 경계층유동을 고려하여 점착조건도 만족시켜 물체에서의 항력을 구할 수 있게 된다. Prandtl이 처음에 직관적으로 경계층개념을 도입하였지만, 이후 수학적방법인 섭동법(perturbation method)을 이용하여 내부해(inner solution)와 외부해(outer solution)를 통하여 경계층개념을 설명할 수 있었다. 다시 요약하면, 동점성이 작은 경우의 유동은 비점성영역과 경계층으로 나누어 해석할 수 있고 다음과 같은 특성을 가진다.

- 경계층 : 점성 중요, 회전유동, 연속방정식과 운동량방정식 적용
- 외부 비점성영역 : 점성 무시, 비회전유동, 포텐셜유동 해석

그림 7.4에서 보듯이 평판의 선단(앞쪽 끝)에서 경계층이 생기기 시작하고 점성의 영향을 받는 경계층의 두께는 뒤로 갈수록 점점 커지게 된다. 경계층에서의 유동은 층류이고 이 경계층을 **층류경계층(laminar boundary layer)**이라고 한다. 평판의 뒤쪽으

로 계속 진행하면 유동은 난류로 바뀌게 되고 이때의 경계층을 **난류경계층(turbulent boundary layer)**이라고 한다. 층류에서 난류로 바뀌는 중간을 천이영역(transition region)이라 한다. 그림 7.4에서 평판의 선단으로부터의 위치 x에서의 경계층유동이 층류인지 난류인지는 유동속도 U, 밀도 ρ, 점성 μ 등에 따라 달라지고, 이러한 물리적 변수들은 하나의 중요한 무차원수인 Re_x로 나타낼 수 있다.

$$\mathrm{Re}_x = \frac{\rho U x}{\mu} = \frac{Ux}{\nu} \tag{7.2}$$

여기서 Re_x는 평판의 선단으로부터의 위치 x에서의 국소 Reynolds수(local Reynolds number)이다. 층류에서 난류로 바뀌는 천이영역은 표면의 거칠기 등의 여러 요인에 따라 달라질 수 있지만 평판의 경우 다음과 같다.

층류 : $$\mathrm{Re}_x < 3 \times 10^5 \tag{7.3a}$$

천이 : $$3 \times 10^5 < \mathrm{Re}_x < 5 \times 10^6 \tag{7.3b}$$

난류 : $$5 \times 10^6 < \mathrm{Re}_x \tag{7.3c}$$

여기에 사용된 값은 절대적인 것은 아니고 문헌에 따라 약간씩 달라질 수 있다. 예를 들어 3×10^5대신에 2×10^5을 사용하기도 한다. 천이영역에 이론적으로 유동을 해석하기는 불가능하기 때문에 이론적으로 식을 해석할 때 임계 Reynolds수(critical Reynolds number) Re_{cr}을 사용하여 이보다 작은 Reynolds수에서는 층류로 생각하고 이보다 큰 Reynolds수에서는 난류라고 가정한다. 대부분의 문헌에서 $\mathrm{Re}_{cr} = 5 \times 10^5$을 사용하고 이 책에서도 이 값을 사용한다.

✦ 실제로는 경계층 두께 δ는 그림에서 나타내고 있는 것보다는 훨씬 얇다. 그림은 과장해서 나타낸 것이다.

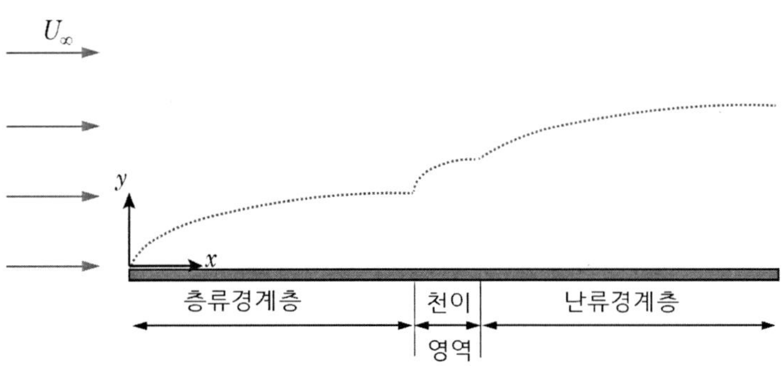

그림 7.4
평판 위 경계층 유동의 발달

경계층두께

경계층에서의 속도는 벽면에서 0이고 벽에서 점차 멀어질수록 속도는 커져서 국소 자유유동속도(local free stream velocity) U가 된다. 경계층에서의 속도 u가 U의 99%에 도달할 때 벽으로부터의 거리를 **경계층두께(boundary layer thickness)** δ라고 정의하고 다음처럼 나타낼 수 있다.

$$y = \delta \ \ ; \ u = 0.99\,U \tag{7.4}$$

실제 경계층의 개념은 $u = U$일 때의 거리를 의미하나, 그렇게 정의할 경우 수학적으로 나타내면, $\delta = \infty$ 일 수가 있기 때문에 u가 U의 99%에 도달하면 U에 도달한 것으로 생각하여 정의한 것이다. 즉, 경계층의 정의는 편의상 식 (7.4)처럼 하지만, 실제로 수학적인 계산과정에서는 $y = \delta$ 에서 $u = U$ 라 두는 것이 일반적이다.

배제두께

앞에서 설명한 경계층두께 δ외에 경계층에서 사용되는 또 다른 두께는 **배제두께(변위두께; displacement thickness)** δ^*이고 다음처럼 정의한다.

✦ $\delta^* = \int_0^{\infty}\left(1-\frac{u}{U}\right)dy = \int_0^{\delta}\left(1-\frac{u}{U}\right)dy + \int_{\delta}^{\infty}\left(1-\frac{u}{U}\right)dy = \int_0^{\delta}\left(1-\frac{u}{U}\right)dy$

$$\delta^* = \int_0^{\infty}\left(1-\frac{u}{U}\right)dy \quad \text{또는} \quad \delta^* = \int_0^{\delta}\left(1-\frac{u}{U}\right)dy \tag{7.5}$$

배제두께의 물리적 의미를 알아보기 위하여 그림 7.5(a)를 고려해 보자. 직사각단면을 가지는 검사체적 ABDC를 설정하면 단면 AC에서는 속도가 U로 균일하게 흘러들어온다. 여기서 δ는 B 지점에서의 경계층두께를 나타낸다. 단면 BD에서는 벽에서의 마찰력으로 인하여 벽에서는 속도가 0이고 점차 속도가 커져 경계층두께에서는 속도가 U가 된다. 따라서 단면 BD에서 흘러나가는 질량유량 $\dot{m}_{\rm BD}$가 AC단면에서 흘러들어오는 질량유량 $\dot{m}_{\rm AC}$보다 작다. 그 차이는 단면 CD를 통하여 검사체적 외부로 흘러나가는 질량유량 $\dot{m}_{\rm CD}$이고 각각은 다음처럼 구할 구 있다.

$$\dot{m}_{\rm AC} = \int_0^{\delta} \rho\, U b\, dy \tag{7.6}$$

$$\dot{m}_{\rm BD} = \int_0^{\delta} \rho\, u\, b\, dy \tag{7.7}$$

$$\dot{m}_{\mathrm{CD}} = \dot{m}_{\mathrm{AC}} - \dot{m}_{\mathrm{BD}} = \int_0^{\delta} \rho(U-u)\,b\,dy \tag{7.8}$$

여기서 b는 평판의 폭이고, δ는 B 지점에서의 경계층두께이다. 따라서 단면 CD를 통하여 검사체적 외부로 흘러나가는 질량유량 $\dot{m}_{\mathrm{CD}}$는 그림 7.5(a)에서 속도분포 아래에 짙게 표시된 부분의 질량유량과 같다.

이와 같이 유체는 위로 밀려 올라가게 되고 결과적으로 C에 있는 유체는 D로 이동하지 않고 D′로 이동하게 된다. 즉, CD가 유선이 아니라 그림 7.5(b)에 나타내었듯이 CD′가 유선이 된다. 그림에서 밀려 올라간 거리 DD′를 δ^*라고 나타내었다. 그림 7.5(b)처럼 유선을 따르는 선 CD′를 사용한 검사체적 ABD′C에 대해 질량보존을 사용하면, 유선을 가로 질러 흐르는 유량이 없으므로 단면 AC에서 흘러들어오는 유량은 단면 BD′에서 흘러나가는 질량유량과 같다.

즉,

$$\dot{m}_{\mathrm{AC}} = \dot{m}_{\mathrm{BD'}} \tag{7.9}$$

이다.

✦ δ와 δ^*사이의 속도 u는 U이다.

$$\begin{aligned}\dot{m}_{\mathrm{BD'}} &= \int_0^{\delta+\delta^*} \rho u\,b\,dy = \int_0^{\delta} \rho u\,b\,dy + \int_{\delta}^{\delta+\delta^*} \rho U b\,dy \\ &= \int_0^{\delta} \rho u\,b\,dy + \rho U \delta^* b\end{aligned} \tag{7.10}$$

이므로 식 (7.6)과 식 (7.10)을 식 (7.9)에 대입하면 다음을 얻는다.

$$\rho U \delta^* b = \int_0^{\delta} \rho U b\,dy - \int_0^{\delta} \rho u\,b\,dy = \int_0^{\delta} \rho(U-u)\,b\,dy \tag{7.11}$$

식 (7.8)과 식 (7.11)을 비교해보면,

$$\rho U \delta^* b = \dot{m}_{\mathrm{CD}} \tag{7.12}$$

가 되고, 그림 7.5(b)에서 경계층 밖에서 δ^*만큼의 높이 부분에 짙게 표시된 부분의 질량유량은 $\dot{m}_{\mathrm{CD}}$와 같다는 것을 알 수 있다.

그리고 식 (7.11)에서 δ^*를 구하면 다음과 같고 식 (7.5)가 된다.

$$\delta^* = \frac{\rho\, b}{\rho\, U b}\int_0^{\delta}(U-u)\,dy = \int_0^{\delta}\left(1-\frac{u}{U}\right)dy$$

식 (7.5)로 정의되는 배제두께는 물체 부근에 생긴 경계층으로 인하여 외부유동의 유선이 위로 밀려 올라가는(배제되는) 거리를 나타낸다.

✦실제로는 경계층 두께 δ는 그림에서 나타내고 있는 것보다는 훨씬 얇다. 그림은 과장해서 나타낸 것이다.

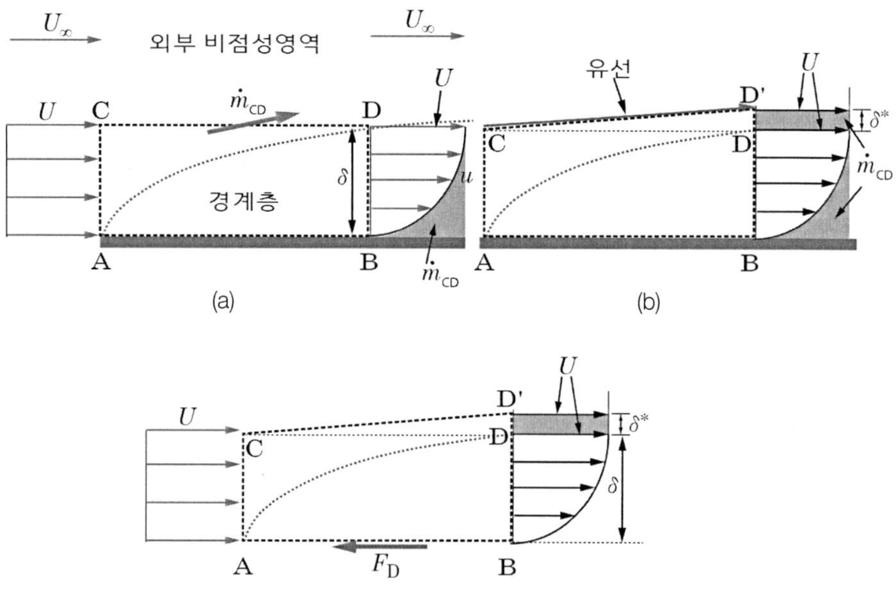

그림 7.5
평판 위 경계층에서 (a) 속도분포의 변화, (b) 배제두께, (c) 검사체적

운동량두께

앞에서 설명한 경계층두께 δ와 배제두께 δ^*외에 경계층에서 사용되는 또 다른 두께는 **운동량두께(momentum thickness)** Θ이고 다음처럼 정의한다.

$$\Theta = \int_0^{\infty}\frac{u}{U}\left(1-\frac{u}{U}\right)dy \quad \text{또는} \quad \Theta = \int_0^{\delta}\frac{u}{U}\left(1-\frac{u}{U}\right)dy \tag{7.13}$$

✦ $$\delta^* = \int_0^{\infty}\frac{u}{U}\left(1-\frac{u}{U}\right)dy = \int_0^{\delta}\frac{u}{U}\left(1-\frac{u}{U}\right)dy + \int_{\delta}^{\infty}\frac{u}{U}\left(1-\frac{u}{U}\right)dy = \int_0^{\delta}\frac{u}{U}\left(1-\frac{u}{U}\right)dy$$

운동량두께에 대한 물리적 의미를 알아보기 위하여 x방향에 대한 적분형 운동량방정식은 식 (3.73a)로부터 다음과 같다(정상유동).

$$F_x = \left(\dot{P}_x\right)_{\text{out}} - \left(\dot{P}_x\right)_{\text{in}} \tag{7.14}$$

이 식을 그림 7.5(c)와 같은 검사체적 ABD′C에 적용하면 다음과 같다.

$$-F_{\mathrm{D}} = \int_{\mathrm{BD}'} \rho u^2 b dy - \int_{\mathrm{AC}} \rho u^2 b dy = \int_0^{\delta+\delta^*} \rho u^2 b dy - \int_0^{\delta} \rho U^2 b dy$$

여기서 F_{D}는 평판에서의 마찰에 의한 항력이다. 이 식을 다시 적으면

$$F_{\mathrm{D}} = \int_0^{\delta} \rho U^2 b dy - \int_0^{\delta+\delta^*} \rho u^2 b dy \tag{7.15}$$

이고, 이 식의 우변은 AC단면에서 유입되는 운동량과 BD′ 단면에서 유출되는 운동량의 차이를 나타내고 벽에서의 마찰에 의한 항력과 같다. 우변의 두번째 항은

$$\begin{aligned}\int_0^{\delta+\delta^*} \rho u^2 b dy &= \int_0^{\delta} \rho u^2 b dy + \int_{\delta}^{\delta+\delta^*} \rho U^2 b dy \\ &= \int_0^{\delta} \rho u^2 b dy + \rho U^2 b \delta^*\end{aligned} \tag{7.16}$$

이고, 식 (7.11)을 이용하면,

$$\rho U^2 \delta^* b = \int_0^{\delta} \rho U^2 b\, dy - \int_0^{\delta} \rho u U b\, dy \tag{7.17}$$

이므로 식 (7.16)과 식 (7.17)을 식 (7.15)에 대입하면 다음과 같다.

$$F_{\mathrm{D}} = \int_0^{\delta} \rho u (U-u) b\, dy = \rho U^2 b \int_0^{\delta} \frac{u}{U}\left(1-\frac{u}{U}\right) dy = \rho U^2 \Theta b \tag{7.18}$$

$\rho U^2 \Theta b$는 줄어든 운동량 플럭스(momentum flux)를 나타내고 벽에서의 마찰로 인한 저항력과 같다.

앞에서 설명한 배제두께를 다시 생각해 보면, 운동량두께를 이해하는데 조금 도움이 될 것이다. ρU 에 $\delta^* b$(일종의 면적)를 곱한 $\rho U \delta^* b$가 경계층으로 인하여 밀려올라간 질량유량을 나타내듯이, ρU^2에 Θb(일종의 면적)를 곱한 $\rho U^2 \Theta b$는 벽에서의 마찰로 인하여 줄어든 운동량 플럭스를 나타내고 벽에서의 마찰로 인한 항력을 계산하는 데 사용될 수 있다.

뒤에서 다루겠지만 일반적으로 이 세 두께는 다음과 같은 크기순을 가진다.

$$\delta > \delta^* > \Theta$$

7.3 경계층방정식

일반적으로 정상, 비압축성, 2차원, Newton유체, 중력을 무시한 경우 지배방정식은 다음과 같은 연속방정식과 Navier-Stokes방정식이다.

연속방정식

$$\frac{\partial u}{\partial x} + \frac{\partial v}{\partial y} = 0 \tag{7.19}$$

운동량방정식(Navier-Stokes방정식)

$$u\frac{\partial u}{\partial x} + v\frac{\partial u}{\partial y} = -\frac{1}{\rho}\frac{\partial p}{\partial x} + \nu\left(\frac{\partial^2 u}{\partial x^2} + \frac{\partial^2 u}{\partial y^2}\right) \tag{7.20}$$

$$u\frac{\partial v}{\partial x} + v\frac{\partial v}{\partial y} = -\frac{1}{\rho}\frac{\partial p}{\partial y} + \nu\left(\frac{\partial^2 v}{\partial x^2} + \frac{\partial^2 v}{\partial y^2}\right) \tag{7.21}$$

6장에서도 설명하였듯이 그림 7.6(a)에 나타내고 있는 것처럼 동점성을 완전히 무시하였을 때는 위의 Navier-Stokes방정식 대신 Euler방정식이 지배방정식이고 포텐셜유동 해석으로 속도분포와 압력분포를 구할 수 있고, 포텐셜유동 해석으로 구한 속도와 압력을 각각 $\mathbf{v}_{\mathrm{p}}$, p_{p}라고 표시한다. 포텐셜유동으로 구한 속도는 그림 7.6(a)에서 보듯이 물체 표면에서 점착조건(no-slip condition)이 성립하지 않고 미끄러진다. 포텐셜유동에서 구한 물체 표면에서의 속도와 압력을 그림 7.6(a)에 표시하였듯이 $\mathbf{v}_{\mathrm{p,w}}$와 $p_{\mathrm{p,w}}$라고 나타낸다. 실제 유동에서는 점성이 완전히 0이지 않아 물체 표면에서 점착조건이 성립하기 때문에 물체의 표면에서 속도는 0이다. 포텐셜유동에서는 물체 표면에서 마찰이 없어서 물체에서의 마찰항력을 제대로 계산할 수 없다. 실제 유동에서는 물체의 아주 가까운 곳에서 포텐셜유동의 속도분포가 더 이상 성립하지

✦ $\mathbf{v}_{\mathrm{p,w}}$와 $p_{\mathrm{p,w}}$에서 아래첨자
- p : potential
- w : wall

따라서 $\mathbf{v}_{\mathrm{p,w}}$와 $p_{\mathrm{p,w}}$는 포텐셜유동에서 구한 물체 표면에서의 속도와 압력을 나타낸다.

않는 경계층이 존재하고 이 장에서는 경계층에서의 속도를 구하는 것이 목표이다. 경계층에서의 좌표는 그림 7.6(b)에 나타내고 있듯이 물체의 제일 앞부분에서의 정체점이 x가 0인 곳이고, x는 물체 표면과 일치하여 물체 표면에 접선인 방향으로의 거리를 나타내고, y는 물체표면에 수직한 방향을 나타낸다. 속도 u와 v는 경계층에서의 x와 y방향의 속도성분을 나타내고 압력 p는 경계층에서의 압력을 나타낸다. 이 장에서는 오직 경계층만을 고려하며, 속도 u, v와 압력 p는 오직 경계층에서의 속도와 압력을 표시하는 것으로 사용한다. 외부의 포텐셜유동 해석으로 구한 속도와 압력은 $\mathbf{v}_\mathrm{p}$와 p_p로 표시하기로 하고, 경계층유동 해석을 할 때는 이미 $\mathbf{v}_\mathrm{p}$와 p_p를 구하여 알고 있다고 가정하여 해석한다. 그림 7.6(b)에서 나타낸 경계층의 두께는 과장되게 표시한 것이고 실제로는 상당히 얇아서, 경계층의 끝($y=\delta$)에서의 속도 U와 압력 p_e는 외부의 포텐셜유동에서 구한 물체의 표면에서의 속도 $\mathbf{v}_\mathrm{p,w}$와 압력 $p_\mathrm{p,w}$와 같다고 두고 일반적으로 경계층유동 해석을 한다. 표 7.1에 지금까지 설명한 변수들에 대해 요약하고 있다.

✦ **p_e에서 아래첨자**
e : edge of the boundary layer

✦ 책마다 사용하는 기호가 다르므로 다른 책을 참고할 때는 주의를 하여야한다. 예를 들어, 책에 따라 U 대신에 u_e를 U_∞ 대신에 U를 사용하기도 한다.

표 7.1
경계층유동에 사용된 변수

경계층 유동	외부 비점성 포텐셜유동
• u, v : 경계층에서의 x와 y방향의 속도성분 • p : 경계층에서의 압력 • U : 경계층의 끝($y=\delta$)에서의 속도 $U=\mathbf{v}_\mathrm{p,w}$ • p_e : 경계층의 끝($y=\delta$)에서의 압력 $p_\mathrm{e}=p_\mathrm{p,w}$	• $\mathbf{v}_\mathrm{p}$: 포텐셜유동 해석으로 구한 속도 • p_p : 포텐셜유동 해석으로 구한 압력 • $\mathbf{v}_\mathrm{p,w}$: 물체표면에서의 $\mathbf{v}_\mathrm{p}$ • $p_\mathrm{p,w}$: 물체표면에서의 p_p • U_∞, p_∞ : 물체에서 멀리 떨어진 곳에서의 자유유동속도와 압력(그림 7.6(a) 참조)

경계층에서는 앞에서 언급한 연속방정식과 Navier-Stokes방정식을 풀면 되지만 이 식들을 풀기는 쉽지 않다. 따라서 경계층유동 해석에서는 앞의 4장에서 설명한 크기 정도 해석(order of magnitude analysis)을 하여 지배방정식을 단순화할 수 있다.

✦실제로는 경계층 두께 δ는 그림에서 나타내고 있는 것보다는 훨씬 얇다. 그림은 과장해서 나타낸 것이다.

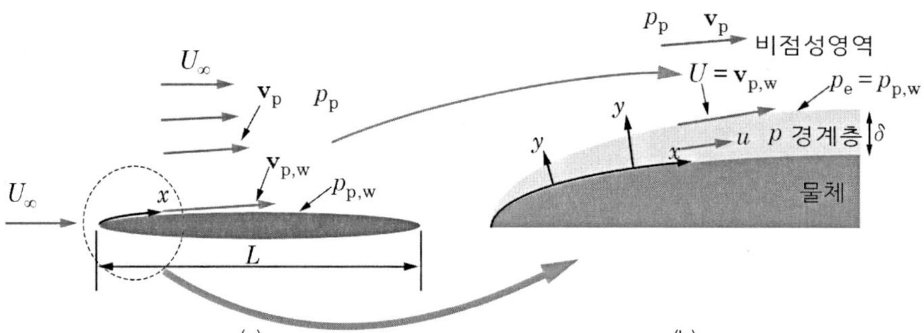

그림 7.6
물체 주위 유동 (a) 비점성 포텐셜유동, (b) 경계층유동

크기 정도 해석

크기 정도 해석(order of magnitude analysis) 또는 **스케일 해석**(scale analysis)을 이용하여 지배방정식을 경계층에서 단순화 할 수 있다. 그림 7.6(a)에 나타내고 있듯이 평판 또는 비행기 날개 등과 같은 상당히 가는 물체 주위의 경계층에서의 유동을 고려하자. 그림에서 보듯이 경계층유동의 해석에 사용할 수 있는 특성길이는 물체의 길이 L이고 특성속도는 U이고 경계층두께는 δ이다. 다음처럼 경계층두께 δ가 아주 작을 때 해석을 한다.

$$\delta \ll L \quad \leftrightarrows \quad \frac{\delta}{L} \ll 1 \tag{7.22}$$

경계층두께 δ가 L에 비해 아주 작을 때 경계층이라 할 수 있지, 비슷한 크기이거나 더 크다면 경계층이라는 의미가 없어지고 경계층해석을 할 수 없다. 크기 정도 해석을 하기 전에 다음과 같은 질문을 할 수 있다.

(1) δ는 무엇의 함수일까? U, ν, L(또는 x)에 따라 어떻게 변할까?

(2) $\delta \ll L$ 의 가정은 어떤 경우에 성립할까?

(3) 경계층에서 지배방정식을 어떻게 단순화 할 수 있을까?

✦실제로는 경계층 두께 δ는 그림 7.7(b)에서 나타내고 있는 것보다는 훨씬 얇다. 그림은 과장해서 나타낸 것이다.

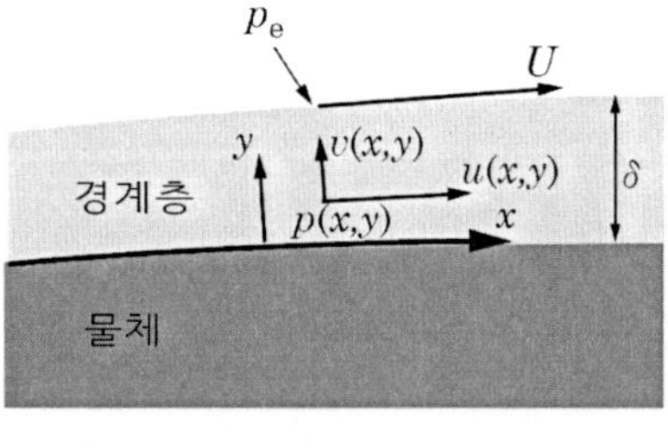

그림 7.7
경계층에서의 속도 및 압력

앞에서도 설명하였듯이 경계층에서 사용하는 x, y와 속도 u, v 및 압력 p는 오직 경계층에서의 좌표, 속도와 압력을 표시하는 것으로 사용한다. 그림 7.7에 경계층만을 고려하여 다시 나타내었고, 정상, 2차원 경계층에서 구하고자 하는 속도와 압력은 $u(x,y)$, $v(x,y)$, $p(x,y)$이다. 경계층에서 사용되는 변수들은 다음과 같은 **크기 정도(order of magnitude)**를 가진다.

$$u \sim U \quad \leftrightarrows \quad \frac{u}{U} \sim 1 \tag{7.23}$$

$$x \sim L \quad \leftrightarrows \quad \frac{x}{L} \sim 1 \tag{7.24}$$

$$y \sim \delta \quad \leftrightarrows \quad \frac{y}{\delta} \sim 1 \tag{7.25}$$

경계층에 국한하여 유동해석을 하기 때문에 경계층에서 y의 크기 정도는 L이 아니라 δ라는 것에 주의하여야 한다.

연속방정식에서 각각의 항의 크기 정도를 나타내면 다음과 같다.

$$\begin{array}{ccc} \dfrac{\partial u}{\partial x} & + & \dfrac{\partial v}{\partial y} = 0 \\ \wr & & \wr \\ \dfrac{U}{L} & & \dfrac{v}{\delta} \end{array} \tag{7.26}$$

이 식에서 두 항은 같은 크기 정도여야 한다. 그렇지 않으면 2차원 연속방정식의 물리적인 의미가 없어진다. 따라서

$$\frac{U}{L} \sim \frac{v}{\delta} \quad \Rightarrow \quad v \sim \frac{\delta}{L} U \tag{7.27}$$

가 성립하여 v의 크기 정도를 알 수 있고 $\delta/L \ll 1$ 이기 때문에 $v \ll u$ 라는 것을 알 수 있다.

이제 x방향 운동량방정식에서 크기 정도를 나타내면 다음과 같다.

$$
\begin{array}{ccccc}
u\dfrac{\partial u}{\partial x} + v\dfrac{\partial u}{\partial y} & = & -\dfrac{1}{\rho}\dfrac{\partial p}{\partial x} & + & \nu\left(\dfrac{\partial^2 u}{\partial x^2} + \dfrac{\partial^2 u}{\partial y^2}\right) \\
\wr \qquad \wr & & \wr & & \wr \qquad \wr \\
\dfrac{U^2}{L} \quad \dfrac{U\delta}{L}\dfrac{U}{\delta} & & \dfrac{\Delta p}{\rho L} & & \nu\left(\dfrac{U}{L^2} \quad \dfrac{U}{\delta^2}\right)
\end{array} \tag{7.28}
$$

여기서 압력의 크기 정도를 아직 알 수 없으므로 일단 다음처럼 나타내었다.

✦ 운동량방정식에서 압력의 절대값보다 압력의 기울기가 중요하다.

$\dfrac{\partial p}{\partial x} = \dfrac{\partial (p - p_\infty)}{\partial x}$

$$
\frac{\partial p}{\partial x} = \frac{\partial (p - p_\infty)}{\partial x} \sim \frac{\Delta p}{L} \tag{7.29}
$$

식 (7.28)의 마지막 두 항의 크기 정도를 비교하면 다음과 같다.

$$
\frac{U}{L^2} \ll \frac{U}{\delta^2} \quad \Rightarrow \quad \frac{\partial^2 u}{\partial x^2} \ll \frac{\partial^2 u}{\partial y^2} \tag{7.30}
$$

식 (7.28)에서 $\dfrac{\partial^2 u}{\partial x^2}$항을 무시하면 다음처럼 나타낼 수 있다.

$$
u\frac{\partial u}{\partial x} + v\frac{\partial u}{\partial y} = -\frac{1}{\rho}\frac{\partial p}{\partial x} + \nu\frac{\partial^2 u}{\partial y^2} \tag{7.31}
$$

압력의 크기 정도는 식 (7.28)에서 좌변의 관성항과 압력항은 서로 같은 크기 정도라야 한다.

✦ Re수가 아주 작은 크리핑(creeping) 유동에서는 관성력이 아주 작아 압력항의 크기 정도는 ρU^2이 아니다.

$$
\frac{U^2}{L} \sim \frac{\Delta p}{\rho L} \quad \Rightarrow \quad \Delta p \sim \rho U^2 \tag{7.32}
$$

Δp의 크기 정도는 ρU^2이다.

경계층 내에서는 점성이 중요하므로 식 (7.28)에서 점성항을 무시할 수 없다. 따라서 좌변의 관성항과 우변의 점성항은 같은 크기 정도라야 한다.

$$
\frac{U^2}{L} \sim \nu\frac{U}{\delta^2} \quad \Rightarrow \quad \delta \sim \sqrt{\frac{\nu L}{U}} \tag{7.33}
$$

순전히 크기 정도 해석(order of magnitude analysis)으로부터 경계층두께 δ는 $\sqrt{\frac{\nu L}{U}}$에 비례한다는 것을 알 수 있어 앞에서의 첫 번째 질문에 대한 답을 할 수 가 있다. 또 앞의 식은

$$\frac{\delta}{L} \sim \sqrt{\frac{\nu}{UL}} = \sqrt{\frac{1}{\mathrm{Re}_L}} \tag{7.34}$$

로 표시되어, $\frac{\delta}{L} \ll 1$이 성립하려면 $\mathrm{Re} \gg 1$이어야 하고 앞에서의 두 번째 질문에 대한 답을 할 수가 있다.

$$\frac{\delta}{L} \ll 1 \;\leftrightarrows\; \mathrm{Re} \gg 1 \tag{7.35}$$

경계층이 존재하기 위해서는 Re가 커야 한다는 것을 알 수 있다.
식 (7.33)은 x가 L인 곳에서의 경계층두께를 나타내고 L대신에 x를 사용한다면 x에서의 경계층두께 δ를 다음처럼 나타낼 수 있다.

$$\delta(x) \sim \sqrt{\frac{\nu x}{U}} \tag{7.36}$$

이제 y방향 운동량방정식의 크기 정도를 나타내면 다음과 같다.

$$\begin{array}{ccccccc} u\dfrac{\partial v}{\partial x} & + v\dfrac{\partial v}{\partial y} & = & -\dfrac{1}{\rho}\dfrac{\partial p}{\partial y} & + \nu\Bigg(\dfrac{\partial^2 v}{\partial x^2} & + & \dfrac{\partial^2 v}{\partial y^2}\Bigg) \\ \wr & \wr & & \wr & \wr & & \wr \\ \dfrac{U^2\delta}{L^2} & \dfrac{U^2\delta}{L^2} & & \dfrac{U^2}{\delta} & \nu\Bigg(\dfrac{U\delta}{L^3} & & \dfrac{U}{L\delta}\Bigg) \end{array} \tag{7.37}$$

이 식에서 각각의 항의 크기 정도를 압력항의 크기 정도와 비교해보면,

$$\frac{U^2\delta/L^2}{U^2/\delta} = \left(\frac{\delta}{L}\right)^2 \ll 1 \;\Rightarrow\; \frac{U^2}{\delta} \gg \frac{U^2\delta}{L^2}$$

$$\frac{\nu U\delta/L^3}{U^2/\delta} = \frac{\nu\delta^2}{UL^3} = \frac{1}{\mathrm{Re}}\left(\frac{\delta}{L}\right)^2 \ll 1 \;\Rightarrow\; \frac{U^2}{\delta} \gg \nu\frac{U\delta}{L^3}$$

$$\frac{\nu U/L\delta}{U^2/\delta} = \frac{\nu}{UL} = \frac{1}{\text{Re}} \ll 1 \quad \Rightarrow \quad \frac{U^2}{\delta} \gg \nu \frac{U}{L\delta}$$

이어서 압력항의 크기 정도(order of magnitude)가 가장 크다는 것을 알 수 있다. 따라서 식 (7.37)에서 압력항인 $\frac{1}{\rho}\frac{\partial p}{\partial y}$의 크기 정도가 제일 크기 때문에 나머지 항들을 모두 무시할 수 있어 식 (7.37)은 다음처럼 나타낼 수 있다.

$$\frac{\partial p}{\partial y} = 0 \tag{7.38}$$

이 식이 의미하는 것은 경계층에서의 압력은 물체의 표면에 수직한 y방향의 압력기울기는 무시되어 y방향으로 압력이 일정하다는 것을 의미한다. 따라서 경계층에서의 압력은 y의 함수가 아니고 x만의 함수 $p(x)$가 되고 식 (7.38)을 적분하면 경계층에서의 압력은 경계층 끝에서의 압력인 $p_e(x)$가 된다.

✦ p_e에서 아래첨자
e : edge of the boundary layer

$$p(x) = p_e(x) \tag{7.39}$$

식 (7.38) 또는 식 (7.39)는 경계층이론에서 중요한 역할을 한다. 식에서 p_e는 표 7.1에 나타내고 있듯이 $p_e = p_{p,w}$ 이고 외부의 비점성유동(보통 포텐셜유동)에서 구한 물체표면에서의 압력이고 포텐셜유동에서 구한 해로부터 이미 알고 있는 것이어서, 더 이상 경계층이론에서는 구하여야하는 변수가 아니다. 즉, 그림 7.8(a)에서 점선으로 표시하는 단면(즉, 동일한 x에서의 y방향 단면)에서 압력 $p(x)$는 $p_e(x)$와 같다는 것을 의미하고, 이와 같은 사실은 언뜻 이해하기 쉽지 않지만 그림 7.8(b) 또는 그림 7.7을 생각해보면 이해하기 그렇게 어려운 것도 아니다. 그림 7.8(a)에 나타낸 경계층두께는 과장되게 크게 나타낸 것이고 실제로는 그림 7.8(b)에서 점선으로 표시된 사각형을 확대하여 나타낸 것이다. 그림 7.8(b)에 나타낸 경계층이 보다 실제에 가깝다. 그림 7.6(a)에 보여주고 있듯이 균일하게 U_∞의 속도로 불어오는 유동에 놓인 물체 주위의 유동은 Re가 아주 큰 경우, 대부분의 유동장에서는 포텐셜유동으로 구할 수 있고, 그렇게 구한 속도와 압력은 $\mathbf{v}_p$와 p_p이고, 물체표면에서 구한 압력이 $p_{p,w}$이고 이제 이것을 경계층유동에서는 p_e라 표현하면 $p_e = p_{p,w}$ 이다. 그런데 그림 7.8(b)에서 보면 경계층은 상당히 얇아 이 압력과 경계층내부의 압력차는 거의 없다는 것을 추측할 수 있다. 실제로 경계층의 두께가 상당히 얇아 경계층에서 x위치의 압력 $p(x)$는 경계층 끝에서의 압력인 $p_e(x)$와 같다는 것이다. 경계층에서 물체

표면에서 압력을 측정하여 포텐셜유동의 이론에서 구한 압력 p_e와 비교해보면 차이가 거의 없다는 것이 알려져 있다.

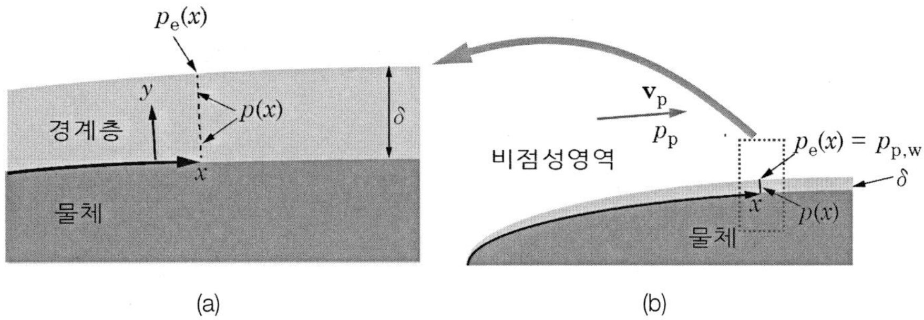

그림 7.8
경계층에서의 압력, (a) 확대한 형태, (b) 전체 유동장의 관점

경계층방정식

경계층에서 압력은 더 이상 구하여야 하는 변수가 아니므로, 경계층에서 구하여야 하는 변수는 u와 v 두 개이고, 필요한 지배방정식은 연속방정식과 단순화된 x방향 운동량방정식이 필요할 뿐이고 이를 **경계층방정식(boundary layer equations)**이라 하고 다음에 다시 나타내고 있다.

$$\frac{\partial u}{\partial x} + \frac{\partial v}{\partial y} = 0 \tag{7.40}$$

$$u\frac{\partial u}{\partial x} + v\frac{\partial u}{\partial y} = -\frac{1}{\rho}\frac{dp_e}{dx} + \nu\frac{\partial^2 u}{\partial y^2} \tag{7.41}$$

외부의 포텐셜유동에서 Bernoulli방정식을 사용하면

$$p_e + \frac{\rho U^2}{2} = p_\infty + \frac{\rho U_\infty^2}{2} = \text{constant} \tag{7.42}$$

이므로

$$\frac{dp_e}{dx} = -\rho U\frac{dU}{dx} \tag{7.43}$$

이고, 이것을 식 (7.41)에 대입하면 다음 식이 되고, 이 식을 식 (7.41) 대신에 사용하기도 한다.

✦ • 평판 : $U = U_\infty$
• 평판이 아닌 경우 : $U = U(x)$

$$u\frac{\partial u}{\partial x} + v\frac{\partial u}{\partial y} = U\frac{dU}{dx} + \nu\frac{\partial^2 u}{\partial y^2} \tag{7.44}$$

경계층방정식이 미분방정식 형태이므로 이 방정식을 풀려면 **경계조건**(boundary condition)이 필요하다. 경계조건은 일반적으로 다음과 같다.

$$y = 0 \ ; \ u = 0 \tag{7.45a}$$

$$y = 0 \ ; \ v = 0 \tag{7.45b}$$

$$y \rightarrow \infty \ ; \ u = U \tag{7.45c}$$

필요하다면 다음의 경계조건(수학적인 정확한 표현은 **초기조건**(initial condition)이라 할 수도 있다)이 사용될 수도 있다.

$$x = 0 \ ; \ u = U_\infty \tag{7.45d}$$

수학적인 관점에서 지배방정식을 살펴보면, u의 y에 대한 최고미분항은 2계이고, 따라서 u에 대해 양쪽 경계인 $y=0$와 $y \rightarrow \infty$에서 u의 값이 주어져야 한다. 그러나 v의 y에 대한 최고 미분항은 1계이고, 따라서 v에 대해 $y=0$에서 v의 값이 주어지면 된다. 또한 u의 x에 대한 최고 미분항은 모두 1계이므로 x에 대해 포물형(parabolic)미분방정식의 특성을 나타내고, x방향에 대해서는 $x=0$일 때 u의 값만 주어지면 되고 된다. 즉, 지배방정식이 식 (7.44)로 표시 될 경우에는 유동의 앞쪽 경계에서만 조건이 필요하고, 유동의 후류인 뒤 쪽 경계에서는 값이 주어질 필요가 없다.

7.4 평판에서의 경계층 유동 - Blasius 해

✦평판 : $U = U_\infty$
평판이 아닌 경우 : $U = U(x)$

가장 간단한 형태의 경계층 유동은 그림 7.3에서 나타내고 있는 것처럼 U_∞의 균일한 자유유동속도에 놓여 있는 평판 위에서의 경계층 유동이다. 평판 밖의 비점성 유동인 포텐셜유동의 속도 u_p는 유동장 전체에서 $u_\mathrm{p} = U_\infty$로 일정하고, 따라서 평판표면에서의 포텐셜유동에서 구한 속도 $u_{\mathrm{p,w}}$ 또한 $u_{\mathrm{p,w}} = U_\infty$이다. 따라서 경계층 끝($y=\delta$)에서의 속도 U는 $U = u_{\mathrm{p,w}} = U_\infty$이고 일정하다.

평판 위의 경계층에서의 지배방정식

평판 위의 경계층에서는 $U = U_\infty$ 일정하므로 $\dfrac{dU}{dx} = 0$ 이어서, 지배방정식은 다음처럼 나타낼 수 있다.

$$\frac{\partial u}{\partial x} + \frac{\partial v}{\partial y} = 0 \tag{7.46}$$

$$u\frac{\partial u}{\partial x} + v\frac{\partial u}{\partial y} = \nu\frac{\partial^2 u}{\partial y^2} \tag{7.47}$$

다음과 같은 경계조건이 필요하다.

$$y = 0 \ ;\ u = 0 \tag{7.48a}$$

$$y = 0 \ ;\ v = 0 \tag{7.48b}$$

$$y \rightarrow \infty \ ;\ u = U \tag{7.48c}$$

이 방정식들은 1908년에 Blasius가 상사해를 사용하여 구하였으며 그 과정은 다음과 같다.

평판 경계층에서의 속도분포는 그림 7.9(a)에서 보듯이 x위치에 따라 다르다. 그림에서 경계층의 두께는 x의 함수이고 일반적으로 커지고, 따라서 속도분포는 그림 7.9(a)의 x_1, x_2, x_3에서 모두 다르다. 앞에서 Stokes의 첫 번째 문제에서 상사해를 이용하였듯이 같은 방법으로 그림 7.9(b)에 나타낸 것처럼 같은 높이로 통일하여 속도분포를 축소 또는 확대해서 나타내 보면 동일할 것으로 가정할 수 있다.

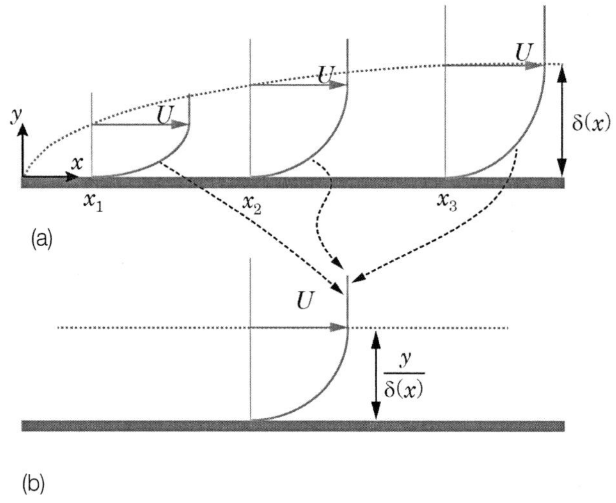

그림 7.9
경계층에서의 (a) 속도분포, (b) 같은 높이로 맞춘 속도분포

적당한 좌표변환, $\eta = \dfrac{y}{\delta(x)}$ 을 사용하면 동일한 속도분포 형태로 만들 수 있을 것이란 가정을 한다. 이와 같은 경우의 해를 **상사해(similarity solution)**라고 하고 η를 **상사변수(similarity variable)**라 한다.

앞에서 운동량방정식에서의 크기 정도(order of magnitude)해석에 의하면 경계층 두께는 다음과 같다.

$$\delta \sim \sqrt{\frac{\nu x}{U}} \tag{7.49}$$

이것을 이용하여 다음과 같은 형태로 상사변수 η와 상사해 $u^\star$를 가정한다.

$$\eta = \frac{y}{\sqrt{\nu x / U}} \tag{7.50}$$

$$u^\star = \frac{u}{U} = F(\eta) \tag{7.51}$$

무차원 속도 $u^\star$가 상사해라고 가정하는 것은 $u^\star$가 상사변수 η만의 함수라 가정하는 것과 같은 의미이다.

연속방정식을 만족시키는 유동함수(stream function)를 다음처럼 정의한다.

$$u = \frac{\partial \psi}{\partial y}, \; v = -\frac{\partial \psi}{\partial x} \tag{7.52}$$

유동함수를 지배방정식인 식 (7.46)과 식 (7.47)에 대입하면, **연속방정식은 자동으로 만족된다**. 따라서 더 이상 연속방정식을 고려하지 않아도 되고 식 (7.47)은 다음처럼 변형되고, 지배방정식은 하나가 된다.

$$\frac{\partial \psi}{\partial y}\frac{\partial^2 \psi}{\partial x \partial y} - \frac{\partial \psi}{\partial x}\frac{\partial^2 \psi}{\partial y^2} = \nu \frac{\partial^3 \psi}{\partial y^3} \tag{7.53}$$

식 (7.52)로부터 다음을 얻을 수 있다.

$$\psi = \int u dy = \int UF(\eta)\left(\sqrt{\frac{\nu x}{U}}\, d\eta\right) = \sqrt{U\nu x}\int F(\eta)\, d\eta$$

여기서 $\int F(\eta) d\eta = f(\eta)$ 로 두면, 위의 식은

$$\psi = \sqrt{U\nu x}\, f(\eta) \tag{7.54}$$

이고, 또한 $F(\eta) = \frac{df}{d\eta}$ 로 나타낼 수 있다. 이제 식 (7.53)을 다음의 과정을 통하여 변환할 수 있다.

$$u = \frac{\partial \psi}{\partial y} = UF = U\frac{df}{d\eta} \tag{7.55}$$

$$\begin{aligned} v &= -\frac{\partial \psi}{\partial x} = -\frac{\partial}{\partial x}(\sqrt{U\nu x}\, f) = -\sqrt{U\nu x}\frac{df}{dx} - \frac{1}{2}\sqrt{\frac{U\nu}{x}} f \\ &= -\sqrt{U\nu x}\frac{df}{d\eta}\frac{\partial \eta}{\partial x} - \frac{1}{2}\sqrt{\frac{U\nu}{x}} f = \frac{1}{2}\sqrt{\frac{U\nu}{x}}\left(\eta\frac{df}{d\eta} - f\right) \end{aligned} \tag{7.56}$$

나머지 항들도 같은 방법으로 하면 구할 수 있다.

$$\frac{\partial^2 \psi}{\partial x \partial y} = \frac{\partial}{\partial x}\left(U\frac{df}{d\eta}\right) = -\frac{U}{2x}\eta\frac{d^2 f}{d\eta^2} \tag{7.57}$$

$$\frac{\partial^2\psi}{\partial y^2}=\frac{\partial}{\partial y}\left(U\frac{df}{d\eta}\right)=U\sqrt{\frac{U}{\nu x}}\frac{d^2f}{d\eta^2} \tag{7.58}$$

$$\frac{\partial^3\psi}{\partial y^3}=\frac{\partial}{\partial y}\left(\frac{\partial^2\psi}{\partial y^2}\right)=\frac{U^2}{\nu x}\frac{d^3f}{d\eta^3} \tag{7.59}$$

식 (7.55) ~ 식 (7.59)들을 식 (7.53)에 대입하면, 다음의 지배방정식을 얻는다.

$$2\frac{d^3f}{d\eta^3}+f\frac{d^2f}{d\eta^2}=0 \tag{7.60}$$

위의 식을 살펴보면 식에 x 또는 y가 나타나지 않고 η에 관한 **상미분방정식**으로 변환되었음을 알 수 있어, 해 f는 η만의 함수임을 알 수 있고 따라서 $u^\star$는 η만의 함수 $F(\eta)$로 나타낼 수 있다는 가정이 성립한다. 만약 변환된 식에 x 또는 y가 나타난다면 상사해를 구할 수 없게 된다. 상사해법을 통하여 편미분방정식을 상미분방정식으로 변환할 수 있어 지배방정식이 훨씬 간단하게 표현된다. 이 미분방정식을 풀기 위해서는 여기에 맞는 경계조건이 필요하고 식(7.48)을 다음처럼 변환할 수 있다.

$$y=0\ ;\ u=0\Rightarrow\eta=0\ ;\ \frac{df}{d\eta}=0 \tag{7.61a}$$

$$y=0\ ;\ v=0\Rightarrow\eta=0\ ;\ f=0 \tag{7.61b}$$

$$y\to\infty\ ;\ u=U\Rightarrow\eta\to\infty\ ;\ \frac{df}{d\eta}=1 \tag{7.61c}$$

지배방정식이 상미분방정식으로 단순화 되었다 하더라도 엄밀해(exact solution)를 구하기는 쉽지 않고 수치적인 방법으로 구할 수 있고, 구한 결과를 표 7.2에 나타내고 있다. 그리고 이 표를 이용하여 그림 7.10에 $u^\star$를 나타내고 있다.

✦ $f'=\frac{df}{d\eta}=F(\eta)=u^\star$

표 7.2
경계층유동에 사용된 변수 Blasius의 해.
Howarth가 구한 결과를 인용한 Schlichting(1979) 참조

η	f	$f' = u^\star$	f''	η	f	$f' = u^\star$	f''
0	0	0	0.33206	4.6	2.88826	0.98269	0.02948
0.2	0.00664	0.06641	0.33199	4.8	3.08534	0.98779	0.02187
0.4	0.02656	0.13277	0.33147	5.0	3.28329	0.99155	0.01591
0.6	0.05974	0.19894	0.33008	5.2	3.48189	0.99425	0.01134
0.8	0.10611	0.26471	0.32739	5.4	3.68094	0.99616	0.00793
1.0	0.16557	0.32979	0.32301	5.6	3.88031	0.99748	0.00543
1.2	0.23795	0.39378	0.31659	5.8	4.0799	0.99838	0.00365
1.4	0.32298	0.45627	0.30787	6.0	4.27964	0.99898	0.0024
1.6	0.42032	0.51676	0.29667	6.2	4.47948	0.99937	0.00155
1.8	0.52952	0.57477	0.28293	6.4	4.67938	0.99961	0.00098
2.0	0.65003	0.62977	0.26675	6.6	4.87931	0.99977	0.00061
2.2	0.7812	0.68132	0.24835	6.8	5.07928	0.99987	0.00037
2.4	0.9223	0.72899	0.22809	7.0	5.27926	0.99992	0.00022
2.6	1.07252	0.77246	0.20646	7.2	5.47925	0.99996	0.00013
2.8	1.23099	0.81152	0.18401	7.4	5.67924	0.99998	0.00007
3.0	1.39682	0.84605	0.16136	7.6	5.87924	0.99999	0.00004
3.2	1.56911	0.87609	0.13913	7.8	6.07923	1	0.00002
3.4	1.74696	0.90177	0.11788	8.0	6.27923	1	0.00001
3.6	1.92954	0.92333	0.09809	8.2	6.47923	1	0.00001
3.8	2.11605	0.94112	0.08013	8.4	6.67923	1	0
4.0	2.30576	0.95552	0.06424	8.6	6.87923	1	0
4.2	2.49806	0.96696	0.05052	8.8	7.07923	1	0
4.4	2.69238	0.97587	0.03897				

✦ $u^\star = F(\eta)$를 그래프로 나타낼 때 일반적으로 아래처럼 나타내지만 이 경우에는 그림 7.10처럼 수평축과 수직축을 바꾸어 나타내면 편리하다.

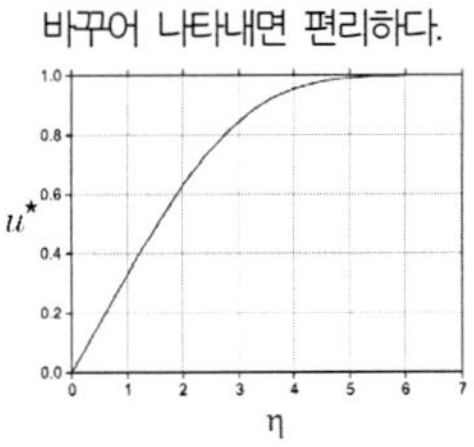

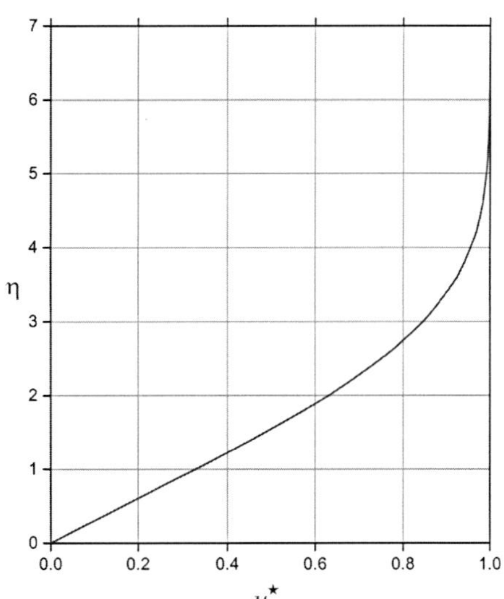

그림 7.10
Blasius의 해로 나타낸 수평방향 무차원 속도분포

수직방향 속도 v는 식 (7.27)에서 보듯이 v의 크기 정도가 u의 크기 정도에 비해 무시할 정도로 작기 때문에($v \ll u$) 경계층에서의 유동은 거의 x방향으로만 흐르는 것으로 나타낸다. 물론 속도 v를 식 (7.56)으로 구하여, 그림 7.11처럼 나타낼 수 있다.

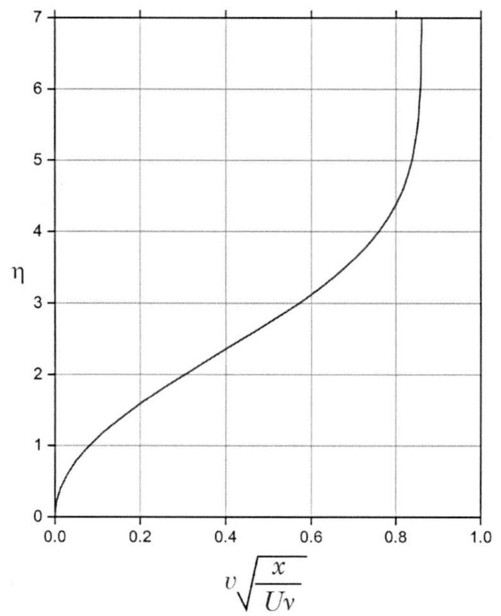

그림 7.11
Blasius의 해로 나타낸 수직방향 무차원 속도분포

그림 7.10이나 표 7.2에서 보면, $\eta = 5.0$일 때 $u^\star = 0.99$이다. 즉,

$$\eta = 5.0 \;\; ; \; u^\star = 0.99 \;\; \leftrightarrows \;\; \frac{y}{\sqrt{\nu x/U}} = 5.0 \;\; ; \; \frac{u}{U} = 0.99$$

✦책에 따라 5.0 대신 4.9나 5.2를 사용하기도 하지만 5.0을 가장 많이 사용한다.

이다. 일반적으로 $\dfrac{u}{U} = 0.99$ 일 때의 높이 y를 경계층두께 δ로 정의하기 때문에, 다음처럼 나타낼 수 있다.

$$\frac{\delta}{\sqrt{\nu x/U}} = 5.0 \;\Rightarrow\; \delta = 5.0\sqrt{\frac{\nu x}{U}} \tag{7.62}$$

앞에서 크기 정도 해석으로 구한 식 (7.33)과 비교해보면, 보다 정확한 경계층두께 δ에 관한 식을 구하였다는 것을 알 수 있다. 위의 결과에서 보면 경계층두께는 $\sqrt{\nu}$에 비례하고, $\sqrt{U}$에 반비례한다는 것을 알 수 있다. 따라서 자유유동속도가 커질수록 경계층 두께는 얇아진다. 그리고 경계층두께는 $\sqrt{x}$에 비례하기 때문에 평판의

✦ $y = A\sqrt{x}$
식 (7.62)로부터
$A = 5.0\sqrt{\frac{\nu}{U}}$ 이다.

뒤로 갈수록 커지고 그 모양은 $y = A\sqrt{x}$ 형태를 나타낸다.
식 (7.62)를 무차원 형태로 나타내면 다음과 같다.

$$\frac{\delta}{x} = \frac{5.0}{\sqrt{\mathrm{Re}_x}} \tag{7.63}$$

여기서 $\mathrm{Re}_x = \dfrac{Ux}{\nu}$ 이다. 이 식으로 알 수 있듯이 Re_x가 커지면 경계층두께는 얇아진다. 앞에서 정의한 배제두께와 운동량두께를 구하면 다음과 같다.

$$\frac{\delta^*}{x} = \frac{1.72}{\sqrt{\mathrm{Re}_x}} \tag{7.64}$$

$$\frac{\Theta}{x} = \frac{0.664}{\sqrt{\mathrm{Re}_x}} \tag{7.65}$$

식 (7.63) ~ 식 (7.65)에서 보듯이 일반적으로 경계층두께, 배제두께, 운동량두께의 크기 순서이다.
앞에서도 설명하였지만, 속도분포를 알면 전단응력을 쉽게 구할 수 있다. 우리의 주된 관심은 벽에서의 전단응력이고 다음처럼 구할 수 있다.

$$\begin{aligned} \tau_\mathrm{w} &= \mu \frac{\partial u}{\partial y}\bigg|_{y=0} = \mu \frac{\partial}{\partial y}\left(U\frac{df}{d\eta}\right)\bigg|_{y=0} = \mu U \frac{d^2 f}{d\eta^2}\frac{\partial \eta}{\partial y}\bigg|_{\eta=0} \\ &= \mu U \sqrt{\frac{U}{\nu x}}\,\frac{d^2 f}{d\eta^2}\bigg|_{\eta=0} \end{aligned} \tag{7.66}$$

표 7.2의 Blasius의 해로부터

$$\frac{d^2 f}{d\eta^2}\bigg|_{\eta=0} = 0.332$$

이고 따라서,

$$\tau_\mathrm{w} = 0.332\sqrt{\frac{\rho\mu U^3}{x}} \tag{7.67}$$

이다. 평판 벽에서의 전단응력은 $\sqrt{x}$ 에 반비례한다는 것을 알 수 있다. 즉, 전단응력은 평판의 앞부분에서 제일 크고 뒤로 갈수록 작아진다는 것을 알 수 있다(평판 전체에서 층류인 경우). 평판의 뒤로 갈수록 경계층두께가 커지기 때문에 뒤로 갈수록 속도기울기가 작아지기 때문이다. 그리고 전단응력은 $U^{3/2}$에 비례한다는 것에 주의할 필요가 있다.

유체역학에서는 일반적으로 물리적인 변수를 차원 형태로 나타내지 않고 무차원 형태로 나타낸다. 벽에서의 전단응력을 무차원화 한 것이 **국소표면마찰계수(local skin friction coefficient)** C_f이고 다음과 같다.

$$C_\mathrm{f} = \frac{\tau_\mathrm{w}}{\frac{1}{2}\rho U^2} = \frac{0.664}{\sqrt{\mathrm{Re_x}}} \tag{7.68}$$

여기서 $\mathrm{Re}_x = \dfrac{Ux}{\nu}$ 이다. 평판 벽에서의 전단응력 τ_w가 x의 함수이기 때문에 C_f도 x의 함수이다.

7.5 평판에서의 운동량 적분방정식 – 근사해법

Blasius의 해는 지배방정식인 미분방정식을 경계층에서 해석적으로 풀어(수치적 방법과 함께) 해를 구한 것이다. 이때의 지배방정식은 3장에서 유도한 연속방정식과 운동량방정식을 사용하여, 경계층에서 크기 정도 해석을 통하여 단순화된 경계층 지배방정식이고 그림 7.12(a)처럼 미소 검사체적에 대해 적용되는 식이다. 그러나 해석적으로 해를 구하기 어려울 때는 근사해법을 사용하며 일반적으로 운동량 적분방정식을 사용하는 방법이다.

근사해법으로 그림 7.12(b)처럼 y방향에 대해 미소검사체적에서의 dy대신에 y방향으로 경계층 전체를 차지하는 유한 검사체적에 대해 연속방정식과 운동량방정식을 적용하여 운동량 적분방정식을 구한다.

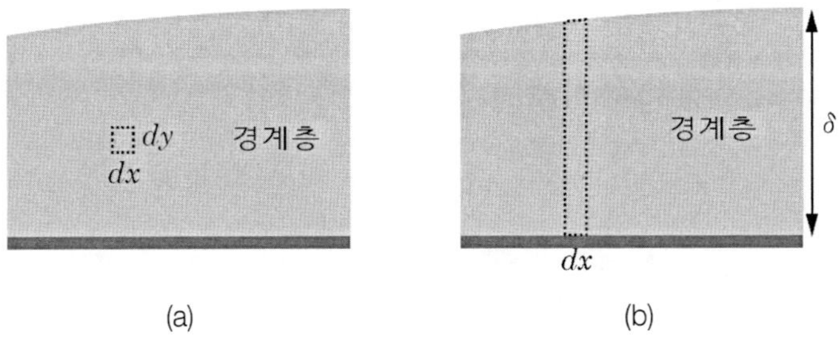

그림 7.12
(a) 미소 검사체적과 (b) 유한 검사체적

유한 검사체적을 사용한 운동량 적분방정식의 유도

운동량 적분방정식(momentum integral equation)의 개념은 von Kármán이 처음으로 검사체적을 이용하여 설명하였고 후에 다른 학자들이 수학적으로도 유도하였다. 여기서는 von Kármán의 방법을 평판에 적용하여 평판에 대한 운동량적분방정식을 얻고자 한다.

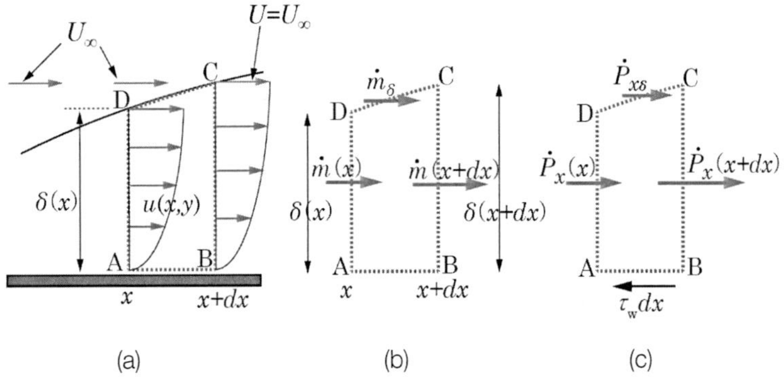

그림 7.13
(a) 경계층에서 유한 검사체적, (b) 질량보존, (c) x방향 힘과 운동량

그림 7.13(a)처럼 평판 위에서의 경계층에서 y방향으로 경계층두께 전체를 차지하는 유한검사체적 ABCD를 고려하여 이 검사체적에 대해 연속방정식과 운동량방정식을 적용한다.

연속방정식

그림 7.13(b)에 연속방정식을 적용하기 위한 검사체적에 대한 질량유량을 나타내고 있다. 이 검사체적에 대한 연속방정식은 다음과 같다.

$$\dot{m}_x + \dot{m}_\delta = \dot{m}_{x+dx} \tag{7.69}$$

여기서 각각의 질량유량은 다음과 같다.

$\dot{m}_x$: x에서의 단면 AD를 통해 흘러 들어오는 질량유량.

$\dot{m}_{x+dx}$: $x+dx$에서의 단면 BC를 통해 흘러 들어오는 질량유량.

$\dot{m}_\delta$: 경계층 끝 DC를 통해 흘러 들어오는 질량유량.

z 방향에 대한 평판의 단위 폭에 대해 생각하면, $\dot{m}_x$는 다음과 같다.

$$\dot{m}_x = \int_0^\delta \rho u dy \tag{7.70}$$

그리고 $\dot{m}_{x+dx}$는 다음처럼 나타낼 수 있다.

$$\dot{m}_{x+dx} = \dot{m}_x + \frac{d\dot{m}_x}{dx}dx \tag{7.71}$$

식 (7.69)와 식 (7.71)로부터 다음의 결과를 얻을 수 있다.

$$\dot{m}_\delta = \frac{d\dot{m}}{dx}dx = \frac{d}{dx}\left(\int_0^\delta \rho u dy\right)dx \tag{7.72}$$

운동량방정식

정상유동일 때, 이 검사체적에 대한 x방향의 운동량방정식은 식 (3.73a)로부터 다음과 같다.

$$F_x = \left(\dot{P}_x\right)_{\text{out}} - \left(\dot{P}_x\right)_{\text{in}} \tag{7.73}$$

여기서 $\dot{P}_x$는 x방향 운동량 플럭스(x momentum flux)를 나타낸다. 그림 7.13(c)에 x방향의 운동량방정식을 적용하기 위한 검사체적에 대한 운동량 플럭스와 힘을 나타내고 있다. 평판 위의 경계층에 대해서는 압력이 모두 p_∞로 같기 때문에 압력에 의한 힘은 서로 상쇄되고 표시할 필요가 없어, 검사체적에 작용하는 힘은 평판 벽에서의 전단응력 τ_{w}에 의한 힘이 유일하다. 유입 및 유출되는 운동량 플럭스는 각각 다음과 같다.

$$\left(\dot{P}_x\right)_{\rm in}=\dot{P}_x(x)+\dot{P}_{x\delta}\,,\ \left(\dot{P}_x\right)_{\rm out}=\dot{P}_x(x+dx) \tag{7.74}$$

여기서 각각의 운동량 플럭스는 다음과 같다.

$\dot{P}_x(x)$: x에서의 단면 AD를 통해 유입되는 x운동량 플럭스.

$\dot{P}_x(x+dx)$: $x+dx$에서의 단면 BC를 통해 유출되는 x운동량 플럭스.

$\dot{P}_{x\delta}$: 경계층 끝 DC를 통해 유입되는 x운동량 플럭스.

식 (7.74)를 식 (7.73)에 대입하면 x방향의 운동량방정식은 다음과 같다.

$$-\tau_{\rm w}\,dx=\dot{P}_x(x+dx)-\dot{P}_x(x)-\dot{P}_{x\delta} \tag{7.75}$$

평판의 단위 폭에 대해 생각하면, $\dot{P}_x(x)$는 다음과 같다.

$$\dot{P}_x(x)=\int_0^\delta \rho u^2 dy \tag{7.76}$$

그리고 $\dot{P}_x(x+dx)$는 다음처럼 나타낼 수 있다.

$$\dot{P}_x(x+dx)=\dot{P}_x(x)+\frac{d\dot{P}_x}{dx}dx \tag{7.77}$$

경계층 끝 DC를 통해 유입되는 질량유량은 $\dot{m}_\delta$이고 x방향의 속도성분은 경계층 끝 DC의 모든 곳에서 U이므로 이곳을 통해 유입되는 x운동량 플럭스 $\dot{P}_{x\delta}$는 다음과 같다.

$$\dot{P}_{x\delta}=\dot{m}_\delta U \tag{7.78}$$

식 (7.77)과 식 (7.78)을 식 (7.75)에 대입하면

$$-\tau_{\rm w}\,dx=\frac{d\dot{P}_x}{dx}dx-\dot{m}_\delta U \tag{7.79}$$

이고, 식 (7.72)와 식 (7.76)을 식 (7.79)에 대입하면 다음을 얻는다.

$$-\tau_w = \frac{d}{dx}\int_0^{\delta} \rho u^2 dy - U\frac{d}{dx}\left(\int_0^{\delta} \rho u dy\right) \tag{7.80}$$

정리하면 다음처럼 나타낼 수 있다.

$$\frac{d}{dx}\int_0^{\delta} u(U-u)dy = \frac{\tau_w}{\rho} \tag{7.81}$$

앞에서 정의한 운동량 두께를 사용하면 식 (7.81)은 다음처럼 나타낼 수도 있다.

$$U^2\frac{d\Theta}{dx} = \frac{\tau_w}{\rho} \tag{7.82}$$

식 (7.81) 또는 식 (7.82)를 평판 위의 경계층에 대한 **운동량 적분방정식(momentum integral equation)**이라 한다.

위의 운동량 적분방정식은 von Kármán이 물리적인 해석으로 유도하였으며 후에 Pohlhausen이 수학적으로 유도하였다.

운동량 적분방정식은 기본적으로 다음과 같은 장점이 있다.

- 첫째, y방향에 대해 경계층 두께 전체에 대한 검사체적을 고려하여 식을 유도하였기 때문에 x와 y에 관한 편미분 방정식이 아니라 x만의 상미분방정식으로 표현된다는 것이다.
- 둘째, 연속방정식과 운동량방정식을 함께 적용하였지만 유도하는 과정에 연속방정식에 대한 식을 운동량방정식에 대입하여 최종적으로 운동량 적분방정식 하나로 표현된다는 것이다.
- 셋째, 층류 유동과 난류유동에 모두 적용할 수 있다.

최종적으로 상미분방정식으로 표시된 운동량 적분방정식을 풀면 되고 근사해법(approximation method)으로 해를 구할 수 있다.

3)지배방정식의 적분을 사용한 운동량 적분방정식의 유도

앞에서 운동량 적분방정식을 그림 7.12(b)와 같은 유한 검사체적을 사용하여 구하였다. 이제 평판 위의 경계층 유동의 지배방정식을 수학적으로 적분하는 운동량 적분법(momentum integral method)을 사용하여 유도하고자 한다. 평판의 경계층유동에 대한 지배방정식을 다시 적으면 다음과 같다.

$$\frac{\partial u}{\partial x}+\frac{\partial v}{\partial y}=0 \tag{7.83}$$

$$u\frac{\partial u}{\partial x}+v\frac{\partial u}{\partial y}=\nu\frac{\partial^2 u}{\partial y^2} \tag{7.84}$$

식 (7.83)에 u를 곱한 후 식 (7.84)를 더하면

$$\frac{\partial u^2}{\partial x}+\frac{\partial (uv)}{\partial y}=\nu\frac{\partial^2 u}{\partial y^2} \tag{7.85}$$

이고, 식 (7.85)를 적분하면 다음과 같다.

$$\int_0^\delta \frac{\partial u^2}{\partial x}dy+\int_0^\delta \frac{\partial (uv)}{\partial y}dy=\int_0^\delta \nu\frac{\partial^2 u}{\partial y^2}dy \tag{7.86}$$

적분을 수행하면 다음과 같다.

$$\int_0^\delta \frac{\partial u^2}{\partial x}dy+[uv]_0^\delta=\left[\nu\frac{\partial u}{\partial y}\right]_0^\delta \tag{7.87}$$

경계조건은 다음과 같다.

$$y=0\ ;\ u=0,\ v=0 \tag{7.88a}$$

$$y=\delta\ ;\ u=U \tag{7.84b}$$

---

3) 이 부분은 학부생의 경우 생략하여도 무방하다.

그리고 다음과 같은 조건을 적용할 수 있다.

$$y=0\ ;\ \mu\frac{\partial u}{\partial y}=\tau_{\rm w} \tag{7.88c}$$

$$y=\delta\ ;\ \frac{\partial u}{\partial y}=0 \tag{7.88d}$$

위의 조건들을 사용하면 식 (7.87)은 다음처럼 나타낼 수 있다.

$$\int_0^\delta \frac{\partial u^2}{\partial x}dy+Uv(x,\delta)=-\frac{\tau_{\rm w}}{\rho} \tag{7.89}$$

연속방정식을 적분하면,

$$\int_0^\delta\left(\frac{\partial u}{\partial x}+\frac{\partial v}{\partial y}\right)dy=0\ \Rightarrow\ \int_0^\delta\frac{\partial u}{\partial x}dy+[v]_0^\delta=0 \tag{7.90}$$

이고, 따라서

$$v(x,\delta)=-\int_0^\delta\frac{\partial u}{\partial x}dy \tag{7.91}$$

이다. 식 (7.91)을 식 (7.89)에 대입하면 다음을 얻는다.

$$\underset{①}{\int_0^\delta\frac{\partial u^2}{\partial x}dy}-U\underset{②}{\int_0^\delta\frac{\partial u}{\partial x}dy}=-\frac{\tau_{\rm w}}{\rho} \tag{7.92}$$

Leibniz 법칙을 사용하면(보충설명 참조) 식 (7.92)의 ①, ② 항은 다음과 같다.

$$①:\int_0^\delta\frac{\partial u^2}{\partial x}dy=\frac{d}{dx}\int_0^\delta u^2dy-U^2\frac{d\delta}{dx} \tag{7.93}$$

$$②:U\int_0^\delta\frac{\partial u}{\partial x}dy=U\left(\frac{d}{dx}\int_0^\delta udy-U\frac{d\delta}{dx}\right) \tag{7.94}$$

식 (7.93)과 식 (7.94)를 식 (7.92)에 대입하면 앞에서 구한 식 (7.80)을 얻을 수 있다.

$$\frac{d}{dx}\int_0^{\delta} u(U-u)dy = \frac{\tau_w}{\rho}$$

보충설명 ⊕ **Leibniz 법칙**

Leibniz 법칙은 다음과 같다.

$$\frac{d}{dx}\int_{a(x)}^{b(x)} f(x,y)dy = \int_a^b \frac{\partial}{\partial x} f(x,y)dy + \frac{db}{dx} f(x,b) - \frac{da}{dx} f(x,a) \qquad (7.95)$$

근사해

앞의 운동량 적분방정식을 사용하여 **근사해(approximate solution)**를 구하는 방법은 두 단계로 이루어진다.

(1) 첫 단계는 속도분포를 가정하는 것이다.

(2) 둘째 단계는 가정한 속도분포를 운동량 적분방정식에 대입하여 해를 구하는 단계이다. 이 과정은 최종적으로 경계층 두께 $\delta(x)$를 구하는 과정이다.

첫 단계로 속도분포를 가정할 때, 아무렇게나 속도분포를 가정하는 것이 아니고 합리적인 조건들을 만족하도록 가정하여야 한다. 생각할 수 있는 조건들은 다음과 같다.

$$① : y = 0 \ ; \ u = 0 \qquad (7.96a)$$

$$② : y = \delta \ ; \ u = U \qquad (7.96b)$$

$$③ : y = \delta \ ; \ \frac{\partial u}{\partial y} = 0 \qquad (7.96c)$$

$$④ : y = \delta \ ; \ \frac{\partial^2 u}{\partial y^2} = 0 \qquad (7.96d)$$

$$⑤ : y = 0 \ ; \ \frac{\partial^2 u}{\partial y^2} = 0 \qquad (7.95e)$$

$$⑥ : y = \delta \ ; \ \frac{\partial^3 u}{\partial y^3} = 0 \qquad (7.96f)$$

속도분포를 가정할 때 위의 조건들 중 **조건 ①과 ②는 반드시 만족**하여야 한다. 조건 ③은 다음처럼 경계층에서 전단응력이 없고 속도분포가 매끄럽다는 것을 나타낸다.

$$y=\delta \ ; \ \tau=\mu\frac{\partial u}{\partial y}=0$$

조건 ④, ⑤, ⑥ 등은 경계층 끝에서 경계층과 외부의 비점성유동과의 속도분포가 부드럽게 연결이 되도록 하는 조건들이다. 보통 조건 ①~④까지만 적용해도 충분히 좋은 결과를 얻을 수 있다.

속도분포를 가정하는 가장 간단한 방법은 다음처럼 무차원 형태의 다항식으로 가정하는 것이다.

$$\frac{u}{U}=a+b\left(\frac{y}{\delta}\right)+c\left(\frac{y}{\delta}\right)^2+d\left(\frac{y}{\delta}\right)^3+\cdots$$

다항식의 차수에 따라 적용할 조건의 수는 달라진다. 예를 들어 속도분포를 다음처럼 2차 다항식으로 가정한다고 하자.

$$\frac{u}{U}=a+b\left(\frac{y}{\delta}\right)+c\left(\frac{y}{\delta}\right)^2 \tag{7.97}$$

여기서 경계층 두께 $\delta=\delta(x)$이다. 그러면 필요한 조건의 수는 3개이고, 조건 ①, ②, ③을 적용하여 a, b, c를 구하면 되고, 다음처럼 구할 수 있다.

$$a=0,\ b=2,\ c=-1$$

따라서 가정하여야 할 속도분포는 다음과 같다.

$$\frac{u}{U}=2\left(\frac{y}{\delta}\right)-\left(\frac{y}{\delta}\right)^2 \tag{7.98}$$

다음처럼 무차원 변수 $u^\star$와 ζ를 사용하면 편리하게 사용할 수 있다.

✦ ζ와 Blasius 해에서 사용한 η는 다르다.

$\zeta=\dfrac{y}{\delta(x)}$

$\eta=\dfrac{y}{\sqrt{\nu x/U}}$

$$u^\star=\frac{u}{U}\ ,\ \zeta=\frac{y}{\delta(x)} \tag{7.99}$$

그러면 속도분포는 다음처럼 표시된다.

$$u^{\star} = 2\zeta - \zeta^2 \tag{7.100}$$

둘째 단계로 가정한 속도분포를 운동량 적분방정식에 대입하여 해를 구하는 단계이다. 이 과정은 최종적으로 경계층 두께 $\delta(x)$를 구하는 과정이고 다음의 예제에서 다룬다.

예제 7.1 **조건 ①, ②, ③을 만족하는 2차 다항식을 사용하여 평판에 대한 근사해를 구하고 국소 표면마찰계수를 구하라.**

풀이

조건 ①, ②, ③을 만족하는 2차 다항식은 식 (7.98) 또는 식 (7.100)이다. 이것을 식 (7.13)에 대입하여 Θ를 구한다. 식 (7.99)로부터 $dy = \delta d\zeta$를 사용하면,

$$\Theta = \delta \int_0^1 (2\zeta - \zeta^2)(1 - 2\zeta + \zeta^2)d\zeta = \frac{2}{15}\delta \tag{1}$$

이다. 식 (7.98)을 τ_{w}에 대입하여 τ_{w}를 구할 수 있다(δ로 나타낼 수 있다).

$$\tau_{\mathrm{w}} = \mu U \frac{\partial u}{\partial y}\bigg|_{y=0} = \mu \frac{\partial}{\partial y}\left[2\frac{y}{\delta} - \left(\frac{y}{\delta}\right)^2\right]_{y=0} = \frac{2\mu U}{\delta} \tag{2}$$

식 (1)과 식 (2)에서 구한 Θ와 τ_{w}를 식 (7.82)에 대입하면 다음을 얻는다.

$$\frac{2}{15}\rho U^2 \frac{d\delta}{dx} = \frac{2\mu U}{\delta}$$

변수분리하면,

$$\delta d\delta = 15\frac{\mu}{\rho U}dx$$

적분하면

$$\delta^2 = 30\frac{\mu x}{\rho U} + C$$

이고, $x = 0$에서 $\delta = 0$이므로 $C = 0$이다. 따라서

$$\delta = \sqrt{30\frac{\mu x}{\rho U}} = \sqrt{30\frac{\nu x}{U}} \tag{3}$$

이고, 다음처럼 무차원으로 나타낼 수 있다.

$$\frac{\delta}{x} = \frac{5.48}{\sqrt{\mathrm{Re}_x}} \tag{4}$$

그리고 위에서 구한 δ를 식 (7.98)에 대입하면 경계층에서의 근사적인 속도분포 $u(x,y)$를 다음

처럼 나타낼 수도 있다.

$$\frac{u}{U} = \frac{2}{\sqrt{30}}\sqrt{\frac{U}{\nu x}}\,y - \frac{1}{30}\frac{U}{\nu x}y^2 \tag{5}$$

✦ $C_f = \dfrac{\tau_w}{\frac{1}{2}\rho U^2}$

그러나 굳이 이렇게 나타내지 않고 보통 식 (7.98)을 그냥 사용한다.
그리고 식 (3)을 식 (2)에 대입하면 τ_w를 구할 수 있고, 따라서 국소 표면마찰계수 C_f를 다음처럼 구할 수 있다.

$$C_f = \frac{0.73}{\sqrt{\mathrm{Re}_x}} \tag{6}$$

보충설명

근사적으로 구한 식 (4)는 Blasius에 의하여 구한 δ와 별로 큰 차이가 나지 않는다는 것을 알 수 있다. 배제두께도 운동량두께를 구하는 것처럼 구할 수 있고 다음과 같다.

$$\delta^* = \frac{1}{3}\delta$$

예제 7.1처럼 여러 가지 속도분포를 가정하여 구한 근사해의 결과를 표 7.3에 나타내고 있다.

표 7.3
평판 경계층유동에 대한 근사해 결과

✦ ζ와 η는 다르다.

$\zeta = \dfrac{y}{\delta(x)}$

$\eta = \dfrac{y}{\sqrt{\nu x/U}}$

$u^\star = F(\zeta)$		$\dfrac{\delta}{x}$	$\dfrac{\delta^*}{\delta}$	$\dfrac{\Theta}{\delta}$	C_f
① 포물선	$2\zeta - \zeta^2$	$\dfrac{5.48}{\sqrt{\mathrm{Re}_x}}$	0.333	0.133	$\dfrac{0.730}{\sqrt{\mathrm{Re}_x}}$
② 3차 다항식	$\dfrac{3}{2}\zeta - \dfrac{1}{2}\zeta^3$	$\dfrac{4.64}{\sqrt{\mathrm{Re}_x}}$	0.375	0.139	$\dfrac{0.647}{\sqrt{\mathrm{Re}_x}}$
③ 4차 다항식	$2\zeta - 2\zeta^3 + \zeta^4$	$\dfrac{5.84}{\sqrt{\mathrm{Re}_x}}$	0.300	0.117	$\dfrac{0.685}{\sqrt{\mathrm{Re}_x}}$
④ sine 함수	$\sin\left(\dfrac{\pi}{2}\zeta\right)$	$\dfrac{4.80}{\sqrt{\mathrm{Re}_x}}$	0.363	0.137	$\dfrac{0.655}{\sqrt{\mathrm{Re}_x}}$
⑤ Blasius 해	표 7.2	$\dfrac{5.0}{\sqrt{\mathrm{Re}_x}}$	0.344	0.133	$\dfrac{0.664}{\sqrt{\mathrm{Re}_x}}$

4)7.6 일반 운동량 적분방정식 – 근사해법

앞에서 평판위의 경계층 유동에 대한 운동량 적분방정식을 구하였다. 평판 위 경계층에서는 압력이 모두 일정하고 경계층 끝에서의 속도 $U=U_\infty$ 는 일정한 경우이다. 일반적인 경계층에서는 압력이 일정하지 않고 $p=p(x)$ 로 주어지고 경계층 끝에서의 속도 $U=U(x)$ 이다. 일반적인 경우의 운동량 적분방정식은 von Kármán에 의하여 처음으로 제안되었고 다음과 같다(보충설명 참조).

$$\frac{d}{dx}\int_0^\delta u(U-u)dy + \frac{dU}{dx}\int_0^\delta (U-u)dy = \frac{\tau_w}{\rho} \tag{7.101a}$$

앞에서 정의한 배제두께와 운동량 두께를 사용하면 이 식을 다음처럼 나타낼 수도 있다.

$$\frac{d}{dx}(U^2\Theta) + \frac{dU}{dx}U\delta^* = \frac{\tau_w}{\rho} \tag{7.101b}$$

식 (7.101a) 또는 식 (7.101b)를 **Kármán 운동량 적분방정식(Kármán momentum integral equation)**이라 한다.

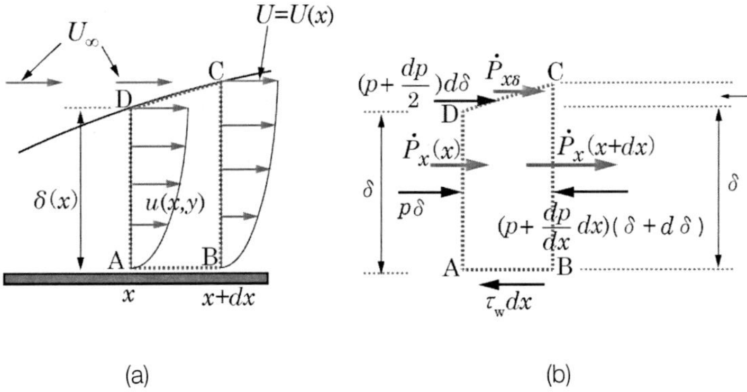

그림 7.14
(a) 경계층에서 검사체적,
(b) x 방향 힘과 운동량

4) 이 절은 학부생인 경우 생략하여도 무방하다.

보충설명 ⑩ 검사체적을 통한 일반 운동량 적분방정식의 유도

연속방정식

z 방향에 대해서는 단위 폭에 대해 생각한다. 연속방정식에 대해서는 평판 경계층에서 구한 결과와 동일한 식 (7.72)로 주어지고 다시 적으면 다음과 같다.

$$\dot{m}_\delta = \frac{d\dot{m}}{dx}dx = \frac{d}{dx}\left(\int_0^\delta \rho u dy\right)dx$$

운동량방정식

일반적인 경계층에 대해서는 압력이 $p = p(x)$이므로 그림 7.14(b)의 검사체적에 나타내었듯이 압력에 의한 힘을 추가로 고려하여야 한다. AD 단면에서 압력에 의한 힘은 $p\delta$이다. BC 단면에서 압력은 $p + \frac{dp}{dx}dx$이고 경계층두께는 $\delta + \frac{d\delta}{dx}dx = \delta + d\delta$ 이므로, 압력에 의한 힘은 $\left(p + \frac{dp}{dx}dx\right)(\delta + d\delta)$이다.

경계층 끝에서 평균압력은 $p + \frac{dp}{dx}\frac{dx}{2}$이므로 이곳에서 x 방향으로 작용하는 힘은 $\left(p + \frac{dp}{dx}\frac{dx}{2}\right)d\delta$이다. 따라서 검사체적에 대한 운동량방정식을 적용할 때 평판인 경우보다 압력에 의한 힘만 추가적으로 고려하면 다음과 같다.

$$\begin{aligned} &-\tau_w dx + p\delta + \left(p + \frac{dp}{dx}\frac{dx}{2}\right)d\delta - \left[\left(p + \frac{dp}{dx}dx\right)(\delta + d\delta)\right] \\ &= \dot{P}_x(x+dx) - \dot{P}_x(x) - \dot{P}_{x\delta} \end{aligned} \tag{7.102}$$

✦ $\frac{dp}{dx}dxd\delta$는 아주 작은 dx와 $d\delta$가 곱한 항이기 때문에 무시할 수 있을 만큼 작다.

좌변을 정리하고 $\frac{dp}{dx}dxd\delta$ 항을 무시하면 다음과 같다.

$$-\tau_w dx - \frac{dp}{dx}dx\delta = \dot{P}_x(x+dx) - \dot{P}_x(x) - \dot{P}_{x\delta} \tag{7.103}$$

이 식과 식 (7.75)를 비교하면 좌변에 $-\frac{dp}{dx}dx\delta$가 추가될 뿐이다. 따라서 평판에서와 마찬가지로 정리하면 식 (7.80)의 좌변에 $\frac{dp}{dx}\delta$항이 추가되어 다음과 같다.

$$\underset{①}{-\tau_w - \frac{dp}{dx}\delta} = \underset{②}{\frac{d}{dx}\int_0^\delta \rho u^2 dy} - \underset{③}{U\frac{d}{dx}\int_0^\delta \rho u dy} \tag{7.104}$$

여기서 각각의 ①항과 ③항은 다음처럼 변환할 수 있다.

①항 :

$$\frac{dp}{dx} = -\rho U\frac{dU}{dx}$$

이므로 ①항은 다음과 같다.

$$\frac{dp}{dx}\delta = -\rho U\frac{dU}{dx}\delta = -\frac{dU}{dx}\int_0^\delta \rho U dy$$

③항 :

$$U\frac{d}{dx}\int_0^\delta \rho u dy = \frac{d}{dx}\left(U\int_0^\delta \rho u dy\right) - \frac{dU}{dx}\int_0^\delta \rho u dy$$

✦ $U = U(x)$이므로 $\frac{d}{dx}\left(U\int_0^\delta \rho u dy\right) = U\frac{d}{dx}\left(\int_0^\delta \rho u dy\right) + \left(\frac{dU}{dx}\right)\left(\int_0^\delta \rho u dy\right)$

식 (7.104)의 ①항과 ③항에 이것들을 대입하면 다음과 같다.

$$-\tau_w + \frac{dU}{dx}\left(\int_0^\delta \rho U dy\right)\delta = \frac{d}{dx}\int_0^\delta \rho u^2 dy - \frac{d}{dx}\left(U\int_0^\delta \rho u dy\right) + \frac{dU}{dx}\int_0^\delta \rho u dy$$

정리하면 다음의 식을 얻을 수 있다.

$$\frac{d}{dx}\int_0^\delta u(U-u)dy + \frac{dU}{dx}\int_0^\delta (U-u)dy = \frac{\tau_w}{\rho}$$

보충설명 ⓒ 지배방정식의 적분을 사용한 일반 운동량 적분방정식의 유도

Newton유체, 2차원, 정상, 비압축성 유동에 대한 경계층 유동의 지배방정식은 다음과 같다.

$$\frac{\partial u}{\partial x} + \frac{\partial v}{\partial y} = 0 \tag{7.105}$$

$$u\frac{\partial u}{\partial x} + v\frac{\partial u}{\partial y} = U\frac{dU}{dx} + \nu\frac{\partial^2 u}{\partial y^2} \tag{7.106}$$

식 (7.105)에 u를 곱한 후 식 (7.106)을 더하면 다음과 같다.

$$\frac{\partial u^2}{\partial x} + \frac{\partial (uv)}{\partial y} = U\frac{dU}{dx} + \nu\frac{\partial^2 u}{\partial y^2} \tag{7.107}$$

식 (7.107)을 적분하면

$$\int_0^\delta \frac{\partial u^2}{\partial x}dy + \int_0^\delta \frac{\partial (uv)}{\partial y}dy = \int_0^\delta U\frac{dU}{dx}dy + \int_0^\delta \nu\frac{\partial^2 u}{\partial y^2}dy$$

이고, 정리하면

$$\int_0^\delta \frac{\partial u^2}{\partial x}dy + [uv]_0^\delta = \int_0^\delta U\frac{dU}{dx}dy + \left[\nu\frac{\partial u}{\partial y}\right]_0^\delta$$

이고 다음처럼 나타낼 수 있다.

$$\int_0^\delta \frac{\partial u^2}{\partial x}dy + Uv(x,\delta) = \int_0^\delta U\frac{dU}{dx}dy - \frac{\tau_w}{\rho} \tag{7.108}$$

연속방정식을 적분하여 구한 식 (7.91)을 식 (7.108)에 대입하면,

$$\underbrace{\int_0^\delta \frac{\partial u^2}{\partial x}dy}_{①} - \underbrace{U\int_0^\delta \frac{\partial u}{\partial x}dy}_{②} = \underbrace{\int_0^\delta U\frac{dU}{dx}dy}_{③} - \frac{\tau_w}{\rho} \tag{7.109}$$

이다. Leibniz 법칙인 식 (7.95)를 사용하면 식 (7.109)의 ①, ②항은 다음과 같다.

$$①:\int_0^\delta \frac{\partial u^2}{\partial x}dy=\frac{d}{dx}\int_0^\delta u^2dy-U^2\frac{d\delta}{dx} \tag{7.110}$$

$$②:U\int_0^\delta \frac{\partial u}{\partial x}dy=U\frac{d}{dx}\int_0^\delta udy-U^2\frac{d\delta}{dx} \tag{7.111}$$

여기서 $U=U(x)$이고 따라서 $\frac{dU}{dx}$도 x만의 함수이고 따라서 ③항은 다음처럼 나타낼 수 있다.

$$③:\int_0^\delta U\frac{dU}{dx}dy=\frac{dU}{dx}\int_0^\delta Udy \tag{7.112}$$

식 (7.110), 식 (7.111) 및 식 (7.112)를 식 (7.109)에 대입하면 다음 식을 얻을 수 있다.

$$\frac{d}{dx}\int_0^\delta u^2dy-U\frac{d}{dx}\int_0^\delta udy=\frac{dU}{dx}\int_0^\delta Udy-\frac{\tau_w}{\rho} \tag{7.113}$$

식 (7.113)의 두 번째 항은 다음처럼 바꿀 수 있다.

✦ $U=U(x)$이므로

$$\frac{d}{dx}\int_0^\delta Uudy=\frac{dU}{dx}\int_0^\delta udy+U\frac{d}{dx}\int_0^\delta udy$$

$$U\frac{d}{dx}\int_0^\delta udy=\frac{d}{dx}\int_0^\delta Uudy-\frac{dU}{dx}\int_0^\delta udy$$

따라서

$$\frac{d}{dx}\int_0^\delta u^2dy-\frac{d}{dx}\int_0^\delta Uudy+\frac{dU}{dx}\int_0^\delta udy=\frac{dU}{dx}\int_0^\delta Udy-\frac{\tau_w}{\rho}$$

이고, 정리하면 다음 식을 얻을 수 있다.

$$\frac{d}{dx}\int_0^\delta u(U-u)dy+\frac{dU}{dx}\int_0^\delta (U-u)dy=\frac{\tau_w}{\rho}$$

7.7 난류 경계층

7.7.1 난류 유동의 특성

유체의 유동은 층류 유동과 난류 유동으로 구분할 수 있다. 지금까지는 층류유동에 대해서만 다루었다. 난류인 경우 유동은 상당히 복잡한 양상을 나타내고 있으며 대표적인 특징은 다음과 같다.

- 변동(fluctuation) : 시간에 따라 속도가 아주 순간적으로 변한다.
- 불규칙한 현상(randomness) : 난류의 경우 유동현상은 상당히 불규칙적(random)으로 일어난다.
- 3차원 현상 : 불규칙하게 뒤섞이는 현상은 기본적으로 3차원 현상이다.

난류유동의 경우 층류유동과는 달리 속도분포를 이론적으로 구하기는 쉽지 않다. 일반적으로 실험을 하거나 컴퓨터를 이용하여 해석하는 방법으로 속도분포를 구한다. 난류유동은 매우 불규칙한 유동 특성을 가지므로 그림 7.15에서 보듯이 어느 한 지점에서의 속도성분 u(v와 w 포함)는 시간에 따라 일정하지 않은 특성을 가진다.

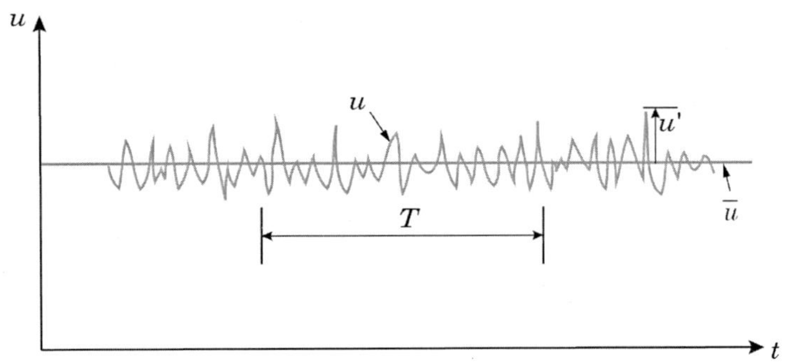

그림 7.15
난류일 때 시간에 따른 속도 변화

난류유동에서는 시간에 따라 속도가 아주 순간적으로 변하는 변동(fluctuation)으로 인하여 속도를 나타내기가 쉽지 않아서, 일정 시간에 대한 평균속도를 많이 사용하고 다음처럼 정의한다.

$$\bar{u} = \frac{1}{T}\int_0^T u dt \tag{7.114}$$

여기서 T는 충분히 긴 시간으로 적절히 선택하여야 한다. 그리고 u'를 평균값에 대한 변동속도라고 하면 다음의 관계가 성립한다.

$$u = \bar{u} + u' \tag{7.115}$$

보통 난류유동에 대해 시간 평균속도가 중요한 경우가 많고, 시간에 대한 평균속도를 $\bar{u}$를 사용하지만 편의상 u로 나타내는 경우가 많으므로 난류인 경우 속도를 u로 나타내었을 때, 시간에 따라 변하는 속도인지 시간 평균속도를 의미하는지 잘 판단하여야 한다.

7.7.2 난류속도분포

멱법칙(power law)

평판의 난류 경계층에서의 속도분포는 실험적으로 구한 식을 많이 사용하고 간단한 형태이면서 대표적으로 많이 사용하는 식이 다음과 같은 **멱법칙(power low)** 속도분포이다.

✦power low
멱법칙 또는 거듭제곱법칙이라고도 한다.

$$\frac{\overline{u}}{U}=\left(\frac{y}{\delta}\right)^{\frac{1}{n}} \tag{7.116}$$

여기서 n는 Re_x에 따라 7, 8, 9중의 하나의 값을 가진다. 가장 일반적으로 사용되는 것은 $n=7$일 때이고 이때의 속도분포를 1/7 멱법칙 속도분포라하고 그림 7.16에 이 속도분포를 나타내고 있으며 층류에 비하면 난류인 경우 훨씬 더 평평한 모양을 나타내고 있다. 이와 같은 속도분포는 벽면에서 속도기울기가 무한대가 되므로 벽면에서의 전단응력 또한 무한대가 되어 벽면 가까이에서는 적용할 수 없는 속도분포이다. 벽에 가까운 부분을 제외한 나머지 대부분의 영역($y/\delta > 0.1$)에서 이 속도분포는 실험값과 잘 일치한다.

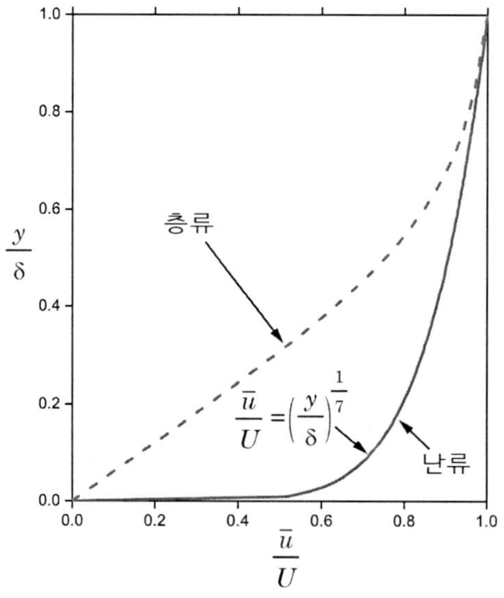

그림 7.16
난류 속도분포(멱함수)

이와 같은 멱법칙(power low) 속도분포는 원관의 완전발달 난류유동에서도 일반적으로 다음처럼 사용된다.

$$\frac{\overline{u}}{u_{\max}} = \left(\frac{r}{R}\right)^{\frac{1}{n}} \tag{7.117}$$

여기서 $u_{\max}$는 원관의 중심에서의 속도이다.

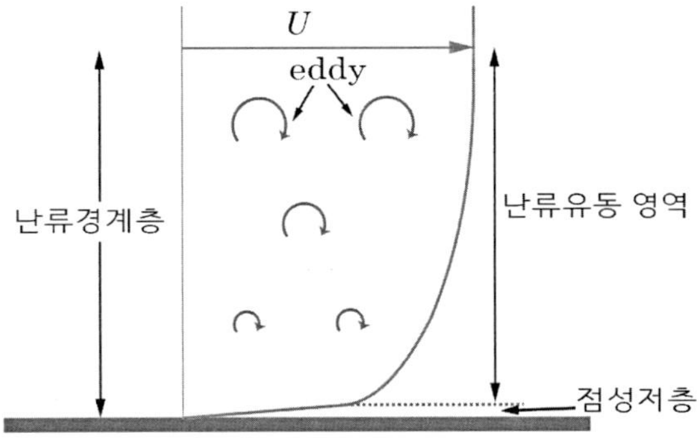

그림 7.17
난류경계층

난류 경계층에서의 멱법칙은 벽 아주 가까운 곳에서는 적용되지 못하므로 벽에서의 전단응력을 계산하든지 더 자세하게 해석을 해야 할 경우에는 멱법칙 속도분포를 사용하지 않고 보다 실제에 가깝게 그림 7.17처럼 크게 두 영역으로 구분하여 해석할 수 있다. 난류 유동의 경우 그림 7.17에서 보듯이 불규칙적으로 회전하는 크고 작은 에디(eddy)에 의하여 속도가 빠른 윗부분의 운동량이 층류에 비해 더 많이 아래로 전달되기 때문에 속도분포는 더욱 더 평평해진다. 층류에 비해 더 많이 운동량 즉 에너지가 아래쪽으로 전달된다. 그러나 벽 가까이 갈수록 이러한 에디의 영향은 점점 더 작아지고 벽의 아주 가까운 곳에는 더 이상 이러한 에디(eddy)는 존재하지 않아 완전히 층류유동이 되는 영역이 존재하고 이 부분을 층류저층(laminar sub-layer)이라고 한다. 물론 난류경계층의 대부분은 그림 7.17에서 보듯이 에디가 중요한 역할을 하는 난류유동영역이다. 이러한 대부분의 난류유동영역에서는 층류의 경우처럼 다음 식으로 전단응력을 계산하면 실제보다 상당히 작게 구해진다.

$$\tau = \mu \frac{d\overline{u}}{dy} \tag{7.118}$$

✦ $\overline{u'}$와 $\overline{v'}$는 0이지만, $\overline{u'v'}$는 0이 아니다.

그 이유는 앞에서도 설명하였듯이 난류의 경우 에디로 인하여 층류에 비하여 추가적으로 운동량이 더 잘 전달되고 이로 인하여 전단응력은 증가하게 되고 이런 응력은 Reynolds에 의해 처음으로 제안된 $-\rho\overline{u'v'}$이고 이것을 **Reynolds 응력(Reynolds stress)** 또는 **난류응력(turbulent stress)**이라 한다. 일반적으로 $\overline{u'v'}$는 음인 것으로 알려져 있다. 난류응력 $-\rho\overline{u'v'}$은 점성에 의한 전단응력과는 달리 변동속도 성분에 의한 겉보기 전단응력(apparent shear stress)이다. 이러한 추가적인 난류응력을 식 (7.118)에 추가하여야 제대로 된 응력을 구할 수 있다.

$$\tau_{\text{total}} = \mu\frac{d\bar{u}}{dy} - \rho\overline{u'v'} \tag{7.119}$$

난류응력 $-\rho\overline{u'v'}$은 다음처럼 표시하면 편리하게 사용할 수 있다.

$$\tau_{\text{turb}} = -\rho\overline{u'v'} = \mu_{\text{t}}\frac{d\bar{u}}{dy} \tag{7.120}$$

여기서 μ_{t}는 **난류점성계수(turbulent viscosity)** 또는 **에디점성계수(eddy viscosity)**라고한다. 따라서 에디점성계수를 사용하면 난류유동영역에서 전체 전단응력은 다음처럼 나타낼 수 있다.

$$\tau_{\text{total}} = (\mu + \mu_{\text{t}})\frac{d\bar{u}}{dy} \tag{7.121}$$

난류응력 또는 에디점성계수(eddy viscosity)에 관해서는 정확한 법칙이나 정확한 값을 구하는 것은 불가능하고, 이것을 구하는 여러 가지 **난류모델**(turbulent model)들이 제안되어서 사용되고 있으며, Prandtl의 혼합길이(mixing length) 개념이 그 중의 하나이다. 이러한 난류모델에 관한 자세한 설명은 이 책의 범위를 벗어나므로 생략한다.

벽법칙(law of the wall) : 내층(inner layer)

평판, 원관 또는 두 평행평판 사이의 난류경계층의 속도분포는 내층, 중복층, 외층으로 나누어 나타낼 수 있다. 또는 중복층(overlap layer)을 내층(inner layer)에 포함시켜 내층과 외층(outer layer)으로 나누어 나타낼 수 있다.

표 7.4
난류경계층의 구성

난류경계층 {
- 내층(inner layer) ← 점성저층(viscous sublayer)
  - ↖ 중복층(overlap layer)
- 외층(outer layer)

}

난류경계층 중 벽에서 가까운 내층(inner layer)은 전체 난류경계층의 15~20%정도이며, 이곳에서는 다음에 설명하는 벽법칙으로 속도분포를 나타내면 실험값과 상당히 잘 일치한다.

벽에서 아주 가까운 부분에서의 속도분포는 난류인 경우에도 벽에서의 전단응력에 상당히 영향을 받을 것이라 추측하여, 벽에서 거리 y 떨어진 곳에서의 시간평균 난류속도 $\overline{u}$는 매끄러운 벽인 경우 다음처럼 밀도 ρ, 벽에서의 전단응력 $\tau_{\rm w}$, 동점성계수 ν의 함수라 가정한다.

$$\overline{u} = F(y;\, \rho, \nu, \tau_{\rm w}) \tag{7.122}$$

차원해석(dimensional analysis)에 의하면 5개의 변수로부터 다음과 같은 두 개의 무차원 변수 u^+, y^+를 구할 수 있다.

$$u^+ = \frac{\overline{u}}{\sqrt{\tau_{\rm w}/\rho}} \ , \ y^+ = \frac{y\sqrt{\tau_{\rm w}/\rho}}{\nu} \tag{7.123}$$

이 무차원 변수를 사용하면 식 (7.122)는 다음처럼 u^+를 y^+만의 함수로 나타낼 수 있고 이것을 **벽법칙(law of the wall)**이라 한다.

벽법칙 :
$$u^+ = f(y^+) \tag{7.124}$$

식 (7.123)에 나타나는 $\sqrt{\tau_{\rm w}/\rho}$는 속도의 차원을 가지므로 다음처럼 u_τ로 나타내고 **마찰속도**(friction velocity) 또는 **전단속도**(shear velocity)라고 한다.

✦책에 따라 u_τ를 u_*표시하기도 한다.

$$u_\tau = \sqrt{\frac{\tau_{\rm w}}{\rho}} \tag{7.125}$$

이것을 이용하면 무차원 변수를 다음처럼 나타낼 수 있다.

$$u^+ = \frac{\overline{u}}{u_\tau} \ , \ y^+ = \frac{y u_\tau}{\nu} \tag{7.126}$$

이제 벽법칙이 적용되는 내층(inner layer)은 다음처럼 기본적으로 점성저층과 중복층의 두 영역으로 나누어 설명할 수 있고, 중간에 완충층을 포함하여 설명할 수 있다.

내층(inner layer)에 적용되는 벽법칙은 평판, 원관, 덕트(duct) 모두에서 동일하게 적용되는 일반적인(universal) 식이다.

표 7.5
내층의 구성

내층(inner layer) {
- 점성저층(viscous sublayer)
- {완충층(buffer layer)}
- 중복층(overlap layer) : log층(logarithm layer)

}

점성저층(viscous sublayer)

내층(inner layer) 중 벽에서 아주 가까운 곳에서는 그림 7.17에서 보듯이 속도분포가 직선인 구간이 존재하고 이곳에서는 점성이 지배적인 역할을 하고 난류응력은 무시할 수 있어 벽면에서의 전단응력과 속도 기울기는 다음과 같은 관계를 가진다.

$$\tau_{\mathrm{w}} = \mu \frac{d\bar{u}}{dy}\bigg|_{y=0}, \quad \frac{d\bar{u}}{dy} = \frac{d\bar{u}}{dy}\bigg|_{y=0} \quad \Rightarrow \quad \frac{d\bar{u}}{dy} = \frac{\tau_{\mathrm{w}}}{\mu} \tag{7.127}$$

위의 식을 적분하고, 점착조건(no-slip condition)을 적용하면 $y=0$에서 $\bar{u}=0$ 이므로 다음과 같은 결과를 얻는다.

$$\bar{u} = \frac{\tau_{\mathrm{w}}}{\mu} y \quad \Rightarrow \quad u^{+} = y^{+} \tag{7.128}$$

✦ $\bar{u} = \frac{\tau_{\mathrm{w}}}{\mu} y$

⇨ $\frac{\bar{u}}{\sqrt{\tau_{\mathrm{w}}/\rho}} = \frac{\sqrt{\tau_{\mathrm{w}}/\rho}}{\mu/\rho} y$

⇨ $\frac{\bar{u}}{u_{\tau}} = \frac{y u_{\tau}}{\nu}$

⇨ $u^{+} = y^{+}$

실험에 의하면 위의 식은 $y^{+} < 5$ 일 때 잘 맞는다는 것을 알 수 있다. 따라서 점성저층은 $y^{+} < 5$ 인 영역을 나타낸다.

log 층(logarithm layer)

내부층(inner layer) 중 벽에서 가깝지만 조금 떨어진 곳에서의 속도분포는 더 이상 직선이지 않고 곡선분포를 가지고, 다음처럼 log법칙(logarithm law)으로 나타낼 수 있다고, von Kármán(1931)이 처음으로 제안하였다.

$$\frac{\bar{u}}{u_{\tau}} = \frac{1}{\kappa} \ln \frac{y u_{\tau}}{\nu} + B \quad \Rightarrow \quad u^{+} = \frac{1}{\kappa} \ln y^{+} + B \tag{7.129}$$

여기서 κ는 von Kármán 상수이고 B는 상수이다. 일반적으로 $\kappa = 0.4$ 또는 $\kappa = 0.41$, $B = 4.9 \sim 5.6$ 등이 사용되며, ($\kappa = 0.4$, $B = 5.5$) 또는 ($\kappa = 0.41$, $B = 5.0$), ($\kappa = 0.41$, $B = 4.9$) 등의 조합을 가장 많이 사용하며, 실험 데이터가 약간씩 흩어져 있어 어느 것이 더 좋다고 하기는 곤란하며, 문헌에 따라 적절한 것을 사용한다.

실험에 의하면 위의 식은 $30 < y^+ < 300$ 정도에서 성립한다. 상한을 나타내는 300은 절대적인 것은 아니고, 유동의 종류 또는 Re수에 따라 500정도가 될 수도 있다.

완충층(buffer layer)

그림 7.18에서 보듯이 $5 < y^+ < 30$ 인 곳에서는 속도분포가 직선이지도 않고 log 분포를 가지지 않아, 실험과 두 식이 잘 들어맞지 않는 영역이 있다. 이 영역을 완충층(buffer layer)이라고 한다.

완충층을 포함하여, 점성저층 및 log층에서도 성립할 수 있는 실험식을 Spalding (1961)이 제안하였으며 내부층(inner layer) 전체에서 실험결과와 잘 일치한다.

$$y^+ = u^+ + e^{-\kappa B}\left[e^{\kappa u^+} - 1 - \kappa u^+ - \frac{1}{2!}(\kappa u^+)^2 - \frac{1}{3!}(\kappa u^+)^3 - \frac{1}{4!}(\kappa u^+)^4\right] \quad (7.130)$$

이 식은 u^+에 대해 음함수적(implicit)으로 표시되어 사용하기에는 불편한 점이 있다. 이와 같은 벽법칙은 전산유체역학(CFD)에서 벽 가까운 곳에서의 속도분포를 이용할 때 많이 사용되는 식이다.

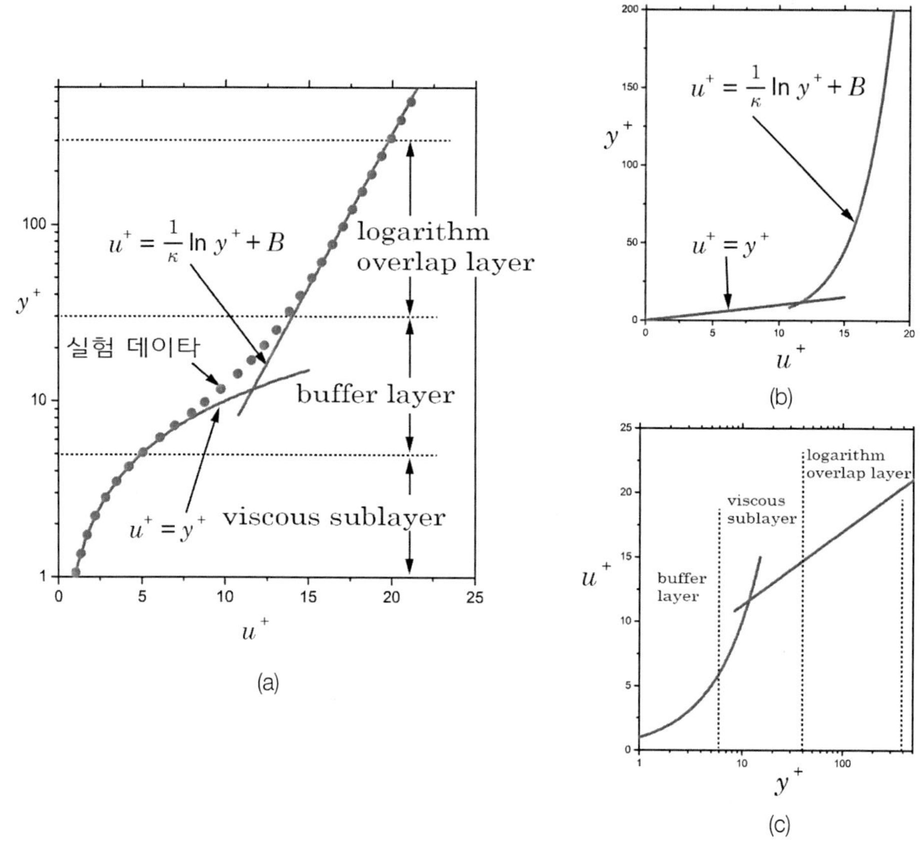

그림 7.18
난류 속도분포(벽법칙)

속도결손법칙(velocity defect law) : 외부층(outer layer)

난류경계층 중 외부층(outer layer)에서는 다음과 같은 **속도결손법칙(velocity defect law)**을 적용하여 속도분포를 나타낸다.

$$\frac{\overline{u} - U}{u_\tau} = f\left(\frac{y}{\delta}\right) \tag{7.131}$$

여기서 $\overline{u} - U$는 속도결손(velocity defect)을 나타내고 U는 경계층 끝에서의 속도를 나타낸다. 함수의 형태는 유동의 형태에 따라 달라진다. 즉, 평판, 원관, 덕트(duct)에서의 유동 등 벽의 형태에 따라 함수는 달라진다.

7.8 압력 기울기의 영향 및 박리

지금까지는 평판 위에서의 경계층 유동에 대해 주로 설명하였으며 경계층유동 전체에서 압력이 일정한 경우이었다. 평판이 아닌 그림 7.19(a)처럼 일반적인 물체 주위를 유체가 흐를 때의 경계층 유동에서는 압력이 일정하지 않다. 평판이 아닌 물체 주위의 유동에서는 경계층 끝에서의 속도 $U(x)$는 일정하지 않고 물체의 중앙인 ② 점까지는 증가하다가 이후 감소한다. 물체의 전반부인 ②점까지는 유체가 가속되는 구간이고, 물체의 후반부인 ②점 이후는 유체가 감속되는 구간이다.

경계층 내부에서의 압력 $p(x)$는 경계층 끝에서의 압력 $p_e(x)$와 같고, ②점까지는 감소하다가 이후 증가한다. 경계층 밖의 외부 비점성유동은 마찰이 없으므로 Bernoulli방정식이 성립하고 압력과 유동의 속도는 서로 잘 변환되고 역학적 에너지가 보존된다. 그러나 경계층 내부에서는 점성으로 인한 마찰력 때문에 역학적 에너지는 보존되지 않고 손실이 생기게 된다. 압력 기울기는 주로 외부의 비점성유동에서 정해지는데, 경계층 내부에서 $\frac{dp_e}{dx} < 0$ 일 때는 유동의 방향으로 압력이 줄어들기 때문에 압력은 유동에 도움을 주어 벽에서의 마찰로 인한 저항을 쉽게 이기고 순조롭게 앞으로 진행할 수 있다. 그렇기 때문에 $\frac{dp_e}{dx} < 0$ 일 때 압력기울기가 유동에 호의적이고 순조로운(favorable) 역할은 한다고 하여 **순압력 기울기(favorable pressure gradient)**라고 부른다. 이와 달리 $\frac{dp_e}{dx} > 0$ 일 때는 유동의 방향으로 압력이 증가하기 때문에 압력은 유동에 방해를 하여 벽에서의 마찰로 인한 저항을 이겨 순조롭게 앞으로 진행하는데 방해를 하여, $\frac{dp_e}{dx} > 0$ 일 때 **역압력 기울기(adverse pressure gradient)**라고 부른다. 역압력 기울기에서는 유동이 진행될수록 이와 같은 압력의 저항에 의해 경계층에서의 유동이 더 이상 앞으로 나아가지 못하고 뒷부분의 높은 압력으로 인하여 유동이 거꾸로(backward) 흐르게 되는 부분이 생기게 된다. 이렇게 유동이 거꾸로 흐르기 시작하는 점을 **박리점**(separation point)이라 하고 그림에서 ④지점이다. 박리점 이후부터는 경계층은 물체의 표면에서 떨어지게 되고 이러한 현상을 **박리(separation)** 현상이라고 한다. 박리점 이후의 유동에서는 더 이상 경계층해석의 의미가 없어진다.

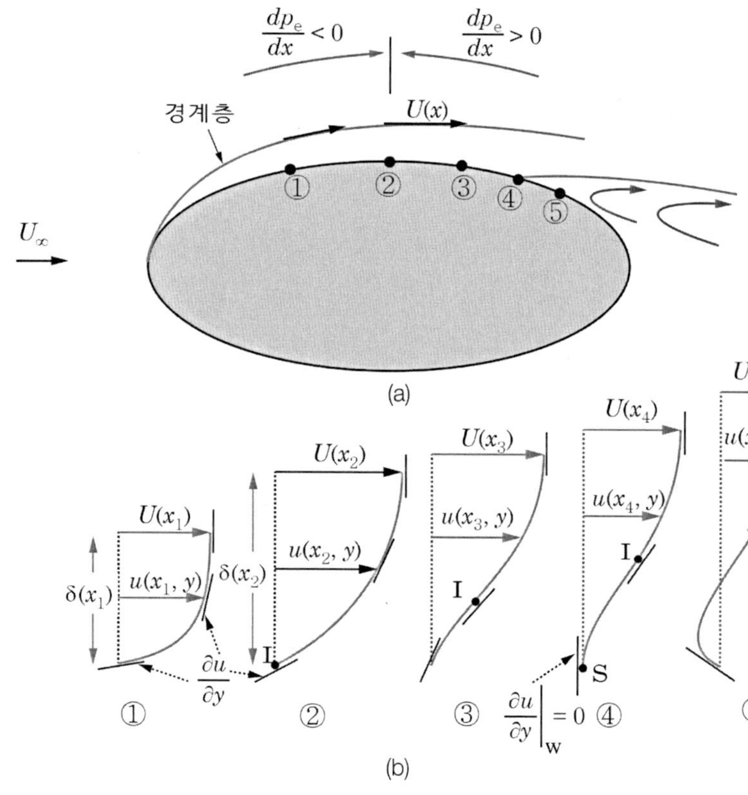

그림 7.19
(a) 물체 주위의 경계층유동 특성, (b) 각각의 위치에서의 속도분포. S는 박리점을 I는 변곡점을 나타낸다.

경계층 운동량방정식을 이용하여, 속도의 2계미분을 이용하여 박리 현상을 설명할 수 있다. 그림 7.19(b)에서 각각의 위치에서 속도분포를 개략적으로 나타내고 있으며 각점에서의 속도 분포는 일반적으로 그림에 나타내고 있는 것과 같다. 유동의 방향으로 물체의 뒤로 갈수록 경계층은 커지고, 따라서 그림에서

$$\delta(x_1) < \delta(x_2) < \delta(x_3) < \delta(x_4)$$

인 것을 알 수 있다. 앞에서도 설명하였지만 경계층 끝에서의 유동방향 속도인 $U(x)$는 물체의 중앙인 ②점까지는 증가하다가 이후 감소하여 다음과 같은 관계가 성립한다.

$$U(x_1) < U(x_2) > U(x_3) > U(x_4)$$

그림에서 ①~⑤의 모든 위치에서 경계층 끝에서의 속도 기울기는 $\frac{\partial u}{\partial y} = 0$ 이고 그

아래에서는 $\frac{\partial u}{\partial y} > 0$이므로 y가 증가할수록 $\frac{\partial u}{\partial y}$는 감소한다. 따라서 ①~⑤의 모든 위치에서 경계층 끝에서의 속도의 2계미분은 음이다. 즉, 다음과 같다.

$$\left.\frac{\partial^2 u}{\partial y^2}\right|_{y=\delta} < 0 \tag{7.132}$$

경계층 운동량방정식은 식 (7.41)이고 다시 적으면 다음과 같다.

$$u\frac{\partial u}{\partial x} + v\frac{\partial u}{\partial y} = -\frac{1}{\rho}\frac{dp_{\mathrm{e}}}{dx} + \nu\frac{\partial^2 u}{\partial y^2}$$

물체의 벽면에서 점착조건(no-slip condition)이 성립하므로

$$y = 0 \ ; \ u = 0, \ v = 0$$

이고, 따라서 물체의 벽면에서 유체의 운동량방정식은 다음과 같다.

$$y = 0 \ ; \ -\frac{dp_{\mathrm{e}}}{dx} + \mu\frac{\partial^2 u}{\partial y^2} = 0 \tag{7.133}$$

그러므로 물체의 벽면에서 속도의 2계미분은 식 (7.133)으로부터 다음과 같다.

$$\left.\frac{\partial^2 u}{\partial y^2}\right|_{\mathrm{w}} = \frac{1}{\mu}\frac{dp_{\mathrm{e}}}{dx} \tag{7.134}$$

따라서 속도의 2계미분의 부호는 다음과 같다.

순압력 기울기 : $$\left.\frac{\partial^2 u}{\partial y^2}\right|_{\mathrm{w}} < 0 \tag{7.135a}$$

②점 : $$\left.\frac{\partial^2 u}{\partial y^2}\right|_{\mathrm{w}} = 0 \tag{7.135b}$$

역압력 기울기 : $$\left.\frac{\partial^2 u}{\partial y^2}\right|_{\mathrm{w}} > 0 \tag{7.135c}$$

여러 위치에서의 속도분포에 대해 설명하면 다음과 같다.

①점은 순압력 기울기에 해당하는 곳으로 이 점에서 속도의 2계미분은 경계층 끝에서도 음이고 벽면에서도 음이므로 경계층 전체에서

$$\frac{\partial^2 u}{\partial y^2} < 0$$

이 성립한다. 이것은 그림에 보여주고 있는 것처럼 y가 증가할수록 속도기울기는 감소한다. 거꾸로 하면 경계층 끝에서부터 y가 감소할수록 속도기울기는 계속 증가한다는 것을 알 수 있다.

②점은 압력기울기가 0인 곳이고, 이 점에서는 벽면에서 속도의 2계미분은 0이다. 2계미분이 0인 점을 변곡점(point of inflection)이라 한다. 역시 이 점을 제외한 경계층 전체에서

$$\frac{\partial^2 u}{\partial y^2} < 0$$

이 성립한다. 경계층 끝에서부터 y가 감소할수록 속도기울기는 계속 증가하고 벽면에서의 속도기울기는 그림에서 보듯이 0은 아니고 어떤 값을 가진다.

③점은 역압력 기울기에 해당하는 곳으로, 이 점에서 속도의 2계미분은 경계층 끝에서는 음이고 벽면에서은 양이므로 경계층의 중간에서 속도의 2계미분이 0이 되는 변곡점(point of inflection)이 존재하게 된다. 따라서 속도의 2계미분은 다음과 같다.

$$\frac{\partial^2 u}{\partial y^2} > 0 \quad \text{for} \quad 0 \leqq y \leqq y_{\mathrm{I}}$$

$$\frac{\partial^2 u}{\partial y^2} < 0 \quad \text{for} \quad y_{\mathrm{I}} \leqq y \leqq \delta$$

여기서 y_{I}은 변곡점까지의 거리이다. 따라서 경계층 끝에서부터 변곡점까지 y가 감소할수록 속도기울기는 계속 증가하여 그림에 보인 기울기까지 증가하고, 변곡점부터 벽면까지 y가 감소할수록 속도기울기는 계속 감소하여 속도기울기는 그림에 보인 것처럼 다시 감소하지만 0은 아니고 어떤 값을 가진다.

④점 역시 역압력 기울기에 해당하는 곳으로, ③점과 같은 속도의 2계미분 형태를 가진다. 다만 변곡점이 더 위로 이동하게 되어, 경계층 끝에서부터 변곡점까지 y가 감소할수록 속도기울기는 계속 증가하여 그림에 보인 기울기까지 증가하고 변곡점부터 벽면까지 y가 감소할수록 속도기울기는 계속 감소하여 속도기울기가 0이 된다. 앞에서도 설명하였듯이 이 점을 박리점이라고 하고 경계층이 물체에서 떨어지기 시작하는 점이고 이 이후는 더 이상 경계층 이론을 적용할 수 없다.

⑤점에서는 변곡점이 더욱 위로 이동하게 되어, 경계층 끝에서부터 변곡점까지 y가 감소할수록 속도기울기는 계속 증가하여 그림에 보인 기울기까지 증가하고 변곡점부터 벽면까지 y가 감소할수록 속도기울기는 계속 감소하여 벽면에서 떨어진 어떤 지점에서 속도기울기가 0이 되고 벽면에서 속도기울기는 음이 된다. 즉, 벽면 가까이에서 유동은 역류(reverse flow)한다.

경계층 해석에서 외부의 유동조건들이 사용된다. 즉, 경계층 해석에서 $U(x)$와 $p_e(x)$ 등은 외부의 비점성 유동에서 구한 값들을 사용한다. 따라서 박리점 이후의 유동은 유동의 박리와 역류로 인하여 외부의 비점성 유동으로 구한 것과 다르다. 따라서 박리점 이후는 경계층방정식을 적용하여 경계층 이론을 적용할 수 없다. 그리고 박리점 상류의 어느 부분까지도 이 역류등이 영향을 미치므로 박리점의 어느 정도 상류까지 경계층 이론으로 구한 결과는 실제와 차이가 날 수 있다. 즉, 박리현상으로 인하여 다음처럼 결론을 내릴 수 있다.

경계층방정식은 박리점 이후에는 적용할 수 없고 박리점의 상류 일정부분까지도 경계층 해석으로 구한 결과는 정확하지 않을 수 있다.

7.9 물체에 작용하는 항력

✦아래 첨자
- d : drag
- f : friction
- p : pressure

유체의 유동에 놓여있는 물체는 유동의 방향에 대해 유체의 저항을 받고 이때 받는 힘을 **항력(drag force)**이라고 하고 F_d로 나타낸다. 물체가 받는 항력은 두 가지 요인에 의하여 생긴다. 그림 7.20(a)처럼 유동에 평행한 얇은 평판은 물체의 표면에서 마찰에 의한 전단응력으로 인한 항력을 **마찰항력(friction drag force)**이라 하고 F_f로 나타낸다. 그림 7.20(b)처럼 유동에 수직인 얇은 평판은 물체의 앞부분과 뒷부분의 압력차로 인하여 항력이 생기게 되고 이 항력을 **압력항력(pressure drag force)**이라 하고 F_p로 나타낸다. 일반적으로 그림 7.20(c)처럼 뭉툭한 물체에서는 마찰과 압력차 모두에 의해 항력이 발생하고 따라서 물체의 항력은 압력항력과 마찰항력의 합으로 주어지고 다음과 같다.

$$F_d = F_p + F_f \tag{7.136}$$

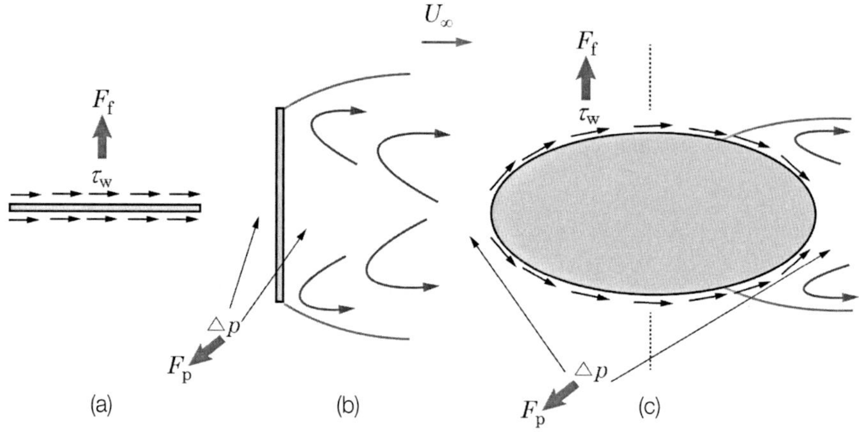

그림 7.20
(a) 평행 평판, (b) 수직 평판, (c) 뭉툭한 물체에 작용하는 항력

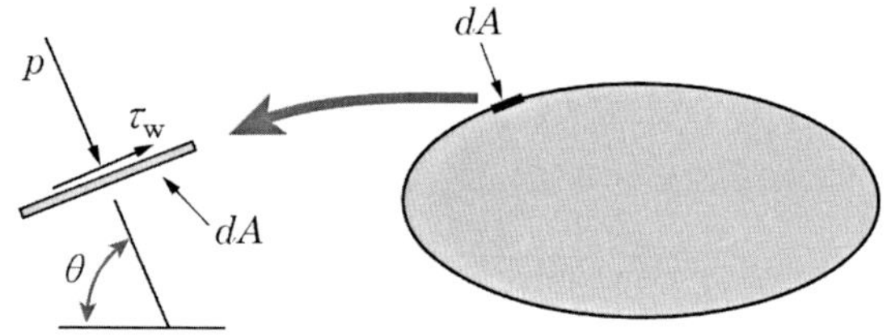

그림 7.21
물체의 미소 표면에 작용하는 압력과 전단응력

그림 7.21에 물체의 미소한 면적 dA에 작용하는 압력과 전단응력을 나타내고 있으며 압력항력과 마찰항력은 다음처럼 구할 수 있다.

$$F_p = \int_A p\cos\theta \, dA \tag{7.137}$$

$$F_f = \int_A \tau_w \sin\theta \, dA \tag{7.138}$$

물체에 작용하는 항력은 다음처럼 무차원으로 표시되는 **항력계수(drag coefficient)** C_d를 사용하여 나타낸다.

$$C_d = \frac{F_d}{\frac{\rho U_\infty^2}{2} A} \tag{7.139}$$

여기서 면적 A는 일반적으로 물체를 유동 방향에 투영한 면적을 사용하지만 항상 그런 것은 아니기 때문에 각각의 물체에 대해 어떠한 면적을 사용하여 항력계수를 나타내었는지 표시해 주는 것이 원칙이다. 폭이 b이고 길이가 L인 평판의 경우 $A = bL$을 사용하고, 직경이 D이고 길이가 L인 원통의 경우 $A = DL$을 사용하고, 직경이 D인 구의 경우에는 $A = \frac{\pi D^2}{4}$ 을 사용한다.

다음처럼 압력항력계수 $C_{\mathrm{d,p}}$와 마찰항력계수 $C_{\mathrm{d,f}}$를 정의한다.

$$C_{\mathrm{d,p}} = \frac{F_{\mathrm{p}}}{\frac{\rho U_\infty^2}{2} A} \tag{7.140}$$

$$C_{\mathrm{d,f}} = \frac{F_{\mathrm{f}}}{\frac{\rho U_\infty^2}{2} A} \tag{7.141}$$

그러면 항력계수는 압력항력계수와 마찰항력계수의 합으로 나타낼 수 있다.

$$C_{\mathrm{d}} = C_{\mathrm{d,p}} + C_{\mathrm{d,f}} \tag{7.142}$$

그림 7.20(a)처럼 유동에 평행한 평판인 경우는 압력항력이 없으므로 항력계수는 마찰항력계수와 같다.

평행평판의 항력

그림 7.20(a)처럼 유동에 평행한 평판인 경우는 압력항력이 없으므로($F_{\mathrm{p}} = 0$) 작용하는 항력은 마찰항력 F_{f}뿐이다($F_{\mathrm{d}} = F_{\mathrm{f}}$). 따라서 항력계수는 마찰항력계수와 같다.

$$C_{\mathrm{d}} = C_{\mathrm{d,f}} \tag{7.143}$$

길이가 L이고 폭이 b인 평판에 마찰로 인한 마찰항력(friction drag force) F_{f}는 다음처럼 구할 수 있다.

$$F_{\mathrm{f}} = \int_0^L \tau_{\mathrm{w}} b\,dx \tag{7.144}$$

층류일 때 Blasius의 해를 이용하여 구한 τ_w와 국소표면마찰계수(local skin friction coefficient) C_f에 관한 식 (7.67) 또는 식 (7.68)을 사용하여 평판에서의 항력계수를 이론적으로 구하면 다음과 같고 실험 결과와 잘 일치한다.

$$C_d = C_{d,f} = \frac{1.328}{\sqrt{\mathrm{Re}_L}} \tag{7.145}$$

난류일 때는 항력을 이론적으로 구하기는 어렵고 실험에 의한 식을 사용한다. 난류일 때 Schlichting(2000)은 다음처럼 매끄러운 평행평판에 대한 항력계수를 제안하고 있다.

$$5 \times 10^5 < \mathrm{Re}_L < 10^7 \ ; \ C_d = C_{d,f} = \frac{0.455}{(\log \mathrm{Re}_L)^{2.58}} - \frac{1700}{\mathrm{Re}_L} \tag{7.146}$$

$$10^7 < \mathrm{Re}_L < 10^9 \ ; \ C_d = C_{d,f} = \frac{0.455}{(\log \mathrm{Re}_L)^{2.58}} \tag{7.147}$$

식 (7.146)은 $\mathrm{Re}_L = 5 \times 10^5$에서 천이가 일어난다고 가정한 식이다. 매끄러운 평판에 대한 항력계수를 그림 7.22에 나타내고 있다.

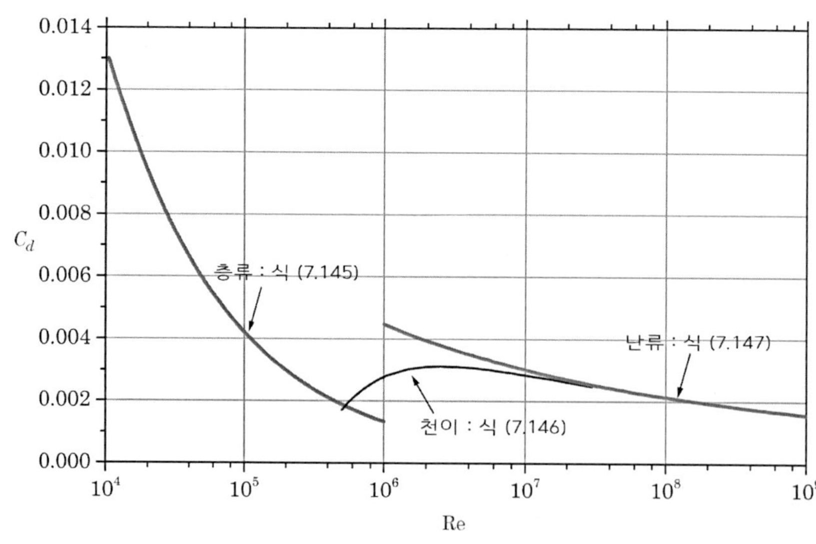

그림 7.22
매끄러운 평판에 대한 항력계수

원통과 구의 항력

매끄러운 원통과 구에 대한 항력은 주로 Re의 함수로 나타나며, 많은 연구 결과가 발표되었다. 그림 7.23에 매끄러운 원통에 대한 항력계수를 Re의 함수로 나타내고 있다. 그림에서 다음과 같은 영역으로 나누어서 해석할 수 있다.

- $\mathrm{Re} < 10^3$: Re가 1000까지는 항력계수가 계속 감소하는 경향을 보이고 있다. 이 영역 중 특히 $\mathrm{Re} < 1$ 인 범위에서는 속도가 아주 작아 크리핑(creeping) 유동으로 해석하여 항력을 구할 수도 있다.
- $10^3 < \mathrm{Re} < 3 \times 10^5$: 이 범위에서는 항력계수는 거의 일정한 값을 가진다. 매끄러운 원통에서 이 범위의 Re에서 박리가 일어나기 전까지 원통의 앞부분의 유동은 층류가 유지된다.
- $\mathrm{Re} > 3 \times 10^5$: $\mathrm{Re} = 3 \times 10^5$ 부근에서 Re가 커짐에 따라 항력계수는 급격하게 작아진다. $\mathrm{Re} = 3 \times 10^5$ 부근에서 유동은 층류에서 난류로 바뀌게 되고, 이때의 Reynolds수를 임계(critical) Reynolds수 $\mathrm{Re}_{\mathrm{cr}}$ 이라고 한다. 책마다 약간씩 다를 수 있지만 여기서는 $\mathrm{Re}_{\mathrm{cr}} = 3 \times 10^5$으로 한다. 유동이 층류에서 난류로 바뀌게 되어 항력계수가 확연하게 줄어드는 것은 박리가 원통의 뒷부분으로 이동하여 일어나는 현상으로 다음에 보여주는 원통에서의 압력분포의 그림을 사용하여 설명한다.

그림에서 A점과 B점은 Re가 1.1×10^5일 때와 4.26×10^5일 때를 나타낸다.

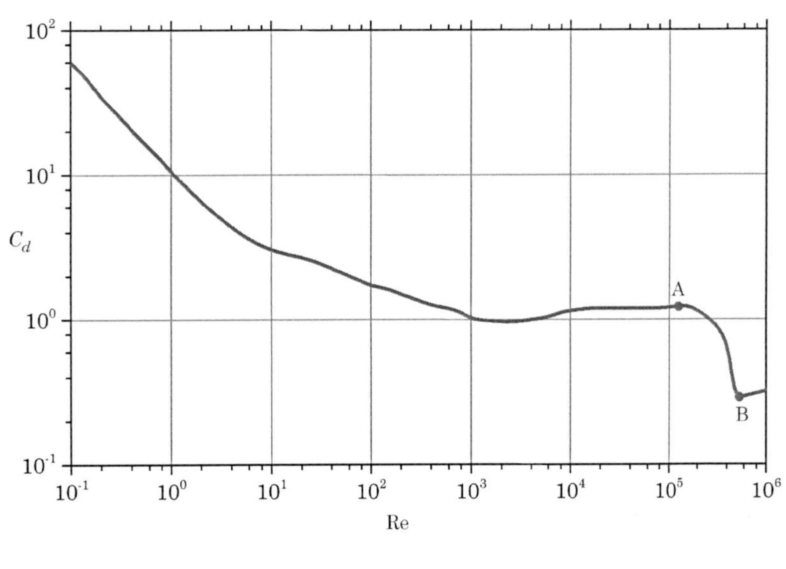

그림 7.23
매끄러운 원통에 대한 항력계수, Wieselsberger(1922)의 데이터 사용함

그림 7.24에 매끄러운 원통 표면에서의 무차원 압력인 압력계수를 나타내고 있다. Re가 1.1×10^5일 때는 층류 유동이고 Re가 4.26×10^5일 때는 난류 유동이다. 그림 7.25에서 보듯이 층류일 때는 박리가 약 80° 부근에서 발생하고, 그림 7.24에서 보듯이 약 80° 이후의 후류에서의 압력은 상승하지 못하고 압력은 낮은 값에서 거의 일정한 분포를 나타내고 있다. 박리는 이론적으로 역압력 기울기 부분에서 발생하지만, 원통의 경우처럼 상당히 뭉툭한 물체에서 유동이 층류인 경우에는 경계층에서의 운동량 플럭스 또는 운동에너지가 작아서 뒷부분의 높은 압력의 영향 때문에 90°이전에서 박리가 생기게 된다.

이에 반해 그림 7.24와 그림 7.25에서 보듯이 유동이 난류일 때는 박리가 약 140° 부근에서 발생하고 약 140° 부근까지는 압력이 상승하고 그 이후의 후류에서의 압력은 상승하지 못하고 압력은 거의 일정한 분포를 나타내고 있다. 경계층에서의 유동이 난류인 경우의 운동량 플럭스 또는 운동에너지는 층류인 경우의 운동량 플럭스 또는 운동에너지에 비해 훨씬 크므로 층류에 비해 역압력 기울기를 잘 이겨나가 경계층이 상당히 뒷부분까지 경계층을 유지할 수 있어 박리가 원통의 상당한 뒷부분인 약 140° 부근에서 일어나게 된다. 따라서 층류인 경우에 원통의 앞부분과 뒷부분의 평균압력차는 크고, 난류인 경우 원통의 앞부분과 뒷부분의 평균압력차는 상대적으로 작아 층류인 경우 항력계수가 난류인 경우에 비하여 훨씬 크다. 그림 7.23에 표시된 점 A는 Re가 1.1×10^5일 때를 나타내고 점 B는 Re가 4.26×10^5일 때를 나타내고 있으며 층류일 때에 비해 난류일 때 항력계수가 훨씬 작다는 것을 알 수 있다.

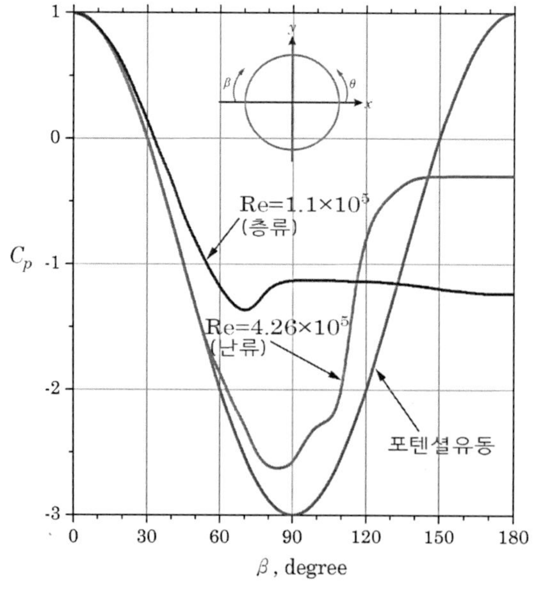

그림 7.24
매끄러운 원통 주위의 압력 분포.
$\mathrm{Re}=1.1\times10^5$: Fage & Falkner(1931),
$\mathrm{Re}=4.26\times10^5$: Gowen & Perkins(1953)의 데이터 사용

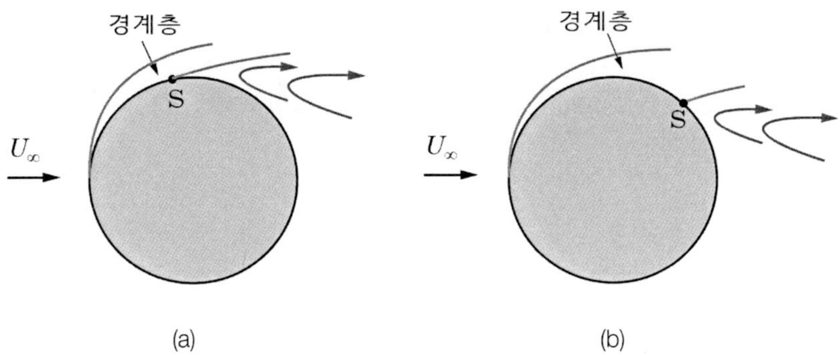

그림 7.25
원통 주위의 경계층 및 박리 유동 특성, (a) 층류 (b) 난류

그림 7.26에 매끈한 구에 대한 항력계수를 Re의 함수로 나타내고 있다. 매끈한 원통과 비교해 보면 전체적으로 비슷한 형태를 나타내고 있다. 역시 구에 대해서도 임계 Reynolds수는 $\mathrm{Re}_{\mathrm{cr}} = 3 \times 10^5$이고 이 부근에서 유동은 층류에서 난류로 바뀌게 되고 항력계수는 급격하게 작아지는 것을 알 수 있다. 그림 7.27에 임계 Reynolds수 부근에서 매끄러운 구와 거친 구($\varepsilon/D = 0.005$) 및 골프공에 대해서 항력계수를 나타내고 있다. 매끄러운 구에 비해 거친 구나 골프공의 항력계수가 훨씬 작다는 것을 알 수 있다. 이것은 매끄러운 구에 비해 표면이 거칠수록 낮은 Re에서 일찍 난류가 되므로 박리가 뒷부분에서 발생하여, 매끄러운 구에 비해 거친 구나 골프공의 항력계수가 훨씬 작게 나타난다. 매끄러운 구의 경우 임계 Reynolds수는 3×10^5이지만 골프공의 경우 Reynolds수는 약 4×10^4이다. 실제 골프공을 쳤을 때 날아가는 공의 속도를 환산하여 보면 대부분의 경우 Reynolds수가 5×10^4에서 4×10^5 사이에 속하게 되고 이 범위에서 골프공의 항력계수가 매끄러운 구의 항력계수에 비해 훨씬 작다는 것을 알 수 있어, 골프공에 인위적으로 딤플(dimple)을 만들어 저항을 적게 하여 골프공이 더 멀리 날아갈 수 있도록 한다.

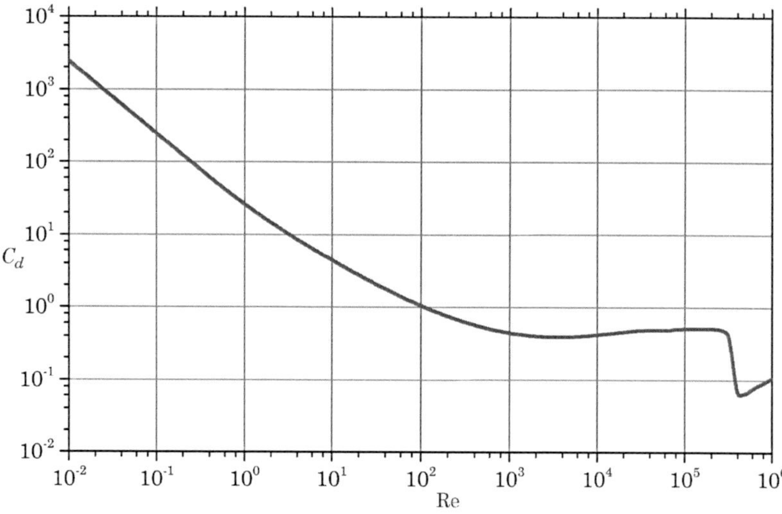

그림 7.26
구의 항력계수,
Flemmer & Banks(1986)의 식과 Achenbach(1972) 데이터 사용

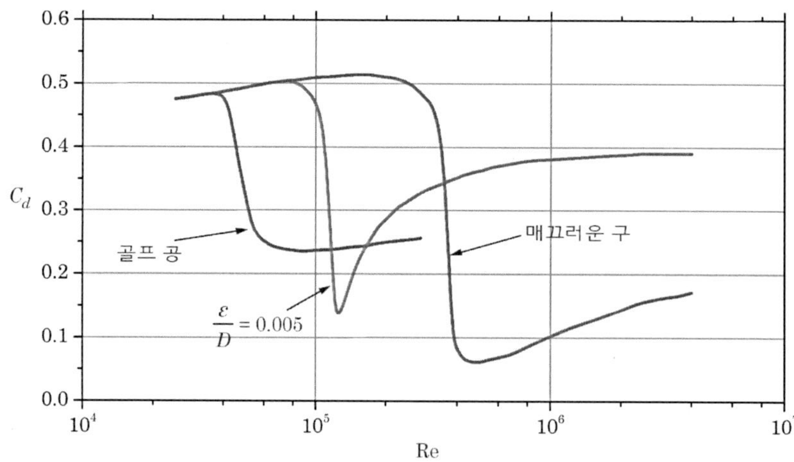

그림 7.27
매끄러운 구와 거친 구 및 골프 공의 항력계수,
참고문헌 : Blevins(1984)

연습 문제

7.1 평판 위의 유동에서 경계층은 어떤 경우에 존재하는가?

7.2 경계층 두께의 바깥과 안의 유동은 어떻게 다르게 해석할 수 있나?

7.3 평판위의 경계층은 유동의 뒤쪽으로 가면서 어떻게 되는가?

7.4 (a) 배제두께 δ^* 의 물리적인 의미는 무엇인가 설명하라.

(b) 배제두께 δ^* 의 정의식은 어떻게 되는가?

(c) $\rho U \delta^* b$ 는 무엇을 나타내는가?

7.5 평판 위에서 공기와 물이 동일한 속도로 흐를 때, 어느 쪽이 먼저 난류에 도달하는가?

7.6 평판 위의 경계층 유동에서 평판의 선단(leading edge)에서의 거리가 x 인 지점에서의 경계층 두께를 δ 라고 할 때, 다음에 답하라. 모든 경우에 대해, 층류유동을 유지한다고 가정하라.

(a) U_∞ 만 2배가 되면 경계층 두께는 원래의 몇 배가 되는가?

(b) 밀도만 2배가 되면 경계층 두께는 원래의 몇 배가 되는가?

(c) 점성계수만 2배가 되면 경계층 두께는 원래의 몇 배가 되는가?

(d) x 가 2배가 되면 경계층 두께는 원래의 몇 배가 되는가?

7.7 평판 위의 경계층 유동에서 속도분포 $u^\star = \dfrac{3}{2}\zeta - \dfrac{1}{2}\zeta^3$ 라고 가정하여, (a) $\dfrac{\theta}{\delta}$ 를 구하고, (b) $\dfrac{\delta}{x}$ 를 구하라. (c) 국소 표면마찰계수 C_f 를 구하라. $\zeta = \dfrac{y}{\delta(x)}$ 이다.

7.8 평판 위의 경계층 유동에서 속도분포 $u^{\star}=\sin\left(\frac{\pi}{2}\zeta\right)$라고 가정하여, (a) $\frac{\theta}{\delta}$를 구하고, (b) $\frac{\delta}{x}$를 구하라. (c) 국소 표면마찰계수 C_{f}를 구하라. $\zeta=\frac{y}{\delta(x)}$이고 적분할 때 $\sin^2 x=\frac{1}{2}(1-\cos 2x)$를 이용하라.

7.9 난류인 경우 벽에서 아주 가까운 부분에서의 속도분포는 다음처럼 나타낼 수 있다. 벽에서 거리 y 떨어진 곳에서의 시간평균 난류속도 $\overline{u}$는 매끄러운 벽인 경우 다음처럼 밀도 ρ, 벽에서의 전단응력 τ_{w}, 동점성계수 ν의 함수라 가정한다.

$$\overline{u}=F(y;\rho,\nu,\tau_{\mathrm{w}}) \tag{1}$$

차원해석(dimensional analysis)을 하여 식 (1)은 다음처럼 두 개의 무차원 변수 사이의 함수로 나타낼 수 있음을 보여라.

$$\frac{\overline{u}}{\sqrt{\tau_{\mathrm{w}}/\rho}}=f\left(\frac{y\sqrt{\tau_{\mathrm{w}}/\rho}}{\nu}\right) \tag{2}$$

7.10 Blasius의 해로부터 구한 국소표면마찰계수(local skin friction coefficient) C_{f}는 다음처럼 주어진다.

$$C_{\mathrm{f}}=\frac{\tau_{\mathrm{w}}}{\frac{1}{2}\rho U^2}=\frac{0.664}{\sqrt{\mathrm{Re_x}}} \tag{1}$$

이것으로부터 평판에 작용하는 항력계수에 관한 식을 구하라.

압축성 유동의 기초

학습목표

이 장의 학습 및 강의 목표는 다음과 같은 사항을 학생들이 완전하게 이해하는 것이다.

- 압축성 유동의 개념.
- 음속, Mach수 등의 압축성 유동의 기본 특성.
- 1차원 압축성 유동의 지배방정식에 대한 이해.
- 등엔트로피 유동에 대한 해석.
- 노즐에서의 압축성 유동 특성.

8.1 서론

지금까지 유체유동의 해석은 주로 밀도가 일정한 비압축성 유동에 대한 것이었다. 비압축성 유동에서 구하여야 하는 변수는 하나의 속도벡터(성분으로는 세 개의 속도 성분)와 압력이다. 필요한 지배방정식은 연속방정식과 운동량방정식이다. 유체가 기체인 경우 압력에 따라 밀도는 상당히 변하게 되고, 이러한 밀도 변화가 큰 유동을 **압축성 유동(compressible flow)**이라고 하고 한다. 압축성 유동에서는 밀도가 구하여야 하는 변수이다. 기체의 경우 일반적으로 밀도는 압력과 온도의 함수로 주어지므로 온도 또한 구하여야 하는 변수이다. 따라서 압축성 유동에서는 속도와 압력 외에 온도와 밀도 또한 구하여야 하는 변수가 되어 연속방정식과 운동량방정식 외에도 상태방정식과 에너지방정식을 추가적으로 고려하여야 하고 또한 열역학에 관한 기초적인 지식이 필요하다. 이러한 지배방정식에 대해서는 3.14절에서 설명하였으며 다시 요약하여 나타내면 표 8.1과 같다.

표 8.1
필요한 지배방정식

비압축성 유동	압축성 유동
연속방정식 운동량방정식 (에너지방정식 - 온도가 변수인 경우)	연속방정식 운동량방정식 에너지방정식 상태방정식 (기타 열역학 관계식)

압축성 유동에 대한 지배방정식을 2차원 또는 3차원유동에 대해 푸는 것은 이 교재의 범위를 벗어나는 것이기 때문에, 이 장에서는 1차원 압축성 유동에 대한 해석을 주로 다루고, 비압축성 유동에서 일어나지 않는 압축성 유동의 여러 현상들에 대한 설명을 하고자 한다. 비록 1차원 압축성 유동을 다루더라도 필요한 지배방정식은 표 8.1에 표시되어 있는 연속방정식, 운동량방정식, 에너지방정식, 상태방정식이고 이것을 모두 고려하여야 한다.

기체의 유동이라고 해서 모두 압축성 유동으로 해석하는 것은 아니다. 유동속도가 비교적 크지 않을 때는 밀도 변화는 무시할 수 있을 정도로 작아서 비압축성 유동으로 해석할 수 있다. 유동속도가 크고 작음의 판단은 Mach수로 하며, Mach수 Ma는 속도를 음속으로 나눈 것으로 8.3절에서 다루겠지만, 상식적으로 이미 알고 있을 것이다. 표 8.2에 여러 가지 방법으로 유동을 분류하고 있다. 표에서 보듯이 $Ma < 0.3$일 때는 기체의 유동인 경우에도 비압축성 유동으로 취급하여 해석하여도 오차가 별로

나지 않는다. 그러나 Ma>0.3일 때는 반드시 압축성 유동으로 해석하여야 한다. Ma=1일 때 **음속(sonic)**이라하고 Ma<1일 때 **아음속(subsonic)**, Ma>1일 때 **초음속(supersonic)**이라고 한다. 그리고 표에서 보듯이 압축성 유동을 더욱 세분하여 구분하기도 한다.

✦책에 따라 Ma → 5일 때 극초음속(hypersonic)이라고 분류하기도 한다.

표 8.2
압축성 유동의 분류

분류방법	분류
압축성 비압축성 판단	Ma < 0.3 : 비압축성 유동 Ma > 0.3 : 압축성 유동
아음속 초음속 구분	Ma < 1 : 아음속(subsonic) Ma = 1 : 음속(sonic) Ma > 1 : 초음속(supersonic)
세분하여 구분 (범위가 절대적인 것은 아니다)	Ma < 0.8 : 아음속(subsonic) 0.8 < Ma < 1.2 : 천음속(transonic) 1.2 < Ma < 3 : 초음속(supersonic) Ma > 3 : 극초음속(hypersonic)

8.2 필요한 열역학 관계식

압축성 유동을 다루려면 열역학의 기본개념이 필요하며 다음에 간략하게 나타내었다. 자세한 내용은 일반적인 열역학 책을 참조하기 바란다. 압축성 유동에서는 1차원 유동에 대해서만 다룰 것이고, 다른 장과 구분하여 8장에서 사용하는 기호는 다음과 같다.

V : 속도, V : 체적, v : 비체적

U : 내부에너지 , u : 비내부에너지

H : 엔탈피, h : 비엔탈피

열역학의 기본개념

엔탈피와 비엔탈피에 대한 정의는 다음과 같다.

$$H = U + p\mathrm{V}\ ,\ h = u + p\mathrm{v} \tag{8.1}$$

정적비열 c_v와 정압비열 c_p는 다음 식들로 정의된다.

$$c_v = \left(\frac{\partial u}{\partial T}\right)_v \tag{8.2}$$

$$c_p = \left(\frac{\partial h}{\partial T}\right)_p \tag{8.3}$$

정압비열과 정적비열의 비를 비열비 k라고 하며 다음과 같다.

$$k = \frac{c_p}{c_v} \tag{8.4}$$

이상기체

이상기체의 상태방정식은 다음처럼 여러 형식으로 나타낼 수 있다.

$$p\mathrm{V} = n\overline{R}\,T, \ p\mathrm{V} = mRT \tag{8.5}$$

$$pv = RT, \ p = \rho RT \tag{8.6}$$

여기서 $\overline{R}$는 일반기체상수(universal gas constant)이고 R은 기체상수(gas constant)이며 다음과 같다.

$$\begin{aligned} \overline{R} &= 8314\,\frac{\mathrm{J}}{\mathrm{kmol \cdot K}} = 8.314\,\frac{\mathrm{kJ}}{\mathrm{kmol \cdot K}} \\ R &= \frac{\overline{R}}{M} \end{aligned} \tag{8.7}$$

여기서 M은 분자량이다.

이상기체의 비내부에너지와 비엔탈피는 다음처럼 온도만의 함수이다.

$$u = u(T), \ h = h(T) \tag{8.8}$$

이상기체의 정적비열과 정압비열은 다음의 식이 성립한다.

$$c_p - c_v = R \tag{8.9}$$

$$c_v = \frac{R}{k-1} \tag{8.10}$$

$$c_p = \frac{kR}{k-1} \tag{8.11}$$

정적비열과 정압비열은 이상기체에 대해서는 다음처럼 나타낼 수 있다.

$$c_v = \frac{du}{dT} \tag{8.12}$$

$$c_p = \frac{dh}{dT} \tag{8.13}$$

따라서 이상기체에 대해서는 내부에너지와 엔탈피는 다음 식으로부터 구할 수 있다.

$$du = c_v dT \tag{8.14}$$

$$dh = c_p dT \tag{8.15}$$

엔트로피 변화량

엔트로피 변화량은 다음의 식으로부터 구할 수 있다.

$$s_2 - s_1 = c_v \ln\frac{T_2}{T_1} + R\ln\frac{\rho_1}{\rho_2} \tag{8.16}$$

$$s_2 - s_1 = c_p \ln\frac{T_2}{T_1} - R\ln\frac{p_2}{p_1} \tag{8.17}$$

등엔트로피 과정

등엔트로피 과정에 대해서는 다음의 관계식이 성립한다.

$$\frac{p}{\rho^k} = \text{일정}\ ,\quad pT^{\frac{k}{1-k}} = \text{일정} \;\rightleftarrows\; \frac{p_2}{p_1} = \left(\frac{\rho_2}{\rho_1}\right)^k = \left(\frac{T_2}{T_1}\right)^{k/(k-1)} \tag{8.18}$$

8.3 음속

압축성 유동에서는 음속이 아주 중요한 인자이다. **음속(speed of sound)**은 유체에서 극미한 파(wave)가 전파되는 속도이다.

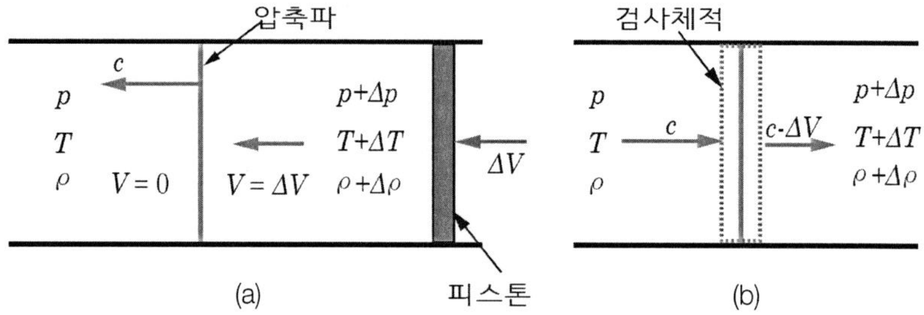

그림 8.1
(a) 압축파의 전파, (b) 검사체적에 대한 상대속도

그림 8.1(a)에 보여주고 있듯이 관 안의 정지 상태의 기체가 있는데, 갑자기 오른쪽에서 왼쪽으로 피스톤을 아주 약간 밀어 주는 경우를 생각해 보자. 피스톤 바로 앞의 유체는 ΔV의 속도로 움직이고, 약간 압축이 되어 압력과 밀도가 정지 상태의 유체보다 높아진다. 비압축성 유체와 달리 이 순간에 피스톤에서 멀리 떨어진 왼쪽 기체는 아직 압축이 일어나지 않고 아무런 변화가 없이 움직이지 않는다. 완전한 비압축성 유체인 경우는 동시에 같이 ΔV의 속도로 움직이기 시작할 것이다. 압축성 유체에서는 이와 같이 변화가 일어나는 부분과 변화가 일어나지 않는 부분으로 구분할 수 있고, 이와 같이 압축이 되는 경우 이 경계면은 **압축파(compression wave)**이다. 이 압축파는 왼쪽으로 빠르게 이동하며, 파가 전파되는 속도를 c로 나타내고 압축파의 전파속도라고 한다. 파가 지나간 뒤쪽의 압력과 밀도는 증가하게 된다. 왼쪽 정지 상태($V=0$)인 유체의 압력, 온도와 밀도는 각각 p, T 및 ρ이고 오른쪽은 유체의 압력, 온도와 밀도는 각각 $p+\Delta p$, $T+\Delta T$ 및 $\rho+\Delta\rho$이다. 오른쪽 유체는 ΔV의 속도로 왼쪽으로 움직인다. 그림 8.1(b)처럼 압력파를 포함하고 c의 속도로 움직이는 검사체적을 선택하면, 검사체적에 대한 상대적인 속도는 그림에 나타낸 바와 같다. 그림과 같은 검사체적에 대한 **연속방정식**과 **운동량방정식**은 다음과 같다.

$$\rho c A = (\rho + \Delta\rho)(c - \Delta V)A \quad \Rightarrow \quad c = \frac{\rho + \Delta\rho}{\Delta\rho}\Delta V \tag{8.19}$$

$$pA - (p + \Delta p)A = \rho A c\,[(c - \Delta V) - c] \quad \Rightarrow \quad \Delta V = \frac{\Delta p}{\rho c} \tag{8.20}$$

여기서 A는 파의 면적이고, 식에서 모두 소거된다. 파의 두께는 아주 얇아 마찰을 무시할 수 있어 검사체적에 작용하는 힘은 압력뿐이다.
식 (8.20)을 식 (8.19)에 대입하면 압축파의 속도는 다음처럼 구할 수 있다.

$$c = \sqrt{\frac{\Delta p}{\Delta \rho}\left(1 + \frac{\Delta \rho}{\rho}\right)} \tag{8.21}$$

음속은 극미한 압축파가 진행하는 속도이고, $\Delta\rho \to 0$ 인 경우이다. 그리고 앞에서도 설명하였듯이 이 과정에서, 압축파의 두께는 아주 얇아 **마찰을 무시**할 수 있고 또한 열손실도 무시할 수 있는 **단열과정**이다. 따라서 이 과정은 **등엔트로피**(isentropic) **과정**이기 때문에 음속을 다음처럼 나타낼 수 있다.

$$a = \lim_{\Delta\rho \to 0}\left(\sqrt{\frac{\Delta p}{\Delta \rho}\left(1 + \frac{\Delta \rho}{\rho}\right)}\right)_s$$

따라서 음속을 나타내는 식은 다음과 같다.

$$a = \sqrt{\left.\frac{\partial p}{\partial \rho}\right|_s} \tag{8.22}$$

식에서 아래첨자 s는 엔트로피를 나타내고 등엔트로피 과정임을 나타낸다. 위의 음속에 관한 식은 유체(기체 및 액체)뿐 아니라 고체에도 적용되는 **일반적인 음속**에 **관한 식**이다.

✦대기 상태에서 대부분의 기체는 이상기체 취급할 수 있다.

이상기체에 대해서 등엔트로피 과정은 다음과 같다.

$$\frac{p}{\rho^k} = \text{constant}$$

식 (8.22)에 대입하면, 이상기체에 대해서는 음속은 다음처럼 나타낼 수가 있다.

$$a = \sqrt{\frac{kp}{\rho}} \tag{8.23}$$

상태방정식($p = \rho RT$)을 적용하면 기체의 음속은 다음처럼 나타낼 수 있다.

$$a = \sqrt{kRT} \tag{8.24}$$

여기서 k는 비열비이고 R은 기체상수이다. 표준상태 공기에서의 음속은 340 m/s이다. 유동의 속도 V를 음속으로 나눈 것을 **Mach수(Mach number)**라고 하며 다음처럼 정의한다.

$$\mathrm{Ma} = \frac{V}{a} \tag{8.25}$$

Mach수는 압축성 유동에서 상당히 중요한 무차원 파라미터이다.

Mach선과 Mach각

유체 속에서 아주 작은 물체가 움직일 때 아주 작은 교란이 일어나면(즉, 압력 등이 변하면) 파가 발생하여 유체에 대해 음속의 상대속도로 유체의 모든 방향으로 전파한다. 어떤 물체가 음속보다 빠른 속도로 움직이면 우리가 지금까지 생각하지 못하는 현상이 일어나게 된다.

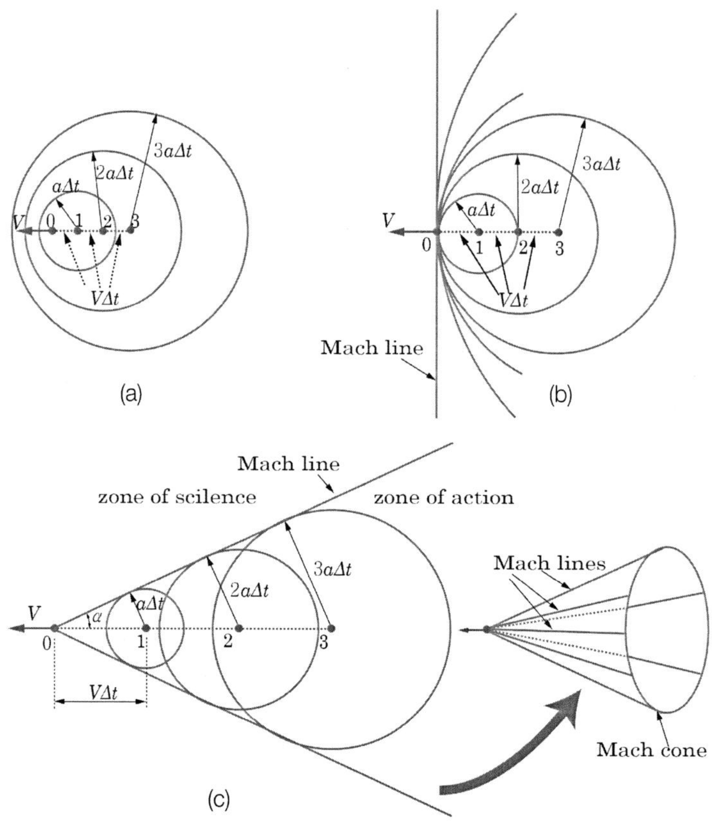

그림 8.2
Mach선 (a) Ma < 1, (b) Ma=1, (c) Ma >1

아음속

그림 8.2(a)에 나타낸 것처럼 아주 작은 물체(총알이라고 생각하자)가 교란을 일으키면서 오른 쪽에서 왼쪽으로 음속보다 작은 V의 속도로 움직이는 경우를 생각해 보자. 물체의 교란으로 인한 압축파는 모든 방향으로 음속으로 전파하게 된다. 그림에서 각 물체의 위치는 다음과 같은 위치를 나타낸다.

0 : 현재 물체의 위치

1 : Δt 이전의 물체의 위치

2 : $2\Delta t$ 이전의 물체의 위치

3 : $3\Delta t$ 이전의 물체의 위치

Δt 동안 물체가 이동하는 거리는 $V\Delta t$고 이것은 0, 1, 2, 3 점들의 이웃 점들 사이의 거리를 나타낸다. Δt 이전의 1점에서 발생한 압축파는 음속으로 진행하기 때문에 물체가 0점에 위치하고 있는 현재까지 압축파가 진행한 거리는 $a\Delta t$이고, $2\Delta t$ 이전의 2점에서 발생한 압축파가 진행한 거리는 $2a\Delta t$, $3\Delta t$ 이전의 3점에서 발생한 압축파가 진행한 거리는 $3a\Delta t$이다. 압축파는 모든 방향으로 전파되기 때문에 파의 모양은 구(球)의 형태이다. 음속 a가 물체의 속도 V보다 크기 때문에 이전에 발생한 압축파들은 모두 물체보다 앞서 전파하게 되고 미소한 교란(압력, 밀도 등)은 물체의 앞 쪽으로 전파되어 물체 앞의 유체의 압력, 밀도, 속도 등은 점진적으로 변하게 된다. 즉, 물체 앞의 유체는 물체가 다가오고 있음을 미리 감지하게 된다.

음속

그림 8.2(b)에는 물체가 음속과 같은 V의 속도로 움직이는 경우를 나타내고 있다. Δt 동안 물체가 이동하는 거리 $V\Delta t$와 1점에서 발생한 이전의 압축파가 진행한 거리 $a\Delta t$는 같고, 따라서 1점에서 발생한 압축파는 현재 위치인 0점을 지나게 된다. 같은 이유로 2, 3점에서 발생한 압축파도 모두 물체의 현재 위치인 0점을 지나게 된다. 그리고 그 이전에 발생한 모든 압축파 또한 0점을 지나게 되고, 이전의 무한히 많은 압축파는 0점에서 겹치게 되고, 이것들은 Mach선(Mach line)을 형성하게 된다. 이 마하선은 수많은 미세한 압축파들이 중첩되어 있는 것으로, 마하선은 물체보다 앞설 수 없기 때문에 물체의 앞 쪽에 있는 유체는 물체가 다가오고 있음을 미리 감지할 수 없고, 물체 앞의 유체의 압력, 밀도, 속도 등은 전혀 변하지 않는다. 따라서 Mach선(Mach line)을 경계로, 유체의 압력, 밀도, 속도 등은 급격히 변하게 된다.

초음속

그림 8.2(c)에는 물체가 **음속보다 빠른** V**의 속도**로 움직이는 경우(**초음속유동**)를 나타내고 있다. Δt 동안 물체가 이동하는 거리 $V\Delta t$가 1점에서 발생한 이전의 압축파가 진행한 거리 $a\Delta t$보다 크기 때문에, 1점에서 발생한 압축파는 현재 위치인 0점보다 뒤에 위치하게 된다. 그러면 Mach선은 이전의 모든 점에서 발생한 압축파에 접선형태로 나타나게 되고, 여러 Mach선들은 현재의 위치인 0점을 꼭지점으로 하는 원뿔(cone) 모양이 되어 이를 Mach원뿔(Mach cone)이라 한다. Mach원뿔 내부 영역에서는 유체의 압력, 밀도, 속도 등이 변하게 되고, Mach원뿔 외부 영역에서는 물체가 다가오고 있음을 미리 감지할 수 없어 유체의 압력, 밀도, 속도 등은 전혀 변하지 않는다. 이와 같은 이유로, Mach원뿔 내부 영역을 **교란영역**(zone of action), Mach원뿔 외부 영역을 **비교란영역**(zone of silence)이라고 한다.
그림에서 물체의 이동선과 Mach선이 이루는 각을 Mach각(Mach angle) α라고 정의하고 다음과 같다.

$$\sin\alpha = \frac{a}{V} = \frac{1}{\mathrm{Ma}} \Rightarrow \alpha = \sin^{-1}\left(\frac{1}{\mathrm{Ma}}\right) \tag{8.26}$$

예제 8.1 **그림 E8.1처럼 비행기가 높이 1.2 km에서 Ma = 1.4의 속도로 비행하고 있다. 지상에 있는 사람 A는 비행기가 머리 위를 지날 때는 비행기가 지나간다는 것을 감지하지 못한다. 비행기가 머리 위를 지나간 얼마 뒤에 이 사람은 비행기가 지나갔다는 사실을 알 수 있겠는가? 공기의 평균온도는 10℃이다. 공기의 비열비는 1.40이다.**

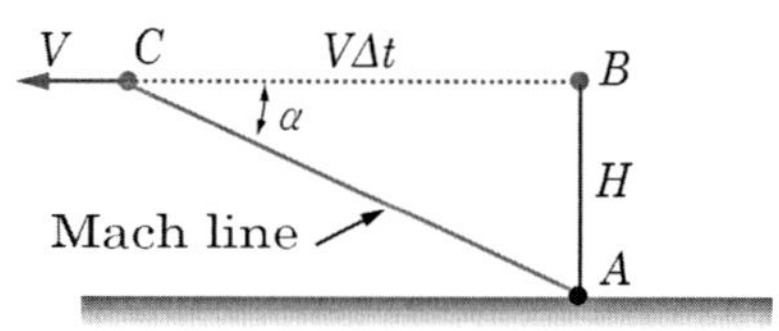

그림 E8.1

풀이

비행기가 초음속으로 날아가고 있으므로 그림에서 보듯이 Mach선이 사람에게 도달하여야 비행기가 지나가는 소리를 들을 수 있다. 그림에서 보듯이 Mach각은 다음의 관계로 구할 수 있다. 먼저 비행기의 속도를 구하기 위하여 음속을 구하여야 한다.

$$a = \sqrt{kRT} = \sqrt{(1.4)(287)(283.15)} = 337.3\text{m/s}$$

$$V = \mathrm{Ma}\,a = 472.2\text{m/s}$$

$$\alpha = \sin^{-1}\left(\frac{1}{\mathrm{Ma}}\right) = \sin^{-1}\left(\frac{1}{1.4}\right) = 45.58°$$

그림에서 비행기가 수직 위를 통과한 Δt초 후에 비행기가 지나간 거리는 $V\Delta t$이므로,

$$\tan\alpha = \frac{H}{V\Delta t}$$

이고,

$$\Delta t = \frac{H}{V\tan\alpha} = \frac{1200}{(472.2)\tan(45.58°)} = 2.49\,\text{s}$$

이다.

보충설명

사람은 비행기가 지나간 뒤 약 2.5초 후에 소리를 듣게 된다. 초음속 비행기로 인하여 생긴 Mach선이 도달하여 지나가는 소리는 마치 멀리서 폭탄이 터진 소리로 착각할 만큼 "쾅"하는 소리를 들을 수 있다.

압축성 유동의 특성

유체 속에서 아주 작은 물체가 움직일 때 아주 작은 교란이 일어나면(즉, 압력 등이 변하면) 파가 발생하여 유체에 대해 음속의 상대속도로 유체의 모든 방향으로 전파한다고 설명하였다. 이제 보다 큰 물체가 정지 유체 중에서 움직이는 경우를 생각해 보자.

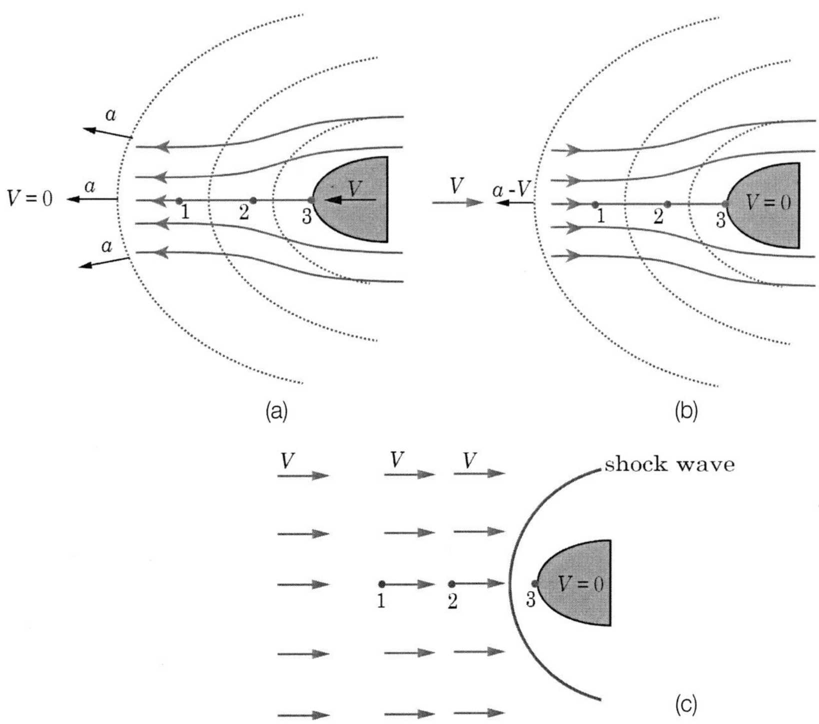

그림 8.3
아음속유동과 초음속유동
(a) 물체가 이동(Ma < 1),
(b) 아음속 유체 유동(Ma < 1),
(c) 초음속 유체 유동(Ma > 1)

그림 8.3(a)처럼 물체가 아음속으로 이동하는 경우 물체 앞에서 생긴 모든 교란들(속도변화, 압력상승, 밀도상승 등)은 음속으로 정지 중인 유체로 전파되어 정지 중인 유체는 점진적으로 속도, 압력, 밀도 등이 변하게 된다. 즉, 아음속으로 이동하는 물체의 전방에 있는 유체는 물체가 다가온다는 것을 감지하고 점진적으로 유체의 성질이 변하게 된다. 그림에서 물체의 앞쪽 끝부분인 3점에서의 유체속도 V_3는 물체의 속도 V와 같고, 물체에서 멀리 떨어진 앞 쪽의 유체속도는 0이다. 그 사이의 유체의 속도는 점진적으로 변하게 되고 각 지점의 유체의 속도는 다음처럼 나타낼 수 있다.

$$0 < V_1 < V_2 < V_3 = V$$

물체에 대한 상대적인 속도로 표시하면 8.3(a)를 그림8.3(b)와 같이 나타낼 수 있고 그림8.3(b)에는 물체에서 관찰하는 상대적인 속도로 나타낸 것이다. 그리고 이것은 실제로 속도 V로 유동하는 유체가 정지중인 물체를 만났을 때의 상황과 완전히 동일하다. 그림에서 보듯이 속도 V로 유동하는 유체의 전방에 정지 중인 물체를 만났을 때, 물체의 전방에서 생기는 교란(속도변화, 압력상승, 밀도상승 등)은 유동하는 유체에 대해 $a - V$의 상대속도로 전파되어 유체가 유동하면서 점진적으로 유체의 속도, 압력, 밀도 등이 변하게 된다. 즉, 아음속으로 유동하는 유체는 전방에 물체가 있다는 것을 감지하고 점진적으로 유체의 성질이 변하게 된다. 그림에서 물체의 앞쪽 끝부분인 3점에서의 유체속도 V_3는 0이고, 물체에서 멀리 떨어진 앞 쪽의 유체속도는 V이다. 그 사이의 유체의 속도는 점진적으로 변하게 되고 각 지점의 유체의 속도는 다음처럼 나타낼 수 있다.

$$V > V_1 > V_2 > V_3 = 0$$

이제 유체가 그림8.3(c)처럼 초음속($V > a$)으로 유동하는 경우, 유체의 전방에 정지 중인 물체를 만났을 때, 물체의 전방에서 생기는 교란(속도변화, 압력상승, 밀도상승 등)은 유동하는 유체에 대해 역시 $a - V$의 상대속도로 전파되는데, $a - V$는 음이 되어 물체의 전방(즉 그림에서 왼 쪽)으로 전파되지 못하고 전부 물체의 후방으로만 전파된다. 따라서 초음속으로 유동하는 유체는 전방에 물체가 있다는 것을 감지하지 못하고 같은 속도, 압력 , 밀도로 유동하게 된다. 그림에서 물체의 앞쪽 끝부분인 3점에서의 유체속도 V_3는 0이므로, 유체는 2점을 지나 물체에 아주 가까워진 어느 경계선에서 갑자기 속도가 줄어들어야 하며 3점에서 속도는 0이 된다. 각 지점의 유체의 속도는 다음처럼 나타낼 수 있다.

$$V = V_1 = V_2 \gg V_3 = 0$$

그림에서 보듯이 2점과 3점 사이에서 갑자기 속도가 줄어드는 경계선이 충격파(shock wave)이고 충격파 전후에서 속도, 압력, 밀도 등의 유체의 성질이 급격하게 변하게 된다. 충격파에서 유체의 성질이 급격하게 변하므로 충격파는 가역과정이 아니고 확실한 비가역과정이다.

압축성 유동은 마치 차를 운전할 때 일어나는 상황과 아주 유사하다는 생각이 들어 흥미롭다. 안전속도로 차를 운전하다가 갑자기 물체가 나타났을 때, 브레이크를 밟으면 차의 속도는 물체 앞까지 서서히 속도가 줄어 멈출 수 있지만, 아주 빠른 속도로 운전하는 경우에는 물체 앞까지 서서히 속도가 줄어들지 못하고 충돌이 일어난 후 정지하게 된다. 아음속유동인 경우 유체는 전방의 물체를 감지하고 서서히 반응하여 서서히 유체의 속도가 줄어들게 되나, 초음속유동인 경우 유체는 전방의 물체를 감지하지 못하고 물체 아주 가까운 지점에 도착하여서야 정지하려고 하니 충돌이 일어날 수밖에 없다(즉, 충격파가 발생한다).

8.4 압축성 유동의 지배방정식 – 1차원 유동

앞에서 이미 설명하였듯이 비압축성 유동에서는 속도 $\mathbf{v}(u,\ v,\ w)$와 압력 p가 우리가 구하여야 할 변수들이고 이들과 관계되는 지배방정식은 연속방정식과 운동량방정식이다. 압축성 유동에서는 밀도 ρ가 일정하지 않고 변하기 때문에 밀도 또한 구하여야 하고, 압력과 온도가 바뀌는 경우 유체의 온도 또한 바뀌므로 온도 T 또한 구하여야 하는 변수이다. 따라서 압축성 유체의 지배방정식은 연속방정식과 운동량방정식 외에 온도와 관계되는 에너지방정식과 밀도와 관계되는 상태방정식이 추가적으로 필요하다.

- 미지수 : $\mathbf{v}(u,\ v,\ w),\ p,\ T,\ \rho$
- 지배방정식 : 연속방정식, 운동량방정식, 에너지방정식, 상태방정식

이외에 여러 열역학적인 관계식이 필요하다.

이 장에서는 다음과 같은 가정을 하여 압축성 유동에 대한 지배방정식을 고려하기로 한다.

가정

① 1차원 유동(one dimensional flow)이다.

② 정상유동(steady flow)이다.

③ 마찰 없는 유동(frictionless flow) - 비점성유동(inviscid flow)이다.

④ 이상기체(ideal gas)이다.

⑤ 비열이 일정하다.

⑥ 높이차에 의한 위치에너지는 무시한다.

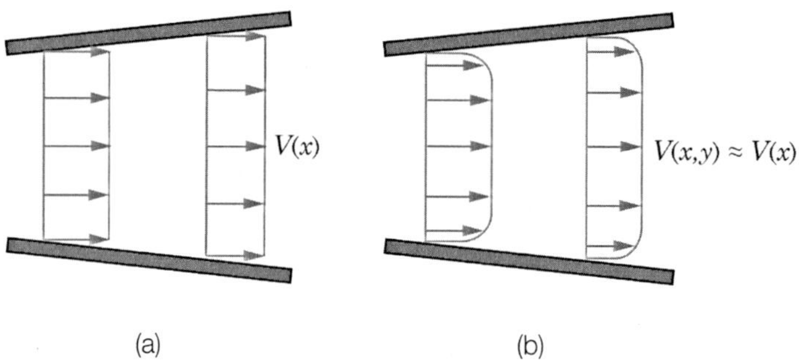

그림 8.4
(a) 1차원 유동, (b) 실제유동

앞의 여러 가지 가정을 한 이유 및 보충 설명을 하면 다음과 같다.

① 1차원 유동이란 속도와 압력 등의 변수가 하나의 공간좌표의 함수라는 의미이다. 그림 8.5(a)처럼 단면적이 변하는 경우의 속도분포가 그림과 같다면 속도 $V = V(x)$이고 따라서 $p = p(x)$등 다른 변수들도 x만의 함수로 나타낼 수 있다. 이 경우 유동은 1차원 유동이다. 완전히 비점성 유동이면 속도분포가 균일하게 나타날 수도 있지만 점성이 있는 경우는 벽면에서의 속도는 0이므로 속도 분포는 그림 8.5(b)와 같이 나타나므로 엄밀하게 말하면 이 유동은 2차원 유동이 된다. 즉 $V = V(x, y)$이다. 그러나 단면적의 변화가 그렇게 급격하게 바뀌지 않는 경우 이러한 유동을 그 단면에서의 평균속도로 가정하여 1차원 유동으로 해석하여도 그 오차는 그렇게 크지 않기 때문에 1차원 유동으로 해석한다. 많은 공학문제에서 압축성 유동은 1차원해석으로도 충분한 결과를 얻을 수 있다.

② 많은 압축성 유동에 대해서 주된 관심의 대상은 정상유동인 경우이다. 이 장에서는 정상유동인 경우에 대해서만 설명하기로 한다.

③ 압축성 유동인 경우 기체의 유동이며, 기체의 점성이 아주 작아 대부분의 유동에서 비점성으로 취급할 수 있고, 압축성 유동의 특성을 잘 나타낼 수 있다. 마찰이 중요한 압축성 유동의 경우는 참고문헌 등을 참조하기 바란다.

④ 대부분의 기체는 초저온이 아닌 경우, 이상기체 취급하여도 오차가 아주 작다.

⑤ 일반적으로 이상기체의 비열은 온도만의 함수이다. 그러나 기체의 온도가 아주 넓은 범위에서 변하지 않는다면, 비열이 일정하다고 가정하여 해석하게 된다. 책에 따라 완전기체(perfect gas)를 이상기체와 같은 의미로 사용하기도 하고, 일정한 정압비열과 정적비열을 가진 이상기체를 **완전기체(perfect gas)**라 정의하기도 한다. 따라서 가정 ④와 ⑤ 대신에 완전기체라는 가정으로 대체하기도 한다. 완전기체를 구분하여, 열적 완전기체(thermally perfect gas)는 이상기체와 같은 개념으로 사용하여 $p = \rho RT$가 성립할 때를 나타내고, 열량적 완전기체(calorically perfect gas)는 정적비열과 정압비열이 일정할 때를 나타내기도 한다.

⑥ 기체의 경우 높이차에 의한 위치에너지는 다른 에너지에 비해 아주 작아 무시할 수 있다.

1차원 유동에서는 속도가 x방향의 평균속도 V 하나만 필요하므로, 일반적으로 미지수는 V, p, ρ, T 네 개이므로 지배방정식은 각각 하나의 연속방정식, x방향 운동량방정식, 에너지방정식과 상태방정식이 필요하다.

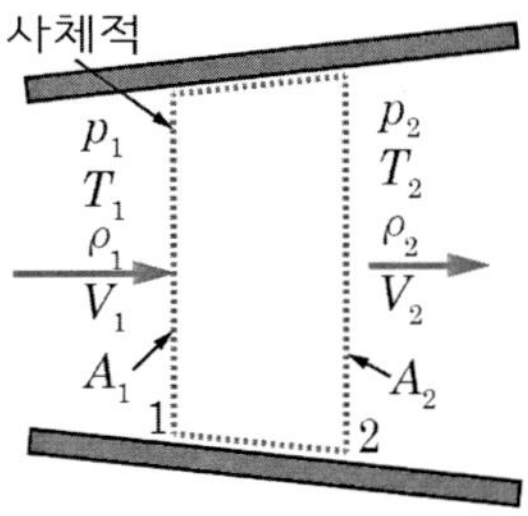

그림 8.5
1차원 유동에서의 검사체적

연속방정식

1차원, 정상유동인 경우 연속방정식(continuity equation)은 그림 8.5에서 다음처럼 구할 수 있다.

$$\dot{m}_1 = \dot{m}_2 \quad \Leftrightarrow \dot{m} = \text{constant} \tag{8.27}$$

$$\rho_1 V_1 A_1 = \rho_2 V_2 A_2 \Leftrightarrow \rho VA = \text{constant} \tag{8.28}$$

이 식을 미분하면 다음처럼 미분형으로 표시된 연속방정식을 나타낼 수 있다.

$$\frac{d\rho}{\rho} + \frac{dV}{V} + \frac{dA}{A} = 0 \tag{8.29}$$

운동량방정식

1차원, 정상유동, 마찰 없는 유동인 경우 운동량방정식(momentum equation)은 그림 8.6에서 다음처럼 구할 수 있다.

$$p_1 A_1 - p_2 A_2 + R_x = \rho_2 V_2^2 A_2 - \rho_1 V_1^2 A_1$$

여기서 R은 벽이 유체에 작용하는 힘이고, 마찰이 없는 경우 유체의 압력에 의해 벽에 작용하는 힘과 같은 크기이고 방향은 반대이다. R_x는 R의 수평 방향성분이다. 마찰이 없는 경우(비점성인 경우) 미분형으로 나타낸 운동량방정식은 Euler방정식이고 유선에 따라 일반적으로 다음처럼 나타낼 수 있다.

$$\frac{dp}{\rho} + V dV + g dz = 0 \tag{8.30}$$

가정 ⑥에 의해 높이차에 의한 효과(gdz)를 무시하면 미분형으로 표시된 운동량방정식은 다음과 같다.

$$\frac{dp}{\rho} + V dV = 0 \tag{8.31}$$

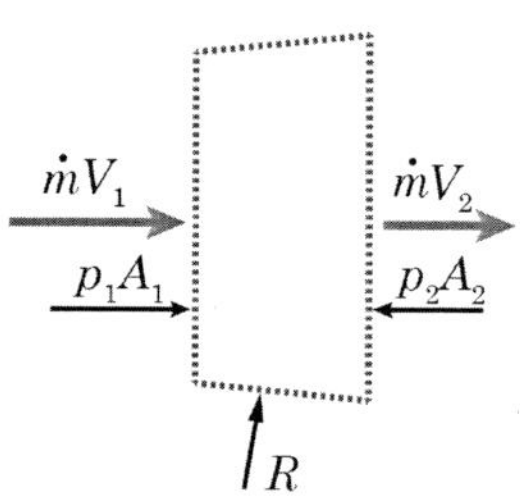

그림 8.6
검사체적에서의 운동량과 힘

에너지방정식

1차원, 정상유동(steady flow)인 경우 에너지방정식은 열역학 제1법칙을 사용할 수 있다. 정상상태, 정상유동인 경우 검사체적(개방계)에 대한 열역학 제1법칙은 다음과 같다.

$$\dot{Q} + \dot{m}\left(h_1 + \frac{1}{2}V_1^2 + gz_1\right) = \dot{W}_s + \dot{m}\left(h_2 + \frac{1}{2}V_2^2 + gz_2\right) \tag{8.32}$$

또는 $\dot{m}$ 으로 나누어, 다음처럼 나타내기도 한다.

$$q + h_1 + \frac{1}{2}V_1^2 + gz_1 = w_s + h_2 + \frac{1}{2}V_2^2 + gz_2 \tag{8.33}$$

식 (8.32)는 그림 8.7(a)를, 식 (8.33)은 그림 8.7(b)를 참조하면 이해하기 쉽고, 열전달, 축일과 마찰이 있을 때도 성립한다는 것을 알아야한다.

$\dot{Q}$: 검사체적을 통한 열전달률, 단위는 W

$\dot{W}_s$: 검사체적을 통한 동력(일률), 단위는 W

q : 단위질량유량당 열전달률, $q = \dfrac{\dot{Q}}{\dot{m}}$, 단위는 J/kg

w_s: 단위질량유량당 동력(또는 단위질량당 일), $w_s = \dfrac{\dot{W}_s}{\dot{m}}$, 단위는 J/kg

아래첨자 1은 유입되는 곳을 2는 유출되는 곳을 각각 나타낸다.

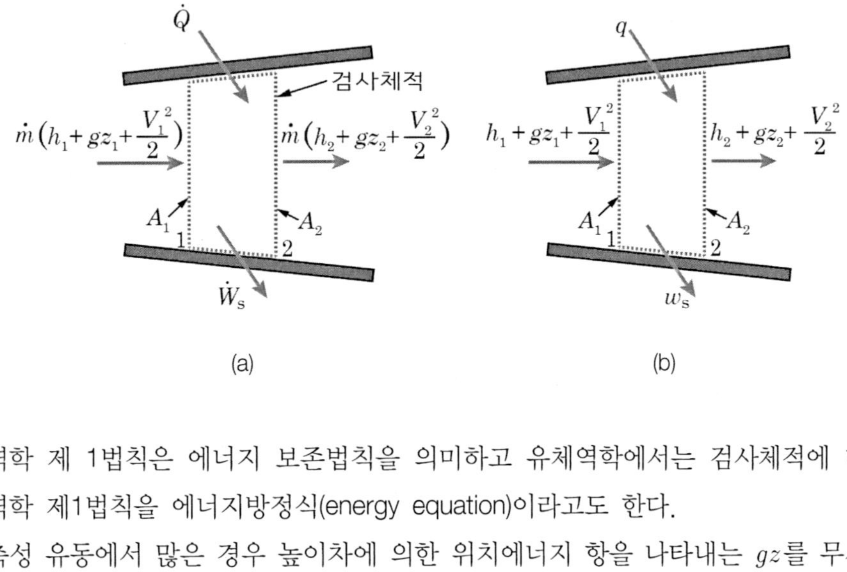

그림 8.7
검사체적에서의 에너지 유입 및 유출 (a) 열역학 1법칙, (b) 단위질량유량당 열역학 1법칙

열역학 제 1법칙은 에너지 보존법칙을 의미하고 유체역학에서는 검사체적에 대한 열역학 제1법칙을 에너지방정식(energy equation)이라고도 한다.
압축성 유동에서 많은 경우 높이차에 의한 위치에너지 항을 나타내는 gz를 무시할 수 있고(가정 ⑥), 축 일도 없는 경우이므로 식 (8.33)은 다음처럼 나타낼 수 있다.

$$q + h_1 + \frac{1}{2}V_1^2 = h_2 + \frac{1}{2}V_2^2 \tag{8.34}$$

이 식은 1차원, 정상유동에 대한 에너지방정식이고 마찰이 있고 열전달이 있는 경우

에도 성립한다. 이상기체이고 비열이 일정한 경우(가정 ④와 ⑤),

$$h_1 - h_2 = c_p(T_1 - T_2) \tag{8.35}$$

로 나타낼 수 있으므로 식 (8.34)는 다음처럼 나타낼 수 있다.

$$q + c_p T_1 + \frac{1}{2}V_1^2 = c_p T_2 + \frac{1}{2}V_2^2 \tag{8.36}$$

윗식은 1차원, 정상유동, 이상기체, 비열이 일정한 경우에 대한 에너지방정식이고 역시 마찰이 있고 열전달이 있는 경우에도 성립한다.

열전달이 없는 단열(adiabatic)과정인 경우 $q = 0$이므로, 다음과 같은 에너지방정식이 성립한다.

$$h_1 + \frac{1}{2}V_1^2 = h_2 + \frac{1}{2}V_2^2 \tag{8.37}$$

$$c_p T_1 + \frac{1}{2}V_1^2 = c_p T_2 + \frac{1}{2}V_2^2 \tag{8.38}$$

이 식을 정압비열로 나누면 다음처럼 나타낼 수도 있다.

$$T_1 + \frac{V_1^2}{2c_p} = T_2 + \frac{V_2^2}{2c_p} \tag{8.39}$$

이 식들은 1차원, 정상유동, 이상기체, 비열이 일정하고 단열인 경우에 대한 에너지방정식이고 마찰이 있는 경우에도 성립한다는 것에 주의하라. 즉, 앞의 에너지방정식은 마찰이 있더라도 단열과정이면(즉, 등엔트로피 과정이 아니라도) 성립하는 식이다.

상태방정식

이상기체인 경우 상태방정식은 다음과 같다.

$$p = \rho RT \tag{8.40}$$

8.5 등엔트로피 유동

압축성 유동을 다루는 가장 간단한 경우는 열전달과 마찰을 무시할 수 있는 등엔트로피 유동이다. 로켓의 노즐 등에서 일어나는 실제유동은 열전달과 마찰 등이 일어나기 때문에 엄밀하게는 등엔트로피 유동이 될 수 없다. 그러나 노즐 유동에서 가장 중요하게 유동에 영향을 주는 것은 노즐의 단면적이다. 단면적 변화에 의한 유동특성이 열전달이나 마찰에 의한 영향보다 훨씬 더 커서, 지배적이다. 아주 매끄러운 노즐에서의 단열과정은 등엔트로피 유동으로 해석할 수 있고, 실제로 많은 공학문제에서 충분히 정확한 해석을 할 수 있게 한다. 따라서 단면적이 변하는 등엔트로피 유동의 특성에 대해서 먼저 설명하고자 한다.

등엔트로피 유동에 대한 지배방정식은 8.4절에 설명한 연속방정식, 운동량방정식, 에너지방정식, 상태방정식이 그대로 사용되고, 열역학에서 등엔트로피 과정에서 성립하는 식 (8.18)이 추가적으로 활용된다.

8.5.1 정체성질

등엔르피유동을 해석하기 전에 먼저 정체 상태에서의 성질(상태량, property)에 대해 설명한다. 압축성 유체에서 정체 상태에서의 성질은 아주 많이 사용되고 어떤 기준으로 사용된다. 유체가 유동하다가 정지할 때 가지는 물리적인 값을 **정체성질 (stagnation properties)**이라 한다. 유체가 유동하다가 정지하는 과정은 보통 다음의 2가지를 생각할 수 있다.

단열(adiabatic)과정

등엔트로피(isentropic)과정

단열(adiabatic)과정은 유체가 정지하는 동안 열전달이 없는 과정이고, 등엔트로피 과정은 열전달이 없고(단열) 또한 비가역현상이 존재하지 않는 과정이다.

앞의 그림 8.3(b)의 아음속유동인 경우 속도, 압력, 밀도 등 서서히 변하여, 등엔트로피 과정으로 3점에서 정지한다. 그러나 그림 8.3(c)의 초음속유동인 경우 유체가 충격파를 통과할 때 속도, 압력, 밀도 등이 급격하게 변하는 비가역과정을 지나므로 등엔트로피 과정은 아니고, 열전달이 일어나지 않으므로 단열과정으로 3점에서 정지하게 된다.

정체온도

압축성 유동중의 한 점에서 유체가 **단열과정**으로 정지 상태에 도달할 때(또는 정지 상태에 도달한다고 가정할 때) 유체의 온도를 **정체온도(stagnation temperature)**라고 한다. 그림8.7(a)처럼 1점에서 엔탈피가 h이고 속도가 V인 유체가 열전달이 없는 단열과정을 거쳐 0점에서 정지한다고 하면, 에너지방정식은 다음과 같다.

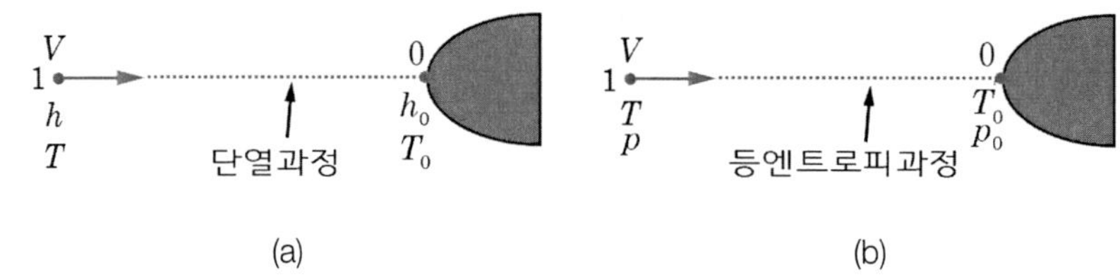

그림 8.8
(a) 단열과정과 정체온도 (b) 등엔트로피 과정에 의한 정체압력과 정체온도

$$h+\frac{1}{2}V^2=h_0+\frac{1}{2}V_0^2 \tag{8.41}$$

V_0가 0이므로, 윗식은 다음처럼 나타낼 수 있다.

$$h_0=h+\frac{1}{2}V^2 \tag{8.42}$$

여기서 h_0는 **정체엔탈피(stagnation enthalpy)** 또는 **전엔탈피(total enthalpy)**라고 한다.

비열이 일정한 이상기체(완전기체)의 경우 식 (8.42)를 온도로 나타내면 다음과 같다.

$$T_0=T+\frac{V^2}{2c_p} \tag{8.43}$$

여기서 T_0는 **정체온도(stagnation temperature)** 또는 **전온도(total temperature)**라고 한다.

등엔트로피 과정도 단열과정이므로 유체가 등엔트로피 과정을 거쳐 정지하더라도 유체의 정체온도는 윗식으로 표현된다. 즉, 마찰이 있는 비가역과정인 단순한 단열과정 또는 마찰이 없고 비가역현상이 포함되지 않는 가역 단열과정인 등엔트로피 과정 모두에 대해 식 (8.43)이 성립한다.

압축성 유동에서 정체온도와 관련된 중요한 개념은, 그림8.7(a)처럼 1점에서 온도가 T이고 속도가 V인 유체가 실제 0점에서 정지하지 않더라도 1점에서 유체가 가지는 정체온도를 T_0라고 표현할 수 있고, 그 값은 식 (8.43)으로 계산된다. 즉, 유동 중인 유체가 가지는 속도에너지를 온도로 환산하여 원래의 온도에 더한 것을 정체온도라고 할 수 있다. 즉, 1지점에서의 속도와 온도가 V_1, T_1인 경우 1지점에서의 정체온도 T_{01}는

$$T_{01} = T_1 + \frac{V_1^2}{2c_p}$$

으로 나타낼 수 있고, 2 점에서의 속도와 온도가 V_2, T_2인 경우 2 점에서의 정체온도 T_{02}는

$$T_{02} = T_2 + \frac{V_2^2}{2c_p}$$

으로 나타낼 수 있다. 만약 1지점에서 2지점까지 단열과정으로 흐른다면, 에너지방정식으로 부터,

$$T_{01} = T_{02} \tag{8.44}$$

가 성립한다는 것을 알 수 있다. 만약 1지점에서 2지점까지 등엔트로피 과정으로 흐른다면 등엔트로피 과정은 가역 단열과정이므로 당연히 윗식은 성립한다.

정체압력

압축성 유동중의 한 점에서 유체가 등엔트로피 과정으로 정지 상태에 도달할 때(또는 정지 상태에 도달한다고 가정할 때) 가지는 압력을 **정체압력(stagnation pressure)** 또는 **전압력(total pressure)**이라고 한다. 그림8.7(b)처럼 1점에서 온도가 T이고 속도가 V인 유체가 등엔트로피 과정을 거쳐 0점에서 정지한다고 하면, 온도는 정체온도 T_0가 되고, 그 때의 압력은 정체압력 p_0이다. 비열이 일정한 이상기체의 등엔트로피 과정에 대해 온도와 압력의 관계는 다음과 같다.

✦ 일반적으로는 전압력과 정체압력이 같지 않다. 압축성 유동에서는 높이차에 의한 압력차를 무시할 수 있으므로 전압력=정체압력이다 $(p_t = p_0)$.
액체의 유동에서 높이차를 고려하여야하는 경우는 전압력 = 정체압력 + $\rho g z$이다. $(p_t = p_0 + \rho g z)$.

$$\frac{p_2}{p_1} = \left(\frac{T_2}{T_1}\right)^{\frac{k}{k-1}} \tag{8.45}$$

따라서 1점과 0점사이의 압력은 다음 관계가 성립한다.

$$\frac{p_0}{p} = \left(\frac{T_0}{T}\right)^{\frac{k}{k-1}} \tag{8.46}$$

앞의 정체온도에서도 설명하였듯이 그림8.7(b)처럼 1점에서 압력이 p이고 속도가 V인 유체가 실제 0점에서 정지하지 않더라도 1점에서 유체가 가지는 정체압력은 p_0라고 표현할 수 있다.

예제 8.2 **1기압 20℃의 공기가 200 m/s의 속도로 흐르고 있다. 정체온도와 정체압력을 구하라. 공기의 정압비열은 1.0 kJ/kg·K이고 비열비는 1.4이다.**

풀이

정체온도는 식 (8.43)으로 구할 수 있다.

$$T_0 = T + \frac{V^2}{2c_p} = 293 + \frac{200^2}{(2)(1000)} = 313\ \mathrm{K}$$

정체압력은 식 (8.46)으로 구할 수 있다.

$$p_0 = p\left(\frac{T_0}{T}\right)^{\frac{k}{k-1}} = (101.3)\left(\frac{313}{293}\right)^{1.4/0.4} = 127.6\ \mathrm{kPa}$$

보충설명

온도와 속도가 주어지면 실제로 등엔트로피 과정이나 단열과정으로 정지하지 않더라도 정체온도와 정체압력을 구할 수 있다.

8.5.2 단면적이 변하는 등엔트로피 유동 특성

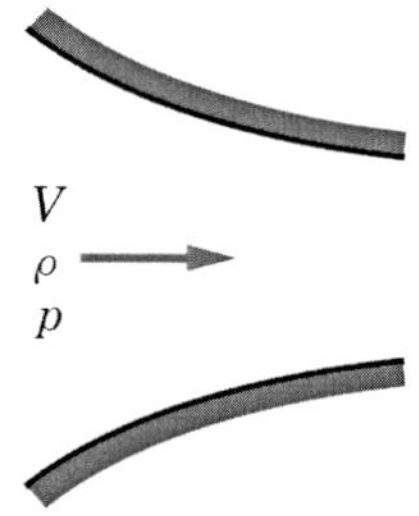

그림 8.9
단면적이 변하는 등엔트로피 유동

그림 8.9처럼 단면적이 변하는 노즐 속에 1차원, 정상유동으로 흐르는 등엔트로 유동에 대한 연속방정식과 운동량방정식은 다음과 같다.

$$\frac{d\rho}{\rho} + \frac{dV}{V} + \frac{dA}{A} = 0 \tag{8.47}$$

$$\frac{dp}{\rho} + VdV = 0 \tag{8.48}$$

윗식에서의 밀도를 연속방정식에 대입하면 다음과 같다.

$$-V\frac{d\rho}{dp}dV + \frac{dV}{V} + \frac{dA}{A} = 0$$

다시 정리하면,

$$\frac{dV}{V}\left(1 - V^2\frac{d\rho}{dp}\right) + \frac{dA}{A} = 0$$

이고, 등엔트로피 과정이므로 $\dfrac{d\rho}{dp} = 1/a^2$ 이고 대입하면 다음을 얻는다.

$$(\mathrm{Ma}^2 - 1)\frac{dV}{V} = \frac{dA}{A} \tag{8.49}$$

윗식은 면적-속도 관계식이고 속도, 면적과 Ma가 서로 연관되어 있음을 알 수 있다. 식 (8.49)로부터 단면적이 변하는 등엔트로피 유동의 특성을 알 수 있고 다음과 같다.

아음속$(\mathrm{Ma} < 1)$ 유동 :

단면적이 증가하면$(dA > 0)$ 속도는 감소한다$(dV < 0)$.

단면적이 감소하면$(dA < 0)$ 속도는 증가한다$(dV > 0)$.

우리가 생각하는 상식(비압축성 유동의 지식)과 같다.

초음속$(\mathrm{Ma} > 1)$ 유동 :

단면적이 증가하면$(dA > 0)$ 속도는 증가한다$(dV > 0)$.

단면적이 감소하면$(dA < 0)$ 속도는 감소한다$(dV < 0)$.

우리의 상식과는 반대인 것처럼 보인다. 실제로 이것이 가능할까? 단면적이 증가하는데 어떻게 속도가 증가하는 것이 가능할지 생각해보라. 이에 대한 답은 뒤에서 설명한다.

음속$(\mathrm{Ma}=1)$:

식에서 음속은 $dA=0$일 때만 가능하다는 것을 알 수 있다. 즉, 단면적이 변하는 1차원 등엔트로피 유동에서 음속은 면적이 최대이거나 최소일 때 일어날 수 있다.

식 (8.49)를 식 (8.47)과 식 (8.48)에 대입하면,

$$\frac{(1-\mathrm{Ma}^2)}{\mathrm{Ma}^2}\frac{d\rho}{\rho}=\frac{dA}{A} \tag{8.50}$$

$$(1-\mathrm{Ma}^2)\frac{dp}{\rho V^2}=\frac{dA}{A} \tag{8.51}$$

이고, 식 (8.50)과 식(8.51)로부터 다음을 알 수 있다.

아음속$(\mathrm{Ma}<1)$ 유동 :

단면적이 증가하면 밀도와 압력은 증가한다.

단면적이 감소하면 밀도와 압력은 감소한다.

초음속$(\mathrm{Ma}>1)$ 유동 :

단면적이 증가하면 밀도와 압력은 감소한다.

단면적이 감소하면 밀도와 압력은 증가한다.

초음속 유동에서 단면적이 증가할 때 밀도가 감소하여 기체의 부피가 점차 커지기 때문에 단면적이 증가하더라도 속도가 증가할 수 있는 것이다. 그림 8.10에 위의 결과를 종합하여 나타내고 있다.

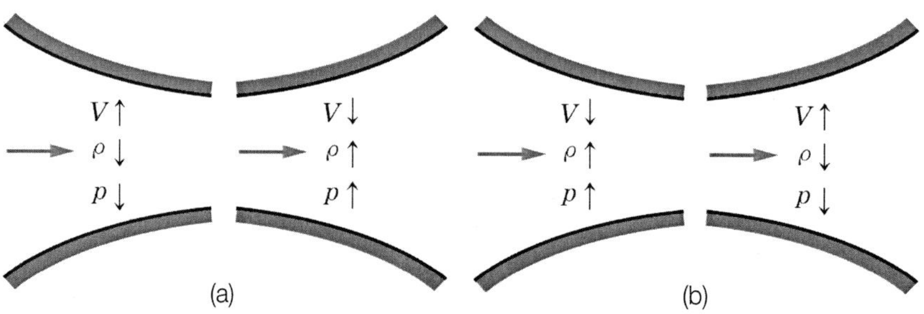

그림 8.10
단면적 변화와 속도, 밀도, 압력 변화 (a) Ma ← 1, (b) Ma → 1

축소(convergent) 단면

그림 8.11(a)와 같이 단면적이 점차 축소되는 유동에서는 입구에서의 유동이 아음속인 경우 유동이 진행하면서 따라 속도는 점점 커져 $dA=0$이 되는 출구에서 음속이 될 수도 있다. 입구에서의 유동이 초음속인 경우 유동이 진행하면서 속도는 점점 작아져 $dA=0$이 되는 출구에서 음속이 될 수도 있다.

확대(divergent) 단면

그림 8.11(b)와 같이 단면적이 점차 확대되는 유동에서는 입구에서의 유동이 아음속인 경우 유동이 진행하면서 따라 속도는 점점 더 작아져 출구에서 음속이 될 수가 없다. 입구에서의 유동이 초음속인 경우 유동이 진행하면서 속도는 점점 더 커져 출구에서 역시 음속이 될 수 없다.

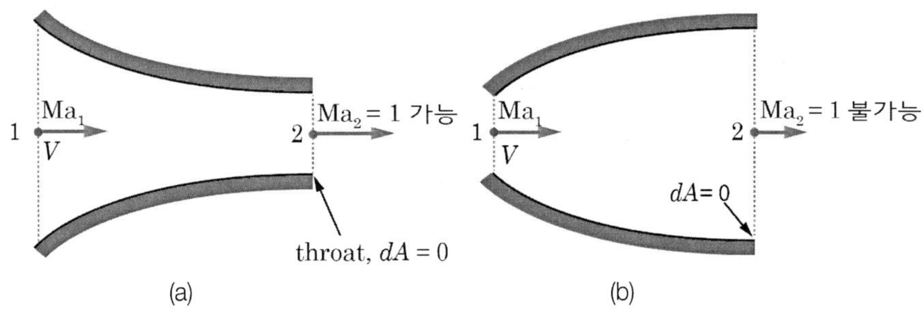

그림 8.11
(a) 단면 축소, (b) 단면 확대

축소–확대(convergent–divergent) 단면

그림 8.12(a)와 같이 단면적이 점차 축소-확대되는 단면에서는 입구에서의 유동이 그림에 표시된 것처럼 아음속인 경우 축소되는 노즐 부분에서 유동이 진행하면서 속도는 점점 커져 $dA=0$이 되는 목(throat)에서 음속이 될 수도 있다. 입구에서의 유동이 초음속인 경우 축소되는 부분에서 유동이 진행하면서 속도는 점점 작아져 $dA=0$이 되는 목(throat)에서 음속이 될 수도 있다. 뒤에서 설명하겠지만 목 부분을 지난 후에는 상황에 따라, 아음속, 초음속 모두 가능하다.

확대-축소(divergent-convergent) 단면

그림 8.12(b)와 같이 단면적이 점차 확대-축소되는 단면에서는 입구에서의 유동이 아음속인 경우 확대되는 단면 부분에서 유동이 진행되면서 속도는 점점 더 작아져 목(throat)에서 음속이 될 수가 없다. 입구에서의 유동이 초음속인 경우 확대되는 부분에서 유동이 진행되면서 속도는 점점 더 커져 목에서 역시 음속이 될 수 없다.

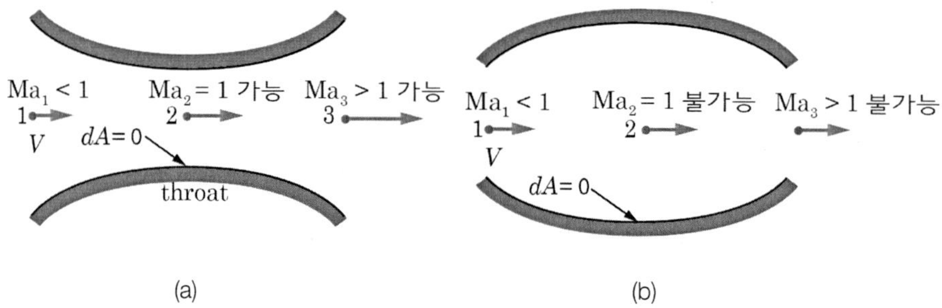

그림 8.12
(a) 축소-확대 단면과 (b) 확대-축소 단면

노즐 등에서 정지 유체 또는 아음속 유동에서 음속 또는 초음속을 얻는 것이 중요할 경우가 많다. 이 경우 $dA = 0$이 되는 축소 단면 또는 축소-확대 단면의 목(throat)에서 음속이 가능하다. 정지 유체 또는 아음속 유동에서 초음속을 얻을 수 있는 경우는 축소-확대 단면을 가질 때만 가능하다. 유동이 음속일 때의 단면적을 임계단면적이라 하고 A^*로 나타낸다. 그림 8.13(a)처럼 축소-확대노즐에서 목 부분의 면적이 A_t일 때 목에서의 속도가 음속이라면, $A^* = A_t$이다.

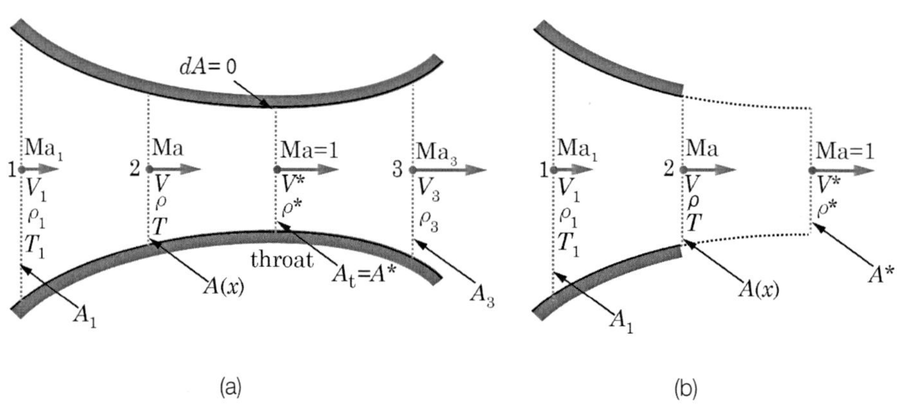

그림 8.13
임계단면적 (a) 목에서 음속일 때, (b) 목에서 음속이 아닐 때

8.5.3 등엔트로피 유동 관계식

비열이 일정한 이상기체의 등엔트로피 유동에서 **에너지방정식**은 식 (8.39)이고 다시 적으면 다음과 같다.

$$T_1 + \frac{V_1^2}{2c_\mathrm{p}} = T_2 + \frac{V_2^2}{2c_\mathrm{p}}$$

1지점과 2지점은 임의로 선택하여도 성립하므로, 윗식을 다시 나타내면 등엔트로피 유동에서 임의의 위치에서 다음과 같은 정체온도는 일정하다는 것을 의미한다.

$$T_0 = T + \frac{V^2}{2c_\mathrm{p}} = \text{일정}$$

정압비열은

$$c_\mathrm{p} = \frac{kR}{k-1}$$

이므로 대입하면,

$$T_0 = T + \frac{(k-1)V^2}{2kR} = T\left[1 + \frac{(k-1)V^2}{2kRT}\right]$$

이다. 음속은 $a = \sqrt{kRT}$ 이므로 윗식은 다음처럼 나타낼 수 있다.

$$\frac{T_0}{T} = \frac{(k-1)}{2}\mathrm{Ma}^2 + 1 \tag{8.52}$$

비열이 일정한 이상기체의 등엔트로피 유동에서는 윗식은 모든 점에서 성립하고 T_0 는 일정하다.
등엔트로피 과정에서는

$$\frac{p_0}{p} = \left(\frac{T_0}{T}\right)^{\frac{k}{k-1}}$$

$$\frac{\rho_0}{\rho} = \left(\frac{T_0}{T}\right)^{\frac{1}{k-1}}$$

가 성립하므로 다음의 관계식을 얻을 수 있다.

$$\frac{p_0}{p} = \left(\frac{k-1}{2}\mathrm{Ma}^2 + 1\right)^{\frac{k}{k-1}} \tag{8.53}$$

$$\frac{\rho_0}{\rho} = \left(\frac{k-1}{2}\mathrm{Ma}^2 + 1\right)^{\frac{1}{k-1}} \tag{8.54}$$

앞에서도 설명하였듯이 등엔트로피 유동에서 정체온도는 모든 위치에서 같다. 등엔트로피 유동에서 정체압력에 대해 생각해보면,

$$p_0 = p\left(\frac{T_0}{T}\right)^{\frac{k}{k-1}} = \left(pT^{\frac{k}{1-k}}\right) T_0^{\frac{k}{k-1}}$$

이고, 식 (8.18)로부터

$$pT^{\frac{k}{1-k}} = \text{일정}$$

이고, T_0가 일정하므로 등엔트로피 유동에서 정체압력 p_0도 모든 위치에서 일정하다. 그리고 정체밀도는

$$\rho_0 = \frac{p_0}{RT_0}$$

이므로 정상유동에서 T_0와 p_0가 일정하므로 등엔트로피 유동에서 ρ_0도 모든 위치에서 일정하다는 것을 알 수 있다. 따라서 **등엔트로피 유동에서는 모든 곳에서의 정체온도, 정체압력, 정체밀도가 일정**하다는 것을 알 수 있다.

등엔트로피 유동의 어떤 위치에서 Ma수를 알면 식 (8.52) ~ 식 (8.54)로부터 $\frac{T}{T_0}$, $\frac{p}{p_0}$, $\frac{\rho}{\rho_0}$ 등을 구할 수 있고, T_0, p_0, ρ_0를 알면 T, p, ρ등을 구할 수 있다.

유동하는 유체가 공기일 때 $k=1.4$를 대입하면 다음처럼 나타낼 수 있다.

$$\frac{T_0}{T} = 0.2\,\mathrm{Ma}^2 + 1 \tag{8.55}$$

$$\frac{p_0}{p} = \left(0.2\,\mathrm{Ma}^2 + 1\right)^{3.5} \tag{8.56}$$

$$\frac{\rho_0}{\rho} = \left(0.2\,\mathrm{Ma}^2 + 1\right)^{2.5} \tag{8.57}$$

등엔트로피 유동에 대해 $k=1.4$일 때 Ma수에 따른 이들 값들을 부록의 표 A3에 나타내고 있으며 그림 8.14에 그래프로 나타내고 있다.

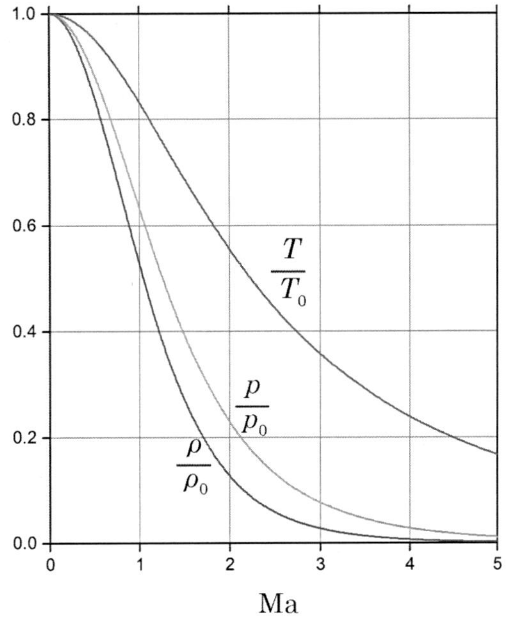

그림 8.14
등엔트로피 유동에서 온도, 압력, 밀도와 Ma수의 관계 $(k=1.4)$

예제 8.3 **노즐의 1 지점에서 500 kPa, 400 K의 공기가 Ma = 0.5로 흐르고 있다. 하류인 노즐의 2 지점에서 온도가 380 K이다. 전체 유동이 등엔트로피 유동일 때, (a) 정체온도, 정체압력, 정체밀도를 구하라. (b) 2지점에서 Ma수와 압력을 구하라. 비열비는 1.4이다.**

풀이

(a) 공기의 경우 정체온도는 식 (8.55)로 구할 수 있다.

$$\frac{T_0}{T} = 0.2\,\text{Ma}^2 + 1 = (0.2)(0.5^2) + 1 = 1.05$$

이므로 정체온도는 다음과 같다.

$$T_0 = (1.05)(400) = 420\ \text{K}$$

정체압력은 식 (8.56)으로 구할 수 있다.

$$\frac{p_0}{p} = \left(0.2\,\text{Ma}^2 + 1\right)^{3.5} = \left(0.2 \times 0.5^2 + 1\right)^{3.5} = 1.186$$

이므로 정체압력은 다음과 같다.

$$p_0 = (1.186)(500) = 593\ \text{kPa}$$

정체밀도는 다음과 같다.

$$\rho_0 = \frac{p_0}{RT_0} = \frac{593000}{(287)(420)} = 4.92\ \text{kg/m}^3$$

(b) 등엔트로피 유동이기 때문에 정체온도와 정체압력은 1 지점에서 구한 값과 같다. 식 (8.55)로부터 2 지점에서의 Ma수를 구할 수 있다.

$$\frac{T_0}{T_2} = \frac{420}{380} = 0.2\,\text{Ma}_2^2 + 1 \quad \Rightarrow \text{Ma}_2 = 0.725$$

식 (8.56)으로 2 지점에서의 압력을 구할 수 있다.

$$\frac{p_0}{p_2} = \left(0.2\,\text{Ma}_2^2 + 1\right)^{3.5} = \left(0.2 \times 0.725^2 + 1\right)^{3.5} = 1.419$$

이므로 압력은 다음과 같다.

$$p = \frac{593}{1.419} = 418\ \text{kPa}$$

보충설명

등엔트로피 유동이기 때문에 정체온도와 정체압력은 전체유동에서 변하지 않는다. 식 대신에 부록의 표 A3를 사용하여 구할 수도 있지만 이 문제에서는 식을 사용하는 것이 정확하고 편하다.

임계성질

압축성 유체에서 음속일 때의 성질이 어떤 기준으로 많이 사용된다. 그림 8.15처럼 유체가 **등엔트로피 과정**으로 음속에 도달할 때(또는 음속에 도달한다고 가정했을 때)의 성질(properties)을 **임계성질(critical properties)**이라 한다.

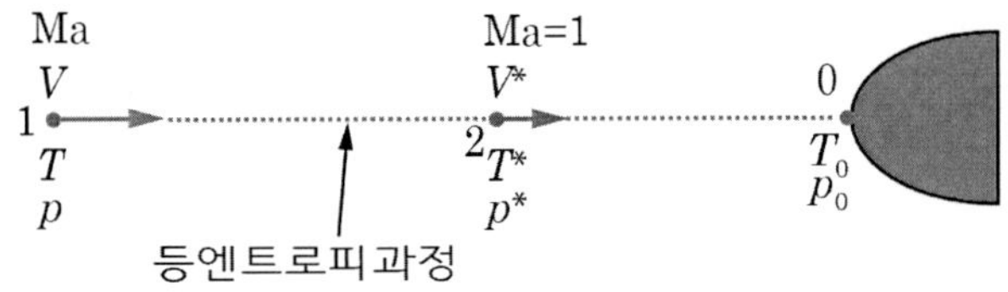

그림 8.15
임계성질

그림 8.15처럼 유체가 1점에서 온도가 T이고 속도가 V인 유체가 **등엔트로피 과정**을 거쳐 2점에서 음속에 도달한다고 하고 0점에서 정지한다고 하자. 음속인 점에서의 속도, 온도, 압력을 각각 V^*, T^*, p^*라고 하면, 앞에서도 설명하였듯이 0점, 1점, 2점에서의 정체온도(전온도)와 정체압(전압력)은 모두 T_0, p_0이다. 따라서 식 (8.52) ~ 식 (8.54)에 Ma = 1을 대입하면 다음과 같은 임계온도 T^*, 임계압력 p^*, 임계밀도 ρ^* 등을 구할 수 있고, 임계성질들은 모두 *를 첨가하여 나타낸다.

$$\frac{T^*}{T_0} = \frac{2}{k+1} \tag{8.58}$$

$$\frac{p^*}{p_0} = \left(\frac{2}{k+1}\right)^{k/(k-1)} \tag{8.59}$$

$$\frac{\rho^*}{\rho_0} = \left(\frac{2}{k+1}\right)^{1/(k-1)} \tag{8.60}$$

임계압력과 정체압력의 비 p^*/p_0를 **임계압력비(critical pressure ratio)**라고 한다. 임계음속은 음속이 1인 점에서의 속도이고 다음과 같다.

$$V^* = a^* = \sqrt{kRT^*} = \sqrt{\frac{2kRT_0}{k+1}} \tag{8.61}$$

$$\frac{a^*}{a_0} = \sqrt{\frac{2}{k+1}} \tag{8.62}$$

유동하는 유체가 공기일 때 $k=1.4$를 대입하면 다음처럼 나타낼 수 있다.

$$\frac{T^*}{T_0}=0.8333 \tag{8.63}$$

$$\frac{a^*}{a_0}=0.9129 \tag{8.64}$$

$$\frac{p^*}{p_0}=0.5283 \tag{8.65}$$

$$\frac{\rho^*}{\rho_0}=0.6339 \tag{8.66}$$

마하수-면적비 관계식

그림 8.13(a)처럼 단면적이 변하는 노즐에서 목 부분의 속도가 음속인 경우를 생각해보자. 단면적이 A_1인 1지점에서 속도 V_1, 밀도 ρ_1, 온도 T_1, 마하수 Ma_1인 유동상태를 가질 때, 단면적이 $A(x)$인 2지점에서 속도 V, 밀도 ρ, 온도 T, 마하수 Ma인 유동상태를 가지고, 목에서는 음속이고, 모두 임계속도, 임계밀도 등을 가진다. 연속방정식으로부터 질량유량은 모든 단면에서 같고 다음과 같다.

$$\dot{m}=\rho_1 V_1 A_1=\rho VA=\rho^* V^* A^* \tag{8.67}$$

비열이 일정한 이상기체에 대해,

$$\dot{m}=\rho VA=\frac{p}{RT}(\mathrm{Ma}\,a)A=\frac{\sqrt{k}\,\mathrm{Ma}\,p}{\sqrt{RT}}A \tag{8.68}$$

이고, 정리하면 다음과 같다.

$$\dot{m}=\frac{\sqrt{k}\,\mathrm{Ma}\,p_0}{\sqrt{RT_0}}\frac{p}{p_0}\sqrt{\frac{T_0}{T}}A$$

식 (8.55)와 식 (8.56)을 이용하여 p/p_0와 T_0/T를 대입하여 정리하면 다음의 결과를 얻는다.

$$\dot{m} = C\frac{p_0}{\sqrt{RT_0}}A \tag{8.69}$$

$$C = \sqrt{k}\,\text{Ma}\left(\frac{k-1}{2}\text{Ma}^2+1\right)^{\frac{k+1}{2(1-k)}} \tag{8.70}$$

식 (8.70)에서 $\text{Ma}=1$을 대입하고 그 때 C^*라고 하면 음속인 지점에서의 질량유량은 다음처럼 나타낼 수도 있다.

$$\dot{m} = C^*\frac{p_0}{\sqrt{RT_0}}A^* \tag{8.71}$$

$$C^* = \sqrt{k}\left(\frac{k+1}{2}\right)^{\frac{k+1}{2(1-k)}} \tag{8.72}$$

질량유량은 같아서 식 (8.69)와 식 (8.71)을 같다고 두면,

$$\frac{A}{A^*} = \frac{C^*}{C}$$

이고 따라서 이들 관계로부터, 다음과 같은 노즐의 면적비와 그곳에서의 Ma값과의 관계식을 구할 수 있다.

$$\frac{A}{A^*} = \frac{1}{\text{Ma}}\left[\left(\frac{2}{k+1}\right)\left(\frac{k-1}{2}\text{Ma}^2+1\right)\right]^{\frac{k+1}{2(k-1)}} \tag{8.73}$$

앞에서도 설명하였듯이 만약 그림 8.13(a)의 목에서 속도가 음속이라면 목의 단면적이 임계단면적이 된다($A^* = A_t$). 그림 8.13(b)처럼 목 부분이 없고, 음속인 지점이 존재하지 않더라도, 임계단면적을 계산할 수 있다. 그림 8.13(b)의 노즐이 연장되어 흐른다고 가정한다면 음속이 되는 지점이 존재할 것이고 그 때의 면적이 임계단면적이 되는데, 그림 8.13(b)의 1지점에서의 면적과 모든 유동상태가 그림 8.13(a)의 1지점과 완전히 동일하다면, 임계단면적은 그림8.13(a)의 목의 면적과 같다.
비열비 $k = 1.4$인 경우 단면적과 Ma수의 관계식은 다음과 같다.

$$\frac{A}{A^*} = \frac{1}{\mathrm{Ma}}\left(\frac{0.2\,\mathrm{Ma}^2 + 1}{1.2}\right)^3 \tag{8.74}$$

$$C^* = 0.6847 \tag{8.75}$$

$$\dot{m} = 0.6847\,\frac{p_0}{\sqrt{RT_0}}\,A^* \tag{8.76}$$

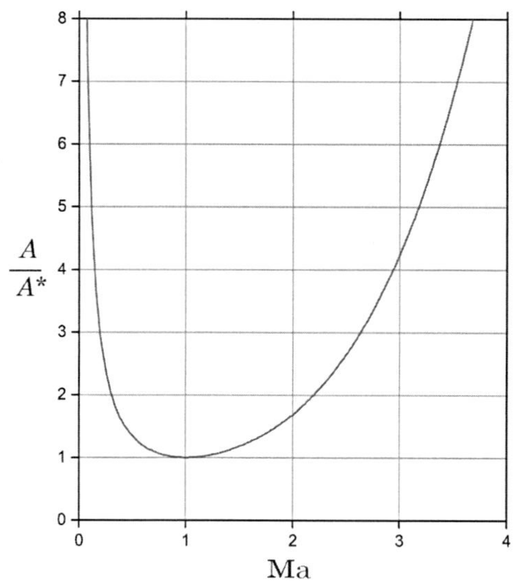

그림 8.16
면적비 - Ma 관계($k = 1.4$)

$k = 1.4$인 경우 Ma수와 면적비의 관계를 부록의 표와 그림 8.16에 보여주고 있다. 그림에서 보듯이 Ma수가 주어지면 하나의 A/A^*가 정해지지만, A/A^*의 값이 주어지면 두 개의 Ma수를 가진다는 것을 알 수 있다. 즉, 주어진 A/A^*의 값에 대해 아음속과 초음속 두 값을 가질 수 있다. 이러한 경우에 대해서는 뒤의 축소-확대 노즐에서 상세히 설명할 것이다.

8.5.4 축소노즐에서의 유동특성

그림 8.17처럼 큰 탱크에 정체압력 p_0, 정체온도 T_0인 상태의 정지 상태의 기체가 단면적이 점차 축소되는 축소노즐(convergent nozzle)을 통하여 등엔트로피 과정으로 외부로 흐르는 경우를 생각해보자. 입구에서의 노즐 단면적은 다른 곳에 비해 상당히 커서 기체의 속도는 상당히 작고 이곳에서의 압력은 정체압과 거의 같다. 노즐 밖의 압력은 배압(back pressure) p_b이고 이 압력을 조절하여 기체가 흐르게 한다. 노즐의 출구단면에서의 압력은 출구압력(exit pressure) p_e이다. 배압 p_b의 크기에 따라 다음처럼 노즐에서의 압력분포와 노즐출구에서의 압력을 그림 8.17(a)와 그림 8.17(b)에 나타내고 있으며, 다음처럼 구분하여 설명할 수 있다.

① $p_b = p_0$: 배압이 정체압력과 같을 때는 유동은 전혀 일어나지 않는다($p_e = p_0$).

② $p_b = p_{b2} < p_0$: 배압이 정체압력보다 낮으면 기체가 흐르게 되고, 노즐 내에서 유동이 진행함에 따라 기체의 속도는 점차 증가하게 되고 압력은 점차 낮아져서 노즐 출구에서의 압력은 배압과 같아진다($p_e = p_{b2}$).

③ $p_b = p_{b3}$: 배압이 더욱 더 낮아지면 유량과 속도는 증가하지만 탱크내의 유동상태는 ②의 경우와 비슷한 형태를 보이고 노즐 출구에서의 압력은 배압과 같다($p_e = p_{b3}$).

④ $p_b = p^*$: 배압이 더욱 더 낮아지면 질량유량과 속도가 더욱 증가하여 노즐 출구에서의 속도가 음속에 도달하게 된다. 이때 노즐의 출구압력은 임계압력(p^*)이 되고 배압과 같다. 즉, 이 경우는 배압이 임계압력인 경우이다($p_e = p_b = p^*$). 이때 임계면적 A^*는 노즐의 목단면적(출구단면적)이다($A^* = A_t = A_e$).

⑤ $p_b = p_{b5} < p^*$: 배압이 더욱 더 낮아져 임계압력(p^*)보다 낮아지면 노즐 어느 곳에서도 초음속이 될 수 없으며, 노즐 출구에서의 속도는 음속이고 노즐내에서는 ④의 상태와 완전히 동일한 상태이다. 노즐 밖의 압력이 임계압력보다 낮아져도 음속으로 흐르는 유동에서는 그 정보가 노즐 쪽으로 전혀 전달되지 않기 때문이다. 이 경우 노즐 출구에서 음속이므로, 출구단면에서의 압력은 역시 임계압력이다($p_e = p^* > p_{b5}$). 유체가 노즐 밖으로 나오면, 밖의 압력과 다르므로 결국 유동의 압력은 배압과 같아져야 한다. 압력이 높은 상태에서 갑자기 낮아지는 과정에서 팽창파를 일으키며 유동의 압력은 결국 배압과 같아지게 된다.

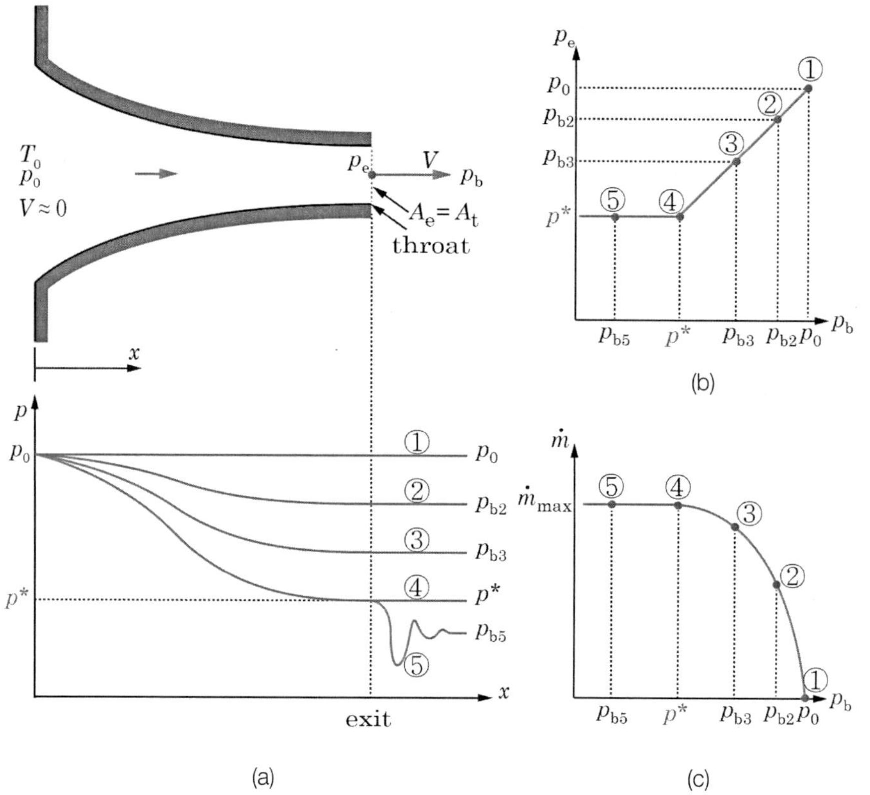

그림 8.17
축소노즐에서의 유동 특성
(a) 압력분포, (b) 출구압력,
(c) 질량유량

앞에서 배압에 따른 유동상태에 대하여 설명하였으며, 노즐 내의 모든 유동 상태는 배압과 상관없이 모두 등엔트로피 유동이다. 배압이 임계압력보다 낮은 ⑤의 경우 노즐 밖에서 압력이 갑자기 바뀌므로 노즐 밖에서 비가역요인이 생겨 더 이상 등엔트로피 유동이 성립하지 않는다.

배압에 따른 출구압력과 질량유량을 8.15(c)에 나타내고 있고 다음과 같다.

① $p_b = p_0$: 배압이 정체압력과 같을 때는 질량유량은 0이다.

②, ③ $p_0 > p_b > p^*$: 배압이 감소함에 따라 기체의 속도는 점차 증가하게 되고 질량유량은 점차 증가한다.

④ $p_b = p^*$: 배압이 **임계압력**인 경우 노즐 출구에서의 속도가 음속에 도달하게 되고, 출구속도가 음속보다 클 수 없기 때문에 이때의 질량유량은 최대질량유량 $\dot{m}_{max}$ 이다.

⑤ $p_b = p_{b5} < p^*$: 배압이 임계압력(p^*)보다 낮아져도 노즐 출구에서의 속도는 음속이고 질량유량은 역시 최대질량유량 $\dot{m}_{max}$ 이다.

배압이 임계압력보다 같거나 낮은 경우(④와 ⑤), 노즐 출구에서는 **음속**에 도달하고 더 이상 속도가 증가하지 않기 때문에 질량유량은 모두 같고 이때의 질량유량은 **최대질량유량** $\dot{m}_{\max}$이다. 즉, 임계압력 이하로 압력을 낮추더라도 질량유량은 증가하지 않게 되고, 이때 노즐은 또는 유동은 초크(choked)되었다고 하고 이러한 유동을 **초크유동**(choked flow)이라고 한다. 최대질량유량 $\dot{m}_{\max}$은 다음처럼 계산할 수 있다 ($A^* = A_t$).

✦ • choked : 초크, 초킹, 질식으로 번역하기도 한다.
• choked flow : 초크유동, 초킹유동, 질식유동으로 번역하기도 한다.

$$\dot{m}_{\max} = \rho^* V^* A_t \tag{8.77}$$

예제 8.4 **축소노즐의 1 지점에서 900 kPa, 800 K의 공기가 200 m/s로 흐르고 있다. 노즐의 목면적은 50 cm²이다. 노즐 전체에서의 유동이 등엔트로피 유동일 때, 다음의 두 배압에 대해 노즐 출구에서 압력, Ma수, 온도, 밀도, 속도와 질량유량을 구하라. (a) 600 kPa, (b) 400 kPa. 공기의 정압비열은 1.0 kJ/kg·K이고, 비열비는 1.4이다.**

풀이

(a) 먼저 노즐의 출구에서 유동이 초크되는지 아닌지 판단해야 한다.
정체온도는 다음처럼 구할 수 있다.

$$T_0 = T_1 + \frac{V_1^2}{2C_p} = 800 + \frac{200^2}{(2)(1000)} = 820\ \text{K}$$

정체압력은 다음과 같다.

$$p_0 = p\left(\frac{T_0}{T_1}\right)^{\frac{k}{k-1}} = (900)\left(\frac{820}{800}\right)^{\frac{1.4}{0.4}} = 981\ \text{kPa}$$

임계압력은 식(8.65)로 구할 수 있다.

$$p^* = 0.5283 p_0 = (0.5283)(981) = 518\ \text{kPa}$$

배압 p_b가 임계압력 p^*보다 높으므로 초크되지 않는다. 따라서 출구압력 p_e는 배압과 같다.

$$p_e = p_b = 600\ \text{kPa}$$

출구에서 Ma수는 식 (8.56) 또는 부록의 표 A3로 구할 수 있다.

$$\frac{p_0}{p_e} = (0.2\,\text{Ma}^2 + 1)^{3.5} \Rightarrow \frac{981}{600} = (0.2\,\text{Ma}^2 + 1)^{3.5} \Rightarrow \text{Ma} = 0.868$$

출구에서의 온도는 식 (8.55) 또는 부록의 표 A3로 구할 수 있다.

$$\frac{T_0}{T_e} = 0.2\,\text{Ma}^2 + 1 \Rightarrow \frac{820}{Te} = 0.2 \times 0.868^2 + 1 \Rightarrow T_e = 713\ \text{K}$$

출구에서의 밀도는 다음처럼 구할 수 있다.

$$\rho_e = \frac{p_e}{RT_e} = \frac{600000}{(287)(713)} = 2.932 \text{ kg/m}^3$$

출구에서의 속도는 다음처럼 구할 수 있다.

$$V_e = \text{Ma}\, a_e = (0.868)\sqrt{(1.4)(287)(713)} = 465 \text{ m/s}$$

질량유량은 다음과 같다.

$$\dot{m} = \rho_e V_e A_e = (2.932)(465)(50 \times 10^{-4}) = 6.82 \text{ kg/s}$$

(b) 배압 p_b가 임계압력 p^*보다 낮으므로 초크된다. 따라서 출구압력 p_e는 임계압력과 같다.

$$p_e = p^* = 518 \text{ kPa}$$

출구에서 Ma수는 초크되므로 1이다.

$$\text{Ma} = 1$$

출구에서의 온도는 임계온도이고 식 (8.63) 으로 구할 수 있다.

$$T_e = T^* = 0.8333\, T_0 = (0.8333)(820) = 683 \text{ K}$$

출구에서의 밀도는 다음처럼 구할 수 있다.

$$\rho_e = \rho^* = \frac{p_e}{RT_e} = \frac{518000}{(287)(683)} = 2.643 \text{ kg/m}^3$$

출구에서의 속도는 음속이다.

$$V_e = V^* = a_e = \sqrt{(1.4)(287)(683)} = 523 \text{ m/s}$$

질량유량은 다음과 같다.

$$\dot{m} = \rho_e V_e A_e = (2.643)(523)(50 \times 10^{-4}) = 6.91 \text{ kg/s}$$

보충설명

이 문제에서 유동이 먼저 노즐의 출구에서 유동이 초크되는지 아닌지 판단해야 한다. 임계압력보다 낮은 배압에서는 유동이 초크되고 유량은 배압이 낮아지더라도 더 이상 증가하지 않는다. (b)의 경우 질량유량은 식 (8.76)으로 구하여도 된다.

$$\dot{m} = 0.6847 \frac{p_0}{\sqrt{RT_0}} A^* = (0.6847)\frac{981000}{\sqrt{(287)(820)}}(50 \times 10^{-4}) = 6.92 \text{ kg/s}$$

결과가 0.01 차이나는 것은 계산하는 과정에서 유효숫자를 몇 개 사용하느냐에 따라 아주 약간 차이가 나는 것이고 이것은 동일한 결과이다.

8.5.5 축소-확대노즐에서의 등엔트로피 유동특성

그림 8.18처럼 큰 탱크에 정체압력 p_0, 정체온도 T_0인 상태의 정지 상태의 기체가 단면적이 점차 축소되다가 확대되는 축소-확대노즐(convergent-divergent nozzle)을 통하여 등엔트로피 과정으로 외부로 흐르는 경우를 생각해 보자. 입구에서의 노즐 단면적은 다른 곳에 비해 상당히 커서 기체의 속도는 상당히 작고 이곳에서의 압력은 정체압과 거의 같다. 노즐 밖의 압력은 배압(back pressure) p_b이고 이 압력을 조절하여 기체가 흐르게 한다. 노즐의 출구단면에서의 압력은 출구압력(exit pressure) p_e이다. 축소노즐처럼 배압 p_b의 크기에 따라 노즐에서의 압력분포와 노즐출구에서의 압력을 그림 8.18(a)와 그림 8.18(b)에 나타내고 있으며, 다음처럼 구분하여 설명할 수 있다.

① $p_\mathrm{b} = p_0$: 배압이 정체압력과 같을 때는 유동은 전혀 일어나지 않는다($p_\mathrm{e} = p_0$).

② $p_\mathrm{b} = p_\mathrm{b2}$ ($p_0 > p_\mathrm{b2} > p_\mathrm{b3}$) : 배압이 정체압력보다 낮으면 기체가 흐르게 되고, 노즐의 축소부분에서 유동이 진행함에 따라 기체의 속도는 점차 증가하게 되고 압력은 점차 낮아진다. 노즐의 목에서 속도는 최대가 되고 압력은 최소가 된다. 노즐의 확대부분에서 유동이 진행함에 따라 기체의 속도는 점차 감소하게 되고 압력은 점차 높아져, 출구에서의 압력은 배압과 같아진다($p_\mathrm{e} = p_\mathrm{b2}$). 노즐 내부 전체의 유동은 등엔트로피이다.

③ $p_\mathrm{b} = p_\mathrm{b3}$: 배압이 어떤 특정한 압력 p_b3가 되면 노즐의 목에서 속도는 음속이 되고 노즐 출구에서는 아음속이 된다. 즉, 노즐의 확대부분에서 유동이 진행함에 따라 기체의 속도는 점차 감소하게 되고 압력은 점차 높아져, 출구에서의 압력은 배압과 같아진다($p_\mathrm{e} = p_\mathrm{b3}$). 이때 노즐의 목에서의 압력은 임계압력($p^*$)이 되고 노즐의 목단면적이 임계면적 A^*이다($A^* = A_\mathrm{t}$). 이때는 노즐 내부에서 속도와 압력은 점진적으로 변하여 노즐 내부 전체의 유동은 등엔트로피이다. 이때 노즐은 초크(choked)된다. 축소노즐에서는 배압이 임계압력일 때부터 초크되지만, 축소-확대노즐에서는 임계압력보다 높은 어떤 압력 p_b3에서 초크가 일어난다.

등엔트로피 유동에서 단면적과 마하수의 관계에서, 동일한 단면적에서 아음속과 초음속의 두 개의 마하수를 가질 수 있다는 것을 그림 8.16에서 확인할 수 있다. 배압이 어떤 압력일 때($p_\mathrm{b} = p_\mathrm{b3}$), 확대부분에서 유동은 모두 아음속인 상태이다. 확대부에서 초음속이 되려면 확대부를 지나면서 유동은 충분히 더 팽창해야 한다(압력과 밀도가 작아져야한다). 유동이 등엔트로피 과정으로 충분히 팽창하려면 배압이 다음에 설명하는 설계압력으로 충분히 낮아야 가능하다.

ⓓ $p_b = p_d$: 배압이 설계압력(design pressure) p_d가 되면 역시 노즐의 목에서 속도는 음속이 되고 노즐 출구에서는 초음속이 된다. 대부분의 축소-확대노즐은 초음속을 얻는 것이 목적이고 원하는 초음속을 얻는 압력이 설계압력이다. 노즐의 확대부분에서 유동이 진행함에 따라 ③의 경우와는 달리 기체의 속도는 증가하게 되고 압력은 점차 낮아져, 출구에서의 압력은 배압과 같아진다($p_e = p_d$). 역시 노즐의 목에서의 압력은 임계압력(p^*)이 되고 노즐의 목 단면적이 임계면적 A^*이다($A^* = A_t$). 이때도 노즐 내부에서 속도와 압력은 점진적으로 변하여 노즐 내부 전체의 유동은 등엔트로피이다.

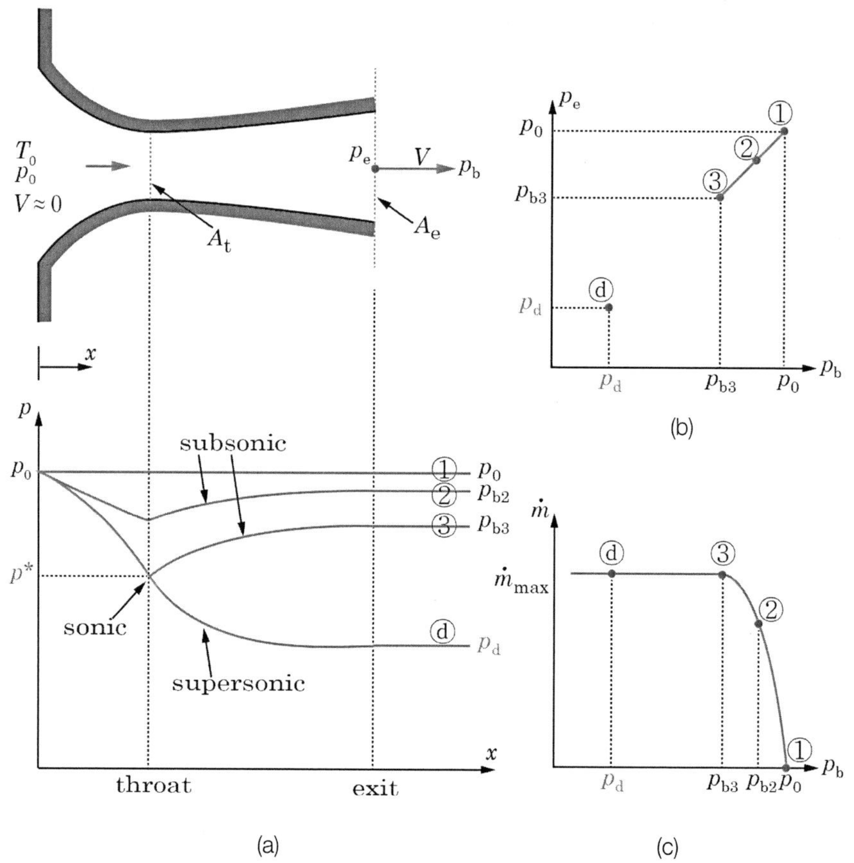

그림 8.18
축소-확대노즐에서의 유동 특성
(a) 압력분포, (b) 출구압력, (c) 질량유량

배압에 따른 질량유량을 그림 8.18(c)에 나타내고 있다.

① $p_b = p_0$: 배압이 정체압력과 같을 때는 질량유량은 0이다.

② $p_b = p_{b2}\,(p_0 > p_{b2} > p_{b3})$: 배압이 감소함에 따라 기체의 속도는 점차 증가하게 되

고 질량유량은 점차 증가한다.

ⓒ $p_b = p_{b3}$: 노즐의 목에서의 압력은 임계압력(p^*)이 되고 노즐의 목단면적이 임계면적 A^*이다($A^* = A_t$). 이때 노즐은 초크(choked)되고, 질량유량은 최대질량유량 $\dot{m}_{max}$이다.

ⓓ $p_b = p_d < p^*$: 역시 노즐의 목에서의 압력은 임계압력(p^*)이 되어 초크(choked)상태이므로 질량유량은 최대질량유량 $\dot{m}_{max}$이다.

위에 표시된 배압이 아닌 경우는 등엔트로피가 아닌 상태가 일어날 수 있으며, 뒤에서 다시 설명한다.

예제 8.5 **큰 탱크에 압력 1 MPa, 온도 800 K인 정지 상태의 공기가 축소-확대 노즐을 지나 등엔트로피 과정으로 흐르고 있다. 목의 면적은 20 cm²이고, 출구에서의 Ma수는 2이다. (a) 노즐의 목에서, (b) 노즐출구에서 압력, 온도, 속도를 구하라. (c) 질량유량을 구하라. 비열비는 1.4이다.**

풀이

(a) 출구에서 초음속이므로 유동은 초크 상태이다. 따라서 목에서는 음속이고, 목에서의 압력, 온도, 속도는 p^*, T^*, V^*이고 다음과 같다.

$$p^* = 0.5283 p_0 = (0.5283)(1000) = 528.3 \text{ kPa}$$

$$T^* = 0.8333\,T_0 = (0.8333)(800) = 666.6 \text{ K}$$

$$V^* = a^* = \sqrt{(1.4)(287)(666.6)} = 517.5 \text{ m/s}$$

(b) 출구에서 압력은 식 (8.56) 또는 부록의 표 A3로 구할 수 있다.

$$\frac{p_0}{p_e} = \left(0.2\,\text{Ma}^2 + 1\right)^{3.5} \Rightarrow \frac{1000}{p_e} = \left(0.2 \times 2^2 + 1\right)^{3.5} \quad \Rightarrow \ p_e = 127.8 \text{ kPa}$$

출구에서의 온도는 식 (8.55) 또는 부록의 표 A3로 구할 수 있다.

$$\frac{T_0}{T_e} = 0.2\,\text{Ma}^2 + 1 \Rightarrow \frac{800}{Te} = 0.2 \times 2^2 + 1 = 1.8 \quad \Rightarrow \ T_e = 444.4 \text{ K}$$

출구에서의 속도는 다음처럼 구할 수 있다.

$$V_e = \text{Ma}\,a_e = (2)\sqrt{(1.4)(287)(444.4)} = 845 \text{ m/s}$$

(c) 유량은 다음처럼 구할 수 있다.

$$\dot{m} = 0.6847 \frac{p_0}{\sqrt{RT_0}} A^* = 0.6847 \frac{1000000}{\sqrt{(287)(800)}} (20 \times 10^{-4}) = 2.86 \text{ kg/s}$$

보충설명

초크 상태이므로 $A^* = A_t = 20 \times 10^{-4}\ \text{m}^2$이다.

8.6 수직충격파

유체가 초음속으로 흐를 때, 유체의 앞부분에 존재하는 물체나 압력 등의 교란을 인지하지 못하다가 물체나 압력의 교란 가까이 가서야 유체의 속도와 압력 등이 갑자기 변하게 되는데 이렇게 갑자기 유동의 성질이 변하는 부분이 수직충격파이다. **수직충격파(normal shock wave)**는 유동의 방향에 대해 충격파가 수직인 경우이다. 수직충격파는 그림 8.19와 같이 수직충격파를 포함하는 검사체적을 설정하여 해석하며, 비열이 일정한 이상기체라고 가정한다. 그림과 같은 검사체적에 대해 지배방정식인 연속방정식, 운동량방정식, 에너지방정식, 상태방정식 등을 적용한다.

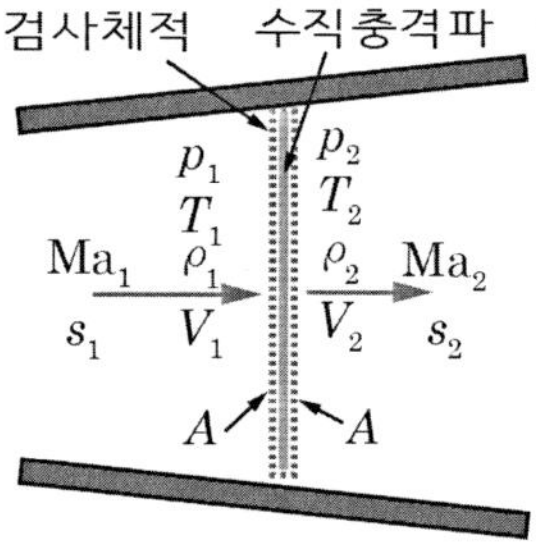

그림 8.19
수직충격파

연속방정식

$$\rho_1 V_1 A = \rho_2 V_2 A \tag{8.78}$$

운동량방정식

$$p_1 A - p_2 A = \rho_2 V_2^2 A - \rho_1 V_1^2 A \tag{8.79}$$

에너지방정식

수직충격파는 아주 얇아 주위로의 열전달은 무시할 수 있는 단열과정이므로 식 (8.39)가 성립한다.

$$T_1 + \frac{V_1^2}{2c_p} = T_2 + \frac{V_2^2}{2c_p}$$

정압비열에 대해 식 (8.11)을 대입하면, 다음의 에너지방정식이 성립한다.

$$T_1 + \frac{(k-1)\,V_1^2}{2kR} = T_2 + \frac{(k-1)\,V_2^2}{2c_p kR} \tag{8.80}$$

윗식은

$$T_{01} = T_{02} \tag{8.81}$$

를 의미한다.

상태방정식

이상기체인 경우 상태방정식은 다음과 같다.

$$p = \rho RT \;\;\Rightarrow\;\; p_2 = \rho_2 RT_2 \tag{8.82}$$

기본적으로 충격파 이전에 V_1, T_1, p_1, ρ_1이 주어진 상태에서 충격파 뒤의 V_2, T_2, p_2, ρ_2 를 구하는 것이 목적이고, 4개의 미지수에 대해 4개의 지배방정식인 식 (8.78), 식 (8.79), 식 (8.80) 및 식 (8.82)가 주어져 있으므로 연립하여 풀면 수직충격파 뒤의 성질들을 각각 구할 수 있다. V_1, T_1, p_1, ρ_1이 주어지면 Ma_1, T_{01}, p_{01}등은 쉽게 계산할 수 있고, V_2, T_2, p_2, ρ_2를 구하면 역시 Ma_2, T_{02}, p_{02}를 쉽게 구할 수 있다. 수직충격파 후의 V_2, T_2, p_2, ρ_2 4개를 구하면 충격파 후의 모든 상태를 알 수 있다.

제약조건 – 열역학2법칙

수직충격파는 확실하게 비가역과정이고 따라서 열역학 2법칙은 다음과 같다.

$$s_2 > s_1 \tag{8.83}$$

4개의 식을 연립하여 정리하면, 모든 관계식은 수직충격파 이전의 마하수 Ma_1으로 다음처럼 나타낼 수 있다.

$$\mathrm{Ma}_2 = \sqrt{\frac{(k-1)\mathrm{Ma}_1^2 + 2}{2k\mathrm{Ma}_1{}^2 - k + 1}} \tag{8.84}$$

$$\frac{p_2}{p_1} = \frac{2k\mathrm{Ma}_1^2 - k + 1}{k+1} \tag{8.85}$$

$$\frac{T_2}{T_1} = \frac{\left[(k-1)\mathrm{Ma}_1^2 + 2\right]\left[2k\mathrm{Ma}_1^2 - k + 1\right]}{(k+1)^2\mathrm{Ma}_1^2} \tag{8.86}$$

$$\frac{\rho_2}{\rho_1} = \frac{V_1}{V_2} = \frac{(k+1)\mathrm{Ma}_1^2}{(k-1)\mathrm{Ma}_1^2 + 2} \tag{8.87}$$

$$T_{01} = T_{02} \tag{8.88}$$

$$\frac{p_{02}}{p_{01}} = \left[\frac{2k\mathrm{Ma}_1^2 - k + 1}{k+1}\right]^{1/(1-k)} \left[\frac{(k+1)\mathrm{Ma}_1^2}{(k-1)\mathrm{Ma}_1^2 + 2}\right]^{k/(k-1)} \tag{8.89}$$

$$\frac{A_2{}^*}{A_1{}^*} = \frac{p_{01}}{p_{02}} \tag{8.90}$$

주의하여야 할 것은 $p_{01} \neq p_{02}$이다.

V_2, T_2, p_2, ρ_2를 구하면, 엔트로피 차이는 다음처럼 구할 수 있다.

$$s_2 - s_1 = c_p \ln\frac{T_1}{T_2} - R\ln\frac{p_2}{p_1} = R\ln\left[\frac{p_2}{p_1}\left(\frac{T_2}{T_1}\right)^{\frac{k}{k-1}}\right] \tag{8.91}$$

식 (8.46)을 이용하면 식 (8.91)은 다음처럼 나타낼 수 있다.

$$s_2 - s_1 = R\ln\frac{p_{01}}{p_{02}} \tag{8.92}$$

식 (8.89)에서 p_{01}/p_{02}은 Ma_1로 표시할 수 있으므로 $s_2 - s_1$ 역시 Ma_1로 표시할 수 있고 다음과 같다.

$$s_2 - s_1 = \frac{R}{k-1}\ln\left[\frac{2k\mathrm{Ma}_1^2 - k + 1}{k+1}\right] + \frac{kR}{k-1}\ln\left[\frac{(k-1)\mathrm{Ma}_1^2 + 2}{(k+1)\mathrm{Ma}_1^2}\right] \tag{8.93}$$

식 (8.93)을 그림 8.20에 나타내고 있으며, 수직충격파는 확실하게 비가역과정이고 따라서 열역학 2법칙으로 부터 $s_2 > s_1$가 되어야 하므로 $\mathrm{Ma}_1 > 1$ 이어야하고 따라서 **초음속일 때 수직충격파가 가능**하다. 아음속일 때는 수직충격파는 발생하지 않고 그림에서 아음속일 때는 의미가 없다.

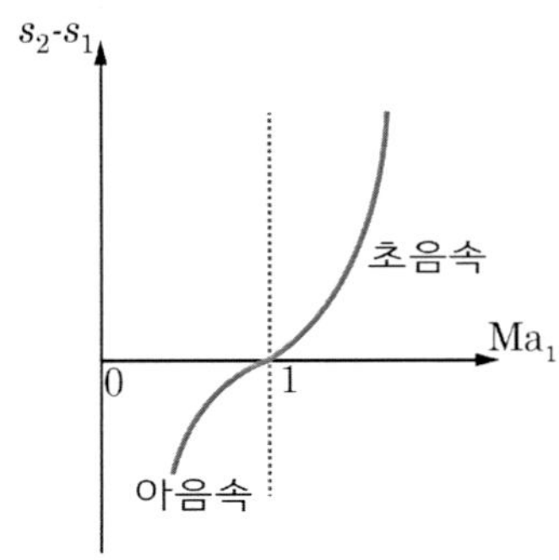

그림 8.20
수직충격파에서의 엔트로피 변화

수직충격파 후의 Ma수 Ma_2는 식 (8.84)로부터 수직충격파 전의 Ma수 Ma_1의 함수로 주어지므로 쉽게 구할 수 있고 부록의 표 A4와 그림 8.21에 나타내고 있다.

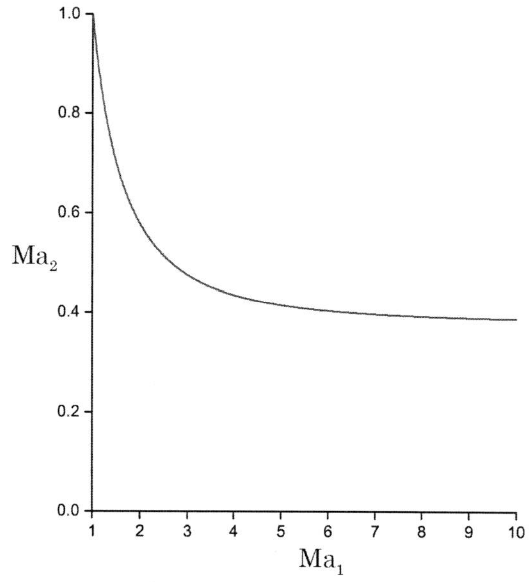

그림 8.21
수직충격파 전후에서의 Ma수 관계

예제 8.6 **수직충격파 앞에서 공기의 압력이 200 kPa, 온도가 400 K이고 Ma수가 2이다. (a) 수직충격파 앞에서의 정체온도와 정체압력을 구하라. (b) 수직충격파 뒤에서의 Ma수, 정체온도, 정체압력, 압력과 온도를 구하라. 비열비는 1.4이다.**

풀이

(a) 수직충격파 앞에서 정체온도는 식 (8.55)로 구할 수 있다.

$$\frac{T_{01}}{T_1} = 0.2\,\mathrm{Ma}_1^2 + 1 = (0.2)(2^2) + 1 \;\Rightarrow\; T_{01} = 720\ \mathrm{K}$$

정체압력은 식 (8.56)으로 구할 수 있다.

$$\frac{p_{01}}{p_1} = \left(0.2\,\mathrm{Ma}_1^2 + 1\right)^{3.5} = \left(0.2\times 2^2 + 1\right)^{3.5} \;\Rightarrow\; p_{01} = 1565\ \mathrm{kPa}$$

(b) 수직충격파 뒤에서의 Ma수는 정체압력은 식 (8.84) 또는 부록의 표 A4로 구할 수 있으나 표 A4로 구하는 것이 편하다.

$$\mathrm{Ma}_2 = 0.5774$$

수직충격파는 단열과정이므로 정체온도는 일정하다.

$$T_{02} = T_{01} = 720\ \mathrm{K}$$

수직충격파 뒤의 정체압력은 식 (8.89) 또는 부록의 표 A4로 구할 수 있으나 표 A4로 구하는 것이 편하다.

$$\frac{p_{02}}{p_{01}} = 0.7209 \;\Rightarrow\; p_{02} = 1128\ \mathrm{kPa}$$

수직충격파 뒤의 압력과 온도도 역시 식으로 구할 수 있지만 부록의 표 A4로 구하는 것이 편하다.

$$\frac{p_2}{p_1} = 4.5 \Rightarrow p_2 = 900 \text{ kPa}$$

$$\frac{T_2}{T_1} = 1.6875 \Rightarrow T_2 = 675 \text{ K}$$

보충설명

수직충격파는 단열과정이므로 정체온도는 일정하지만 정체압력은 일정하지 않고 줄어든다. 정체압력은 등엔트로피 과정이라야 일정하다. 수직충격파 앞에서는 초음속이고 수직충격파 뒤에서는 아음속이다.

8.7 축소-확대노즐에서의 일반적인 유동특성

그림 8.22처럼 큰 탱크에 정체압력 p_0, 정체온도 T_0인 상태의 정지 상태의 기체가 단면적이 점차 축소되다가 확대되는 되는 축소-확대노즐(convergent-divergent nozzle)을 통하여 등엔트로피 과정으로 외부로 흐르는 경우를 생각해보자. 일부 지점에서 등엔트로피가 아닌 경우도 있을 수 있다. 입구에서의 노즐 단면적은 다른 곳에 비해 상당히 커서 기체의 속도는 상당히 작고 이곳에서의 압력은 정체압과 거의 같다. 노즐 밖의 압력은 배압(back pressure) p_b이고 이 압력을 조절하여 기체가 흐르게 한다. 노즐의 출구단면에서의 압력은 출구압력(exit pressure) p_e이다. 축소노즐처럼 배압 p_b의 크기에 따라 노즐에서의 압력분포와 노즐출구에서의 압력을 그림 8.22(a)와 그림 8.22(b)에 나타내고 있으며, 다음처럼 구분하여 설명할 수 있다(①, ②, ③, ⓓ의 상태는 앞의 등엔트로피 부분과 동일하다).

① $p_b = p_0$: 배압이 정체압력과 같을 때는 유동은 전혀 일어나지 않는다($p_e = p_0$).

② $p_b = p_{b2}$ $(p_0 > p_{b2} > p_{b3})$: 배압이 정체압력보다 낮으면 기체가 흐르게 되고, 노즐의 축소부분에서 유동이 진행함에 따라 기체의 속도는 점차 증가하게 되고 압력은 점차 낮아진다. 노즐의 목에서 속도는 최대가 되고 압력은 최소가 된다. 노즐의 확대부분에서 유동이 진행함에 따라 기체의 속도는 점차 감소하게 되고 압력은 점차 높아져, 출구에서의 압력은 배압과 같아진다($p_e = p_{b2}$). 노즐 내부 전체의 유동은 등엔트로피이다.

③ $p_{\mathrm{b}} = p_{\mathrm{b3}}$: 배압이 어떤 특정한 압력 p_{b3} 가 되면 노즐의 목에서 속도는 음속이 되고 노즐 출구에서는 아음속이 된다. 즉, 노즐의 확대부분에서 유동이 진행함에 따라 기체의 속도는 점차 감소하게 되고 압력은 점차 높아져, 출구에서의 압력은 배압과 같아진다($p_{\mathrm{e}} = p_{\mathrm{b3}}$). 이때 노즐의 목에서의 압력은 임계압력($p^*$)이 되고 노즐의 목단면적이 임계면적 A^* 이다($A^* = A_{\mathrm{t}}$). 이때는 노즐 내부에서 속도와 압력은 점진적으로 변하여 노즐 내부 전체의 유동은 등엔트로피이다. 이때 노즐은 초크(choked)된다. 축소노즐에서는 배압이 임계압력일 때부터 초크되지만, 축소-확대노즐에서는 임계압력보다 높은 어떤 압력 p_{b3} 에서 초크가 일어난다.

ⓓ $p_{\mathrm{b}} = p_{\mathrm{d}}$: 배압이 설계압력(design pressure) p_{d}가 되면 역시 노즐의 목에서 속도는 음속이 되고 노즐 출구에서는 초음속이 된다. 대부분의 축소-확대노즐은 초음속을 얻는 것이 목적이고 원하는 초음속을 얻는 압력이 설계압력이다. 노즐의 확대부분에서 유동이 진행함에 따라 ③ 의 경우와는 달리 기체의 속도는 증가하게 되고 압력은 점차 낮아져, 출구에서의 압력은 배압과 같아진다($p_{\mathrm{e}} = p_{\mathrm{d}}$). 역시 노즐의 목에서의 압력은 임계압력($p^*$)이 되고 노즐의 목 단면적이 임계면적 A^* 이다($A^* = A_{\mathrm{t}}$). 이때도 노즐 내부에서 속도와 압력은 점진적으로 변하여 노즐 내부 전체의 유동은 등엔트로피이다.

⑤ $p_{\mathrm{b}} = p_{\mathrm{b5}} > p_{\mathrm{d}}$: 배압이 설계압력(design pressure) p_{d}보다 약간 높은 어떤 압력 p_{b5} 일 때, 노즐 내에서는 배압이 설계압력인 ⓓ의 상태와 완전히 동일하고 노즐 출구에서 수직충격파(normal shock wave)가 일어난다. 출구에서 수직충격파 앞(그림 8.22(b)의 점 ⑤′)에서의 압력은 설계압력과 같고($p_{\mathrm{e}} = p_{\mathrm{d}}$), 수직충격파 뒤(그림 8.22(b)의 점 ⑤)에서의 압력은 배압과 같다($p_{\mathrm{e}} = p_{\mathrm{b5}}$).

⑤ $p_{\mathrm{b}} = p_{\mathrm{b4}}$ $(p^* > p_{\mathrm{b4}} > p_{\mathrm{b5}})$: 배압이 p^*와 p_{b5} 사이의 압력이면, 축소부분에서는 노즐내의 유동상태는 ⓓ의 상태와 완전히 동일한 상태이고 목부분에서는 음속이고, 목부분을 지난 확대부에서 초음속으로 팽창하기 시작하지만 노즐의 어떤 지점에서 수직충격파가 발생하게 되어 출구단면에서의 압력은 배압과 같아지게 된다($p_{\mathrm{e}} = p_{\mathrm{b4}}$).

⑥ $p_{\mathrm{b}} = p_{\mathrm{b6}}$ $(p_{\mathrm{b5}} > p_{\mathrm{b6}} > p_{\mathrm{d}})$: 배압이 p_{b5}와 p_{d} 사이의 어떤 특정한 압력이면, 노즐내의 유동상태는 ④의 상태와 완전히 동일한 상태가 되지만, 노즐 밖의 압력이 설계압력보다 높으므로 노즐출구에서 수직충격파가 발생하는 경우이다. 노즐내의 유동상태는 ⓓ의 상태와 완전히 동일한 상태이고 출구단면에서의 압력은 설계압력이다($p_{\mathrm{e}} = p_{\mathrm{d}}$). 유체가 노즐 밖으로 나오면, 밖의 압력과 다르므로 결국 유동의 압력은 배압과 같아져야 하고, 배압이 출구압력보다 높으므로 노즐의 외부에서 경사충격파가 발생하는 경우이다. 노즐출구에서의 압력이 배압보다 낮으므로 과대팽창(over expanded) 되었다고 한다.(즉, 노즐을 나오는 유체가 과대 팽창되어 압력이 외부압력보다 더 낮은 경우이다.)

⑥ $p_b = p_{b7}$ $(p_d > p_{b7})$: 배압이 설계압력보다 낮은 압력이면, 노즐내의 유동상태는 ④의 상태와 완전히 동일한 상태가 되지만, 노즐 밖의 압력이 설계압력보다 낮으므로 노즐 출구에서 팽창파가 발생하는 경우이다. 노즐내의 유동상태는 ⓓ의 상태와 완전히 동일한 상태이고 출구단면에서의 압력은 설계압력이다($p_e = p_d$). 유체가 노즐 밖으로 나오면, 밖의 압력과 다르므로 결국 유동의 압력은 배압과 같아져야 하고, 압력이 높은 상태에서 갑자기 낮아지는 과정에서 팽창파를 일으키며 유동의 압력은 결국 배압과 같아지게 된다. 배압이 출구압력보다 낮으므로 노즐의 외부에서 팽창파가 발생하는 경우이다. 노즐출구에서의 압력이 배압보다 높으므로 과소팽창(under expanded) 되었다고 한다.(즉, 노즐을 나오는 유체가 과소 팽창되어 압력이 외부압력보다 더 높은 경우이다.)

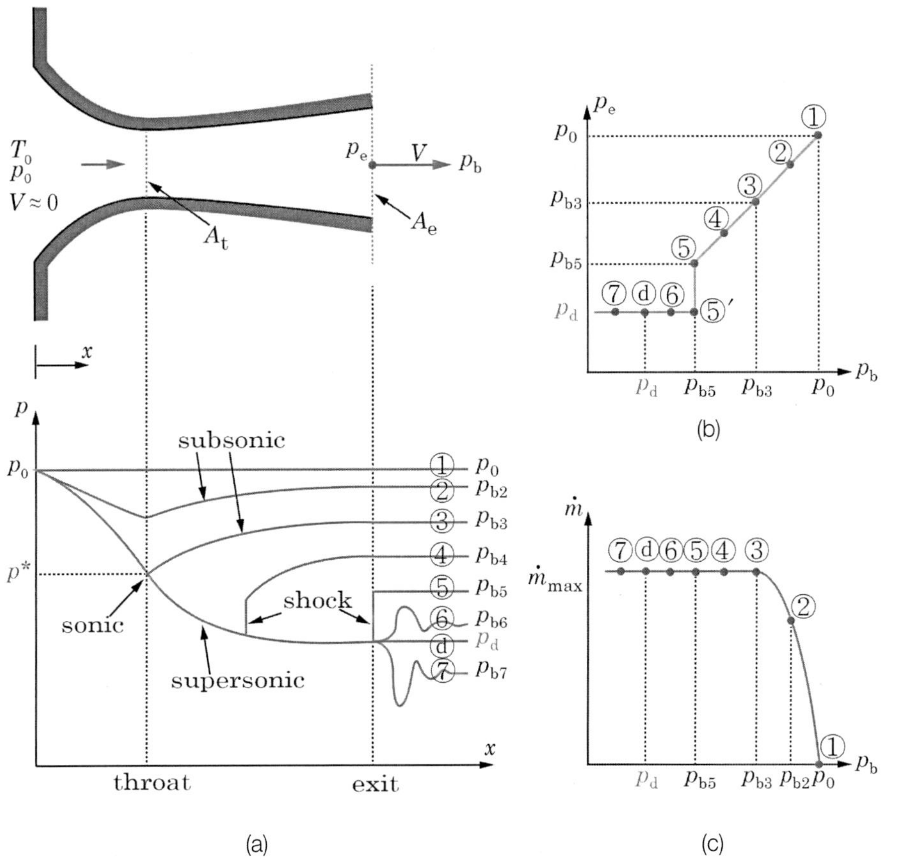

그림 8.22
축소-확대노즐에서의 유동 특성
(a) 압력분포, (b) 출구압력,
(c) 질량유량

배압에 따른 질량유량을 그림 8.22(c)에 나타내고 있다(①, ②, ③, ⓓ의 상태는 역시 앞의 등엔트로피 부분과 동일하다).

① $p_b = p_0$: 배압이 정체압력과 같을 때는 질량유량은 0이다.

② $p_b = p_{b2}$ $(p_0 > p_{b2} > p_{b3})$: 배압이 감소함에 따라 기체의 속도는 점차 증가하게 되고 질량유량은 점차 증가한다.

③ $p_b \le p_{b3}$: 노즐의 목에서의 압력은 임계압력(p^*)이 되고 노즐의 목단면적이 임계면적 A^*이다($A^* = A_t$). 이때 노즐은 초크(choked)되고, 질량유량은 최대질량유량 $\dot{m}_{max}$이다.

배압이 임계압력보다 높은 어떤 압력 p_{b3}보다 같거나 작은 경우, 노즐 목에서 음속에 도달하고 더 이상 목에서의 속도가 증가하지 않기 때문에 질량유량은 모두 같고 이때의 질량유량은 최대질량유량 $\dot{m}_{max}$이다. 즉, 목에서의 압력이 임계압력에 도달하면 배압을 낮추더라도 질량유량은 증가하지 않게 되고, 이때 노즐은 초크(choked) 상태라고 하고 이러한 유동을 초크유동(choked flow)이라고 한다. 최대질량유량 $\dot{m}_{max}$은 다음처럼 계산할 수 있다.

$$\dot{m}_{max} = \rho^* V^* A_t$$

연습 문제

8.1 비열비가 1.4인 질소가 압력 200 kPa, 온도 50℃인 상태에서 등엔트로피 과정으로 온도가 100℃가 되었다면, 이때의 압력은 얼마인가?

8.2 공기의 온도가 50℃인 곳에서의 음속은 −20℃인 곳에서의 몇 배인가? 공기의 비열비는 같다.

8.3 분자량이 44이고 비열비가 1.3인 이산화탄소가 온도가 50℃인 상태에서 350 m/s의 속도로 흐르고 있다. Ma수는 얼마인가?

8.4 1 기압, 40℃의 공기가 어떤 속도로 흐르고 있을 때, 정체온도가 90℃라면, (a) 이때의 속도를 구하라. (b) 정체압을 구하라. 공기의 정압비열은 1.0 kJ/kg·K이고 비열비는 1.4이다.

8.5 단면적이 증가하는 노즐의 1차원 등엔트로피 유동에서, 초음속일 때는 유동이 진행하면서 속도가 증가한다. 이는 아음속유동일 때 단면적이 증가하면 속도가 줄어드는 현상과 반대이고, 실제로 일어나지 않을 것 같은데 어떻게 가능한지 설명하라.

8.6 단면적이 증가하는 노즐의 1차원 등엔트로피 유동에서, 초음속일 때 유동이 진행하면서 압력, 밀도는 어떻게 되는가?

8.7 노즐의 1 지점에서 600 kPa, 400 K의 공기가 200 m/s의 속도로 흐르고 있다. 하류인 노즐의 2 지점에서 온도가 350 K이다. 전체 유동이 등엔트로피 유동일 때, (a) 1 지점에서 Ma수를 구하라. (b) 정체온도, 정체밀도를 구하라. (c) 2지점에서 Ma수, 밀도를 구하라. 비열비는 1.4이다.

8.8 노즐의 1 지점에서 500 kPa, 400 K의 공기가 Ma = 0.5로 흐르고 있다. 하류인 노즐의 2 지점에서 온도가 370 K이고 압력이 300 kPa이다. 전체 유동이 단열유동일 때, (a) 1지점에서 정체온도, 정체압력을 구하라. (b) 2지점에서 정체온도, Ma수, 정체압력을 구하라.

8.9 그림 8.17과 같은 축소노즐에서 입구에서의 정체압력과 정체온도가 동일할 때, 배압이 목에서의 임계압력보다 낮으면 질량유량은 어떻게 되는가?

8.10 축소-확대노즐에서 목에서 초크되었다면, 노즐의 출구에서의 속도는 아음속인가 초음속인가? 설명하라.

8.11 수직충격파가생기려면, 수직충격파 이전의 유동은 초음속유동이다. 수직충격파가 일어난 이후의 유동은 어떠한가?

8.12 수직충격파를 지나는 유동의 압력, 온도, 속도, 밀도 등은 증가하는가 감소하는가?

8.13 수직충격파는 등엔트로피과정으로 가정할 수 있는가? 아니라면 어떤 과정으로 가정할 수 있는가?

8.14 임계성질(critical properties)는 무엇을 나타내는가?

8.15 비열비가 1.3인 이상기체의 유동에서 정체압력이 800 kPa이고 정체온도가 500 K일때, 임계압력과 임계온도는 얼마인가?

8.16 축소-확대노즐에서 입구에서의 정체압력과 정체온도가 500kPa, 400K의 공기가 노즐을 통하여 흐르고 있다 설계압력에서의 출구 Ma수가 1.52이다. (a) 설계압력을 구하라. (b) 출구에서의 압력이 설계압력일 때 출구에서의 온도와 속도를 구하라.

8.17 앞의 문제 8.16에서 배압이 120 kPa일때, 출구단면에서의 온도와 속도를 구하라.

참고 문헌

Achenbach, E., Experiments on the flow past spheres at very high Reynolds numbers, J . Fluid Mech., vol. 54, part 3, 565-575, 1972.

Achenbach, E. and Heinecke, E., On vortex shedding from smooth and rough cylinders in the range of Reynolds numbers 6×10^3-5×10^6, J. Fluid Mech. 109, 239-251, 1981.

Aris, R., Vectors, Tensors, and the Basic Equations of Fluid Mechanics, Prentice-Hall, Englewood Cliffs, 1962.

ASHRAE Handbook of Fundamentals, ASHRAE, Atlanta, 1981.

Batchelor, G. K., An Introduction to Fluid Dynamics, London: Cambridge University Press, 1967.

Blevins, R. D., Applied Fluid Dynamic Handbook, Van Nostrand Reinhold, New York, 1984.

Bird, R. B., Stewart. W.E., and Lightfoot, E.N., Transport Phenomena, 2nd ed., John Wiles & Sons, 2007.

Cengel, Y. A., Heat Transfer, McGraw-Hill, 1998.

Chapman, A. J., Heat Transfer, 4th ed., Macmillian Publishing Company, 1984.

Colebrook, C. F., "Turbulent Flow in Pipes with Particular Reference to the Transition Between the Smooth and Rough Pipe Laws," Journal of the Institute of Civil Engineers London, Vol. 11, 1939.

FAGE, A. & FALKNER V. M., The flow around a circular cylinder. Aero. Res. Counc., Lond., Rep. and Mem. no. 1369, 1931.

Flemmer R. L. C., and Banks C. L., On the Drag Coefficient of a Sphere, Powder Technology, 48, 217-221, 1986.

Goldstein, R. J. ed., Flow Mechanics Measuurements, Hemisphere Publishing, New York. 1983.

Gowen, F. E. and Perkins, E. W., Drag of Circular Cylinders for a Wide Range of Reynolds Numbers and Mach Numbers. NACA TN 2960, 1953.

Haaland, S. E., 1983, "Simple and Explicit Formulas for the Friction-Factor in Turbulent Pipe Flow," Transactions of the ASME, Journal of Fluids Engineering, Vol. 105.

Hinze, J. O., Turbilence, 2nd ed., McGraw-Hill, New York, 1975.

Kevorkian, J. and Cole, J. D., Pertubation Methods in Applied Mathematics, Springer-Verlag, 1981.

Kreyszig, E., Advanced Engineering Mathematics, 9th ed. John Wiley & sons, 2006.

Nayfeh, A. H., Introduction to Pertubation Technique, John Wiles & Sons, 1981.

Oertel, H., Prandtl's Essentials of Fluid Mechanics, 2nd ed., Springer, 2004.

Panton, R. L., Incompressible Flow, Wiley, New York, 1984.

Saad M. A., Compressible Fluid Flow, Prentice-Hall, New Jersey, 1985.

Schlichting, H., Boundary-Layer Theory, Seventh Edition, McGraw-Hill, New York, 2000.

Shames, I. H., Fluid Mechanics, 3rd ed., McGraw-Hill, International Edition, 1992.

Spalding, D. B., Trans. ASME, J. of Applied Mechanics, 28E, 455, 1961.

Streeter, V. L., ed., Handbook of Fluid Dynamics, McGraw-Hill, New York, 1961

von Karman, Mechanical Similitude and Turbulence, NACA TM 611, 1931

Wieselsberger, C.: New Data on the Laws of Fluid Resistance. NACA TN 84, 1922.

White, F. M., Viscous Fluid Flow, McGraw-Hill. New York, 1979.

White, F. M., Fluid Mechanics, Second Edition. McGraw-Hill, New York, 1986.

Young, D. F., Munson, B. R., Okiishi, T. H., and Huebsch, W. W., A Brief Introduction to Fluid Mechanics, 4th ed., John Wiles & Sons, 2007.

부록

표 A1
응력-변형률 관계식(Newton 유체, 비압축성, 직교좌표계)

$$\tau_{xx} = 2\mu\dot{\epsilon}_{xx} = 2\mu\frac{\partial u}{\partial x} \tag{A.1}$$

$$\tau_{yy} = 2\mu\dot{\epsilon}_{yy} = 2\mu\frac{\partial v}{\partial y} \tag{A.2}$$

$$\tau_{zz} = 2\mu\dot{\epsilon}_{zz} = 2\mu\frac{\partial w}{\partial z} \tag{A.3}$$

$$\tau_{xy} = \tau_{yx} = 2\mu\dot{\epsilon}_{xy} = \mu\left(\frac{\partial u}{\partial y} + \frac{\partial v}{\partial x}\right) \tag{A.4}$$

$$\tau_{yz} = \tau_{zy} = 2\mu\dot{\epsilon}_{yz} = \mu\left(\frac{\partial v}{\partial z} + \frac{\partial w}{\partial y}\right) \tag{A.5}$$

$$\tau_{zx} = \tau_{xz} = 2\mu\dot{\epsilon}_{zx} = \mu\left(\frac{\partial w}{\partial x} + \frac{\partial u}{\partial z}\right) \tag{A.6}$$

표 A2
응력-변형률 관계식(Newton 유체, 비압축성, 원통좌표계)

$$\tau_{rr} = 2\mu\frac{\partial v_r}{\partial r} \tag{A.7}$$

$$\tau_{\theta\theta} = 2\mu\left(\frac{1}{r}\frac{\partial v_\theta}{\partial \theta} + \frac{v_r}{r}\right) \tag{A.8}$$

$$\tau_{zz} = 2\mu\frac{\partial v_z}{\partial z} \tag{A.9}$$

$$\tau_{r\theta} = \tau_{\theta r} = \mu\left[r\frac{\partial}{\partial r}\left(\frac{v_\theta}{r}\right) + \frac{1}{r}\frac{\partial v_r}{\partial \theta}\right] \tag{A.10}$$

$$\tau_{\theta z} = \tau_{\theta z} = \mu\left[\frac{1}{r}\frac{\partial v_z}{\partial \theta} + \frac{\partial v_\theta}{\partial z}\right] \tag{A.11}$$

$$\tau_{zr} = \tau_{rz} = \mu\left[\frac{\partial v_r}{\partial z} + \frac{\partial v_z}{\partial r}\right] \tag{A.12}$$

표 A3
등엔트로피 유동에서의 관계
$(k=1.4)$

Ma	$\frac{A}{A^*}$	$\frac{T}{T_0}$	$\frac{p}{p_0}$	$\frac{\rho}{\rho_0}$	Ma	$\frac{A}{A^*}$	$\frac{T}{T_0}$	$\frac{p}{p_0}$	$\frac{\rho}{\rho_0}$
0.00		1.0000	1.00000	1.00000	0.26	2.3173	0.9867	0.95408	0.96698
0.01	57.8738	1.0000	0.99993	0.99995	0.27	2.2385	0.9856	0.95060	0.96446
0.02	28.9421	0.9999	0.99972	0.99980	0.28	2.1656	0.9846	0.94700	0.96185
0.03	19.3005	0.9998	0.99937	0.99955	0.29	2.0979	0.9835	0.94329	0.95916
0.04	14.4815	0.9997	0.99888	0.99920	0.30	2.0351	0.9823	0.93947	0.95638
0.05	11.5914	0.9995	0.99825	0.99875	0.31	1.9765	0.9811	0.93554	0.95352
0.06	9.6659	0.9993	0.99748	0.99820	0.32	1.9219	0.9799	0.93150	0.95058
0.07	8.2915	0.9990	0.99658	0.99755	0.33	1.8707	0.9787	0.92736	0.94756
0.08	7.2616	0.9987	0.99553	0.99681	0.34	1.8229	0.9774	0.92312	0.94446
0.09	6.4613	0.9984	0.99435	0.99596	0.35	1.7780	0.9761	0.91877	0.94128
0.10	5.8218	0.9980	0.99303	0.99502	0.36	1.7358	0.9747	0.91433	0.93803
0.11	5.2992	0.9976	0.99158	0.99398	0.37	1.6961	0.9733	0.90979	0.93470
0.12	4.8643	0.9971	0.98998	0.99284	0.38	1.6587	0.9719	0.90516	0.93130
0.13	4.4969	0.9966	0.98826	0.99160	0.39	1.6234	0.9705	0.90043	0.92782
0.14	4.1824	0.9961	0.98640	0.99027	0.40	1.5901	0.9690	0.89561	0.92427
0.15	3.9103	0.9955	0.98441	0.98884	0.41	1.5587	0.9675	0.89071	0.92066
0.16	3.6727	0.9949	0.98228	0.98731	0.42	1.5289	0.9659	0.88572	0.91697
0.17	3.4635	0.9943	0.98003	0.98569	0.43	1.5007	0.9643	0.88065	0.91322
0.18	3.2779	0.9936	0.97765	0.98398	0.44	1.4740	0.9627	0.87550	0.90940
0.19	3.1123	0.9928	0.97514	0.98218	0.45	1.4487	0.9611	0.87027	0.90551
0.20	2.9635	0.9921	0.97250	0.98028	0.46	1.4246	0.9594	0.86496	0.90157
0.21	2.8293	0.9913	0.96973	0.97829	0.47	1.4018	0.9577	0.85958	0.89756
0.22	2.7076	0.9904	0.96685	0.97620	0.48	1.3801	0.9559	0.85413	0.89349
0.23	2.5968	0.9895	0.96383	0.97403	0.49	1.3595	0.9542	0.84861	0.88936
0.24	2.4956	0.9886	0.96070	0.97177	0.50	1.3398	0.9524	0.84302	0.88517
0.25	2.4027	0.9877	0.95745	0.96942					

표 A3
등엔트로피 유동에서의 관계 $(k=1.4)$

Ma	$\frac{A}{A^*}$	$\frac{T}{T_0}$	$\frac{p}{p_0}$	$\frac{\rho}{\rho_0}$	Ma	$\frac{A}{A^*}$	$\frac{T}{T_0}$	$\frac{p}{p_0}$	$\frac{\rho}{\rho_0}$
0.51	1.3212	0.9506	0.83737	0.88093	0.76	1.0570	0.8964	0.68207	0.76086
0.52	1.3034	0.9487	0.83165	0.87663	0.77	1.0519	0.8940	0.67556	0.75567
0.53	1.2865	0.9468	0.82588	0.87228	0.78	1.0471	0.8915	0.66905	0.75046
0.54	1.2703	0.9449	0.82005	0.86788	0.79	1.0425	0.8890	0.66254	0.74523
0.55	1.2549	0.9430	0.81417	0.86342	0.80	1.0382	0.8865	0.65602	0.73999
0.56	1.2403	0.9410	0.80823	0.85892	0.81	1.0342	0.8840	0.64951	0.73474
0.57	1.2263	0.9390	0.80224	0.85437	0.82	1.0305	0.8815	0.64300	0.72947
0.58	1.2130	0.9370	0.79621	0.84978	0.83	1.0270	0.8789	0.63650	0.72419
0.59	1.2003	0.9349	0.79013	0.84514	0.84	1.0237	0.8763	0.63000	0.71891
0.60	1.1882	0.9328	0.78400	0.84045	0.85	1.0207	0.8737	0.62351	0.71361
0.61	1.1767	0.9307	0.77784	0.83573	0.86	1.0179	0.8711	0.61703	0.70831
0.62	1.1656	0.9286	0.77164	0.83096	0.87	1.0153	0.8685	0.61057	0.70300
0.63	1.1552	0.9265	0.76540	0.82616	0.88	1.0129	0.8659	0.60412	0.69768
0.64	1.1451	0.9243	0.75913	0.82132	0.89	1.0108	0.8632	0.59768	0.69236
0.65	1.1356	0.9221	0.75283	0.81644	0.90	1.0089	0.8606	0.59126	0.68704
0.66	1.1265	0.9199	0.74650	0.81153	0.91	1.0071	0.8579	0.58486	0.68172
0.67	1.1179	0.9176	0.74014	0.80659	0.92	1.0056	0.8552	0.57848	0.67640
0.68	1.1097	0.9153	0.73376	0.80162	0.93	1.0043	0.8525	0.57211	0.67108
0.69	1.1018	0.9131	0.72735	0.79661	0.94	1.0031	0.8498	0.56578	0.66576
0.70	1.0944	0.9107	0.72093	0.79158	0.95	1.0021	0.8471	0.55946	0.66044
0.71	1.0873	0.9084	0.71448	0.78652	0.96	1.0014	0.8444	0.55317	0.65513
0.72	1.0806	0.9061	0.70803	0.78143	0.97	1.0008	0.8416	0.54691	0.64982
0.73	1.0742	0.9037	0.70155	0.77632	0.98	1.0003	0.8389	0.54067	0.64452
0.74	1.0681	0.9013	0.69507	0.77119	0.99	1.0001	0.8361	0.53446	0.63923
0.75	1.0624	0.8989	0.68857	0.76604	1.00	1.0000	0.8333	0.52828	0.63394

표 A3
등엔트로피 유동에서의 관계 ($k = 1.4$)

Ma	$\frac{A}{A^*}$	$\frac{T}{T_0}$	$\frac{p}{p_0}$	$\frac{\rho}{\rho_0}$	Ma	$\frac{A}{A^*}$	$\frac{T}{T_0}$	$\frac{p}{p_0}$	$\frac{\rho}{\rho_0}$
1.01	1.0001	0.8306	0.52213	0.62866	1.26	1.0504	0.7590	0.38093	0.50189
1.02	1.0003	0.8278	0.51602	0.62339	1.27	1.0542	0.7561	0.37586	0.49710
1.03	1.0007	0.8250	0.50994	0.61813	1.28	1.0581	0.7532	0.37083	0.49234
1.04	1.0013	0.8222	0.50389	0.61289	1.29	1.0621	0.7503	0.36585	0.48761
1.05	1.0020	0.8193	0.49787	0.60765	1.30	1.0663	0.7474	0.36091	0.48290
1.06	1.0029	0.8165	0.49189	0.60243	1.31	1.0706	0.7445	0.35603	0.47822
1.07	1.0039	0.8137	0.48595	0.59722	1.32	1.0750	0.7416	0.35119	0.47357
1.08	1.0051	0.8108	0.48005	0.59203	1.33	1.0796	0.7387	0.34640	0.46895
1.09	1.0064	0.8080	0.47418	0.58686	1.34	1.0842	0.7358	0.34166	0.46436
1.10	1.0079	0.8052	0.46835	0.58170	1.35	1.0890	0.7329	0.33697	0.45980
1.11	1.0095	0.8023	0.46257	0.57655	1.36	1.0940	0.7300	0.33233	0.45526
1.12	1.0113	0.7994	0.45682	0.57143	1.37	1.0990	0.7271	0.32773	0.45076
1.13	1.0132	0.7966	0.45111	0.56632	1.38	1.1042	0.7242	0.32319	0.44628
1.14	1.0153	0.7937	0.44545	0.56123	1.39	1.1095	0.7213	0.31869	0.44184
1.15	1.0175	0.7908	0.43983	0.55616	1.40	1.1149	0.7184	0.31424	0.43742
1.16	1.0198	0.7879	0.43425	0.55112	1.41	1.1205	0.7155	0.30984	0.43304
1.17	1.0222	0.7851	0.42872	0.54609	1.42	1.1262	0.7126	0.30549	0.42869
1.18	1.0248	0.7822	0.42322	0.54108	1.43	1.1320	0.7097	0.30118	0.42436
1.19	1.0276	0.7793	0.41778	0.53610	1.44	1.1379	0.7069	0.29693	0.42007
1.20	1.0304	0.7764	0.41238	0.53114	1.45	1.1440	0.7040	0.29272	0.41581
1.21	1.0334	0.7735	0.40702	0.52620	1.46	1.1501	0.7011	0.28856	0.41158
1.22	1.0366	0.7706	0.40171	0.52129	1.47	1.1565	0.6982	0.28445	0.40739
1.23	1.0398	0.7677	0.39645	0.51640	1.48	1.1629	0.6954	0.28039	0.40322
1.24	1.0432	0.7648	0.39123	0.51154	1.49	1.1695	0.6925	0.27637	0.39909
1.25	1.0468	0.7619	0.38606	0.50670	1.50	1.1762	0.6897	0.27240	0.39498

표 A3
등엔트로피 유동에서의 관계 $(k=1.4)$

Ma	$\frac{A}{A^*}$	$\frac{T}{T_0}$	$\frac{p}{p_0}$	$\frac{\rho}{\rho_0}$	Ma	$\frac{A}{A^*}$	$\frac{T}{T_0}$	$\frac{p}{p_0}$	$\frac{\rho}{\rho_0}$
1.51	1.1830	0.6868	0.26848	0.39091	1.76	1.3967	0.6175	0.18499	0.29959
1.52	1.1899	0.6840	0.26461	0.38688	1.77	1.4070	0.6148	0.18219	0.29635
1.53	1.1970	0.6811	0.26078	0.38287	1.78	1.4175	0.6121	0.17944	0.29315
1.54	1.2042	0.6783	0.25700	0.37890	1.79	1.4282	0.6095	0.17672	0.28997
1.55	1.2116	0.6754	0.25326	0.37495	1.80	1.4390	0.6068	0.17404	0.28682
1.56	1.2190	0.6726	0.24957	0.37105	1.81	1.4499	0.6041	0.17140	0.28370
1.57	1.2266	0.6698	0.24593	0.36717	1.82	1.4610	0.6015	0.16879	0.28061
1.58	1.2344	0.6670	0.24233	0.36332	1.83	1.4723	0.5989	0.16622	0.27756
1.59	1.2422	0.6642	0.23878	0.35951	1.84	1.4836	0.5963	0.16369	0.27453
1.60	1.2502	0.6614	0.23527	0.35573	1.85	1.4952	0.5936	0.16119	0.27153
1.61	1.2584	0.6586	0.23181	0.35198	1.86	1.5069	0.5910	0.15873	0.26857
1.62	1.2666	0.6558	0.22839	0.34827	1.87	1.5187	0.5884	0.15631	0.26563
1.63	1.2750	0.6530	0.22501	0.34458	1.88	1.5308	0.5859	0.15392	0.26272
1.64	1.2836	0.6502	0.22168	0.34093	1.89	1.5429	0.5833	0.15156	0.25984
1.65	1.2922	0.6475	0.21839	0.33731	1.90	1.5553	0.5807	0.14924	0.25699
1.66	1.3010	0.6447	0.21515	0.33372	1.91	1.5677	0.5782	0.14695	0.25417
1.67	1.3100	0.6419	0.21195	0.33017	1.92	1.5804	0.5756	0.14470	0.25138
1.68	1.3190	0.6392	0.20879	0.32664	1.93	1.5932	0.5731	0.14247	0.24861
1.69	1.3283	0.6364	0.20567	0.32315	1.94	1.6062	0.5705	0.14028	0.24588
1.70	1.3376	0.6337	0.20259	0.31969	1.95	1.6193	0.5680	0.13813	0.24317
1.71	1.3471	0.6310	0.19956	0.31626	1.96	1.6326	0.5655	0.13600	0.24049
1.72	1.3567	0.6283	0.19656	0.31287	1.97	1.6461	0.5630	0.13390	0.23784
1.73	1.3665	0.6256	0.19361	0.30950	1.98	1.6597	0.5605	0.13184	0.23521
1.74	1.3764	0.6229	0.19070	0.30617	1.99	1.6735	0.5580	0.12981	0.23262
1.75	1.3865	0.6202	0.18782	0.30287	2.00	1.6875	0.5556	0.12780	0.23005

표 A3
등엔트로피 유동에서의 관계
$(k = 1.4)$

Ma	$\frac{A}{A^*}$	$\frac{T}{T_0}$	$\frac{p}{p_0}$	$\frac{\rho}{\rho_0}$	Ma	$\frac{A}{A^*}$	$\frac{T}{T_0}$	$\frac{p}{p_0}$	$\frac{\rho}{\rho_0}$
2.01	1.7016	0.5531	0.12583	0.22751	2.26	2.1153	0.4947	0.08514	0.17211
2.02	1.7160	0.5506	0.12389	0.22499	2.27	2.1345	0.4925	0.08382	0.17020
2.03	1.7305	0.5482	0.12197	0.22250	2.28	2.1538	0.4903	0.08251	0.16830
2.04	1.7451	0.5458	0.12009	0.22004	2.29	2.1734	0.4881	0.08123	0.16643
2.05	1.7600	0.5433	0.11823	0.21760	2.30	2.1931	0.4859	0.07997	0.16458
2.06	1.7750	0.5409	0.11640	0.21519	2.31	2.2131	0.4837	0.07873	0.16275
2.07	1.7902	0.5385	0.11460	0.21281	2.32	2.2333	0.4816	0.07751	0.16095
2.08	1.8056	0.5361	0.11282	0.21045	2.33	2.2538	0.4794	0.07631	0.15916
2.09	1.8212	0.5337	0.11107	0.20811	2.34	2.2744	0.4773	0.07512	0.15739
2.10	1.8369	0.5313	0.10935	0.20580	2.35	2.2953	0.4752	0.07396	0.15564
2.11	1.8529	0.5290	0.10766	0.20352	2.36	2.3164	0.4731	0.07281	0.15391
2.12	1.8690	0.5266	0.10599	0.20126	2.37	2.3377	0.4709	0.07168	0.15221
2.13	1.8853	0.5243	0.10434	0.19902	2.38	2.3593	0.4688	0.07057	0.15052
2.14	1.9018	0.5219	0.10273	0.19681	2.39	2.3811	0.4668	0.06948	0.14885
2.15	1.9185	0.5196	0.10113	0.19463	2.40	2.4031	0.4647	0.06840	0.14720
2.16	1.9354	0.5173	0.09956	0.19247	2.41	2.4254	0.4626	0.06734	0.14556
2.17	1.9525	0.5150	0.09802	0.19033	2.42	2.4479	0.4606	0.06630	0.14395
2.18	1.9698	0.5127	0.09649	0.18821	2.43	2.4706	0.4585	0.06527	0.14235
2.19	1.9873	0.5104	0.09500	0.18612	2.44	2.4936	0.4565	0.06426	0.14078
2.20	2.0050	0.5081	0.09352	0.18405	2.45	2.5168	0.4544	0.06327	0.13922
2.21	2.0229	0.5059	0.09207	0.18200	2.46	2.5403	0.4524	0.06229	0.13768
2.22	2.0409	0.5036	0.09064	0.17998	2.47	2.5640	0.4504	0.06133	0.13615
2.23	2.0592	0.5014	0.08923	0.17798	2.48	2.5880	0.4484	0.06038	0.13465
2.24	2.0777	0.4991	0.08785	0.17600	2.49	2.6122	0.4464	0.05945	0.13316
2.25	2.0964	0.4969	0.08648	0.17404	2.50	2.6367	0.4444	0.05853	0.13169

표 A3
등엔트로피 유동에서의 관계
$(k=1.4)$

Ma	$\frac{A}{A^*}$	$\frac{T}{T_0}$	$\frac{p}{p_0}$	$\frac{\rho}{\rho_0}$	Ma	$\frac{A}{A^*}$	$\frac{T}{T_0}$	$\frac{p}{p_0}$	$\frac{\rho}{\rho_0}$
2.51	2.6615	0.4425	0.05762	0.13023	2.76	3.3695	0.3963	0.03917	0.09885
2.52	2.6865	0.4405	0.05674	0.12879	2.77	3.4017	0.3945	0.03858	0.09778
2.53	2.7117	0.4386	0.05586	0.12737	2.78	3.4342	0.3928	0.03799	0.09671
2.54	2.7372	0.4366	0.05500	0.12597	2.79	3.4670	0.3911	0.03742	0.09566
2.55	2.7630	0.4347	0.05415	0.12458	2.80	3.5001	0.3894	0.03685	0.09463
2.56	2.7891	0.4328	0.05332	0.12321	2.81	3.5336	0.3877	0.03629	0.09360
2.57	2.8154	0.4309	0.05250	0.12185	2.82	3.5674	0.3860	0.03574	0.09259
2.58	2.8420	0.4289	0.05169	0.12051	2.83	3.6015	0.3844	0.03520	0.09158
2.59	2.8688	0.4271	0.05090	0.11918	2.84	3.6359	0.3827	0.03467	0.09059
2.60	2.8960	0.4252	0.05012	0.11787	2.85	3.6707	0.3810	0.03415	0.08962
2.61	2.9234	0.4233	0.04935	0.11658	2.86	3.7058	0.3794	0.03363	0.08865
2.62	2.9511	0.4214	0.04859	0.11530	2.87	3.7413	0.3777	0.03312	0.08769
2.63	2.9791	0.4196	0.04784	0.11403	2.88	3.7771	0.3761	0.03263	0.08675
2.64	3.0073	0.4177	0.04711	0.11278	2.89	3.8133	0.3745	0.03213	0.08581
2.65	3.0359	0.4159	0.04639	0.11154	2.90	3.8498	0.3729	0.03165	0.08489
2.66	3.0647	0.4141	0.04568	0.11032	2.91	3.8866	0.3712	0.03118	0.08398
2.67	3.0938	0.4122	0.04498	0.10911	2.92	3.9238	0.3696	0.03071	0.08307
2.68	3.1233	0.4104	0.04429	0.10792	2.93	3.9614	0.3681	0.03025	0.08218
2.69	3.1530	0.4086	0.04362	0.10674	2.94	3.9993	0.3665	0.02980	0.08130
2.70	3.1830	0.4068	0.04295	0.10557	2.95	4.0376	0.3649	0.02935	0.08043
2.71	3.2133	0.4051	0.04229	0.10442	2.96	4.0763	0.3633	0.02891	0.07957
2.72	3.2440	0.4033	0.04165	0.10328	2.97	4.1153	0.3618	0.02848	0.07872
2.73	3.2749	0.4015	0.04102	0.10215	2.98	4.1547	0.3602	0.02805	0.07788
2.74	3.3061	0.3998	0.04039	0.10104	2.99	4.1944	0.3587	0.02764	0.07705
2.75	3.3377	0.3980	0.03978	0.09994	3.00	4.2346	0.3571	0.02722	0.07623

표 A3
등엔트로피 유동에서의 관계 $(k=1.4)$

Ma	$\frac{A}{A^*}$	$\frac{T}{T_0}$	$\frac{p}{p_0}$	$\frac{\rho}{\rho_0}$	Ma	$\frac{A}{A^*}$	$\frac{T}{T_0}$	$\frac{p}{p_0}$	$\frac{\rho}{\rho_0}$
3.01	4.2751	0.3556	0.02682	0.07541	3.26	5.4201	0.3199	0.01853	0.05790
3.02	4.3160	0.3541	0.02642	0.07461	3.27	5.4715	0.3186	0.01826	0.05730
3.03	4.3573	0.3526	0.02603	0.07382	3.28	5.5234	0.3173	0.01799	0.05671
3.04	4.3989	0.3511	0.02564	0.07303	3.29	5.5758	0.3160	0.01773	0.05612
3.05	4.4410	0.3496	0.02526	0.07226	3.30	5.6286	0.3147	0.01748	0.05554
3.06	4.4835	0.3481	0.02489	0.07149	3.31	5.6820	0.3134	0.01722	0.05497
3.07	4.5263	0.3466	0.02452	0.07074	3.32	5.7358	0.3121	0.01698	0.05440
3.08	4.5696	0.3452	0.02416	0.06999	3.33	5.7900	0.3108	0.01673	0.05384
3.09	4.6132	0.3437	0.02380	0.06925	3.34	5.8448	0.3095	0.01649	0.05329
3.10	4.6573	0.3422	0.02345	0.06852	3.35	5.9000	0.3082	0.01625	0.05274
3.11	4.7018	0.3408	0.02310	0.06779	3.36	5.9558	0.3069	0.01602	0.05220
3.12	4.7467	0.3393	0.02276	0.06708	3.37	6.0120	0.3057	0.01579	0.05166
3.13	4.7920	0.3379	0.02243	0.06637	3.38	6.0687	0.3044	0.01557	0.05113
3.14	4.8377	0.3365	0.02210	0.06568	3.39	6.1260	0.3032	0.01534	0.05061
3.15	4.8838	0.3351	0.02177	0.06499	3.40	6.1837	0.3019	0.01512	0.05009
3.16	4.9304	0.3337	0.02146	0.06430	3.41	6.2419	0.3007	0.01491	0.04958
3.17	4.9774	0.3323	0.02114	0.06363	3.42	6.3007	0.2995	0.01470	0.04908
3.18	5.0248	0.3309	0.02083	0.06296	3.43	6.3600	0.2982	0.01449	0.04858
3.19	5.0727	0.3295	0.02053	0.06231	3.44	6.4198	0.2970	0.01428	0.04808
3.20	5.1210	0.3281	0.02023	0.06165	3.45	6.4801	0.2958	0.01408	0.04759
3.21	5.1697	0.3267	0.01993	0.06101	3.46	6.5409	0.2946	0.01388	0.04711
3.22	5.2189	0.3253	0.01964	0.06037	3.47	6.6023	0.2934	0.01368	0.04663
3.23	5.2685	0.3240	0.01936	0.05975	3.48	6.6642	0.2922	0.01349	0.04616
3.24	5.3186	0.3226	0.01908	0.05912	3.49	6.7266	0.2910	0.01330	0.04569
3.25	5.3691	0.3213	0.01880	0.05851	3.50	6.7896	0.2899	0.01311	0.04523

표 A3
등엔트로피 유동에서의 관계
$(k=1.4)$

Ma	$\frac{A}{A^*}$	$\frac{T}{T_0}$	$\frac{p}{p_0}$	$\frac{\rho}{\rho_0}$	Ma	$\frac{A}{A^*}$	$\frac{T}{T_0}$	$\frac{p}{p_0}$	$\frac{\rho}{\rho_0}$
3.51	6.8532	0.2887	0.01293	0.04478	3.76	8.6302	0.2613	0.00912	0.03489
3.52	6.9172	0.2875	0.01274	0.04433	3.77	8.7093	0.2602	0.00899	0.03455
3.53	6.9819	0.2864	0.01256	0.04388	3.78	8.7891	0.2592	0.00887	0.03421
3.54	7.0471	0.2852	0.01239	0.04344	3.79	8.8695	0.2582	0.00875	0.03388
3.55	7.1128	0.2841	0.01221	0.04300	3.80	8.9506	0.2572	0.00863	0.03355
3.56	7.1791	0.2829	0.01204	0.04257	3.81	9.0323	0.2562	0.00851	0.03322
3.57	7.2460	0.2818	0.01188	0.04214	3.82	9.1148	0.2552	0.00840	0.03290
3.58	7.3135	0.2806	0.01171	0.04172	3.83	9.1979	0.2542	0.00828	0.03258
3.59	7.3815	0.2795	0.01155	0.04131	3.84	9.2817	0.2532	0.00817	0.03227
3.60	7.4501	0.2784	0.01138	0.04089	3.85	9.3661	0.2522	0.00806	0.03195
3.61	7.5193	0.2773	0.01123	0.04049	3.86	9.4513	0.2513	0.00795	0.03165
3.62	7.5891	0.2762	0.01107	0.04008	3.87	9.5372	0.2503	0.00784	0.03134
3.63	7.6595	0.2751	0.01092	0.03968	3.88	9.6237	0.2493	0.00774	0.03104
3.64	7.7305	0.2740	0.01076	0.03929	3.89	9.7110	0.2484	0.00763	0.03074
3.65	7.8020	0.2729	0.01062	0.03890	3.90	9.7990	0.2474	0.00753	0.03044
3.66	7.8742	0.2718	0.01047	0.03852	3.91	9.8877	0.2464	0.00743	0.03015
3.67	7.9470	0.2707	0.01032	0.03813	3.92	9.9771	0.2455	0.00733	0.02986
3.68	8.0204	0.2697	0.01018	0.03776	3.93	10.0672	0.2446	0.00723	0.02958
3.69	8.0944	0.2686	0.01004	0.03739	3.94	10.1581	0.2436	0.00714	0.02929
3.70	8.1691	0.2675	0.00990	0.03702	3.95	10.2496	0.2427	0.00704	0.02902
3.71	8.2443	0.2665	0.00977	0.03665	3.96	10.3420	0.2418	0.00695	0.02874
3.72	8.3202	0.2654	0.00963	0.03629	3.97	10.4350	0.2408	0.00686	0.02846
3.73	8.3968	0.2644	0.00950	0.03594	3.98	10.5289	0.2399	0.00676	0.02819
3.74	8.4739	0.2633	0.00937	0.03558	3.99	10.6234	0.2390	0.00667	0.02793
3.75	8.5517	0.2623	0.00924	0.03524	4.00	10.7188	0.2381	0.00659	0.02766

표 A3
등엔트로피 유동에서의 관계
$(k=1.4)$

Ma	$\frac{A}{A^*}$	$\frac{T}{T_0}$	$\frac{p}{p_0}$	$\frac{\rho}{\rho_0}$	Ma	$\frac{A}{A^*}$	$\frac{T}{T_0}$	$\frac{p}{p_0}$	$\frac{\rho}{\rho_0}$
4.01	10.8148	0.2372	0.00650	0.02740	4.26	13.4789	0.2160	0.00468	0.02169
4.02	10.9117	0.2363	0.00641	0.02714	4.27	13.5965	0.2152	0.00462	0.02149
4.03	11.0093	0.2354	0.00633	0.02688	4.28	13.7151	0.2144	0.00457	0.02129
4.04	11.1077	0.2345	0.00624	0.02663	4.29	13.8345	0.2136	0.00451	0.02110
4.05	11.2069	0.2336	0.00616	0.02638	4.30	13.9549	0.2129	0.00445	0.02090
4.06	11.3068	0.2327	0.00608	0.02613	4.31	14.0762	0.2121	0.00439	0.02071
4.07	11.4076	0.2319	0.00600	0.02589	4.32	14.1984	0.2113	0.00434	0.02052
4.08	11.5091	0.2310	0.00592	0.02564	4.33	14.3215	0.2105	0.00428	0.02034
4.09	11.6115	0.2301	0.00585	0.02540	4.34	14.4456	0.2098	0.00423	0.02015
4.10	11.7147	0.2293	0.00577	0.02516	4.35	14.5706	0.2090	0.00417	0.01997
4.11	11.8186	0.2284	0.00569	0.02493	4.36	14.6965	0.2083	0.00412	0.01979
4.12	11.9234	0.2275	0.00562	0.02470	4.37	14.8234	0.2075	0.00407	0.01961
4.13	12.0290	0.2267	0.00555	0.02447	4.38	14.9513	0.2067	0.00402	0.01944
4.14	12.1354	0.2258	0.00547	0.02424	4.39	15.0801	0.2060	0.00397	0.01926
4.15	12.2427	0.2250	0.00540	0.02401	4.40	15.2099	0.2053	0.00392	0.01909
4.16	12.3508	0.2242	0.00533	0.02379	4.41	15.3406	0.2045	0.00387	0.01892
4.17	12.4597	0.2233	0.00526	0.02357	4.42	15.4724	0.2038	0.00382	0.01875
4.18	12.5695	0.2225	0.00520	0.02335	4.43	15.6051	0.2030	0.00377	0.01858
4.19	12.6801	0.2217	0.00513	0.02313	4.44	15.7388	0.2023	0.00372	0.01841
4.20	12.7916	0.2208	0.00506	0.02292	4.45	15.8735	0.2016	0.00368	0.01825
4.21	12.9040	0.2200	0.00500	0.02271	4.46	16.0092	0.2009	0.00363	0.01808
4.22	13.0172	0.2192	0.00493	0.02250	4.47	16.1459	0.2002	0.00359	0.01792
4.23	13.1313	0.2184	0.00487	0.02229	4.48	16.2837	0.1994	0.00354	0.01776
4.24	13.2463	0.2176	0.00481	0.02209	4.49	16.4224	0.1987	0.00350	0.01761
4.25	13.3622	0.2168	0.00474	0.02189	4.50	16.5622	0.1980	0.00346	0.01745

표 A3
등엔트로피 유동에서의 관계
$(k = 1.4)$

Ma	$\frac{A}{A^*}$	$\frac{T}{T_0}$	$\frac{p}{p_0}$	$\frac{\rho}{\rho_0}$	Ma	$\frac{A}{A^*}$	$\frac{T}{T_0}$	$\frac{p}{p_0}$	$\frac{\rho}{\rho_0}$
4.51	16.7030	0.1973	0.00341	0.01729	4.76	20.5770	0.1808	0.00251	0.01390
4.52	16.8449	0.1966	0.00337	0.01714	4.77	20.7469	0.1802	0.00248	0.01378
4.53	16.9878	0.1959	0.00333	0.01699	4.78	20.9179	0.1795	0.00245	0.01366
4.54	17.1317	0.1952	0.00329	0.01684	4.79	21.0902	0.1789	0.00242	0.01354
4.55	17.2767	0.1945	0.00325	0.01669	4.80	21.2637	0.1783	0.00239	0.01343
4.56	17.4228	0.1938	0.00321	0.01654	4.81	21.4384	0.1777	0.00237	0.01331
4.57	17.5699	0.1932	0.00317	0.01640	4.82	21.6144	0.1771	0.00234	0.01320
4.58	17.7181	0.1925	0.00313	0.01625	4.83	21.7916	0.1765	0.00231	0.01309
4.59	17.8674	0.1918	0.00309	0.01611	4.84	21.9700	0.1759	0.00228	0.01298
4.60	18.0178	0.1911	0.00305	0.01597	4.85	22.1497	0.1753	0.00226	0.01287
4.61	18.1693	0.1905	0.00302	0.01583	4.86	22.3306	0.1747	0.00223	0.01276
4.62	18.3218	0.1898	0.00298	0.01569	4.87	22.5128	0.1741	0.00220	0.01265
4.63	18.4755	0.1891	0.00294	0.01556	4.88	22.6963	0.1735	0.00218	0.01254
4.64	18.6303	0.1885	0.00291	0.01542	4.89	22.8811	0.1729	0.00215	0.01244
4.65	18.7862	0.1878	0.00287	0.01529	4.90	23.0671	0.1724	0.00213	0.01233
4.66	18.9433	0.1872	0.00284	0.01515	4.91	23.2545	0.1718	0.00210	0.01223
4.67	19.1015	0.1865	0.00280	0.01502	4.92	23.4431	0.1712	0.00208	0.01213
4.68	19.2608	0.1859	0.00277	0.01489	4.93	23.6331	0.1706	0.00205	0.01202
4.69	19.4212	0.1852	0.00273	0.01476	4.94	23.8243	0.1700	0.00203	0.01192
4.70	19.5828	0.1846	0.00270	0.01464	4.95	24.0169	0.1695	0.00200	0.01182
4.71	19.7456	0.1839	0.00267	0.01451	4.96	24.2109	0.1689	0.00198	0.01173
4.72	19.9095	0.1833	0.00264	0.01438	4.97	24.4061	0.1683	0.00196	0.01163
4.73	20.0746	0.1827	0.00260	0.01426	4.98	24.6027	0.1678	0.00193	0.01153
4.74	20.2409	0.1820	0.00257	0.01414	4.99	24.8007	0.1672	0.00191	0.01144
4.75	20.4084	0.1814	0.00254	0.01402	5.00	25.0000	0.1667	0.00189	0.01134

표 A4
수직충격파 관계($k = 1.4$)

Ma_1	Ma_2	$\frac{p_2}{p_1}$	$\frac{T_2}{T_1}$	$\frac{\rho_2}{\rho_1}$	$\frac{p_{02}}{p_{01}}$	Ma_1	Ma_2	$\frac{p_2}{p_1}$	$\frac{T_2}{T_1}$	$\frac{\rho_2}{\rho_1}$	$\frac{p_{02}}{p_{01}}$
1.00	1.0000	1.0000	1.0000	1.0000	1.0000	1.26	0.8071	1.6855	1.1657	1.4460	0.9857
1.01	0.9901	1.0235	1.0066	1.0167	1.0000	1.27	0.8016	1.7151	1.1720	1.4634	0.9842
1.02	0.9805	1.0471	1.0132	1.0334	1.0000	1.28	0.7963	1.7448	1.1783	1.4808	0.9827
1.03	0.9712	1.0711	1.0198	1.0502	1.0000	1.29	0.7911	1.7748	1.1846	1.4983	0.9811
1.04	0.9620	1.0952	1.0263	1.0671	0.9999	1.30	0.7860	1.8050	1.1909	1.5157	0.9794
1.05	0.9531	1.1196	1.0328	1.0840	0.9999	1.31	0.7809	1.8355	1.1972	1.5331	0.9776
1.06	0.9444	1.1442	1.0393	1.1009	0.9998	1.32	0.7760	1.8661	1.2035	1.5505	0.9758
1.07	0.9360	1.1691	1.0458	1.1179	0.9996	1.33	0.7712	1.8971	1.2099	1.5680	0.9738
1.08	0.9277	1.1941	1.0522	1.1349	0.9994	1.34	0.7664	1.9282	1.2162	1.5854	0.9718
1.09	0.9196	1.2195	1.0586	1.1520	0.9992	1.35	0.7618	1.9596	1.2226	1.6028	0.9697
1.10	0.9118	1.2450	1.0649	1.1691	0.9989	1.36	0.7572	1.9912	1.2290	1.6202	0.9676
1.11	0.9041	1.2708	1.0713	1.1862	0.9986	1.37	0.7527	2.0231	1.2354	1.6376	0.9653
1.12	0.8966	1.2968	1.0776	1.2034	0.9982	1.38	0.7483	2.0551	1.2418	1.6549	0.9630
1.13	0.8892	1.3231	1.0840	1.2206	0.9978	1.39	0.7440	2.0875	1.2482	1.6723	0.9607
1.14	0.8820	1.3495	1.0903	1.2378	0.9973	1.40	0.7397	2.1200	1.2547	1.6897	0.9582
1.15	0.8750	1.3763	1.0966	1.2550	0.9967	1.41	0.7355	2.1528	1.2612	1.7070	0.9557
1.16	0.8682	1.4032	1.1029	1.2723	0.9961	1.42	0.7314	2.1858	1.2676	1.7243	0.9531
1.17	0.8615	1.4304	1.1092	1.2896	0.9953	1.43	0.7274	2.2191	1.2741	1.7416	0.9504
1.18	0.8549	1.4578	1.1154	1.3069	0.9946	1.44	0.7235	2.2525	1.2807	1.7589	0.9476
1.19	0.8485	1.4855	1.1217	1.3243	0.9937	1.45	0.7196	2.2863	1.2872	1.7761	0.9448
1.20	0.8422	1.5133	1.1280	1.3416	0.9928	1.46	0.7157	2.3202	1.2938	1.7934	0.9420
1.21	0.8360	1.5415	1.1343	1.3590	0.9918	1.47	0.7120	2.3544	1.3003	1.8106	0.9390
1.22	0.8300	1.5698	1.1405	1.3764	0.9907	1.48	0.7083	2.3888	1.3069	1.8278	0.9360
1.23	0.8241	1.5984	1.1468	1.3938	0.9896	1.49	0.7047	2.4235	1.3136	1.8449	0.9329
1.24	0.8183	1.6272	1.1531	1.4112	0.9884	1.50	0.7011	2.4583	1.3202	1.8621	0.9298
1.25	0.8126	1.6563	1.1594	1.4286	0.9871						

표 A4
수직충격파 관계($k = 1.4$)

Ma_1	Ma_2	$\frac{p_2}{p_1}$	$\frac{T_2}{T_1}$	$\frac{\rho_2}{\rho_1}$	$\frac{p_{02}}{p_{01}}$	Ma_1	Ma_2	$\frac{p_2}{p_1}$	$\frac{T_2}{T_1}$	$\frac{\rho_2}{\rho_1}$	$\frac{p_{02}}{p_{01}}$
1.51	0.6976	2.4935	1.3269	1.8792	0.9266	1.76	0.6257	3.4472	1.5019	2.2952	0.8302
1.52	0.6941	2.5288	1.3336	1.8963	0.9233	1.77	0.6234	3.4884	1.5093	2.3113	0.8259
1.53	0.6907	2.5644	1.3403	1.9133	0.9200	1.78	0.6210	3.5298	1.5167	2.3273	0.8215
1.54	0.6874	2.6002	1.3470	1.9303	0.9166	1.79	0.6188	3.5715	1.5241	2.3433	0.8171
1.55	0.6841	2.6363	1.3538	1.9473	0.9132	1.80	0.6165	3.6133	1.5316	2.3592	0.8127
1.56	0.6809	2.6725	1.3606	1.9643	0.9097	1.81	0.6143	3.6555	1.5391	2.3751	0.8082
1.57	0.6777	2.7091	1.3674	1.9812	0.9062	1.82	0.6121	3.6978	1.5466	2.3909	0.8038
1.58	0.6746	2.7458	1.3742	1.9981	0.9026	1.83	0.6099	3.7404	1.5541	2.4067	0.7993
1.59	0.6715	2.7828	1.3811	2.0149	0.8989	1.84	0.6078	3.7832	1.5617	2.4224	0.7948
1.60	0.6684	2.8200	1.3880	2.0317	0.8952	1.85	0.6057	3.8263	1.5693	2.4381	0.7902
1.61	0.6655	2.8575	1.3949	2.0485	0.8915	1.86	0.6036	3.8695	1.5770	2.4537	0.7857
1.62	0.6625	2.8951	1.4018	2.0653	0.8877	1.87	0.6016	3.9131	1.5847	2.4693	0.7811
1.63	0.6596	2.9331	1.4088	2.0820	0.8838	1.88	0.5996	3.9568	1.5924	2.4848	0.7765
1.64	0.6568	2.9712	1.4158	2.0986	0.8799	1.89	0.5976	4.0008	1.6001	2.5003	0.7720
1.65	0.6540	3.0096	1.4228	2.1152	0.8760	1.90	0.5956	4.0450	1.6079	2.5157	0.7674
1.66	0.6512	3.0482	1.4299	2.1318	0.8720	1.91	0.5937	4.0895	1.6157	2.5310	0.7627
1.67	0.6485	3.0871	1.4369	2.1484	0.8680	1.92	0.5918	4.1341	1.6236	2.5463	0.7581
1.68	0.6458	3.1261	1.4440	2.1649	0.8639	1.93	0.5899	4.1791	1.6314	2.5616	0.7535
1.69	0.6431	3.1655	1.4512	2.1813	0.8599	1.94	0.5880	4.2242	1.6394	2.5767	0.7488
1.70	0.6405	3.2050	1.4583	2.1977	0.8557	1.95	0.5862	4.2696	1.6473	2.5919	0.7442
1.71	0.6380	3.2448	1.4655	2.2141	0.8516	1.96	0.5844	4.3152	1.6553	2.6069	0.7395
1.72	0.6355	3.2848	1.4727	2.2304	0.8474	1.97	0.5826	4.3611	1.6633	2.6220	0.7349
1.73	0.6330	3.3251	1.4800	2.2467	0.8431	1.98	0.5808	4.4071	1.6713	2.6369	0.7302
1.74	0.6305	3.3655	1.4873	2.2629	0.8389	1.99	0.5791	4.4535	1.6794	2.6518	0.7255
1.75	0.6281	3.4063	1.4946	2.2791	0.8346	2.00	0.5774	4.5000	1.6875	2.6667	0.7209

표 A4
수직충격파 관계($k = 1.4$)

Ma_1	Ma_2	$\frac{p_2}{p_1}$	$\frac{T_2}{T_1}$	$\frac{\rho_2}{\rho_1}$	$\frac{p_{02}}{p_{01}}$	Ma_1	Ma_2	$\frac{p_2}{p_1}$	$\frac{T_2}{T_1}$	$\frac{\rho_2}{\rho_1}$	$\frac{p_{02}}{p_{01}}$
2.01	0.5757	4.5468	1.6956	2.6815	0.7162	2.26	0.5393	5.7922	1.9104	3.0319	0.6011
2.02	0.5740	4.5938	1.7038	2.6962	0.7115	2.27	0.5381	5.8451	1.9194	3.0452	0.5966
2.03	0.5723	4.6411	1.7120	2.7109	0.7069	2.28	0.5368	5.8981	1.9285	3.0584	0.5921
2.04	0.5707	4.6885	1.7203	2.7255	0.7022	2.29	0.5356	5.9515	1.9376	3.0715	0.5877
2.05	0.5691	4.7363	1.7285	2.7400	0.6975	2.30	0.5344	6.0050	1.9468	3.0845	0.5833
2.06	0.5675	4.7842	1.7369	2.7545	0.6928	2.31	0.5332	6.0588	1.9560	3.0976	0.5789
2.07	0.5659	4.8324	1.7452	2.7689	0.6882	2.32	0.5321	6.1128	1.9652	3.1105	0.5745
2.08	0.5643	4.8808	1.7536	2.7833	0.6835	2.33	0.5309	6.1671	1.9745	3.1234	0.5702
2.09	0.5628	4.9295	1.7620	2.7976	0.6789	2.34	0.5297	6.2215	1.9838	3.1362	0.5658
2.10	0.5613	4.9783	1.7705	2.8119	0.6742	2.35	0.5286	6.2763	1.9931	3.1490	0.5615
2.11	0.5598	5.0275	1.7789	2.8261	0.6696	2.36	0.5275	6.3312	2.0025	3.1617	0.5572
2.12	0.5583	5.0768	1.7875	2.8402	0.6649	2.37	0.5264	6.3864	2.0119	3.1743	0.5529
2.13	0.5568	5.1264	1.7960	2.8543	0.6603	2.38	0.5253	6.4418	2.0213	3.1869	0.5486
2.14	0.5554	5.1762	1.8046	2.8683	0.6557	2.39	0.5242	6.4975	2.0308	3.1994	0.5444
2.15	0.5540	5.2263	1.8132	2.8823	0.6511	2.40	0.5231	6.5533	2.0403	3.2119	0.5401
2.16	0.5525	5.2765	1.8219	2.8962	0.6464	2.41	0.5221	6.6095	2.0499	3.2243	0.5359
2.17	0.5511	5.3271	1.8306	2.9101	0.6419	2.42	0.5210	6.6658	2.0595	3.2367	0.5317
2.18	0.5498	5.3778	1.8393	2.9238	0.6373	2.43	0.5200	6.7224	2.0691	3.2489	0.5276
2.19	0.5484	5.4288	1.8481	2.9376	0.6327	2.44	0.5189	6.7792	2.0788	3.2612	0.5234
2.20	0.5471	5.4800	1.8569	2.9512	0.6281	2.45	0.5179	6.8363	2.0885	3.2733	0.5193
2.21	0.5457	5.5315	1.8657	2.9648	0.6236	2.46	0.5169	6.8935	2.0982	3.2855	0.5152
2.22	0.5444	5.5831	1.8746	2.9784	0.6191	2.47	0.5159	6.9511	2.1080	3.2975	0.5111
2.23	0.5431	5.6351	1.8835	2.9918	0.6145	2.48	0.5149	7.0088	2.1178	3.3095	0.5071
2.24	0.5418	5.6872	1.8924	3.0053	0.6100	2.49	0.5140	7.0668	2.1276	3.3215	0.5030
2.25	0.5406	5.7396	1.9014	3.0186	0.6055	2.50	0.5130	7.1250	2.1375	3.3333	0.4990

표 A4
수직충격파 관계($k = 1.4$)

Ma_1	Ma_2	$\frac{p_2}{p_1}$	$\frac{T_2}{T_1}$	$\frac{\rho_2}{\rho_1}$	$\frac{p_{02}}{p_{01}}$	Ma_1	Ma_2	$\frac{p_2}{p_1}$	$\frac{T_2}{T_1}$	$\frac{\rho_2}{\rho_1}$	$\frac{p_{02}}{p_{01}}$
2.51	0.5120	7.1835	2.1474	3.3452	0.4950	2.76	0.4911	8.7205	2.4074	3.6224	0.4028
2.52	0.5111	7.2421	2.1574	3.3569	0.4911	2.77	0.4903	8.7851	2.4183	3.6327	0.3994
2.53	0.5102	7.3011	2.1674	3.3686	0.4871	2.78	0.4896	8.8498	2.4292	3.6431	0.3961
2.54	0.5092	7.3602	2.1774	3.3803	0.4832	2.79	0.4889	8.9148	2.4402	3.6533	0.3928
2.55	0.5083	7.4196	2.1875	3.3919	0.4793	2.80	0.4882	8.9800	2.4512	3.6636	0.3895
2.56	0.5074	7.4792	2.1976	3.4034	0.4754	2.81	0.4875	9.0455	2.4622	3.6737	0.3862
2.57	0.5065	7.5391	2.2077	3.4149	0.4715	2.82	0.4868	9.1111	2.4733	3.6838	0.3829
2.58	0.5056	7.5991	2.2179	3.4263	0.4677	2.83	0.4861	9.1771	2.4844	3.6939	0.3797
2.59	0.5047	7.6595	2.2281	3.4377	0.4639	2.84	0.4854	9.2432	2.4955	3.7039	0.3765
2.60	0.5039	7.7200	2.2383	3.4490	0.4601	2.85	0.4847	9.3096	2.5067	3.7139	0.3733
2.61	0.5030	7.7808	2.2486	3.4602	0.4564	2.86	0.4840	9.3762	2.5179	3.7238	0.3701
2.62	0.5022	7.8418	2.2590	3.4714	0.4526	2.87	0.4833	9.4431	2.5292	3.7336	0.3670
2.63	0.5013	7.9031	2.2693	3.4826	0.4489	2.88	0.4827	9.5101	2.5405	3.7434	0.3639
2.64	0.5005	7.9645	2.2797	3.4937	0.4452	2.89	0.4820	9.5775	2.5518	3.7532	0.3608
2.65	0.4996	8.0263	2.2902	3.5047	0.4416	2.90	0.4814	9.6450	2.5632	3.7629	0.3577
2.66	0.4988	8.0882	2.3006	3.5157	0.4379	2.91	0.4807	9.7128	2.5746	3.7725	0.3547
2.67	0.4980	8.1504	2.3111	3.5266	0.4343	2.92	0.4801	9.7808	2.5861	3.7821	0.3517
2.68	0.4972	8.2128	2.3217	3.5374	0.4307	2.93	0.4795	9.8491	2.5976	3.7917	0.3487
2.69	0.4964	8.2755	2.3323	3.5482	0.4271	2.94	0.4788	9.9175	2.6091	3.8012	0.3457
2.70	0.4956	8.3383	2.3429	3.5590	0.4236	2.95	0.4782	9.9863	2.6206	3.8106	0.3428
2.71	0.4949	8.4015	2.3536	3.5697	0.4201	2.96	0.4776	10.055	2.6322	3.8200	0.3398
2.72	0.4941	8.4648	2.3642	3.5803	0.4166	2.97	0.4770	10.124	2.6439	3.8294	0.3369
2.73	0.4933	8.5284	2.3750	3.5909	0.4131	2.98	0.4764	10.194	2.6555	3.8387	0.3340
2.74	0.4926	8.5922	2.3858	3.6015	0.4097	2.99	0.4758	10.263	2.6673	3.8479	0.3312
2.75	0.4918	8.6563	2.3966	3.6119	0.4062	3.00	0.4752	10.333	2.6790	3.8571	0.3283

표 A4
수직충격파 관계($k = 1.4$)

Ma_1	Ma_2	$\frac{p_2}{p_1}$	$\frac{T_2}{T_1}$	$\frac{\rho_2}{\rho_1}$	$\frac{p_{02}}{p_{01}}$	Ma_1	Ma_2	$\frac{p_2}{p_1}$	$\frac{T_2}{T_1}$	$\frac{\rho_2}{\rho_1}$	$\frac{p_{02}}{p_{01}}$
3.01	0.4746	10.403	2.6908	3.8663	0.3255	3.26	0.4614	12.232	2.9979	4.0803	0.2622
3.02	0.4740	10.474	2.7026	3.8754	0.3227	3.27	0.4610	12.308	3.0106	4.0883	0.2600
3.03	0.4734	10.544	2.7145	3.8845	0.3200	3.28	0.4605	12.385	3.0234	4.0963	0.2577
3.04	0.4729	10.615	2.7264	3.8935	0.3172	3.29	0.4600	12.461	3.0363	4.1042	0.2555
3.05	0.4723	10.686	2.7383	3.9025	0.3145	3.30	0.4596	12.538	3.0492	4.1120	0.2533
3.06	0.4717	10.758	2.7503	3.9114	0.3118	3.31	0.4591	12.615	3.0621	4.1198	0.2511
3.07	0.4712	10.829	2.7623	3.9203	0.3091	3.32	0.4587	12.693	3.0751	4.1276	0.2489
3.08	0.4706	10.901	2.7744	3.9291	0.3065	3.33	0.4582	12.770	3.0881	4.1354	0.2468
3.09	0.4701	10.973	2.7865	3.9379	0.3038	3.34	0.4578	12.848	3.1011	4.1431	0.2446
3.10	0.4695	11.045	2.7986	3.9466	0.3012	3.35	0.4573	12.926	3.1142	4.1507	0.2425
3.11	0.4690	11.117	2.8108	3.9553	0.2986	3.36	0.4569	13.005	3.1273	4.1583	0.2404
3.12	0.4685	11.190	2.8230	3.9639	0.2960	3.37	0.4565	13.083	3.1405	4.1659	0.2383
3.13	0.4679	11.263	2.8352	3.9725	0.2935	3.38	0.4560	13.162	3.1537	4.1734	0.2363
3.14	0.4674	11.336	2.8475	3.9811	0.2910	3.39	0.4556	13.241	3.1669	4.1809	0.2342
3.15	0.4669	11.410	2.8598	3.9896	0.2885	3.40	0.4552	13.320	3.1802	4.1884	0.2322
3.16	0.4664	11.483	2.8722	3.9981	0.2860	3.41	0.4548	13.399	3.1935	4.1958	0.2302
3.17	0.4659	11.557	2.8846	4.0065	0.2835	3.42	0.4544	13.479	3.2069	4.2032	0.2282
3.18	0.4654	11.631	2.8970	4.0149	0.2811	3.43	0.4540	13.559	3.2203	4.2105	0.2263
3.19	0.4648	11.705	2.9095	4.0232	0.2786	3.44	0.4535	13.639	3.2337	4.2179	0.2243
3.20	0.4643	11.780	2.9220	4.0315	0.2762	3.45	0.4531	13.720	3.2472	4.2251	0.2224
3.21	0.4639	11.855	2.9345	4.0397	0.2738	3.46	0.4527	13.800	3.2607	4.2323	0.2205
3.22	0.4634	11.930	2.9471	4.0479	0.2715	3.47	0.4523	13.881	3.2742	4.2395	0.2186
3.23	0.4629	12.005	2.9598	4.0561	0.2691	3.48	0.4519	13.962	3.2878	4.2467	0.2167
3.24	0.4624	12.081	2.9724	4.0642	0.2668	3.49	0.4515	14.043	3.3014	4.2538	0.2148
3.25	0.4619	12.156	2.9851	4.0723	0.2645	3.50	0.4512	14.125	3.3151	4.2609	0.2129

표 A4
수직충격파 관계($k = 1.4$)

Ma_1	Ma_2	$\frac{p_2}{p_1}$	$\frac{T_2}{T_1}$	$\frac{\rho_2}{\rho_1}$	$\frac{p_{02}}{p_{01}}$	Ma_1	Ma_2	$\frac{p_2}{p_1}$	$\frac{T_2}{T_1}$	$\frac{\rho_2}{\rho_1}$	$\frac{p_{02}}{p_{01}}$
3.51	0.4508	14.207	3.3287	4.2679	0.2111	3.76	0.4420	16.327	3.6836	4.4324	0.1702
3.52	0.4504	14.289	3.3425	4.2749	0.2093	3.77	0.4417	16.415	3.6983	4.4385	0.1687
3.53	0.4500	14.371	3.3563	4.2819	0.2075	3.78	0.4414	16.503	3.7130	4.4447	0.1673
3.54	0.4496	14.454	3.3701	4.2888	0.2057	3.79	0.4410	16.591	3.7278	4.4507	0.1659
3.55	0.4492	14.536	3.3839	4.2957	0.2039	3.80	0.4407	16.680	3.7426	4.4568	0.1645
3.56	0.4489	14.619	3.3978	4.3026	0.2022	3.81	0.4404	16.769	3.7575	4.4628	0.1631
3.57	0.4485	14.702	3.4117	4.3094	0.2004	3.82	0.4401	16.858	3.7723	4.4688	0.1617
3.58	0.4481	14.786	3.4257	4.3162	0.1987	3.83	0.4398	16.947	3.7873	4.4747	0.1603
3.59	0.4478	14.869	3.4397	4.3229	0.1970	3.84	0.4395	17.037	3.8022	4.4807	0.1589
3.60	0.4474	14.953	3.4537	4.3296	0.1953	3.85	0.4392	17.126	3.8172	4.4866	0.1576
3.61	0.4471	15.037	3.4678	4.3363	0.1936	3.86	0.4389	17.216	3.8323	4.4924	0.1563
3.62	0.4467	15.122	3.4819	4.3429	0.1920	3.87	0.4386	17.306	3.8473	4.4983	0.1549
3.63	0.4463	15.206	3.4961	4.3496	0.1903	3.88	0.4383	17.397	3.8625	4.5041	0.1536
3.64	0.4460	15.291	3.5103	4.3561	0.1887	3.89	0.4380	17.487	3.8776	4.5098	0.1523
3.65	0.4456	15.376	3.5245	4.3627	0.1871	3.90	0.4377	17.578	3.8928	4.5156	0.1510
3.66	0.4453	15.462	3.5388	4.3692	0.1855	3.91	0.4375	17.669	3.9080	4.5213	0.1497
3.67	0.4450	15.547	3.5531	4.3756	0.1839	3.92	0.4372	17.761	3.9233	4.5270	0.1485
3.68	0.4446	15.633	3.5674	4.3821	0.1823	3.93	0.4369	17.852	3.9386	4.5326	0.1472
3.69	0.4443	15.719	3.5818	4.3885	0.1807	3.94	0.4366	17.944	3.9540	4.5383	0.1460
3.70	0.4439	15.805	3.5962	4.3949	0.1792	3.95	0.4363	18.036	3.9694	4.5439	0.1448
3.71	0.4436	15.891	3.6107	4.4012	0.1777	3.96	0.4360	18.129	3.9848	4.5494	0.1435
3.72	0.4433	15.978	3.6252	4.4075	0.1761	3.97	0.4358	18.221	4.0003	4.5550	0.1423
3.73	0.4430	16.065	3.6397	4.4138	0.1746	3.98	0.4355	18.314	4.0158	4.5605	0.1411
3.74	0.4426	16.152	3.6543	4.4200	0.1731	3.99	0.4352	18.407	4.0313	4.5660	0.1399
3.75	0.4423	16.240	3.6689	4.4262	0.1717	4.00	0.4350	18.500	4.0469	4.5714	0.1388

표 A4
수직충격파 관계($k = 1.4$)

Ma_1	Ma_2	$\frac{p_2}{p_1}$	$\frac{T_2}{T_1}$	$\frac{\rho_2}{\rho_1}$	$\frac{p_{02}}{p_{01}}$	Ma_1	Ma_2	$\frac{p_2}{p_1}$	$\frac{T_2}{T_1}$	$\frac{\rho_2}{\rho_1}$	$\frac{p_{02}}{p_{01}}$
4.01	0.4347	18.593	4.0625	4.5769	0.1376	4.26	0.4286	21.006	4.4655	4.7040	0.1116
4.02	0.4344	18.687	4.0782	4.5823	0.1364	4.27	0.4283	21.105	4.4821	4.7087	0.1107
4.03	0.4342	18.781	4.0938	4.5876	0.1353	4.28	0.4281	21.205	4.4988	4.7135	0.1098
4.04	0.4339	18.875	4.1096	4.5930	0.1342	4.29	0.4279	21.305	4.5155	4.7182	0.1089
4.05	0.4336	18.970	4.1254	4.5983	0.1330	4.30	0.4277	21.405	4.5322	4.7229	0.1080
4.06	0.4334	19.064	4.1412	4.6036	0.1319	4.31	0.4275	21.505	4.5490	4.7275	0.1071
4.07	0.4331	19.159	4.1570	4.6089	0.1308	4.32	0.4272	21.606	4.5658	4.7322	0.1062
4.08	0.4329	19.254	4.1729	4.6141	0.1297	4.33	0.4270	21.707	4.5827	4.7368	0.1054
4.09	0.4326	19.349	4.1888	4.6193	0.1286	4.34	0.4268	21.808	4.5995	4.7414	0.1045
4.10	0.4324	19.445	4.2048	4.6245	0.1276	4.35	0.4266	21.910	4.6165	4.7460	0.1036
4.11	0.4321	19.541	4.2208	4.6296	0.1265	4.36	0.4264	22.011	4.6334	4.7505	0.1028
4.12	0.4319	19.637	4.2368	4.6348	0.1254	4.37	0.4262	22.113	4.6505	4.7550	0.1020
4.13	0.4316	19.733	4.2529	4.6399	0.1244	4.38	0.4260	22.215	4.6675	4.7595	0.1011
4.14	0.4314	19.830	4.2690	4.6450	0.1234	4.39	0.4258	22.317	4.6846	4.7640	0.1003
4.15	0.4311	19.926	4.2852	4.6500	0.1223	4.40	0.4255	22.420	4.7017	4.7685	0.0995
4.16	0.4309	20.023	4.3014	4.6550	0.1213	4.41	0.4253	22.523	4.7189	4.7729	0.0987
4.17	0.4306	20.120	4.3176	4.6601	0.1203	4.42	0.4251	22.626	4.7361	4.7773	0.0979
4.18	0.4304	20.218	4.3339	4.6650	0.1193	4.43	0.4249	22.729	4.7533	4.7817	0.0971
4.19	0.4302	20.315	4.3502	4.6700	0.1183	4.44	0.4247	22.833	4.7706	4.7861	0.0963
4.20	0.4299	20.413	4.3666	4.6749	0.1173	4.45	0.4245	22.936	4.7879	4.7904	0.0955
4.21	0.4297	20.511	4.3830	4.6798	0.1164	4.46	0.4243	23.040	4.8053	4.7948	0.0947
4.22	0.4295	20.610	4.3994	4.6847	0.1154	4.47	0.4241	23.144	4.8227	4.7991	0.0940
4.23	0.4292	20.708	4.4159	4.6896	0.1144	4.48	0.4239	23.249	4.8401	4.8034	0.0932
4.24	0.4290	20.807	4.4324	4.6944	0.1135	4.49	0.4237	23.353	4.8576	4.8076	0.0924
4.25	0.4288	20.906	4.4489	4.6992	0.1126	4.50	0.4236	23.458	4.8751	4.8119	0.0917

표 A4
수직충격파 관계($k=1.4$)

Ma_1	Ma_2	$\frac{p_2}{p_1}$	$\frac{T_2}{T_1}$	$\frac{\rho_2}{\rho_1}$	$\frac{p_{02}}{p_{01}}$	Ma_1	Ma_2	$\frac{p_2}{p_1}$	$\frac{T_2}{T_1}$	$\frac{\rho_2}{\rho_1}$	$\frac{p_{02}}{p_{01}}$
4.51	0.4234	23.563	4.8926	4.8161	0.0910	4.76	0.4189	26.267	5.3440	4.9153	0.0745
4.52	0.4232	23.669	4.9102	4.8203	0.0902	4.77	0.4187	26.378	5.3625	4.9190	0.0739
4.53	0.4230	23.774	4.9279	4.8245	0.0895	4.78	0.4186	26.490	5.3811	4.9227	0.0733
4.54	0.4228	23.880	4.9455	4.8287	0.0888	4.79	0.4184	26.601	5.3997	4.9264	0.0727
4.55	0.4226	23.986	4.9632	4.8328	0.0881	4.80	0.4183	26.713	5.4184	4.9301	0.0721
4.56	0.4224	24.093	4.9810	4.8369	0.0874	4.81	0.4181	26.825	5.4371	4.9338	0.0716
4.57	0.4222	24.199	4.9987	4.8410	0.0867	4.82	0.4179	26.938	5.4559	4.9374	0.0710
4.58	0.4220	24.306	5.0166	4.8451	0.0860	4.83	0.4178	27.050	5.4747	4.9410	0.0705
4.59	0.4219	24.413	5.0344	4.8492	0.0853	4.84	0.4176	27.163	5.4935	4.9446	0.0699
4.60	0.4217	24.520	5.0523	4.8532	0.0846	4.85	0.4175	27.276	5.5124	4.9482	0.0694
4.61	0.4215	24.627	5.0703	4.8572	0.0839	4.86	0.4173	27.390	5.5313	4.9518	0.0688
4.62	0.4213	24.735	5.0882	4.8612	0.0832	4.87	0.4172	27.503	5.5502	4.9553	0.0683
4.63	0.4211	24.843	5.1063	4.8652	0.0826	4.88	0.4170	27.617	5.5692	4.9589	0.0677
4.64	0.4210	24.951	5.1243	4.8692	0.0819	4.89	0.4169	27.731	5.5882	4.9624	0.0672
4.65	0.4208	25.060	5.1424	4.8731	0.0813	4.90	0.4167	27.845	5.6073	4.9659	0.0667
4.66	0.4206	25.168	5.1605	4.8771	0.0806	4.91	0.4165	27.959	5.6264	4.9694	0.0662
4.67	0.4204	25.277	5.1787	4.8810	0.0800	4.92	0.4164	28.074	5.6455	4.9728	0.0657
4.68	0.4203	25.386	5.1969	4.8849	0.0793	4.93	0.4163	28.189	5.6647	4.9763	0.0652
4.69	0.4201	25.495	5.2151	4.8887	0.0787	4.94	0.4161	28.304	5.6839	4.9797	0.0647
4.70	0.4199	25.605	5.2334	4.8926	0.0781	4.95	0.4160	28.420	5.7032	4.9831	0.0642
4.71	0.4197	25.715	5.2518	4.8964	0.0775	4.96	0.4158	28.535	5.7224	4.9865	0.0637
4.72	0.4196	25.825	5.2701	4.9002	0.0769	4.97	0.4157	28.651	5.7418	4.9899	0.0632
4.73	0.4194	25.935	5.2885	4.9040	0.0762	4.98	0.4155	28.767	5.7611	4.9933	0.0627
4.74	0.4192	26.046	5.3070	4.9078	0.0756	4.99	0.4154	28.883	5.7806	4.9967	0.0622
4.75	0.4191	26.156	5.3254	4.9116	0.0750	5.00	0.4152	29.000	5.8000	5.0000	0.0617

연습문제 정답

Chapter 01

1.2
(a) 9

(b) $2\mathbf{i}-8\mathbf{j}+5\mathbf{k}$

(c) $-2\mathbf{i}+8\mathbf{j}-5\mathbf{k}$

1.3
47°

1.4
$$\begin{bmatrix} -2 & 2 & 4 \\ -3 & 3 & 6 \\ -4 & 4 & 8 \end{bmatrix}$$

1.5
(a) 9

(b) $5y\mathbf{i}+5x\mathbf{j}$

(c) $-4\mathbf{j}$

(d) 0

1.6
(a) 8 : 스칼라

(b) $8b_j$: 벡터의 요소

(c) 16 : 스칼라

1.7
(a) $(2x)(xy)+(3y)(x)+4(x+z)(y+z)$: 스칼라

(b) 9 : 스칼라

(c) 벡터의 요소를 나타낸다.
각각의 요소는 다음과 같다.

$$i=1 : \frac{\partial c}{\partial x_1}=\frac{\partial c}{\partial x}=y$$

$$i=2 : \frac{\partial c}{\partial x_2}=\frac{\partial c}{\partial y}=x$$

$$i=3 : \frac{\partial c}{\partial x_3}=\frac{\partial c}{\partial z}=1$$

(d) 0 : 스칼라

Chapter 02

2.1
$$\left(x+\frac{B}{A}\right)y=C$$

2.2
(a) $x=0\,;-c_1c_2u_0T_0$

(b) $x=x_0\,;-c_1c_2u_0T_0e^{c_2x_0}$

2.3
$$\frac{D\rho}{Dt}=-\rho_0c_1u_0(1+c_2x)$$

2.4
- 국소가속도 : c_1u_0
- 대류가속도 : $\frac{1}{4}c_2u_0^2(1+c_1t)^2$
- 가속도 : $c_1u_0+\frac{1}{4}c_2u_0^2(1+c_1t)^2$

2.5
$a_x=Ax^2(1+2Axt^2)$

$a_y=-2Axy(1-Axt^2)$

2.8
c_1u_0

2.9
$$\frac{u_0}{2}(c_1+c_2)$$

2.10

(a) $\zeta_z = u_0(c_2 - c_1)$

(b) 회전유동

2.11

(a) $\dot{\epsilon}_{xx} = 0$, $\dot{\epsilon}_{yy} = 0$

(b) $\dot{\epsilon}_{xy} = \dfrac{U}{2H}$

(c) $\zeta_z = -\dfrac{U}{H}$, 회전유동

Chapter 03

3.4

$$\delta^* = \frac{\delta}{3}$$

3.6

$$w = -Ayz - Bz + f(x, y)$$

3.7

$$v_r = Br\theta + \frac{f(\theta)}{r}$$

3.8

(a) $\psi = Axy$

3.9

(a) 비압축성 유동이다.

(b) $\psi = A(x^2 - y^2 + 2xy) + C$

3.10

$$\psi = \frac{A\sin\theta}{r} + C$$

3.11

(a) 300 kPa

(b) $[\tau_{ij}] = \begin{bmatrix} 100 & 400 & -200 \\ 400 & 100 & 100 \\ -200 & 100 & -200 \end{bmatrix}$

3.12

$$\mathbf{s} = B\mathbf{i} - A\mathbf{j} + B\mathbf{k}$$

3.13

$$\mathbf{a} = \frac{B}{\rho}\mathbf{i} - \frac{A}{\rho}\mathbf{j} + \left(\frac{B}{\rho} - g\right)\mathbf{k}$$

3.14

$\tau_{xx} = 4\mu A$

$\tau_{yy} = -4\mu A$

$\tau_{xy} = \tau_{yx} = -4\mu A$

3.15

(a) $\nabla p = -8\rho A^2[x\mathbf{i} + y\mathbf{j}]$

(b) $p = -4\rho A^2(x^2 + y^2) + C$

3.16

(b) 223.8 kPa

Chapter 04

4.3

(a), (b), (c), (d) 경우 모두 알 수 없다.

4.4

- 지배방정식 : $\dfrac{dh}{dt} = -\left(\dfrac{d}{D}\right)^2\sqrt{2gh}$
- 초기조건 : $t = 0;\ h = H$

$$h = f(t; D, d, H, g)$$

(a) t_1

(b), (c), (d) 경우 모두 알 수 없다.

4.5

$$\frac{h}{H} = f\left(\frac{t\sqrt{g}}{\sqrt{H}}; \frac{D}{H}, \frac{d}{H}\right)$$

(a) t_1

(b) $\sqrt{6}\,t_1$

(c), (d) : 알 수 없다.

4.6

(a) t_1

(b) $\sqrt{6}\,t_1$

(c) t_1

(d) 알 수 없다.

4.7

$h^{\star} = \left(1 - \frac{\beta^2}{\sqrt{2}} t^{\star}\right)^2$ 또는

$\frac{h}{H} = \left[1 - \frac{1}{\sqrt{2}}\left(\frac{d}{D}\right)^2 \frac{t\sqrt{g}}{\sqrt{H}}\right]^2$

(a) t_1

(b) $\sqrt{6}\,t_1$

(c) t_1

(d) $\frac{t_1}{4}$

4.8

(a) $\frac{U}{H} = 5\text{s}^{-1}$

y (m)	$\frac{du}{dy}$ (s^{-1})	$\frac{du/dy}{U/H}$
0.5	0.9375	0.1875
1	3.75	0.75
1.5	8.4375	1.6875

(b) $\frac{U}{H} = 800$ m/s

y (m)	$\frac{du}{dy}$ (s^{-1})	$\frac{du/dy}{U/H}$
0.01	150	0.1875
0.02	600	0.75
0.03	1350	1.6875

4.9

(a) $\frac{U}{H^2} = 2.5\ \text{m}^{-1}\text{s}^{-1}$

y (m)	$\frac{d^2u}{dy^2}$ ($\text{m}^{-1}\text{s}^{-1}$)	$\frac{d^2u/dy^2}{U/H^2}$
0.5	3.75	1.5
1	7.5	3
1.5	11.25	4.5

(b) $\frac{U}{H^2} = 20000\ \text{m}^{-1}\text{s}^{-1}$

y (m)	$\frac{d^2u}{dy^2}$ ($\text{m}^{-1}\text{s}^{-1}$)	$\frac{d^2u/dy^2}{U/H^2}$
0.01	30000	1.5
0.02	60000	3
0.03	90000	4.5

4.10

$x^{\star} = \frac{x}{L},\ y^{\star} = \frac{y}{L}$

$u^{\star} = \frac{u}{U},\ v^{\star} = \frac{v}{U}$

$\frac{\partial u^{\star}}{\partial x^{\star}} + \frac{\partial v^{\star}}{\partial y^{\star}} = 0$

4.11

$u^{\star}\frac{\partial w^{\star}}{\partial x^{\star}} + v^{\star}\frac{\partial w^{\star}}{\partial y^{\star}} + w^{\star}\frac{\partial w^{\star}}{\partial z^{\star}}$

$= -\frac{\partial p^{\star}}{\partial z^{\star}} - \frac{1}{\text{Fr}^2}$

$\text{Fr} = \frac{U}{\sqrt{gL}}$

Chapter 05

5.1

(c) $u = -\frac{h^2}{2\mu}\frac{\partial p}{\partial x}\left[1 - \left(\frac{y'}{h}\right)^2\right]$

5.2

$u = -\frac{h^2}{2\mu}\frac{\partial p}{\partial x}\left[1 - \left(\frac{y'}{h}\right)^2\right]$

동일하다.

5.3

(a) $\frac{d^2u_a}{dy^2} = 0,\ \frac{d^2u_b}{dy^2} = 0$

(c) $u_a = \frac{\mu_b U}{\mu_b H + \mu_a h}y,$

$$u_b = \frac{U[\mu_a(y-H)+\mu_b H]}{\mu_b H + \mu_a h}$$

5.4

(a) $\frac{d}{dr}\left\{\frac{1}{r}\frac{d}{dr}(rv_\theta)\right\}=0$

(b) $r=R_i$; $v_\theta = R_i\omega_i$

(c) $v_\theta = C_1 r + \frac{C_2}{r}$

(d) $v_\theta = \frac{\omega_i R_i^2}{r}$

5.5

$v_\theta = \frac{\omega_i R_i^2}{r}$, 동일하다.

5.6

(a) $\frac{d}{dr}\left\{\frac{1}{r}\frac{d}{dr}(rv_\theta)\right\}=0$

(b) $r=R_i$; v_θ 는 유한하다. 또는

$r=R_o$; $v_\theta = R_o\omega_o$

(c) $v_\theta = C_1 r + \frac{C_2}{r}$

(d) $v_\theta = \omega_o r$

5.7

$v_\theta = \omega_o r$, 동일하다.

5.8

(a) $\frac{d^2 w}{dx^2} - \frac{\rho g}{\mu} = 0$

(b) $x=0$; $w=0$

$x=H$; $\frac{dw}{dx}=0$

(c) $w = \frac{\rho g}{\mu}x\left(\frac{1}{2}x-H\right)$

5.9

$w = \frac{\rho g}{\mu}x\left(\frac{1}{2}x-H\right)+U$

5.10

(a) $u^\star = y^\star$ 또는 $u = \frac{U}{H}y$

(b) $u^\star = 1$ 또는 $u=U$

5.13

$$u = \frac{1-e^{-\frac{Vy}{\nu}}}{1-e^{-\frac{VH}{\nu}}}U$$

Chapter 06

6.1

(a) $u=A,\ v=A$

(b) 만족한다

(c) $\psi = A(-x+y)+C$

6.2

속도포텐셜이 될 수 없다.

6.3

속도포텐셜이 될 수 있다.

6.4

(a) 비회전유동이다.

(b) $\phi = A(x^2-y^2-2xy)$

6.5

(a) $u=2Ax,\ v=-2Ay$

(b) 만족한다

(c) $\psi = 2Axy + C$

6.6

$\phi = -\frac{A\cos\theta}{r}+C$

6.8

$m = 40\pi\ \mathrm{m^2/s}$

6.9

$\Gamma = 2\pi K$

6.10

$\Gamma = 2\pi\omega R^2$

6.11

$\Gamma = 0$

6.12

$\Gamma = \frac{\pi\omega}{2}\left(R_1^2 - R_2^2\right)$

6.13

(a) 97.2 kPa

(b) 100 kPa

6.14

(a) $u = \frac{m}{\pi}\left(\frac{1}{2x} + \frac{1}{x-a}\right)$, $v = 0$

(b) $x = \frac{a}{3}$

6.15

(a) $u = \frac{\Gamma}{2\pi}\left(\frac{1}{y-a} - \frac{1}{y+a}\right)$, $v = 0$

(b) $u = \frac{\Gamma}{2\pi}\left(\frac{1}{-a} - \frac{1}{a}\right) = -\frac{\Gamma}{\pi a}$, $v = 0$

6.16

(a) 0.08 m

(b) 0.5 m

6.18

원통의 표면 위, $\theta = 13.8^\circ$, 166.2°

6.19

$F_L = -\rho U \Gamma$

Chapter 07

7.6

(a) $\frac{1}{\sqrt{2}}$

(b) $\frac{1}{\sqrt{2}}$

(c) $\sqrt{2}$

(d) $\sqrt{2}$

7.7

(a) 0.1393

(b) $\frac{\delta}{x} = \frac{4.64}{\sqrt{\mathrm{Re}_x}}$

(c) $C_f = \frac{0.647}{\sqrt{\mathrm{Re}_x}}$

7.8

(a) 0.1366

(b) $\frac{\delta}{x} = \frac{4.80}{\sqrt{\mathrm{Re}_x}}$

(c) $C_f = \frac{0.655}{\sqrt{\mathrm{Re}_x}}$

Chapter 08

8.1

331 kPa

8.2

1.13배

8.3

1.24

8.4

(a) 316 m/s

(b) 170.2 kPa

8.7

(a) Ma = 0.5

(b) $T_0 = 420$ K, $\rho_0 = 5.91$ kg/m^3

(c) $\mathrm{Ma}_2 = 1$, $\rho = 3.75$ kg/m^3

8.8

(a) $T_0 = 420$ K, $p_0 = 593$ kPa

(b) $T_0 = 420$ K, Ma = 0.822,

$p_0 = 467$ kPa

8.15

437 kPa, 435 K

8.16

(a) 132.3 kPa

(b) 274 K, 504 m/s

8.17

274 K, 504 m/s

찾아보기

| **저자약력** |

권오봉

- 공 학 사 : 서울대학교 공과대학
- 공학석사 : 서울대학교 대학원
- 공학박사 : University of Illinois at Urbana-Champaign
- 현) 부경대학교 기계공학과 교수

정가 25,000원

유체역학의 이해 −유체역학(2)−

2017년 8월 29일 초 판 인쇄
2020년 8월 14일 수정판 발행
저 자 : 권오봉
발행자 : 송 준
발행처 : 도서출판 홍릉
주 소 : 서울시 강북구 인수봉로 50길 10
01093
등 록 : 1976년 10월 21일 제5-66호
전 화 : (02) 999-2274~5, 903-7037
팩 스 : (02) 905-6729
e-mail: hongpub@hongpub.co.kr
http://www.hongpub.co.kr
ISBN: 979-11-5600-542-1

저자와의 협의하에 인지생략